顾翔◎著

51Testing 软件测试网◎组编

软件测试技术实战

设计、工具及管理

人民邮电出版社

北　京

图书在版编目（ＣＩＰ）数据

软件测试技术实战：设计、工具及管理 / 顾翔著；
51Testing软件测试网组编. -- 北京：人民邮电出版社，
2017.6（2022.12重印）
ISBN 978-7-115-45392-1

Ⅰ. ①软… Ⅱ. ①顾… ②5… Ⅲ. ①软件开发—程序
测试 Ⅳ. ①TP311.55

中国版本图书馆CIP数据核字(2017)第100483号

内 容 提 要

本书是作者总结十几年的软件测试的实践经验写成的，希望通过来自一线的实践知识和技能，帮助读者打开一扇通往软件测试之路的大门，寻找到解决测试问题的技术、技巧和方法，体验到测试工作中"逮"Bug 犹如"寻宝"的乐趣。全书分为"设计""工具"和"管理"3 篇，共 14 章，每章的内容虽有一定的联系，但也可各自独立，读者可以根据自己的需求，按照书的内容顺序阅读，也可以根据自己的兴趣选取相关章节阅读。

本书可供软件测试初学者、测试从业人员阅读，也可作为大专院校计算机软件专业学生的参考书，还可作为培训学校的教材。

◆ 著　　　　顾　翔
　　组　　编　51Testing 软件测试网
　　责任编辑　张　涛
　　责任印制　焦志炜

◆ 人民邮电出版社出版发行　　北京市丰台区成寿寺路 11 号
　　邮编　100164　电子邮件　315@ptpress.com.cn
　　网址　http://www.ptpress.com.cn
　　北京九州迅驰传媒文化有限公司印刷

◆ 开本：800×1000　1/16
　　印张：29　　　　　　　　　　　　　2017 年 6 月第 1 版
　　字数：625 千字　　　　　　　　　2022 年 12 月北京第 14 次印刷

定价：89.80 元

读者服务热线：(010)81055410　印装质量热线：(010)81055316
反盗版热线：(010)81055315
广告经营许可证：京东市监广登字 20170147 号

序

　　我与顾翔先生是同学，因此结缘，有幸成为《软件测试技术实战——设计、工具及管理》一书最早的读者之一。一般说来，阅读专业性、技术性强的著作是枯燥、单调和乏味的，但从作者手中拿到书稿，我却是一气呵成，几乎是没有中断读完的。

　　我国的软件产业发展实现了伟大的跨越，取得了辉煌的业绩。2000 年，我国软件产业的规模只有 590 多亿元，2016 年这一数字达到了惊人的 4.3 万亿元。这是 3.8 万家软件和信息技术服务企业、近 600 万软件从业人员努力奋斗的结果。其中也汇集了本书作者为代表的一批软件测试工程师群体的默默奉献。

　　在软件大发展的时代，软件的稳定、安全和可靠性尤为关键，软件测试的重要性尤为凸显。然而长期以来却鲜有系统、全面分析、研究软件测试理论技术和方法的专著问世，根植于软件测试实践而又高于实践，具有实战性、可操作性的图书更少。本书的出版发行，不可多得，正当其时。

　　作者 1997 年大学毕业后投身于软件开发、测试专业之中，20 年从未间断。他不仅见证了我国软件产业波澜壮阔的发展历程，而且深深地参与其中，完成了从幼稚到成熟、从青年到中年、从最底层的软件开发和测试者到软件测试的组织管理者、教学培训导师的转变和升华。作者将 20 年从业的实践经验、理论思考集成于一书，形成了本书许多亮点和特色：专业性，系统、全面研究分析了软件测试的理论、方法、技术；权威性，作者虽然不是专家、名人，但我认为"因为专业而权威"；系统性，源于其本人的亲自实践、亲身经历和体验；可读性，注重以实际案例为驱动，娓娓道来，不少章节都颇为"抓人"；实用性，既可作为软件测试的教材，也可作为软件开发、测试人员的实用手册。

　　综上所述，我愿为本书鼓与呼，推荐给广大读者学习。

——中国信息化周报　社长　宋波

书　评

本书是由国内具有丰富测试经验的作者写作的关于软件测试实践的书，全书内容丰富，结构清晰，涵盖测试设计、测试工具与测试管理 3 部分内容。全书内容强调测试实践，既有测试基本知识的介绍，也有测试应用的案例分析；既可以作为测试初学者入门用书，也可以供测试职业人士参考。

——中国软件测试认证委员会（CSTQB）专家组成员　崔启亮

本书作者顾翔老师有着多年的培训经验，这本书是他多年传道、授业、解惑的总结，内容全面、精彩，可为软件测试工作人员提供专业的指导。

——中国赛宝（华东）实验室　陈铿基

从我十多年的软件测试行业从业经验来看，大部分软件测试人员缺乏对被测对象所涉及的 IT 技术的深入理解，例如对代码、中间件、数据库、虚拟化、云计算、大数据的理解，缺乏这些技术上的理解，表面上看起来不会对测试工作造成很大的影响，其实却会导致测试的不周全、不深入；顾翔老师知识面广，测试经验丰富，在编写本书时不仅全面透彻地讲解了软件测试本身的知识，还用通俗易懂的语言介绍了各类相关技术，测试初学者们可以全面学习并从中受益。

——广州亿能测试技术服务有限公司 CEO　陈能技

本书作者经过长期的工作实践，结合国内测试现状，精心构思了测试的知识体系。书中将测试设计提升到很关键的高度，用好的测试设计指导测试工具在测试执行中的使用；用测试管理的精髓，引导测试工作的有序开展，为广大测试工程师的学习提供了必备的参考。

——科大讯飞　CTO 助理　测试部经理　吴如伟

本书的特色在于将大量的技术赋予了实际的应用场景，让读者能够更加清晰地把握如何将测试技术应用于具体实践的同时，为测试团队实施相关技术方案带来信心。本书的技术内容和流程方法倾注了作者多年的从业经验，读者可以基于该书的内容为模板，迅速展开合理、规范和有序的测试工作。书中所讲述的测试技术都是作者精心选取的主流技术，体现了作者丰富的行业经验和对新技术发展方向敏锐的洞察力，初级以及资深的读者均可受益于本书的精彩内容。

——星云测试 CEO　赵明

　　本书是一本非常全面的软件测试实践参考书。它不仅知识体系完整，作者也结合自己多年的测试实战经验，分享了大量非常有参考价值的实战案例。它不只是一本专业软件测试人员需要学习的参考书，对于做敏捷开发的每一个团队成员来说，都需要认真学习本书当中的测试基础知识、测试设计和管理的思路、实践和工具。

——Scrum 中文网和 Leangoo 看板创始人　廖靖斌

前　言

　　软件测试是软件研发过程中的一个重要环节，作为一个独立的工作是在我国 20 世纪末和 21 世纪初逐渐形成的。随着软件行业的发展，至今已有一支十分庞大的专门从事软件测试工作的队伍活跃在软件企业中。

　　我是国内最早一批从事软件测试的工程师，先后在北京炎黄新星互联网络有限公司（公司产品：中国家庭网和 800buy 电子商务网站）、中兴通讯（南京）有限公司、意法半导体（中国）有限公司（公司产品：数字电视机顶盒）以及爱立信（中国）通信有限公司等单位工作过。十几年来，软件测试从无到有，我经历了整个过程，所以对软件测试有比较深入的了解和体会，也积累了一些经验。我把在工作中遇到的一些问题和案例写成数十篇文章，在 51Testing 等各大网站上发表，得到广大软件开发和测试人员的认可和支持，遵照一些朋友的建议，我把网上的这些文章重新整理修改，并增加了一些新的内容，集结成一本书。在这本书中，我主要以案例为驱动，介绍软件测试工作中一些常用的方法、思路、遇到的问题以及解决这些问题的方法。

　　1997 年，我毕业于北京工业大学计算机学院软件工程专业，在学校里，软件测试仅仅作为《软件工程》的一个章节进行介绍。毕业后，我进入一家互联网公司从事网站的开发工作。当时软件测试在许多单位都不是一个独立的部门，软件测试一般都由开发人员自己来完成。由于没有专职的软件测试人员，所以软件的安全性、稳定性、可靠性等都很难得到保证。实际工作中遇到过不少案例，下面几个例子就可以得到证实。

　　2000 年我所在的公司与 CCTV "开心辞典" 栏目组合作开发网上答题的项目，这是一个智力娱乐性节目，我编写了前端的答题代码，考虑到可能有人用计算机程序来答题，如编写一个死循环，一直选择 B（或 A、C、D），这可以使答题的速度很快，命中率也非常高，为此，我选用 JavaScript 过滤了使用死循环的答题者。可是，到了 "开心辞典" 正式使用这个软件时，发现仍然有人使用死循环来答题，可我的程序是正确的。后来，在一次聊天模块中，通过登录账号我找到了这位 "达人"，他说我们前端的确没有漏洞，他是通过自己编写的程序绕过我们前端进入到系统后端的，而我们的后端并没有进行校验。当初如果有专业的测试人员，这个 Bug 是有可能避免的。

　　众所周知，软件产品的安全性是很重要的问题，而软件测试是保证产品安全的关键所在。下面的例子说明如果没有做好软件测试，就可能造成严重的后果。有一次我所在的公司开发了一个产品，用户曾经投诉，采用我们公司的这个产品后，经常发现一些没有登录的用户也会进入系统，损毁了公司的形象，造成很大的损失。后来经过数个月的排查才发现，这是开发人员没有对 SQL 语句进行专门处理，由于 SQL 注入造成的。像这样的问题，如果在正式上线前，经过严格的测试，这个 Bug 是可以事先找到和解决的，这样就不会造成那么大的损失。当然，要能够测试出上面出现的 Bug，是需要有一定工作经验的，只有具有丰富软件开发经验的人才能胜任，所以我一直强调从事软件测试工作前最好进行 3 年以上的软件开发工作。为此，在本书的有关章节中我将会进行详细阐述。

本书还将介绍一些功能测试和性能测试相互依存的例子，这源于我在某家公司做 BBS 系统的测试工作，系统在前 4 个月运行一直非常好，可后来系统显示的速度明显降低了，原来几秒钟显示一个页面，现在变成要两分钟才能显示页面。以前好评如潮，现在投诉不断。经过查找，发现这是由于当时只做了功能测试，而没有进行规范的性能测试造成的。"重功能，轻性能"，这是在软件测试工作中经常犯的一个毛病，值得引起重视。

软件测试必须对相应的业务有所了解。记得我刚到意法半导体有限公司时，从事数字电视机顶盒测试工作。这是一种嵌入式软件产品，这种类型的测试工作往往比较复杂，因为这种软件在开发初期是看不见、摸不着的，只有到后期才可以在仿真器、模拟器，甚至移植到真机中才能测试，再加上我对数字电视业务知识的缺乏，在测试中不太容易发现 Bug。记得在 2005 年 12 月 31 日，开发人员当天下午 5 点才把一份软件测试版本交给我们测试人员，为了交给客户作元旦的献礼，我们必须在当天下午 6 点半做完测试，时间紧迫，我们只能对一些最重要的功能进行测试，又加上我对业务不太熟悉，选择重点时没有把握好，产品交付给用户在 2006 年元旦使用时，开始系统运行得非常好，但一个多小时后，数字电视的音量达到最大，更糟的是，根本无法用遥控器来进行操控。后来究其原因是嵌入式软件的内存空间很小，而程序中存在着野指针，所以发生了内存溢出，导致音量失控。

开发与测试之间经常是一对矛盾，这往往需要开发与测试之间进行有效沟通来解决。记得 2008 年上半年，我所在公司的产品进入一个开发的关键时期，开始大规模地招聘开发人员，公司 40% 多的开发人员都是新员工。这段时间，测试人员总能发现许多 Bug，使得大部分开发人员要疲于修改这些 Bug，根本没有时间去开发产品的新功能，这就导致开发人员对测试人员的意见很大，甚至有些开发人员认为测试人员是故意给他们找麻烦。当时我作为测试经理认识到测试人员与开发人员之间的矛盾必须解决，必须协调双方的关系，于是我一方面要求测试人员不但要能发现问题，还要逐步学会从 Log 日志中定位到问题，尽可能协助开发人员解决问题。同时我又主动和开发部门经理协商，要求开发人员在提交测试版本之前必须认真做好自测。之后，开发人员与测试人员之间关系得到改善，产品的质量也得到提高。

由于新兴的敏捷开发模式便于在相对短的迭代周期内发布一个新版本，往往几个月就可以发表一个新的版本。这就给回归测试带来很大的挑战，也促使自动化测试得到不断发展。在回归测试中，自动化测试扮演了非常重要的角色，特别是后来采用持续集成（CI）技术，自动化测试的优势得到了更好体现。当然，自动化测试也不是万能的，由于自动化测试工具本身也是软件，它也会有 Bug，特别是刚开发出的自动化测试脚本，用它验证产品代码，当发现一个测试用例没有通过时，就很难判定是产品的问题还是自动化测试脚本本身的问题。另外，随着需求的变更，自动化测试脚本的更新也要随时跟进。这会使得测试人员的大部分精力都集中在调试和维护自动化测试脚本上，而不能更好地做好测试分析与设计工作。自动化测试在软件基本功能验证以及性能测试等不能用手工方法来完成的测试工作中，取得了很好的效果。但是，在一些基于经验的测试方法，如"探索式测试""缺陷攻击法"中，大部分还是需要通过手工方法来实现。

有了一定的测试经验如果没有理论的结合，也是不完美的。例如，进行兼容性测试时，组合的对象往往很多，穷举测试是不太可能的，随机抽样测试也不靠谱。根据一种叫"正交测试法"的测试理论，可以把测试用例减少很多。另外，它有统计学的理论作为保证，其测试的可靠性也得到提高。这说明，由于 IT 行业发展十分迅速，从事软件测试的工作者也要与时俱进，不断学习新的理论和方法。

以上只是本书中的一小部分，我把十几年在软件测试中的实践、体会和思考总结成书，希望为读者打开一扇通往软件测试之路的大门，使读者寻找到解决测试问题的技术和方法，体验到测试工作中"逮"Bug 犹如"寻宝"的乐趣。本书可供软件测试同仁借鉴。由于现在许多大学里，计算机专业都开设了软件测试课程，所以本书也可作为大专院校计算机软件专业学生的参考书。

全书分为"设计""工具"和"管理"3 篇，共 14 章，每个章节之间虽有一定的联系，但也可各自独立成章，读者可以根据自己的需求，按照书的内容顺序阅读，也可以根据自己的兴趣选取相关章节阅读。

最后，感谢人民邮电出版社张涛先生及其编辑团队、51Testing 编辑严代丽对本书的出版做出的辛勤劳动，没有你们的大力支持，出版本书的愿望是不可能实现的；感谢微信平台，它将我与全国的软件测试爱好者连接起来，共同分享软件测试给大家带来的喜怒哀乐，让大家能够利用这个平台分享软件测试的经验、思想和方法，进一步丰富本书的内容；在这里特别感谢杨艳艳、叶微、刘琛梅、赵明、刘莎莎、万巧、张晓丽、陈佳丽、詹露、张子繁、金鑫、冯昌、帅敏、沈晓静、赵院娇和寒辉在出版后期对本书进行了仔细的校对。另外，我还要感谢我的家人对我这次出书工作在精神、物质及生活上的支持。祝愿软件测试行业能够在中国得到更好发展，有更多的测试专家能够在中国出现。本书的全部附录、代码以及探索式测试课程均可扫描下面的二维码从网站上下载。

由于本人水平以及时间有限，书中难免存在错误或者不足之处，请广大读者不吝指正。我的 E-mail：xianggu625@126.com，微信号：xianggu0625。个人网站：www.3testing.com。编辑联系与投稿邮箱为 zhangtao@ ptpress.com.cn。

顾 翔

2016.12

上海

目　　录

第 1 篇　软件测试设计技术

第 2 篇　软件测试工具

第 3 篇　软件测试管理

第 1 篇　软件测试设计技术

如何把用户的需求转换为软件测试设计，这是软件测试工程师的工作重心所在。本书第一篇通过 6 个章节来讲述一下如何进行软件测试设计。

本篇共分以下几个章节。

- 第 1 章，软件测试的基本知识：首先讲解一些软件测试的基本知识，如果你对软件测试的基本概念已经非常熟悉了，那么就可以简单浏览，甚至跳过本章的内容。

- 第 2 章，传统的软件测试的设计方法：本章主要介绍软件测试中最经典的 5 个黑盒测试方法（等价类/边界值、决策表、状态转换图、决策树和正交测试法）和 7 个白盒测试（语句、分支、条件、判定/条件、MC/DC、路径和控制流覆盖）方法。

- 第 3 章，探索式软件测试设计方法，本章主要介绍基于经验测试法中目前最流行的探索式软件测试方法。

- 第 4 章，基于风险的软件测试。本章主要介绍基于风险的软件测试方法以及风险级别的确定和调整。

- 第 5 章，专项软件测试设计。本章主要介绍性能测试和嵌入式软件的测试方法。

- 第 6 章，云计算、大数据的软件测试方法：本章主要简单介绍基于云的产品、大数据产品应该如何测试以及应注意的事项。

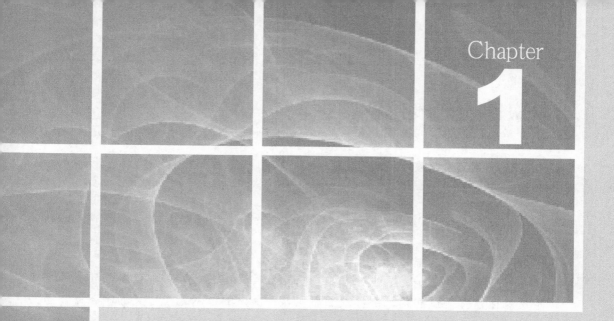

Chapter

1

第1章
软件测试的基本知识

本章主要介绍软件测试的基本知识，共分 3 节。通过本章，可以学到。

- 软件测试的基本理论。
- 软件测试的 7 条基本原则。
- "验证"与"确认"的区别。

学习本章可能比较枯燥，里面有许多关于软件测试的名词定义，但是这是软件测试的基础，如果你是软件测试的菜鸟，可能有许多地方看不懂，没有关系，千万不要紧张，你可以先浏览一下，看完这本书的其他章节再回过头来重新阅读，可能会有更深入的体会。另外，我也尽可能结合一些案例来介绍这些概念。

1.1 软件测试的基本理论

软件测试的基本理论是软件测试的基础。在本书的开始，我们先学习和回顾一下软件测试的基本术语，这样可便于更深入地探讨软件测试的其他知识。

1.1.1 软件测试的定义

关于软件测试的定义有很多，这里主要介绍以下几个。

- 定义一："**软件测试**是为了证明程序有错，通过运行程序发现其中存在的问题。"这个定义是在软件测试的第一部权威书籍《软件测试的艺术》中定义的，参见参考文献【1】。

  从这个定义中可以看出。

  ➢ 软件测试可以证明软件有错。

   这是显而易见的。通过测试，可以发现软件中的缺陷，这也证明了软件中存在错误。

  ➢ 软件测试不能证明软件没有错。

   没有一个软件是不存在缺陷的，通过软件测试，我们可以找到软件中的错误，但是不可以找到软件中的所有错误。

- 定义二："**软件测试**是根据软件开发各阶段的规格说明和程序内部结构而精心设计的一批测试用例（即输入数据及其预计输出结果），并利用这些测试用例来执行测试程序，以及发现错误的过程，即执行软件测试步骤。"
  这个定义是目前比较流行的软件测试定义。

- 定义三："**软件测试**是验证软件产品是否满足用户显性或者隐性需求的活动。"
  这个定义是基于质量的定义而延伸出来的。**质量**的定义为"满足用户显性或者隐性需求的活动"，所以这个定义可以简化为"软件测试是验证软件产品是否满足质量的活动"。另外，这里定义中的"隐性需求"是指用户需求规格说明书中没有写出来的，如软件的易用性、可靠性、可维护性、效率等。

- 定义四："**软件测试**包括验证（Verification）和确认（Validation）两种类型。"验证是指后一步是否满足前一步的需求,在软件开发过程中可以理解为需求分析是否满足用户需求，设计是否满足需求分析，开发是否满足设计。而确认是指最终产品是否满足用户的最初需求，如图 1-1 所示。

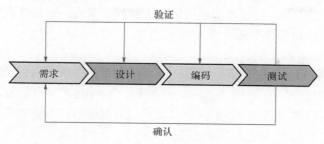

图 1-1 验证与确认

1.1.2 软件测试术语

1. 冒烟测试（Smoking Testing）

在大部分软件测试工作中，单元测试与集成测试是由开发工程师完成的，而系统测试是由软件测试工程师完成的。为了提高软件测试工程师测试的有效性，当软件测试工程师拿到开发工程师提交的版本后，就需要进行一次冒烟测试。**冒烟测试**主要指测试软件版本中的主要功能是否实现，速度很快，一般一到两个小时即可完成。夸张地说，抽一根香烟的时间就可以完成测试。还有一个说法来源于硬件测试，一般硬件组装完毕，上电后，如果电路出现冒烟故障，则不必进行更深入的测试。在软件测试中，如果冒烟测试没有通过，就需要返回给开发工程师重新修改后再测试。

2. 回归测试（Regression Testing）

回归测试又称衰竭性测试。为了确保修改或增加的功能没有给软件其他未改变的（或者以前测试通过的）部分带来影响，软件测试工程师进行每轮测试时，需要对先前测试过的模块再进行测试，这种测试称为回归测试。回归测试最好使用自动化软件测试工具来实现。关于回归测试，如图1-2所示。

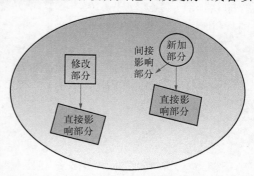

图 1-2 修改部分与新功能对原有功能的影响

3. 白盒测试（White Box Testing）

白盒测试是通过分析组件/系统的内部结构进行的软件测试。白盒测试用例分析方法包括语句覆盖、分支覆盖、条件覆盖、条件/分支覆盖和路径覆盖等技术。白盒测试也可以在系统测试中进行（关于白盒测试的方法，本篇2.6节会详细介绍）。

4. 黑盒测试（Black Box Testing）

黑盒测试是基于系统功能或非功能规格说明书来设计或者选择测试用例的技术，它不涉及软件内部结构。也就是说，测试工程师不需要了解程序内部是如何实现的，只需考虑输出内容的特性对应输入内容的要求。黑盒测试也可以基于代码来实现，如通过输入函数的参数和返回值来了解被测函数的功能是否得到实现。

案例 1-1：函数级别黑盒测试。

函数 float calcualteSimilty(String a, String b)，返回 0.00～1.00 小数点精度为两位的浮点数。比较字符串 a，b 的相似程度，0.00 表示一点不相似，1.00 表示完全相似。可以用下面的测试用例来实现函数级别的黑盒测试，特别声明，这里不需要了解函数内部是如何实现的，只关心函数输入与输出的对应关系。测试用例如下：

- `calcualteSimilty("a","a");`   //1.00
- `calcualteSimilty("a","z");`   //0.00
- `calcualteSimilty("azza","zaaz");` //0.00
- `calcualteSimilty("","");`   //1.00
- `calcualteSimilty(null,null);`   //1.00
- `String s="this is a very long string,include 100 words…"`
  `calcualteSimilty(s,s);`   //1.00
- `calcualteSimilty("中国人","外国人");`//0.67
- `calcualteSimilty("@","@");`   //1.00
- `calcualteSimilty(""," ");`   //1.00
- …

5. 单元测试（Unit Testing）

单元测试又称组件测试，是对单个软件组件进行的软件测试【与 IEEE610 一致】。单元测试一般采用软件测试驱动与桩的技术。

案例 1-2：单元测试。

对图 1-3 的模块 B 进行单元测试如下。

B 模块的代码可能如下：

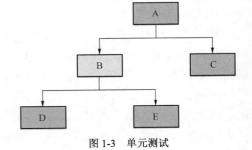

图 1-3 单元测试

```
int B (int a, int b){
    …
    int x= D (a);
    ….
    int y= E(b);
    ….
    return x+y;
}
```

B 的驱动函数是指通过页面或者编译器可以调用的函数，通常设置为主函数，即 main() 函数。

```
main (){
    int a=3;
    int b=5;
```

```
        int c=B(a,b);
}
```

StubD，StubE 为 B 的桩函数。桩函数为模拟被测单元的调用模块，由于测试的是模块 B，所以桩函数可以简单地返回一个符合要求类型的变量。

```
int  StubD(int x){
    return x+5;
}
int  StubE(int x){
    return x+6;
}
```

这样，B 函数就可改为：

```
int B (int a, int b){
    ….
    int x= StubD (a);
    ….
    int y= StunE(b);
    ….
    return x+y;
}
```

这里，单元测试主要验证模块 B 的功能，在验证过程中可以采用等价类、边界值、错误输入等方法来实现。

对于软件测试桩，现在有许多新的技术，如图 1-4 所示。

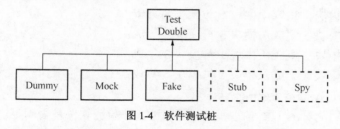

图 1-4　软件测试桩

这些新技术的介绍不在本书的范畴中，有兴趣的读者可以自己查找相关的文献。

6. 集成测试（Integration Testing）

集成测试是一种暴露接口以及集成组件/系统间交互时存在缺陷的软件测试方法。集成方法有自上而下测试法、自下而上测试法、自上而下和自下而上混合（又称三明治）测试法 3 种。

案例 1-3：集成测试。

下面来看一个程序架构，如图 1-5 所示。

可以采取如下方法对此进行集成测试。

● 自下而上集成：

（1）模块 6 与模块 7 集成，模块 6 与模块 8 集成；

（2）模块 3 与模块 5 集成，模块 3 与模块 6 集成；

（3）模块 2 与模块 4 集成，模块 2 与模块 5 集成；

（4）模块 1 与模块 2 集成，模块 1 与模块 3 集成。

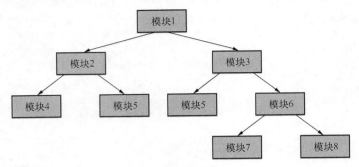

图 1-5 集成测试案例

- 自上而下集成：

（1）模块 1 与模块 2 集成，模块 1 与模块 3 集成；

（2）模块 2 与模块 4 集成，模块 2 与模块 5 集成；

（3）模块 3 与模块 5 集成，模块 3 与模块 6 集成；

（4）模块 6 与模块 7 集成，模块 6 与模块 8 集成。

- 三明治集成：

（1）模块 6 与模块 7 集成，模块 6 与模块 8 集成；

（2）模块 3 与模块 5 集成，模块 3 与模块 6 集成；

（3）模块 1 与模块 2 集成，模块 1 与模块 3 集成；

（4）模块 2 与模块 4 集成，模块 2 与模块 5 集成；

7．系统测试（System Testing）

系统测试是软件测试的主要部分，是利用各种方法验证软件是否满足产品显性或者隐形需求的活动。

8．验收测试（Accept Testing）

验收测试一般由用户/客户或者运维人员进行确认是否可以接受一个系统的验证性的软件测试。可根据用户需求、业务流程进行的正式的软件测试，以确保系统符合所有验收准则（与 IEEE 610 一致）。验收测试可以分为 Alpha 测试和 Beta 测试。

（1）Alpha 测试

Alpha 测试是由潜在用户或者独立的软件测试团队在开发环境下或者模拟实际操作环境下进行的软件测试，通常在开发组织外进行，是对现货软件（off-the-shelf software）进行内部验收测试的一种方式。

（2）Beta 测试

Beta 测试是潜在现有用户/客户在开发组织外的场所，没有开发工程师参与的情况下进行的软件测试，检验软件是否满足客户及业务需求。这种软件测试经常是为了获得市场反馈对现货软件进行外部验收测试的一种形式。

9. 静态测试（Static Testing）

静态测试是对组件/系统进行规格或实现级别的测试，但并不执行这个软件，如代码评审或静态代码分析等。

10. 动态测试（Dynamic Testing）

动态测试通过运行软件的组件或系统来测试软件。

更多的软件测试术语，请参见参考文献【33】。

1.1.3 软件工程模型

讨论软件测试学，不得不涉及软件工程模型，因为软件测试学与软件工程学的发展是依依相关、相辅相成的。根据目前比较先进的软件测试理念，软件测试应该贯穿于软件工程的整个过程中。下面介绍几种软件工程模型。

1. 瀑布模型

图 1-6 为瀑布模型。这个模型是最经典的软件工程模型，包括"计划"->"需求分析"->"设计"->"编码"->"测试"->"运行维护"这几个阶段。

但是，这个模型存在比较严重的缺点。

（1）不可反复及不适用于需求变更比较频繁的情况。由于瀑布模型从业务建模到运行维护一脉相承，不可以反复。而现代软件项目中，

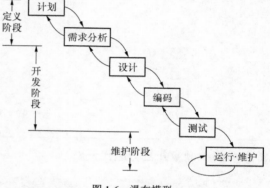

图 1-6 瀑布模型

需求变更是无处不在的："唯一不变的是需求变更"。若运用这种模型，只要项目需求发生变化，就要把原有的设计打翻，重新进行系统分析，概要设计，详细设计等。

（2）用户很难在项目初期了解项目状态：由于用户在项目初期很难提出明确的需求，而利用瀑布模型只有到编码结束，软件测试工程师才可介入软件测试，客户才可以看到是否是他们需要的产品，在此之前这些产品他们不完全了解，有时需要补充，有时客户也有可能推翻他们原本的需求，提出新的需求，这样往往会给客户方、开发方带来很多麻烦。

2. 迭代模型和螺旋模型

图 1-7 为迭代模型。瀑布模型和迭代模型往往在概念上区别不明显。事实上，这两个模型在思想本质上是一致的。它将客户的需求按照用户的重要等级和模块自身的等级进行安排，从最开始进行分析、设计、编码、测试，然后再进入下一轮迭代。用户只要在每一轮结束后，就可以看到产品的一些雏形，从而可以进行需求变更和提出下一轮建议。该模型初期开发工作比

较少，用户又可以及时提出下一轮更详细的需求和变更，所以这样的模型往往利于软件公司产品的研发。这类模型有著名的 RUP 模型、快速开发模型以及现在比较流行的敏捷开发等，它们都遵循迭代的思想。

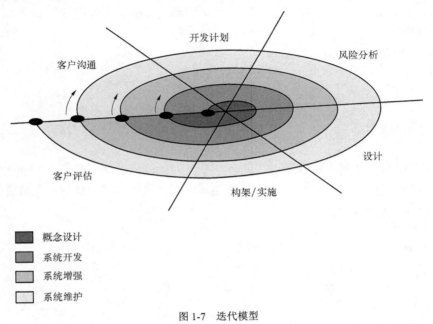

图 1-7　迭代模型

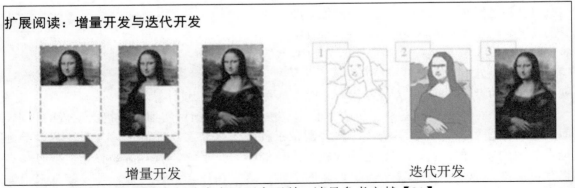

注：本书中扩展阅读大部分来自于百度百科，请见参考文献【21】。

1.1.4　软件测试模型

1．V 模型

图 1-8 所示为 V 模型测试。

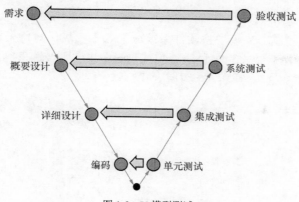

图 1-8   V 模型测试

- 单元测试相对于编码进行，这一步往往由开发工程师执行。
- 集成测试相对于详细设计，将模块以由上到下、由下到上或混合方式进行逐步集成。测试软件模块与模块、类与类之间的关联性。
- 系统测试相对于概要设计，软件测试工程师站在整体的立场上对系统进行全面的软件测试工作。
- 验收测试是用户对产品进行的测试，一般分为 Alpha 测试和 Beta 测试。验收测试往往由系统维护人员或者用户来完成，需要完全站在用户的立场上进行测试，测试环境也要尽可能与用户的实际环境保持一致，大多数时候，需要到用户现场去进行验收测试工作。

2. W 模型

图 1-9 所示为 W 模型测试。W 模型其实是 V 模型的变种，它提倡的主要思想是软件前置测试理念（即软件测试需要贯穿软件研发的始终）。所以，W 模型又称双 V 模型或前置模型。在需求、设计和编码阶段对产生的工件进行文档评审，一个目的是提出自己的建议和意见，另外一个目的是尽可能理解产品的需求和实现方式。使用前置软件测试法，Bug 在软件前期就可以发现，从而降低软件开发的成本。

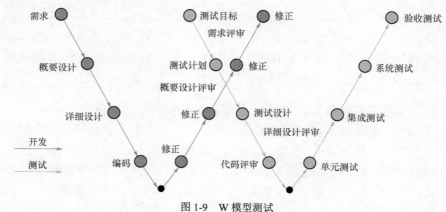

图 1-9   W 模型测试

3．X 模型

图 1-10 为 X 模型测试。X 模型将软件系统分为若干模块，对每个模块进行单元测试、集成测试以及系统测试，然后统一对模块进行集成测试。事实上，这里已经提出了"探索式软件测试"的概念，在本书第 3 章会详细介绍探索式测试。

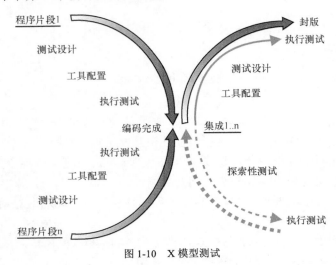

图 1-10　X 模型测试

1.1.5　软件测试方法

软件测试方法见表 1-1。

表 1-1　　　　　　　　　　　　　　软件测试方法

	白盒	黑盒
动态	利用 KDE 的调试功能逐步调试程序，进行软件测试	通过人工或者自动方法进行软件测试
静态	代码评审	对需求、设计等文档进行审核

代码评审中有一个部分是对编码规范的检查。另外，代码评审可以通过人工的方式来实现，也可以借助代码评审工具，如在本书第二篇 7.1.1 节"普通软件测试工具推荐"提及的 Checkstyle、Findbugs、PMD、Android Lint 等工具。

扩展阅读：阿丽亚娜五型运载火箭的爆炸-代码静态测试的重要性

程序员在编程的时候必须定义程序用到的变量，以及这些变量所需的计算机内存，这些内存用比特位来定义，如 int16、int32、double、float 等。

一个 16 位的整数变量可以代表-32.768 到 32.767 中间的值。而一个 64 位的整数变量可以代表-9.223.372.036.854.775.808 到 9.223.372.036.854.775.807 中间的值。

1996 年 6 月 4 日上午 9 时 33 分 59 秒，随着 5、4、3、2、1、0 的倒计时，阿丽亚娜五型运载火箭的首次发射点火后，火箭开始偏离路线，最终被逼引爆自毁，整个过程只有短短的 30s。阿丽亚娜五型运载火箭是基于前一代四型火箭开发的。在四型火箭系统中，对一个水平速率的测量值使用了 16 位的变量及内存，因为在四型火箭系统中反复验证过，这一值不会超过 16 位的变量，而五型火箭的开发工程师简单复制了这部分程序，而没有对新火箭进行数值的验证，结果发生了致命的数值溢出。发射后这个 64 位带小数点的变量被转换成 16 位不带小数点的变量，引发了一系列的错误，从而影响了火箭上所有的计算机和硬件，瘫痪了整个系统，因而不得不选择自毁。

阿丽亚娜五型载火箭使用 Ada 语言开发，出问题的代码如下：

```
L_M_BV_32:=TBD.T_ENTIER_32S  ((1.0/C_M_LSB_BV) * (G_M_INFO_DERRIVE()));
if L_M_BV_32 >32767 then
P_M_DERIVE(T_ALG.E_BV) :=16#7FFF#;
elseif L_M_BV_32 <-32767 then
P_M_DERIVE(T_ALG.E_BV) :=16#8000#;
else
P_M_DERIVE(T_ALG.E_BV):=UC_16S_EN_16NS(TDB.T_ENTIER_16S(L_M_BV_32));
end if;
P_M_DERIVE(T_ALG.E_BH):=UC_16S_EN_16NS(TDB.T_ENTIER_16S(1.0/C_M_LSB_BH)*G_M_INFO_DRIVER(T_ALG.E_GH)));
```

在这个代码中导致最终问题的是最后一句。在这一段语句中共有 7 个变量运算符出现了问题，仅有 4 个做了异常处理的保护，而其他 3 个没有进行。但是这也是由于运行的机器 SRI 计算机中设定最大负荷目标值为 80%，如果要进行异常处理，计算机的 CPU 要处理的代码会增多。

教训：软件设计和 Code Review 的重要性。另外阿丽亚娜五型运载火箭在倒计时阶段、飞行阶段以及进入轨道阶段都未经过测试验证。

1.1.6　软件测试步骤

图 1-11 描述了软件测试步骤，具体如下。

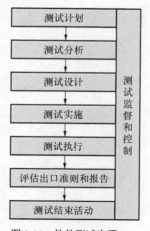

图 1-11　软件测试步骤

（1）软件测试计划。

（2）软件测试分析。

（3）软件测试设计。

（4）软件测试实施。

（5）软件测试执行。

（6）评估出口准则和报告。

（7）软件测试结束活动。

具体内容读者可以参见参考文献【13】第二章进行更深入的学习。

1.1.7　软件缺陷管理

1. 缺陷管理流程

根据 SEI TSP 国际标准，缺陷管理流程可以定义如下。

研发计算机必须分为开发机、测试机和发布机。开发工作在开发机上进行，软件测试工作（系统测试）在测试机上运行，最后产品验收和运行在发布机上运行，发布机器可能在客户处。

（1）每轮测试开始，开发部门提出本次测试重点，开发机上的版本同步到软件测试机上（或通过配置管理工具实现同步）。

（2）软件测试工程师进行冒烟软件测试，如果冒烟测试没有通过，则退回给开发部门，等待开发部门重新提交软件测试任务，返回第（1）步。

（3）冒烟测试通过，测试工程师继续执行测试活动，包括传统正规测试和基于经验的测试，如探索式软件测试等。发现 Bug，记录在缺陷管理工具中。

（4）开发工程师修改被确认的 Bug（状态为 Assigned）。

（5）当软件测试工程师认为软件测试结束，大部分 Bug 都发现完毕，开发机上版本再一次同步到软件测试机上。

（6）软件测试工程师对 Bug 进行复测，如果问题仍旧存在，则标记为 Reopen，否则标记为 Closed。此时还要对以前测试过的功能进行回归测试。

（7）开发工程师对于 Reopen 的缺陷进行修改。

（8）当一轮软件测试达到出口标准，软件测试机上的版本同步到发布机上，软件测试任务完成；否则返回第（5）步。

在本书第三篇第 13.9 节"软件缺陷管理流程"会给出更为详细的描述。

2. 缺陷严重等级

由于采用的缺陷管理工具不同，缺陷严重等级的级别也会有差异。

Blocker：（阻碍的）

➢ 阻碍开发和/或软件测试工作，冒烟测试没有通过，不能进行正常的软件测试工作。

Critical：（紧急的）

> ➢ 系统无法测试，或者系统无法继续操作，应用系统异常中止。
> ➢ 对操作系统造成严重影响，系统死机，被测程序挂起，不响应等情况。
> ➢ 造成重大安全隐患情况，如机密性数据的泄密。
> ➢ 功能没有实现，无法进行某一功能操作，影响系统使用。

Major：（重大的）

> ➢ 功能基本上能实现，但在特定情况下导致功能失败。
> ➢ 导致输出的数据错误，如：数据内容出错、格式错误、无法打开。
> ➢ 导致其他功能模块无法正常执行。
> ➢ 功能不完整或者功能实现不正确。
> ➢ 导致数据最终操作结果错误。

Normal：（普通的）

> ➢ 功能部分失败，对整体功能的实现基本不造成影响。

Minor：（较小的）

> ➢ 链接错误、系统出错提示或没有捕获系统出错信息、数据的重要操作（增删查改）没有提示、出现频率极低，会对功能实现造成非致命性的影响。

Trivial：（外观的）

> ➢ 产品外观上的问题或一些不影响使用的小毛病，如菜单或对话框中的文字拼写或字体问题等。

Enhancement（改进的）

> ➢ 对系统产品的建议或意见。

3. 缺陷修改优先级

由于缺陷管理工具的差异，缺陷修改优先级别也会有差异。

P5：严重级别比较高，影响软件测试进行或者系统无法继续操作。

P4：对系统操作有影响，但不需要马上修改。

P3：页面缺陷（不属于定义的缺陷范围）或者建议。

P2：准备在下一轮软件测试前修改完毕。

P1：准备在下一版本中修改。

4. 缺陷书写规则

缺陷编号：【一般缺陷管理工具自动生成】

缺陷简要描述：【一句话描述】

发现者：【一般从下拉框中选择】

修改者：【一般从下拉框中选择】

最早发现所在版本号：【一般从下拉框中选择】

最早发现日期：【一般由日期框选择】

> 最早修改日期：【一般由日期框选择】
>
> 缺陷当前所在模块：【一般从下拉框中选择】
>
> 缺陷当前状态：【一般系统自动生成】
>
> 缺陷发现时系统环境：【文本框输入或者下拉框选择】
>
> 缺陷重现步骤：【由缺陷发现者填写】
>
> 实际得到结果：【由缺陷发现者填写】
>
> 期望得到结果：【由缺陷发现者填写】
>
> 修复描述：【由缺陷修复者填写】
>
> 相关文件：【由缺陷发现者填写】
>
> 延迟/不修改/修复/回退原因说明：【由缺陷负责人填写】
>
> 历史信息：【由缺陷管理系统自动生成，包括状态迁移，所经过的人，各阶段描述等信息】
>
> 附件：【由缺陷发现者上传文件】

关于缺陷管理工具将在本书第二篇第 10 章 "缺陷管理工具" 进行详细描述。

> **扩展阅读：世界上第一个 Bug**
>
> 　1947 年 9 月 9 日下午 3 点 45 分，Grace Murray Hopper 在她的记录本上记下了第一个计算机 Bug——在 Harvard Mark II 计算机里找到的一只飞蛾，她把飞蛾贴在日记本上，并写道 "First actual case of Bug being found"。这个发现奠定了 Bug 这个词在计算机世界的地位，变成无数程序员的噩梦。从那以后，Bug 这个词在计算机世界表示计算机程序中的错误或者疏漏，它们会使程序计算出莫名其妙的结果，甚至引起程序的崩溃。Grace Murray Hopper 是历史上最早一批程序员，而且还是个女程序员。
>
> 　Hopper 的记录连同那只飞蛾现在存在美国历史博物馆。

1.1.8　测试用例

1. 测试用例格式

测试用例格式见表 1-2。

表 1-2　　　　　　　　　　　　　　　　测试用例格式

编号	Chinafi_***_XXX		
前置条件			
说明			
项目编号	测试步骤	期待结果	概要说明
1	1		

续表

项目编号	测试步骤	期待结果	概要说明
1	2		
	3		
	4		
	5		
2	1		
	2		
	3		
	4		
	5		
	6		
	7		
	8		
	9		

- 编号："Chinafi_"+***+"_"+XXX。
  - ➢ Chinafi：固定的开始字符。
  - ➢ ***：模块名。
  - ➢ XXX：3 位 0~9 的数字。
- 前置条件：完成此项测试，需要达到的前提条件。如测试登录，前置条件为注册的基本功能必须实现。
- 说明：测试项目的描述。
- 项目编号：一个测试中可包括几个项目，每个项目的编号。
- 测试步骤：完成测试的具体步骤描述。
- 期待结果：对于一些重要步骤的页面期待的显示结果，每一项最后一步的期待结果是必须书写的。
- 概要说明：对于测试过程中的一些说明注解。

2. 测试用例案例

案例 1-4：测试用例的书写。

环境：浏览器、Web 服务器（Tomcat）、MySQL 数据库。

需求：一个表单信息，用于网站用户注册个人信息，主要包括姓名、登录名、密码（大于 5 个字符，必须包含数字和特殊字符）、确认密码、Email 信息、手机、地址，其中登录名、密码、确认密码、Email 信息是必填的，其他信息可以选填。请根据需求书写测试用例（不考虑长度测试）。用户注册界面如图 1-12 所示，用户注册测试用例见表 1-3。

图 1-12　用户注册界面

表 1-3 　　　　　　　　　　　　　用户注册测试用例

编号	zmn_reg_002		
前置条件	注册模块冒烟测试通过		
说明	测试系统注册功能		
项目编号	测试步骤	期待结果	概要说明
1	1．进入系统		
	2．点击"注册"链接		
	3．对所有输入项输入正确的信息		
	4．单击【注册】键	注册成功，查看数据库中数据正确，并且能够正常登录	
2	1．进入系统		
	2．点击"注册"链接		
	3．输入已经存在的用户名	系统提示，该用户名已经被注册	
3	1．进入系统		
	2．点击"注册"链接		
	3．密码不包含数字和特殊字符	系统提示，密码必须包含数字和特殊字符	
4	1．进入系统		
	2．点击"注册"链接		
	3．密码不包含特殊字符	系统提示，密码必须包含数字和特殊字符	
5	1．进入系统		
	2．点击"注册"链接		
	3．密码不包含数字	系统提示，密码必须包含数字和特殊字符	
6	1．进入系统		
	2．点击"注册"链接		
	3．密码与确认密码不匹配	系统提示，密码与确认密码不匹配	

续表

项目编号	测试步骤	期待结果	概要说明
7	1．进入系统		
	2．点击"注册"链接		
	3．输入非法格式的 Email	系统提示，Email 格式非法	
8	1．进入系统		
	2．点击"注册"链接		
	3．输入非法格式的手机号码	系统提示，非法号码	
9	1．进入系统		
	2．点击"注册"链接		
	3．单击【注册】键	系统提示，登录名、密码、确认密码、Email 为必填项，用红色字显示	
10	1．进入系统		
	2．点击"注册"链接		
	3．对所有输入项输入正确的信息		
	4．单击【注册】键	注册成功，查看数据库中数据正确，并且能够正常登录	
	5．单击浏览器上的【刷新】键	注册信息没有被再次提交，并且显示友好信息给用户	
11	1．进入系统		
	2．点击"注册"链接		
	3．试图对某一到多个字段进行 XSS 注入		注入信息方法和验证查看《安全测试手册》
	4．单击【注册】键	注入失败	
12	1．进入系统		
	2．点击"注册"链接		
	3．试图对某一到多个字段进行 SQL 注入		
	4．单击【注册】键	注入失败	注入信息方法和验证查看《安全测试手册》

当然，要写好测试用例，首先要学好如何进行测试设计，后续章节中会进行详细介绍。

1.1.9 软件测试类型

关于软件测试类型，可以参照 ISO 225000（替代 ISO 9126）软件质量模型，如图 1-13 所示。

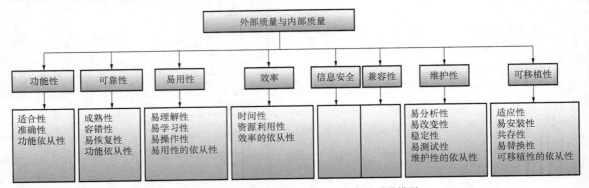

图 1-13 ISO225000（替代 ISO 9126）软件质量模型

1. 功能测试

功能测试对测试对象侧重于所有可直接追踪到用例或业务功能和业务规则的软件测试需求。这种软件测试的目标是核实数据的接收、处理和检索是否正确，以及业务规则的实施是否恰当。此类软件测试可以通过黑盒测试技术或白盒测试技术来实现，该技术通过图形用户界面（GUI）或其他方式与应用程序进行交互，并对交互的输出或结果进行分析，以此核实应用程序及其内部功能。

案例 1-5：功能测试。

图 1-14 所示是电子商务计价系统界面。随着电子商务网站越来越多，某些商品在节假日可以打折，会员可以享受会员价，购买物品达到一定数量或金额后，也可以打折或者免运费。这些条件给计价系统的准确性带来很复杂的功能，软件测试工程师应该设计好各种测试用例，来检测系统的功能。

商品类型	打折
电子	9.5
日用品	9.8
书籍	9.9
...	...

商品名	单件积分	市场价格	网站价格	优惠	数量
电脑包	1	￥256.00	￥200.00	￥56.00	1
洗衣粉	0	￥20.00	￥15.00	￥15.00	1
被套	2	￥300.00	￥275.00	￥25.00	1
移动硬盘	2	￥400.00	￥350.00	￥50.00	2
儿童折纸书	0	￥20.00	￥18.00	￥2.00	1

您共节省：￥98.00　商品总计：￥607.4

通过打折您又省去：￥52.6　　　结算

图 1-14 电子商务计价系统界面

2. 易用性测试（用户体验性测试）

易用性测试指的是在指定条件下使用时，软件产品被理解、学习、使用和吸引用户的能力。

● 这里的用户包括。

（1）操作人员。

（2）最终用户。

（3）受该软件的使用影响或者依赖于该软件的间接用户。

- 易用性质量特性。
  - ➤ 易理解性。
  - ➤ 易学性。
  - ➤ 易操作性。
  - ➤ 吸引性。
- 易用性测试采取技术。
  - ➤ 人工检查　审查或者评审。
  - ➤ 问卷调查　通过问卷调查方式得到用户使用软件的反馈。
  - ➤ 验证和确认　针对软件产品的实现，进行验证和确认。
  - ➤ A/B 软件测试法。

案例 1-6：易用性测试。

如图 1-15 所示，对于安卓系统卸载 APP 软件，必须进入设置界面，找到软件，再单击【卸载】按钮才可以卸载；而苹果系统只要在界面上长按 APP 软件图标 3s，点左上角的叉，即可删除。由此可见，苹果系统的卸载 APP 的软件易用性明显优于安卓系统。另外，现在我们给易用性测试起了一个更好听的名字，叫"软件用户体验性测试"。

图 1-15　安卓系统与苹果系统的卸载 APP 功能

3. 可靠性测试

可靠性测试的目的之一是对软件成熟度在时间上的统计度量指标进行监控，并将其与既定目标比较。可靠性对应 3 个指标，如图 1-16 所示。

（1）平均失效间隔时间 MTBF（这次失效到下次失效的时间）。

（2）平均修复时间 MTTR（本次失效修复的时间）。

（3）平均失效前时间 MTTF（修复完毕到下次失效的时间）。

通过图 1-16 所示，可以看出：MTBF＝MTTR＋MTTF。

另外，可靠性失效指标的一般公式：可靠性失效指标=MTTR/MTBF×100%

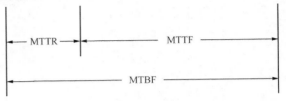

图 1-16　软件可靠性

案例 1-7：电信系统软件的可靠性。

在电信领域，可靠性失效指标要达到著名的 5 个 9，即 99.999%，也就是说一年中允许设备故障的时间为：365×（1−99.999%）天=8760×（1−99.999%）小时=525600×（1−99.999%）分钟=5.256 分钟。

4．性能测试

性能测试的类型比较多，这里主要考虑以下 3 种类型。

（1）**基本性能测试**：正常情况下软件的响应速度。

（2）**负载测试（LOAD 测试）**：通过增加负载（一般为并发用户或数据库容量）来评估组件或系统性能的软件测试方法。

测试方法：以一定的负载作为起点，观察系统吞吐率，不断加大负载个数，直到吞吐率达到饱和，这时负载为该产品这个功能的最大负载。

（3）**压力测试**：评估系统处于一定的负载下（最大负载乘以一定百分比），让系统运行一段时间，观察系统各项指标是否正常。

案例 1-8：Web 系统的性能测试。

在 Web 页面对用户登录功能进行负载测试，获取最大负载数，并以最大负载的 80%，持续运行 48 小时进行压力测试，观察系统各项指标是否正常运行。

关于性能测试，本篇第 5.1 节将会详细讲解。

5．安全性测试

软件安全性包括功能安全性和信息安全性，本节只考虑信息安全性。

信息安全性：指的是软件产品保护信息和数据的能力，及未授权的人员或者系统不能阅读或者修改这些信息和数据，而不拒绝授权人员或者系统对它们进行访问。信息安全性测试的关注点：

● 对应用程序/数据进行未授权的复制；

● 未授权的访问控制；

● 出入域溢出导致的缓存区溢出；

● 服务拒绝，阻止用户与应用程序的交互；

● 在网络上窃听数据传输获取敏感信息；

● 破解保护敏感信息的加密代码；

● 逻辑炸弹/复活节彩蛋。

信息安全性分类：

● 与用户接口相关；

- 与文件系统相关；
- 与操作系统相关；
- 与外部软件相关。

信息安全性测试方法：

- 使用工具创建系统概况或网络图；
- 使用多种工具进行漏洞扫描；
- 获得信息研制"攻击方案"；
- 根据安全专家（白帽子黑客）的建议进行多种攻击。

案例 1-9：黑客侵入。

某公司开发一套网上答题系统，题目均为单项选择题，可以选择 A、B、C、D 中的任意一项，每一周评选最高得分者，可以在电视节目中参加一个益智类的栏目。为了防止网友对所有题选择某个相同的答案（如对所有题都选择 D），或者有规律的选择（如选题都是 A、C、D、B、A、C、D、B…）在前端 JavaScript 程序里做了控制：如果连续 5 次选择同一个答案或者有规律地选择的答题者将被答题系统自动踢出。该程序经过严格测试后上线使用。可是，上线不到 4 周，发现每周最高得分者均为一个姓张的先生，查看其答案，竟然所有题目都答成 B，这让开发工程师感到很奇怪。两周后，公司的开发经理在网站群聊中找到这位张先生，张先生告诉开发经理，系统在前端 JavaScript 做了控制，但是在后端 JavaBean 中没进行控制，所以他自己写了个程序绕过前端，这个程序是一个死循环，7×24 小时一直发送答案 B 给后端系统。

案例 1-10：XSS 注入。

如果没有对 HTML 特殊字符进行处理（HTML 特殊字符见附录 A），在浏览页面时会运行 JavaScript 代码，如果输入的 JavaScript 代码具有恶意获得用户信息的功能，就会产生安全问题，如输入："<script type="text/javascript">var sys = getBrowserInfo();document.write (sys.browser + "的版本是:" + sys.ver);</script>"，页面在显示时就会把用户当前的浏览器版本和型号都显示出来。这样，黑客就可以根据获取的信息采取进一步攻击。

案例 1-11：SQL 注入。

SQL 注入比 XSS 注入更加危险。下面的例子可以造成用户不注册就能登录系统：下面是登录系统的 SQL 语句：select count(*) from user where name='$name' and password='$password'。上面是用户登录的 SQL 语句，如果 count(*)不为零，用户即可进入系统。$name，$password 为用户在界面中输入的值，这里作为一个变量存储。$name 可以任意输入，如输入"Jerry"，$password 输入类似于"2222' or 1=1;-- '"，由于这样 SQL 语句变为 select count(*) from user where name='Jerry' and password='2222' or 1=1;-- '，where 语句后的条件永远为真，所以判断语句 count(*)一定不为零。

6. 相容性测试

相容性测试又称兼容性测试，指的是软件产品与一个或者多个规定的系统之间进行交互的能力。该项测试用于验证软件产品或者应用程序在各种指定的目标环境下是否可以正常工作，主要包括：

（1）硬件；

（2）软件；

（3）中间件；

（4）操作系统；

（5）其他。

兼容性测试包括：输入的兼容性、输出的兼容性以及自适应性。

案例 1-12：设备接口兼容性。

某些设备厂商生产出的产品需要被其他厂商调用，或者调用其他厂商的接口。在这些厂商中，北向接口与南向接口经常被提及。北向接口和南向接口如图 1-17 所示。

- 北向接口：我的设备使用其他设备的功能，这个接口为北向接口。

- 南向接口：其他设备使用我的设备的功能，这个接口为南向接口。

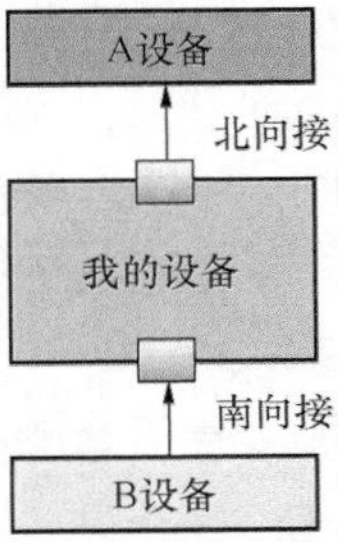

可以看出，如果用单元测试做一个比喻，北向接口设备相当于驱动函数，而南向接口设备相当于桩函数。

案例 1-13：屏幕分辨率测试。

屏幕分辨率测试属于兼容性测试的范畴，要求测试在不同屏幕分辨率下。界面的美观程度，可分为 800×600、1024×768、1152×864、1280×768、1280×1024、1200×1600 等，不同字号下的测试。

图 1-17　北向接口和南向接口

7. 可移植性测试

可移植性测试通常和软件移植到某个特定的运行环境中的难易程度相关，包括第一次建立或从现有环境移植到另一个环境。这种测试类型包括：

（1）可安装性测试；

（2）适应性测试；

（3）可替换性测试。

案例 1-14：网络设备移植测试。

某软件从网络设备 A 移植到网络设备 B 中，发生了错误。后经过排查，结论是网络设备 A 的 IP 地址用的是用户地址序列（高位在前，低位在后）。而网络设备 B 的 IP 地址用的是网络地址序列（低位在前，高位在后）。如 IP 地址是 192.168.0.8，转化为十六进制为 C0.A8.00.08，在设备 A 上是用户地址序列为 C0A80008。在设备 B 上是网络地址序列为 0800A8C0。

故障转移和恢复测试属于可移植性测试范畴，它可确保软件测试对象能成功完成故障转移，并能从意外数据损失或数据完整性破坏的各种硬件、软件或网络故障中恢复。

- **故障转移测试**可确保对于必须持续运行的系统，一旦发生故障，备用系统就将不失时机地"顶替"发生故障的系统，以避免丢失任何数据或事务。

- **恢复测试**是一种对抗型测试过程。在这种软件测试中，将把应用程序或系统置于极端（或者是模拟的极端）的条件下，使其产生故障（如设备输入/输出 （I/O）故障或无效的数据库指针和关键字）。然后调用恢复进程，并监测和检查应用程序和系统，核实应用程序或系统以及数据已得到正确恢复。

安装、卸载测试也属于移植性测试，安装测试有两个检查点。

（1）确保该软件在正常情况和异常情况的不同条件下（如进行首次安装、升级、完整的或自定义的安装）都能进行安装。异常情况包括磁盘空间不足、缺少目录创建权限等。

（2）核实软件在安装后可立即正常运行。

卸载测试有 4 个检查点：

（1）卸载是否正常、卸载后的软件是否能够运行；

（2）核实卸载软件的数据与文件都删除干净；

（3）卸载后的软件重新安装是没有问题的；

（4）卸载后的软件不影响其他软件的工作。

8. 可维护性测试

可维护性测试指的是软件产品可被修改的能力，包括纠正、改进或者软件对环境、需求和功能规格说明变化的适应能力。

案例 1-15：代码可维护性测试。

某公司生产了 ERP 产品给 A 企业，3 年后由于公司 ERP 流程发生变化，需要在原来基础上进行更新，但是由于 3 年来近一半的开发工程师发生了变动，代码注释又不规范，给新功能开发带来很大困难，这就产生了代码可维护性的问题。为了解决这个问题，软件工程师把代码进行了如下优化，如图 1-18 所示。

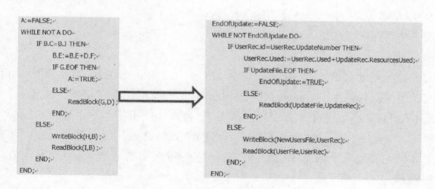

图 1-18　代码的可维护性

要做好代码的可维护性，最好是在编码后期做好严格的代码审核（Code Review）工作。

案例 1-16：产品的可测试性。

某 B/S 产品决定采用 WebDriver 进行测试，由于 HTML 代码中的元素都没有 id、name 或者 class 属性，如：

```
<input type="button" value="点击">
```

如果采用手工测试，是没有关系的，但是采用自动化测试，就带来很大困难，于是把 HTML 代码改为：

```
<input type="button" value="点击" name="click" id="my_click">
```

关于 WebDriver 的介绍参看本书第二篇第 11.2 节 "Selenium 和 WebDriver 工具入门"介绍。

在软件测试工作中除了关注 ISO 22500 标准外，我们还经常用到以下测试方法。

9. 数据和数据库完整性测试

在项目名称中，数据库和数据库进程应该作为一个子系统来进行软件测试。测试这些子系统时，不应将测试对象的用户界面用作数据的接口。对于数据库管理系统（DBMS），需要进行深入研究，以确定可以支持以下测试的工具和技术。数据库测试包括以下几个方面。

- 数据库设计测试。
- SQL 代码规范测试：可使用工具为 SQL BPA。
- SQL 语句效率测试。
- SQL 语句兼容性测试：SQL 语句标准 FIPS 127-2，基于 SQL-92 标准。

扩展阅读：FIPS 标准和 SQL-92 标准

1. FIPS 标准

FIPS（Federal Information Processing Standards）即（美国）联邦信息处理标准。它是批准技术与标准国家协会 （National Institute of Standards and Technology），为联邦计算机系统制定标准和指南。

2. SQL-92 标准

SQL-92，是数据库的一个 ANSI/ISO 标准。

SQL92 标准有 4 个层次

- 入门级

这是大多数开发商符合的级别。这一级只是对前一个标准 SQL89 稍做修改。所有数据库开发商都不会有更高的级别，实际上，美国国家标准和技术协会 NIST（National Institute of Standards and Technology，这是一家专门检验 SQL 合规性的机构）除了验证入门级外，甚至不做其他的验证。Oracle 7.0 于 1993 年通过了 NIST 的 SQL92 入门级合规性验证，那时我也是小组中的一个成员。如果一个数据库符合入门级，它的特性集则是 Oracle 7.0 的一个功能子集。

- **过渡级**

这一级在特性集方面大致介于入门级和中间级之间。

- **中间级**

这一级增加了许多特性，包括（以下所列并不完整）：

➤ 动态 SQL；

➤ 级联 DELETE 以保证引用完整性；

➤ DATE 和 TIME 数据类型；

> ➤ 域；
> ➤ 变长字符串；
> ➤ CASE 表达式；
> ➤ 数据类型之间的 CAST 函数。
>
> ● **完备级**
>
> 增加了以下特性（同样，这个列表也不完整）：
> ➤ 连接管理；
> ➤ BIT 串数据类型；
> ➤ 可延迟的完整性约束；
> ➤ FROM 子句中的导出表；
> ➤ CHECK 子句中的子查询；
> ➤ 临时表。
>
> 入门级标准不包括诸如外联结（outer join）和新的内联结（inner join）语法等特性。过渡级则指定了外联结语法和内联结语法。中间级增加了更多的特性，当然，完备级就是 SQL-92 全部。有关 SQL-92 的大部分书都没有区别这些级别，这就会带来混淆。这些书只是说明了一个完整实现 SQL-92 的理论数据库会是什么样子。所以无论你拿起哪一本书，都无法将书中所学直接应用到任何 SQL-92 数据库上。关键是，SQL-92 最多只达到入门级，如果你使用了中间级或更高级里的特性，就存在无法"移植"应用的风险。

10. 本地化测试

本地化测试是指为各个地方开发产品的软件测试，如英文版、中文版等，包括程序是否能够正常运行，界面是否符合当地习俗，快捷键是否正常起作用等，特别要测试在 A 语言操作系统环境下运行 B 语言软件（如在英文版的 Windows 操作系统下试图运行中文版的程序），运行是否正常。

11. 文字测试

文字测试主要测试文字是否拼写正确、是否易懂、不存在二义性、没有语法错误；文字与内容（包括图片、文字）是否有出入等。

12. 发布测试

主要在产品发布前对一些附带产品，如说明书、广告稿等进行软件测试。发布测试在验收测试中进行。

说明书测试

说明书测试主要为语言检查、功能检查、图片检查。

● 语言检查：检查说明书语言是否正确，用词是否易于理解。
● 功能检查：功能是否描述完全，或者描述了并没有的功能等。
● 图片检查：检查图片是否正确。

宣传材料测试

主要测试软件产品中附带的宣传材料中的语言、描述功能、图片。

产品说明书的测试

产品说明书是用户（特别是一些新用户）了解产品的一个有力工具。所以，软件测试工程师应该对产品说明书中的每一条功能进行严格核实。除此之外，还应从用户的角度思考，考虑是否将注意事项告诉了用户，产品说明书是否便于阅读，产品说明书的书写逻辑是否合理以及说明书中章节的前后顺序是否需要进行调整。

产品广告

产品广告往往是由市场人员为了推销产品而书写的，对于广告中提及的功能，我们要与市场和销售人员进行及时沟通，弄清楚每条语句是在哪个模块的哪个功能点上实现的，然后在产品上具体操作一下，看是否是那么一回事。广告具有一定的夸大性，这在所难免。但是，对于夸大过份的内容，软件测试工程师有提出修改建议的责任。

1.1.10　软件测试曲线

众所周知软件的 Bug 不可能为零，但一般随着时间的推移，Bug 数逼近于零。软件测试曲线如图 1-19 所示。

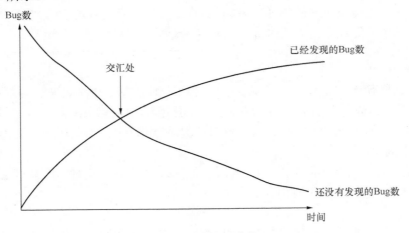

图 1-19　软件测试曲线

这里，横坐标是时间，纵坐标是还没有发现的 Bug 数。项目开始前，Bug 为无穷大，随着时间的推移，Bug 趋于零，但是不会等于零。

另外一条曲线的横坐标是时间，纵坐标是已经发现的 Bug 数。项目开始前，Bug 为零，随着时间的推移，Bug 趋于一个固定值，但是不会等于这个值。

一般来说，两条曲线的交汇处为产品发布的最好时候，避免过度软件测试，也避免软件测试不够。

1.1.11 软件的杀虫剂现象

由于每个软件测试工程师的思路不同，测试的侧重点也可能不同，所以，不同的测试工程师即使执行相同的测试用例，发现的 Bug 也可能不同。例如，A 测试某个模块，第一天到第四天测到许多 Bug，但是从第五天开始几乎报不出 Bug 了。第七天换了 B，B 又测试出许多 Bug，但不能简单地说 A 的水平差，B 的水平高。其实，这是由于 A 对这个模块产生了抗药性造成的，这就是软件测试学中的杀虫剂现象，可用图 1-20 表示。

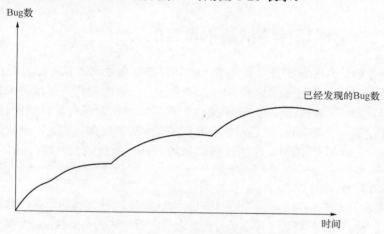

图 1-20　软件测试的杀虫剂现象

为避免杀虫剂现象，建议每次进行轮流测试，最好安排不同的工程师进行不同模块的测试工作。

案例 1-17：根据软件杀虫剂现象进行测试计划调整。

某软件项目有测试员甲、乙、丙、丁 4 人，项目模块为 A、B、C、D、E、F、G 七个模块，测试周期为 3 周，为了避免软件杀虫剂现象，测试经理做了分工，见表 1-4。这样保证了每一个模块至少有两个人经过测试。

表 1-4　　　　　　　　　　　工作任务的分工

	甲	乙	丙	丁
第一周	A、C	B	D、E、G	F
第二周	B	A、C	F	D、E、G
第三周	D、E、G	F	A、C	B

1.2　软件测试的七项基本原则

下面是业界公认的软件测试的七项原则。

1.2.1　原则 1：软件测试显示存在缺陷

软件测试可以显示软件中存在缺陷，但不能证明软件不存在缺陷。软件测试可以减少软件中存在未被发现缺陷的可能性，但即使软件测试没有发现任何缺陷，也不能证明软件或系统是完全正确的。软件中到底存在多少缺陷，谁也不知道。软件测试的目的是尽可能发现更多的缺陷。此外，有些缺陷是不影响使用的，所以在考虑时间和成本上可以不必修改，从而防止过度测试带来对资源的浪费。

1.2.2　原则 2：穷尽软件测试是不可行的

进行完全（各种输入和前提条件的组合）的软件测试是不可行的。通过运用风险分析和不同系统功能的软件测试优先级，确定软件测试的关注点，从而替代穷尽软件测试。穷尽软件测试真正的意思是，在软件测试完毕后，软件测试工程师知道在系统里没有残留任何未知的 Bug。因为如果有未知的 Bug，那么就可以通过做更多的软件测试找到他们，这样软件测试也就还没有穷尽。因为零缺陷的软件是不存在的，所以穷尽的软件测试也是不可行的。

扩展阅读：Good enough 原则

软件测试的原则是 Good-enough 原则：这是一种权衡投入/产出比的原则，测试既不要不充分，也不要过分，不充分和过分都是一种不负责任的表现，当然达到 Good enough 是一种理想状态。

1.2.3　原则 3：软件测试尽早介入

为了尽早发现缺陷，在软件或系统开发生命周期中，软件测试活动应该尽可能早地介入，并且也应该将关注点放在已经定义的软件测试目标上。在软件测试的各个阶段，软件测试最好在需求分析期间就介入进去，一方面可以尽早发现缺陷，另一方面可以尽早掌握产品的需求和设计，为更好地进行测试做好准备。请参考 1.1.4 节介绍的 W 软件测试模型。

1.2.4　原则 4：缺陷集群性

软件测试工作的分配比例应该与预期的和后期观察到的缺陷分布模块相适应。少数模块通常包含大部分在软件测试版本中发现的缺陷或失效。这个符合 80-20 原则，即 80%的缺陷发生在 20%的模块中。造成这种现象的可能性如下：
- 该模块功能比较复杂；
- 实现该功能模块的开发工程师水平比较低；
- 其他原因。

　　James Whittaker 等著的《探索式软件测试》书中提到对软件灾难区进行重点测试也是基于这点考虑的。

案例 1-18：缺陷集群性。

产品项目同案例 1-17，根据前两周的测试，总结出来的缺陷报告如下：

	A	B	C	D	E	F	G
高	1	0	0	2	0	0	0
中	2	3	2	6	1	4	2
低	6	4	4	14	3	1	2
合计	17	13	10	42	6	13	8

⚠ 注：合计=高级别个数×5+中级别个数×3+低级别个数×1

　　由此可见，模块 D 的缺陷是最多的，其次为模块 A，然后是模块 B，模块 F 和模块 C，模块 E 和模块 G 相对缺陷比较少。根据缺陷集群性，测试经理调整第三周的测试任务如下：

甲	乙	丙	丁
A、D、C、E	D、B、F	D、B、F、G	A、F、C

1.2.5　原则 5：杀虫剂悖论

　　采用同样的测试用例多次重复进行测试，最后将不再发现新的缺陷。为了克服这种"杀虫剂悖论"，测试用例需要进行定期评审和修改，同时需要不断增加新的不同的测试用例，来测试软件或系统的不同部分，从而发现更多的潜在缺陷。具体可以参见 1.1.11 节中关于杀虫剂现象的描述。

1.2.6　原则 6：软件测试活动依赖于软件测试背景

　　针对不同的软件测试背景，进行不同的软件测试活动。比如，对通信系统的软件进行软件测试，与对嵌入式机顶盒系统软件的软件测试的方法是不一样的。

1.2.7　原则 7：不存在缺陷（即有用系统）的谬论

　　假如系统无法使用，或者系统不能完成客户的需求和期望，发现和修改缺陷是没有任何意义的。

1.3　验证与确认的区别

　　（1）"验证（Verification）"的含义是通过提供客观证据对规定要求已得到满足的认定，它要查明工作产品或方法是否恰当地反映了规定的要求。验证要保证"Do thing right"。也就是说，"验证要用数据证明我们是不是在正确地制造产品"。

（2）"确认（Validation）"的含义是通过提供客观证据对特定的预期用途或应用要求已得到满足的认定，它要证明所提供的（或将要提供的）产品或方法适合其预计的用途。确认要保证"Do right thing"。也就是说，"确认就是要用数据证明我们是不是制造了正确的产品"。

（3）"验证"和"确认"之间的区别和联系："验证"和"确认"都是认定。但是，"验证"表明的是满足规定要求，而"确认"表明的是满足预期用途或应用要求。简单说，"确认"就是检查最终产品是否达到用户使用要求。

ISO 9000 对确认和验证的定义分别如下。

● 确认：通过检查和提供客观证据，来证实特定的目的功能或应用已经实现。

● 验证：通过检查和提供客观证据，来证实指定的需求是否已经满足。

下面通过图 1-21 和图 1-22，加深对这两个概念的理解。

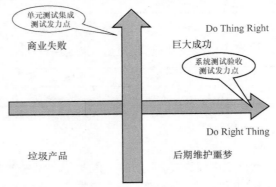

图 1-21　验证与确认区别（一）

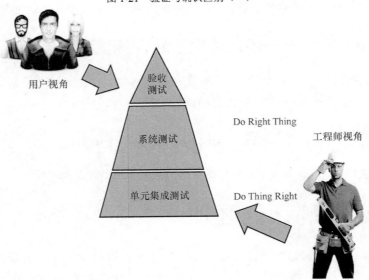

图 1-22　验证与确认区别（二）

1.4 本章总结

1.4.1 介绍内容

- 软件测试的基本理论。
  - ➢ 软件测试的定义。
  - ➢ 软件测试术语。
    - ✓ 冒烟测试。
    - ✓ 回归测试。
    - ✓ 白盒测试。
    - ✓ 黑盒测试。
    - ✓ 单元测试。
    - ✓ 集成测试。
    - ✓ 系统测试。
    - ✓ 验收测试。
    - ✓ Alpha 测试。
    - ✓ Beta 测试。
    - ✓ 静态测试。
    - ✓ 动态测试。
  - ➢ 软件工程模型。
    - ✓ 瀑布模型。
    - ✓ 迭代模型和螺旋模型。
  - ➢ 软件测试模型。
    - ✓ V 模型。
    - ✓ W 模型。
    - ✓ X 模型。
  - ➢ 软件测试方法。
  - ➢ 软件测试步骤。
  - ➢ 软件缺陷管理。
  - ➢ 测试用例。
  - ➢ 软件测试类型。
    - ✓ 功能测试。
    - ✓ 易用性测试（用户体验性测试）。

- ✓ 可靠性测试。
- ✓ 性能测试。
- ✓ 安全性测试。
- ✓ 相容性测试。
- ✓ 可移植性测试。
- ✓ 可维护性测试。
- ✓ 数据与数据库完整性测试。
- ✓ 本地化测试。
- ✓ 文字测试。
- ✓ 发布测试。
  - ➢ 软件测试曲线。
  - ➢ 软件的杀虫剂现象。
- ● 软件测试的七条基本原则。
  - ➢ 原则 1：软件测试显示存在缺陷。
  - ➢ 原则 2：穷尽软件测试是不可行的。
  - ➢ 原则 3：软件测试尽早介入。
  - ➢ 原则 4：缺陷集群性。
  - ➢ 原则 5：杀虫剂悖论。
  - ➢ 原则 6：软件测试活动依赖于软件测试背景。
  - ➢ 原则 7：不存在缺陷（即有用系统）的谬论。
- ● 验证（Verification）与确认（Validation）的区别。

1.4.2 案例

案例	所在章节
案例 1-1：函数级别黑盒测试	1.1.2-4 黑盒测试（Black Box Testing）
案例 1-2：单元测试	1.1.2-5 单元测试（Unit Testing）
案例 1-3：集成测试	1.1.2-6 集成测试（Integration Testing）
案例 1-4：测试用例的书写	1.1.8-2 测试用例案例
案例 1-5：功能测试	1.1.9-1 功能测试
案例 1-6：易用性测试	1.1.9-2 易用性测试（用户体验性测试）
案例 1-7：电信系统软件的可靠性	1.1.9-3 可靠性测试
案例 1-8：Web 系统的性能测试	1.1.9-4 性能测试
案例 1-9：黑客侵入	1.1.9-5 安全性测试

续表

案例	所在章节
案例 1-10：XSS 注入	1.1.9-5 安全性测试
案例 1-11：SQL 注入	1.1.9-5 安全性测试
案例 1-12：设备接口兼容性	1.1.9-6 兼容性测试
案例 1-13：屏幕分辨率测试	1.1.9-6 兼容性测试
案例 1-14：网络设备移植测试	1.1.9-7 可移植性测试
案例 1-15：代码可维护性测试	1.1.9-8 可维护性测试
案例 1-16：产品的可测试性	1.1.9-8 可维护性测试
案例 1-17：根据软件杀虫剂现象进行测试计划调整	1.1.11 软件的杀虫剂现象
案例 1-18：缺陷集群性	1.2.4 原则 4：缺陷集群性

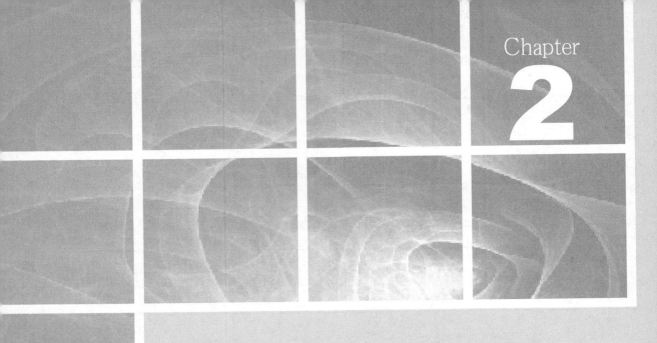

第 2 章

传统的软件测试的设计方法

从本章开始介绍软件测试的各种设计方法，这是学习软件测试的重要内容。

一般来说，软件测试设计方法分为 5 类：传统的黑盒测试方法、基于质量的测试方法、基于风险的测试方法、基于经验的测试方法以及白盒测试方法。本章主要介绍传统的黑盒测试方法和白盒测试方法，共分 7 节。

● 5 种黑盒测试方法如下。

    ➤ 等价类/边界值。

    ➤ 决策表。

    ➤ 状态转换图。

    ➤ 决策树。

    ➤ 正交法。

- 7 种白盒测试方法如下。
  - ➤ 语句覆盖。
  - ➤ 分支覆盖。
  - ➤ 条件覆盖。
  - ➤ 判定/条件覆盖。
  - ➤ MC/DC 覆盖。
  - ➤ 路径覆盖。
  - ➤ 控制流测试。
- 最后分析测试用例设计中几个错误观点。

基于质量的测试方法参看第 1.1.9 节软件测试类型，本书不再进行深入介绍；基于风险的测试方法将在第 4 章介绍；基于经验的测试方法将在第 3 章介绍。另外，关于软件测试的设计，读者可以参考参考文献【5】、【13】进行深入学习。

2.1 运用等价类/边界值设计测试用例

通过等价类/边界值法设计软件测试用例是测试用例设计的最基本的方法。这两种方法密不可分。下面先介绍"等价类分析法"。

2.1.1 等价类

等价类是指软件测试对象的某个参数输入域的子集合。在该子集合中，各个输入数据对于识别软件测试对象中的缺陷是等价的。只要测试等价类的某一个代表值，就可以认为覆盖了该等价类所有其他值的软件测试。

等价类的划分

是把软件测试对象的输入域划分成若干部分，然后从每一部分中选取少数具有代表性的数据，作为测试用例输入数据的测试用例设计技术。

等价类的两个假设

（1）软件测试对象等价类中任意一个代表值没有发现缺陷，则认为等价类内其他值也不能发现缺陷。比如等价类为【0～5】，如果测试数据 4 没有发现缺陷，那么测试数据 1 也不可能发现缺陷。

（2）软件测试对象等价类中任意一个代表值可以发现缺陷，则认为等价类内其他值也都可以发现缺陷。比如等价类为【0～5】，如果测试数据 4 发现缺陷，那么测试数据 1 也肯定能发现缺陷。

有效等价类与无效等价类

（1）有效等价类：对于软件测试对象而言，有效等价类指的是合理的、有意义的数据构成的集合。

（2）无效等价类：对于软件测试对象而言，无效等价类指的是不合理的、没有意义的数据构成的集合。

案例 2-1：等价类的分类。

通过表 2-1 来看各种类型的数据是如何通过等价类进行分类的。

表 2-1   等价类的设计法

	需求	有效等价类	无效等价类
连续的数字	【20.0～30.0】	（≥20.0）、（≤30.0）	（<20.0）、（>30.0）
离散的数字	【20～30】的整数	【20～30】的整数	（<20）、（>30）、【20～30】的浮点数
有序的集合	【0-10 岁】 【11-20 岁】 【21-40 岁】 【41-60 岁】	【0-10 岁】 【11-20 岁】 【21-40 岁】 【41-60 岁】	无
整数	16 bit int	【32767，-32767】	>32767、<-32767
屏幕光标	【0～1204】×【0～768】	【0～1204】×【0～768】	≥1205×≥769、<0×<0
遵守规则	Email 地址	a@b.com	（a@b..com）、（a@c@b.com）、（a@）、（b）…

下面再介绍一下"边界值分析法"。

2.1.2 边界值

边界值分析是对输入或输出的边界值进行软件测试的一种测试方法。通常，边界值分析法作为对等价类划分法技术的补充。这种情况下，其测试用例来自等价类的边界。由于程序员在开发时在边界区域比较容易犯错误（如原本应该为 a<100，却写成 a≤100），所以边界值测试法就显得非常重要。由于边界值是随着等价类出现的，所以边界值可以分为有效等价类的边界值和无效等价类的边界值。

边界值分析的步骤如下：

（1）识别软件测试对象中的参数等价类；

（2）识别每个等价类的边界值；

（3）创建边界值的相关测试用例；

（4）定义边界值分析技术的覆盖率。

案例 2-2：边界值的设计法。

基于表 2-1，来看各种情况的边界值如何划定，见表 2-2。

表 2-2   边界值的设计法

	需求	有效等价类边界值	无效等价类边界值
连续的数字	【20.0～30.0】	（20.0）、（30.0）	（19.999）、（31.001）
离散的数字	【20～30】的整数	（20）、（30）	（19）、（31）

续表

	需求	有效等价类边界值	无效等价类边界值
有序的集合	【0-10 岁】 【11-20 岁】 【21-40 岁】 【41-60 岁】	【0-10 岁】 【41-60 岁】	
整数	16 bit int	32767、-32767	32768、-32768
屏幕光标	1204×768	（1204×768）、（0×0）	（1205×769）

2.1.3 基于输出的等价类/边界值划分

等价类/边界值除了可以以输入进行分类，也可以以输出进行分类，如案例 2-3 所示。

案例 2-3：公园门票规定：

- 身高 1.2m 以下的儿童免票；
- 身高 1.2～1.4m 的儿童半票（含 1.2m）；
- 年龄在 60～69 岁之间的老人半票（含 60 岁）；
- 年龄在 70 岁以上的老人免票（含 70 岁）；
- 在校学生半票（不含在职学生、电大学生）；
- 革命烈士家属、现役军人免票。

我们可以划分等价类为全票、半票和免票，见表 2-3。

表 2-3   公园门票等价类/边界值

编号	输出	输入	边界值
1	免票	身高 1.2m 以下儿童	身高 1.19m/1.2m 儿童
		年龄在 70 岁以上的老人	年龄 69 岁/70 岁的老人
		革命烈士家属	革命烈士家属
		在职军人	在职军人
2	半票	身高 1.2～1.4m 的儿童	身高 1.2m/1.21m 儿童
		年龄在 60～69 岁之间的老人	年龄 59 岁/60 岁/69 岁/70 岁的老人
		在校学生（不含在职学生，电大学生）	在校学生
3	全票	身高 1.2m 以上儿童	身高 1.21m 的儿童
		年龄在 70 岁以下的老人	年龄在 49 岁的老人
		在职学生，电大学生	在职学生，电大学生

2.1.4 测试用例的设计

如果系统中有多处需要使用等价类设计的测试用例，对于有效等价数据类，可以在一个测试用例中使用；而对于无效等价类数据，在一个测试用例中只能出现一个。

案例 2-4：等价类测试。

图 2-1 是用户信息输入的部分界面，针对这个界面设计测试用例。

姓名：☐　2-5个字符串（汉字或英文），有效等价类 1，无效类 2

年龄：☐　3个字符串（0-130），有效等价类 1，无效类 1

性别：☐　1个字符串（男，女），有效等价类 2，无效类 1

图 2-1　用户信息输入的部分界面

注

这里性别也需要输入，只允许输入"男"和"女"。

对于有效等价数据类，设计测试用例如下。

（1）姓名：小明，年龄：0 岁，性别：男。

（2）姓名：阿拉克拉姆，年龄：130 岁，性别：女。

而对于无效等价类，如果设计的测试用例如下。

姓名：明，年龄：200 岁，性别：男。

那么系统如果只报告了姓名有误，而没有报告年龄有误的信息，就无法知道年龄是否在程序中进行了有效性检验。也就是说，出现"缺陷屏蔽"，所以，对于无效等价类，测试用例应该细化如下。

（1）姓名：克，年龄：13，性别：男。

（2）姓名：阿拉克拉姆萨，年龄：13，性别：男。

（3）姓名：@ @，年龄：13，性别：男。

（4）姓名：小明，年龄：134，性别：男。

（5）姓名：小明，年龄：13，性别：中。

这样就可以看出：有效等价类的总个数为每个用例有效等价类个数的笛卡儿积（1×1×2=2）；而无效等价类的总个数为每个用例有效等价类个数的和（1+1+3=5）。

另外，如果只要求测试等价类，而对边界值测试要求不高，在测试用例的设计中尽可能多地用到边界值。

案例 2-5：由于边界值测试不完善带来的 Bug。

这是我亲自遇到的一个案例。有一天我去上海某医院看病，由于手头现金没有带够，需要在医院的门口一台 ATM 机上取款，取款机上有一个提示，"一次取款不得多于￥2000，每天最多取 5 次"，于是我用我的借记卡准备取￥2000，系统却告诉我"已经超过一次取款的最大金额"，我感到很纳闷，于是改为￥1900，取款成功；作为测试工程师，我马上就意识到该系统中的边界值测试没有做好或者根本没有进行边界值的测试。

2.1.5 案例

案例 2-6：日历等价类/边界值测试。

最后以一个案例作为本节的结束，如图 2-2 所示。

生日： 年 月 日

	有效等价类	无效等价类
年	1900-2055	NO
月	1-12	NO
日	1-31（月：1，3，5，7，8，10，12） 1-30（月：4，6，9，11） 1-28（月：2平年） 1-29（月：2闰年）	31（月：2，4，6，9，11） 30-31（月：2闰年） 29-31（月：2平年）
	有效边界值	**无效边界值**
年	1900，2015	NO
月	1，12	NO
日	1，31（月：1，3，5，7，8，10，12） 1，30（月：4，6，9，11） 1，28（月：2平年） 1，29（月：2闰年）	31（月：2，4，6，9，11） 30（月：2闰年） 29（月：2平年）

图 2-2 出生年月日的等价类/边界值测试用例设计

等价类/边界值测试法是最基本的测试用例设计方法，不管是函数级别的软件测试，还是系统级别的软件测试都可以使用。

2.2 运用决策表设计测试用例

决策表方法是一种很好的方法，它可以识别含有逻辑条件的系统需求，还可以将内部系统设计文档化。这种方法可以用来记录一个系统要实施的复杂的业务规则。建立决策表时，要分析规格说明，并识别系统的条件和动作。输入条件和动作通常以“真”或“假”（布尔变量）的方式表述。决策表包含了触发条件，通常还有各种输入条件“真”或“假”的组合以及各条件组合相应的输出动作。决策表的每一列对应了一个业务规则，该规则定义了各种条件的一个特定组合，以及这个规则相关联的执行动作。决策表测试的常见覆盖标准是每列至少对应一个测试用例，该测试用例通常覆盖触发条件的所有组合。

决策表测试的优点是可以生成测试条件的各种组合，而这些组合利用其他方法可能无法被测试到。它适用于当软件的行为由一些逻辑决策决定的情况。

2.2.1 四边形类型判断系统

案例 2-7：四边形类型判断系统。

下面来看一个例子。a、b、c、d 是四边形的 4 条边，通过平行关系与是否相等来判断四边形的类型，四边形如图 2-3 所示。

a、b、c、d 为四边形的 4 条边,可以获得如下条件。

C1:a//c(C1=T 表示 a 平行于 c;C1=F 表示 a 不平行于 c)。

C2:b//d(C2=T 表示 b 平行于 d;C2=F 表示 b 不平行于 d)。

C3:a 的长度与 b 是否相等。

C4:b 的长度与 d 是否相等。

四边形类型有。

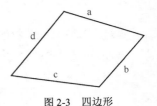

图 2-3 四边形

A1:平行四边形。

A2:非等腰梯形。

A3:等腰梯形。

A4:普通四边形。

A5:不存在。

根据如上描述,做出决策表(由于条件有 4 个,所以一共有 2^4=16 个组合),见表 2-4。

第一列:a 不平行于 c,b 不平行于 d,a 不等于 c,b 不等于 d,判定为普通四边形。

第二列:a 不平行于 c,b 不平行于 d,a 不等于 c,b 等于 d,判定为普通四边形。

第三列:a 不平行于 c,b 不平行于 d,a 等于 c,b 不等于 d,判定为普通四边形。

第四列:a 不平行于 c,b 不平行于 d,a 等于 c,b 等于 d,判定这种四边形不存在。

第五列:a 不平行于 c,b 平行于 d,a 不等于 c,b 等于 d,判定这种四边形为非等腰梯形。

以此类推,可以得到共十六列结果,见表 2-4。

表 2-4 　　　　　　　　四边形类型判断系统决策表设计(调整前)

条件	1	2	3	4	5	6	7	8	9	10	11	12	13	14	15	16
C1:a//c	F	F	F	F	F	F	F	F	T	T	T	T	T	T	T	T
C2:b//d	F	F	F	F	T	T	T	T	F	F	F	F	T	T	T	T
C3:a=c	F	F	T	T	F	F	T	T	F	F	T	T	F	F	T	T
C4:b=d	F	T	F	T	F	T	F	T	F	T	F	T	F	T	F	T
动作																
A1:平行四边形																X
A2:非等腰梯形					X				X							
A3:等腰梯形							X			X						
A4:普通四边形	X	X	X													
A5:不存在				X		X		X			X	X	X	X	X	

根据表 2-4,下面来做一些简化。

根据列 1 和 2,只要 C1=F、C2=F、C3=F,就可以判断为 A4。

根据列 6 和 8,只要 C1=F、C2=T、C4=T,就可以判断为 A5。

根据列 4 和 12,只要 C2=F、C3=T、C4=T,就可以判断为 A5。

根据列 11 和 15,只要 C1=T、C3=T、C4=F,就可以判断为 A5。

根据列 13 和 14，只要 C1=T、C2=T、C3=F，就可以判断为 A5。
经过简化后，得到表 2-5。

表 2-5　　　　　　　　　四边形类型判断系统决策表设计（调整后）

条件	1	2	3	4	5	6	7	8	9	10	11	12
C1：a//c	F	F	-	F	F	F	T	T	T	T	T	T
C2：b//d	F	F	F	T	T	T	F	F	-	T	T	T
C3：a=c	F	T	T	F	T	T	F	T	T	F	T	T
C4：b=d	-	F	T	F	T	F	F	T	F	-	F	T
动作												
A1：平行四边形												X
A2：非等腰梯形				X			X					
A3：等腰梯形						X		X				
A4：普通四边形	X	X										
A5：不存在				X		X			X	X	X	

这样，16 个测试用例就被简化成 12 个，于是测试用例可以设计成表 2-6。

表 2-6　　　　　　　　　　四边形类型测试用例

编号	a 的长度	b 的长度	c 的长度	d 的长度	a//c	b//d	结果
1	2	3	1	4	F	F	普通四边形
2	2	3	2	4	F	F	普通四边形
3	2	2	2	2	F	F	不存在
4	2	3	4	5	F	T	非等腰梯形
5	2	3	3	3	F	T	不存在
6	3	2	3	4	F	T	等腰梯形
7	2	3	4	5	T	F	非等腰梯形
8	2	4	3	4	T	F	等腰梯形
9	4	3	4	5	T	F	不存在
10	2	3	4	5	T	T	不存在
11	2	3	2	4	T	T	不存在
12	2	3	2	3	T	T	平行四边形

2.2.2　用户登录系统

案例 2-8：用户登录系统。

下面再来看一下用户登录系统的测试用例应该如何设计。同样，也可以用决策表的方法。

用户登录系统一般包括用户名、密码和验证码。只要用户名、密码错误,系统就会报出错信息:"用户名或者密码错误";如果用户名、密码都正确,验证码错误,系统报出错信息:"验证码错误";用户名、密码和验证码都正确,正常进入系统。下面就可以考虑如何用决策表来设计测试用例。

条件如下。

● C1:正确的用户名。

● C2:正确的密码。

● C3:正确的验证码。

动作如下。

● A1:用户名或密码错误。

● A2:验证码错误。

● A3:进入系统。

如上所述,可以做出登录系统的决策表设计(系统有 3 个条件,所以有 $2^3=8$ 个组合),见表 2-7。

表 2-7 　　　　　　　　　　 **登录系统决策表设计(调整前)**

条件	1	2	3	4	5	6	7	8
C1:正确的用户名	F	F	F	F	T	T	T	T
C2:正确的密码	F	F	T	T	F	F	T	T
C3:正确的验证码	F	T	F	T	F	T	F	T
动作								
A1:用户名或密码错误	X	X	X	X	X	X		
A2:验证码错误							X	
A3:进入系统								X

第一列:用户名错误,密码错误,验证码错误,得到提示信息"用户名或密码错误"。

第二列:用户名错误,密码错误,验证码正确,得到提示信息"用户名或密码错误"。

第三列:用户名错误,密码正确,验证码错误,得到提示信息"用户名或密码错误"。

第四列:用户名错误,密码正确,验证码正确,得到提示信息"用户名或密码错误"。

第五列:用户名正确,密码错误,验证码错误,得到提示信息"用户名或密码错误"。

第六列:用户名正确,密码错误,验证码正确,得到提示信息"用户名或密码错误"。

第七列:用户名正确,密码正确,验证码错误,得到提示信息"验证码错误"。

第八列:用户名正确,密码正确,验证码正确,进入系统。

根据表 2-7,下面来做些简化。

(1)根据列 1、2、3、4,只要 C1=F,就可以执行动作 A1。

(2)根据列 1、2、5、6,只要 C2=F,就可以执行动作 A1。

简化后，得到表 2-8。

表 2-8　　　　　　　　　　登录系统决策表设计（调整后）

条件	1	2	3	4
C1：正确的用户名	F	-	T	T
C2：正确的密码	-	F	T	T
C3：正确的验证码	-	-	F	T
动作				
A1：用户名或密码错误	X	X		
A2：验证码错误			X	
A3：进入系统				X

这样，8 个测试用例就简化成 4 个。于是，测试用例可以这样设计：假设用户名：Kenny，密码：khnygh，验证码：243546。登录系统测试用例见表 2-9。

表 2-9　　　　　　　　　　登录系统测试用例

编号	用户名	密码	验证码	期待结果
1	Tom	khnygh	243546	提示：用户名或密码错误
2	Kenny	oooo	243546	提示：用户名或密码错误
3	Kenny	khnygh	12345	提示：验证码错误
4	Kenny	khnygh	243546	进入系统

2.2.3　飞机票定价系统

案例 2-9：飞机票定价系统。

下面是一个飞机票定价系统的例子，需求如下。

（1）乘客可以免费托运重量不超过 30kg（含 30kg）的行李。

（2）假如行李超过 30kg，其收费标准为。

头等舱国内乘客：超重部分每千克收费 4 元。

其他舱国内乘客：超重部分每千克收费 6 元。

外国乘客：超重部分每千克比国内乘客多 1 倍。

残疾乘客：为正常价格的半价。

（3）行李重量超出部分，不满 1kg 的按照 1kg 计算。

经过分析，条件如下。

C1：国内乘客。

C2：超重游客。

C3：头等舱乘客。

C4：残疾乘客。

金额

A1：免费。

A2：2 元。

A3：3 元。

A4：4 元。

A5：6 元。

A6：8 元。

A7：12 元。

根据如上描述做出决策表（由于条件有 4 个，所以一共有 $2^4=16$ 个组合）。

第一列：携带行李不超过 30kg，普通舱，非残疾国外乘客：免费。

第二列：携带行李不超过 30kg，普通舱，残疾国外乘客：免费。

第三列：携带行李不超过 30kg，头等舱，非残疾国外乘客：免费。

第四列：携带行李不超过 30kg，头等舱，残疾国外乘客：免费。

第五列：携带行李超过 30kg，普通舱，非残疾国外乘客：8 元。

第六列：携带行李超过 30kg，普通舱，残疾国外乘客：4 元。

第七列：携带行李超过 30kg，头等舱，非残疾国外乘客：12 元。

第八列：携带行李超过 30kg，头等舱，残疾国外乘客：6 元。

以此类推，可以得到所有 16 列的结果，见表 2-10。

表 2-10　　　　　　　飞机票定价系统决策表设计（调整前）

条件	1	2	3	4	5	6	7	8	9	10	11	12	13	14	15	16
C1：国内乘客	F	F	F	F	F	F	F	F	T	T	T	T	T	T	T	T
C2：超重乘客	F	F	F	F	T	T	T	T	F	F	F	F	T	T	T	T
C3：头等舱乘客	F	F	T	T	F	F	T	T	F	F	T	T	F	F	T	T
C4：残疾乘客	F	T	F	T	F	T	F	T	F	T	F	T	F	T	F	T
动作																
A1：免费	X	X	X	X					X	X	X	X				
A2：2 元														X		
A3：3 元																X
A4：4 元						X							X			
A5：6 元								X							X	
A6：8 元					X											
A7：12 元							X									

根据表 2-10，简化如下。

（1）根据列 1、2，只要 C1=F、C2=F、C3=F，就可以执行动作 A1。

（2）根据列 3、4，只要 C1=F、C2=F、C3=T，就可以执行动作 A1。

（3）根据列 9、10，只要 C1=T、C2=F、C3=F，就可以执行动作 A1。

（4）根据列 11、12，只要 C1=T、C2=F、C3=T，就可以执行动作 A1。

于是得到表 2-11。

表 2-11　　　　　　　　　飞机票定价系统决策表设计（调整中）

条件	1	2	3	4	5	6	7	8	9	10	11	12
C1：国内乘客	F	F	F	F	F	F	T	T	T	T	T	T
C2：超重乘客	F	F	T	T	T	T	F	F	T	T	T	T
C3：头等舱乘客	F	T	F	F	T	T	F	T	F	F	T	T
C4：残疾乘客	-	-	F	T	F	T	-	-	F	T	F	T
动作												
A1：免费	X	X					X	X				
A2：2元										X		
A3：3元												X
A4：4元				X					X			
A5：6元						X					X	
A6：8元			X									
A7：12元					X							

根据表 2-11，还可以进一步调整。

根据列 1、2、7、8，只要 C2=F，就可以执行动作 A1，见表 2-12。

表 2-12　　　　　　　　　飞机票定价系统决策表设计（调整后）

条件	1	2	3	4	5	6	7	8	9
C1：国内乘客	-	F	F	F	F	T	T	T	T
C2：超重乘客	F	T	T	T	T	T	T	T	T
C3：头等舱乘客	-	F	F	T	T	F	F	T	T
C4：残疾乘客	-	F	T	F	T	F	T	F	T
动作									
A1：免费	X								
A2：2元							X		
A3：3元									X

续表

条件	1	2	3	4	5	6	7	8	9
A4：4 元			X			X			
A5：6 元					X			X	
A6：8 元		X							
A7：12 元				X					

最后，16 个测试用例就简化为 9 个测试用例了。可以设计表 2-13 所示的测试用例。

表 2-13　　　　　　　　　　飞机票定价系统测试用例

编号	旅客类型	收费
1	非携物超重行李旅客	免费
2	携物超重行李的国外非头等舱旅客	8 元
3	携物超重行李的国外非头等舱残疾旅客	4 元
4	携物超重行李的国外头等舱旅客	12 元
5	携物超重行李的国外头等舱残疾旅客	6 元
6	携物超重行李的国内非头等舱旅客	4 元
7	携物超重行李的国内非头等舱残疾旅客	2 元
8	携物超重行李的国内头等舱旅客	6 元
9	携物超重行李的国内头等舱残疾旅客	3 元

2.3　运用状态转换图设计测试用例

基于状态转换软件测试设计是软件测试设计的另一种方法，这种方法具有以下 4 个特征。

（1）软件测试对象的输出和行为方式不仅受当前输入数据的影响，同时还与软件测试对象之前的执行情况、之前的事件或以前的输入数据等有关。

（2）通过引入状态图（State Diagram）来描述软件测试对象和软件测试数据、对象状态之间的关系。

（3）状态图中的各个状态是通过不同的事件驱动的，如函数的调用。

（4）基于状态图开展的测试称之为状态转换测试。

状态图转化法最早运用于嵌入式测试用例设计。在嵌入式软件中，系统通过某种行为驱动能够从一种状态改变到另一种状态。图 2-4 是内存状态转换图。

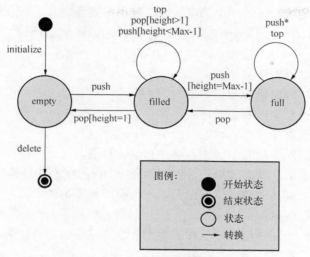

图 2-4 内存状态转换图

2.3.1 从状态转换图到状态转换树

许多书中都以图 2-4 作为案例，进行状态转换法测试用例设计的介绍。但是，笔者认为这个图比较麻烦，不利于初学者掌握。下面以视频播放软件作为案例，来给大家介绍一个比较简单易懂的状态转化图，如图 2-5 所示。

案例 2-10：视频播放机。

这个软件的功能是：打开视频播放机，系统处于"开机"状态，单击【运行】键，系统处于"运行"状态；单击【停机】键，播放结束，系统处于停机状态；在"运行"状态单击【快进】键，进入"快进"状态，【快进】键最多可以按 4 次，分别为 2 倍数、4 倍数、8 倍数和 16 倍数前进；快进状态单击【停止】键返回"运行"状态，停机状态单击【播放】键，重新进入"运行"状态。

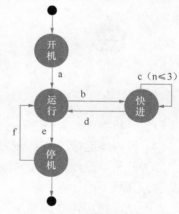

图 2-5 视频播放软件

状态转换图转为状态转换树的方法是：

（1）状态树的节点描述状态图的状态，状态树的枝干描述状态图的事件。

（2）转换树的根节点为状态图的初始状态，转换树的终节点为叶节点。

（3）转换树的每个节点，在状态图中如有直接后续状态，则添加一个枝干和节点（不同的事件应有不同的枝干和节点），直到出现如下情况，可将此节点作为叶节点：

● 从根节点到新添加的节点的路径上已经出现过相同状态。

或者：

● 新添加节点是状态图的一个结束状态，且不需要考虑其他状态转换。

来源："Testing Software Design Modeled by Finite-State Machines"，IEEE Transactions on Software engineering, vol.4, no 3, may 1978, p 178-187

状态转换软件测试覆盖率：

（1）覆盖软件测试对象所有的状态；

（2）覆盖软件测试对象所有的事件；

（3）覆盖软件测试对象所有的状态转换至少一次；

（4）覆盖软件测试对象所有的状态、事件和状态转换。

为了能够得到比较高的状态转换软件测试覆盖率，再把状态图转换成状态树，然后再设计测试用例。下面讨论视频播放软件状态图是如何转换成状态树的。

图 2-6 为该软件的 0-switch 转换图。有了这棵树，就可以设计测试用例了。从树的根节点到所有叶子节点就是一个测试用例，这样就得到 4 个测试用例，分别为：

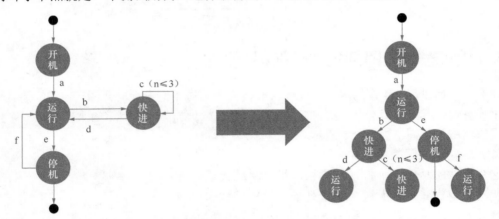

图 2-6　视频播放软件状态转换图（0-switch）

（1）开机->运行->快进->运行；

（2）开机->运行->快进->快进；

（3）开机->运行->停机->运行；

（4）开机->运行->停机。

上面这棵树叫作 0-switch 展开，也就是最基本的展开法。为了得到更多的测试用例，可以把这棵树的非结束的叶子节点再进行一次展开，也就是 1-switch 展开，如图 2-7 所示。

这样，可以得到 7 个测试用例：

（1）开机->运行->快进->运行->快进；

（2）开机->运行->快进->运行->停机；

（3）开机->运行->快进->快进->运行；

（4）开机->运行->快进->快进->快进；

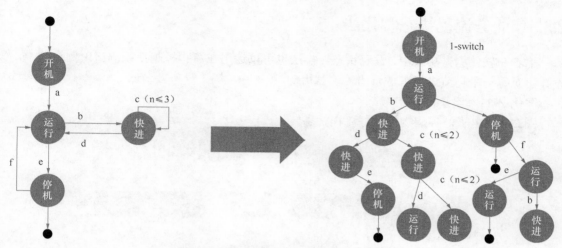

图 2-7　视频播放软件状态转换图（1-switch）

（5）开机>运行->停机；

（6）开机>运行->停机->运行->停机；

（7）开机>运行->停机->运行->快进。

按照这种方法可以设计 2-switch、3-switch……但是，在实际工作中，没有特殊情况，做到 1-switch 就已经足够了。

2.3.2　从状态转换图到状态转换表

状态转换图也可以转换为状态转换表，方法是：表头和第一列依次对应各个节点，如果这个节点与所对应的节点有链接，在表中值为边值，否则值为 X。视频播放软件状态转换表见表 2-14。

表 2-14　　　　　　　　　　　　视频播放软件状态转换表

	开机	运行	快进	停机
开机	X	X	X	X
运行	a	X	d	X
快进	X	b	c	X
停机	X	e	X	X

对于表 2-14，可以设计进行破环性测试用例，主要针对表中的 X 地方，如：快进到停机为 X，这样可以设计一个测试用例，当播放软件处于快进阶段，强制按停止键，看系统会发生什么反应，说不定这里就有一个 Bug（对于用户友好性测试的建议，当系统处于播放时，【运行】按键是虚的；当系统处于快进时，【停止】按键是虚的；当系统处于停止时，【快进】按键是虚的。）

2.3.3 业务流程状态转化法

笔者在软件测试实践中，发现状态转换法也可以运用在流程控制系统测试用例设计中，以设计出对每一个环节进行有效遍历的测试用例。

案例 2-11：电子商务购物。

图 2-8 是电子商务购物的业务流程状态转化图。

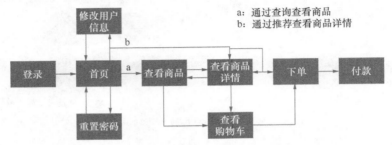

图 2-8 电子商务购物的业务流程状态转化图

由于图 2-8 很复杂，所以只需对关键部分进行 0-switch 展开就够了，如图 2-9 所示。

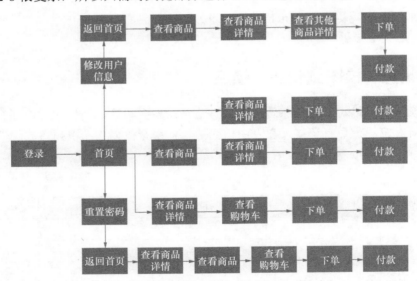

图 2-9 电子商务购物的业务流程状态转化树

这样设计出以下 5 个测试用例：

（1）登录->首页->查看商品->查看商品详情->下单->付款；

（2）登录->首页->修改用户信息->返回首页->查看商品->查看商品详情->查看其他商品详情->下单->付款；

（3）登录->首页->查看商品详情->下单->付款；

（4）登录->首页->查看商品详情->查看购物车->下单->付款；

（5）登录->首页->重置密码->返回首页->查看商品详情->查看商品->查看购物车->下单->付款。

 注　这里默认查看商品详情就是把这个商品放入了购物车。

对于业务流程，设计到 0-switch 就可以了。

2.4　运用决策树设计测试用例

条件组合是软件测试设计中普遍遇到，而且又是十分头痛的事情，这里介绍两个经常用到的方法：决策树和正交法。决策树不太正规，而正交法基于严格的数学理论，所以比较正规，但是掌握起来有一定难度。本节介绍决策树，下一节介绍正交法。

2.4.1　文本编辑软件

案例 2-12：文本编辑软件。

这是一个简化版的文本编辑器软件，仅可以编辑文字的格式和字号，格式分为黑体、斜体和下划线 3 种；字号包括 1、2、3、4、5 共 5 个字号。图 2-10 就是用决策树设计的测试用例方法：

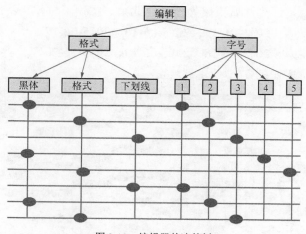

图 2-10　编辑器的决策树

对于 3 种字体，依次循环取：黑体、斜体、下划线、黑体、斜体、下划线……

对于 5 种字号，依次循环取：1 号、2 号、3 号、4 号、5 号、1 号、2 号、3 号……

这样，每一行就对应一个测试用例，即：

（1）黑体 1 号字体；

（2）斜体 2 号字体；

（3）下划线 3 号字体；

（4）黑体 4 号字体；

（5）斜体 5 号字体；

（6）下划线 1 号字体；

（7）黑体 2 号字体；

……

至于需要取多少行，这由测试能力决定。

2.4.2　机票购买系统

案例 2-13：机票购买系统。

下面来看一个机票购买系统的例子，界面如图 2-11 所示。

| 往返 ∨ | 出发城市 上海(SHA) | 到达城市 北京(BJS) | 出发日期 2015-06-15 今天 | 返回日期 2015-06-19 星期五 | 重新搜索 |

图 2-11　机票购买系统

为了简化起见，仅假设下面几种情形：

第一项包括往返、单程和联票。

第二项与第三项出发，到达城市仅为上海、北京、福州、杭州、济南。

第四项出发日期仅为　2015-06-15、2015-06-16、2015-06-17。

第五项返回日期仅为　2015-06-18、2015-06-19、2015-06-20。

机票购买系统决策树如图 2-12 所示。

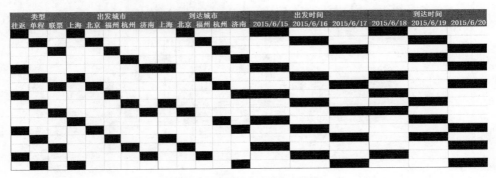

图 2-12　机票购买系统决策树

这里，出发城市与到达城市均为 5 个，并且相同，如果按照上面介绍的思路，测试用例永远是上海—上海、北京—北京、福州—福州、杭州—杭州、济南—济南。改变一下策略，出发城市依次循环为上海、北京、福州、杭州、济南；到达城市从北京开始，依次为北京、福州、杭州、济南、上海；下一次从福州开始，依次为福州、杭州、济南、上海、北京；再下一次从杭州开始依次为杭州、济南、上海、北京、福州……依次类推。

对于出发时间与返回时间也做同样处理。出发时间仍旧为 2015-06-15、2015-06-16、2015-06-17 的循环，返回时间第一个循环以 2015-06-18 开始：2015-06-18、2015-06-19、2015-06-20；第二个循环以 2015-06-19 开始：2015-06-19、2015-06-20、2015-06-18；第三个循环以 2015-06-20 开始：2015-06-20、2015-06-18、2015-06-19 的循环。

这里还要注意以下几个方面。

- 如果不是往返票（单程和联票），返回时间应该不允许选择。
- 如果到达城市与出发城市是一个城市，系统应该给出出错信息的提示。

根据上面的设计，得到以下测试用例。

（1）往返，上海到北京，出发时间：2015-06-15，返回时间：2015-06-18：获得相应的查询结果，先让用户选择出发时间的航班，然后选择返回时间的航班。

（2）单程，北京到福州，出发时间：2015-06-16，返回时间：不允许选择：正常获得相应的查询结果。

（3）联票：福州到杭州，出发时间：2015-06-17，返回时间：不允许选择：正常获得相应的查询结果。

……

2.5 运用正交法设计测试用例

案例 2-14：网站兼容性组合测试。

本节介绍采用正交法设计多种组合情况下的测试用例。

下面是软件测试某网站系统的例子。

（1）8 种浏览器：IE9、IE10、IE11、Netscape 9.0、火狐 36、Safari 5.3、Firefox 35、百度 7.2。

（2）3 种 Office 插件：Office 2007、Office 2010、Office 2013。

（3）6 种客户端操作系统：Windows XP、Windows Vista、Windows 8.0、Windows 8.1、Windows 9、Windows 9.1。

（4）3 种服务器软件：IIS、Apache、WebLogic。

（5）3 种服务器端操作系统：Windows 2003、Windows 2008、Linux。

如果达到 100%组合的软件测试，需要设计 $8\times3\times6\times3\times3=1296$ 个测试用例，这个数据非常庞大，利用正交法可以在最大程度上减少测试用例，而且可以保证软件测试一定的可靠性。

下面简单介绍一下正交法。

2.5.1　正交法

正交法又称两两组合法，它保证测试用例中的两两组合不同，但两两覆盖所有的组合。比如，现在有 3 个变量，每个变量有两种取值，标记为 0 和 1。这样，测试用例为 $2\times2\times2=8$ 个，这种情况下的正交表见表 2-15。

表 2-15　　　　　　　　　　　　　　　　　　　$L4(2^3)$ 正交表

行号	A	B	C
1	0	0	1
2	1	0	0
3	0	1	0
4	1	1	1

第 1、3、2、4 行，AB 分别对应 00、01、10、11（满足了 0 和 1 的所有 4 种组合）。

第 2、1、3、4 行，BC 分别对应 00、01、10、11（满足了 0 和 1 的所有 4 种组合）。

第 3、1、2、4 行，AC 分别对应 00、01、10、11（满足了 0 和 1 的所有 4 种组合）。

这样，8 个测试用例就被简化为 4 个，减少率为 50%。这种情况标记为：

$$L4(2^3)$$

这里，2 代表有 2 个取值，3 代表有 3 个变量，4 代表有 4 种组合。

2.5.2　浏览器组合软件测试

下面介绍本节开始的那个网站如何使用正交法来设计测试用例。

（1）8 种浏览器：IE9、IE10、IE11、Netscape 9.0、火狐 36、Safari 5.3、Firefox 35、百度 7.2。

（2）3 种 Office 插件：Office 2007、Office 2010、Office 2013。

（3）6 种客户端操作系统：Windows XP、Windows Vista、Windows 8.0、Windows 8.1、Windows 9.0、Windows 9.1。

（4）3 种服务器软件：IIS、Apache、WebLogic。

（5）3 种服务器端操作系统：Windows 2003、Windows 2008、Linux。

8 个取值有 1 个，6 个取值有 1 个，3 个取值有 3 个，所以需要找到是否存在 $8^16^13^3$ 正交表，这样的正交表不存在，但是在正交表中找到了最接近的 L64（8^24^3）表，为此需要对原来的取值进行调整，加入 No used 选项，调整后的结果如下。

（1）8 种浏览器：IE9、IE10、IE11、Netscape 9.0、火狐 36、Safari 5.3、Firefox 35、百度 7.2。

（2）3 种 Office 插件：Office 2007、Office 2010、Office 2013、No used。

（3）6 种客户端操作系统：Windows XP、Windows Vista、Windows 8.0、Windows 8.1、Windows 9.0、Windows 9.1、No used、No used。

（4）3 种服务器软件：IIS、Apache、WebLogic、No used。

（5）3 种服务器端操作系统：Windows 2003、Windows 2008、Linux、No used。

L64（$8^2 4^3$）的正交表如图 2-13 所示。

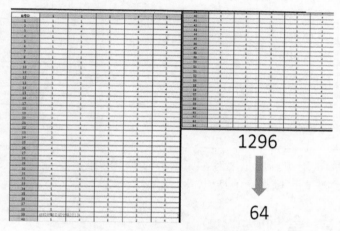

图 2-13　L64（$8^2 4^3$）正交表

用相应的值代替表中的数字，如表 2-16 所示。

表 2-16　　　　　　　　　　　网站兼容性测试与正交表替换

编号	浏览器	Office 插件	客户端操作系统	服务器软件	服务器端操作系统
1	IE 9	Office 2007	Windows XP	IIS	Windows 2003
2	IE 10	Office 2010	Windows Vista	Apache	Windows 2008
3	IE 11	Office 2013	Windows 8.0	WebLogic	Linux
4	Netscape 9.0	No used	Windows 8.1	No used	No used
5	火狐 36		Windows 9.0		
6	Safari 5.3		Windows 9.1		
7	Firefox 35		No used		
8	百度 7.2		No used		

把所有的值都代入 L64（$8^2 4^3$）正交表，得到如表 2-17 所示。

表 2-17   得到的测试用例

编号	浏览器	Office 插件	客户端操作系统	服务器软件	服务器端操作系统
1	IE 9	Office 2007	Windows XP	No used	Windows 2003
2	IE 9	No used	Windows 8.0	No used	No used
3	IE 9	No used	Windows Vista	IIS	No used
4	IE 9	Office 2007	Windows 8.1	WebLogic	Windows 2003
5	IE 9	Office 2013	Windows 9.0	Apache	Linux
6	IE 9	Office 2010	Not used	Apache	Windows 2008
7	IE 9	Office 2010	Windows 9.1	WebLogic	Windows 2008
8	IE 9	Office 2013	Not used	WebLogic	Linux
9	IE 10	No used	Windows XP	Apache	Linux
10	IE 10	Office 2007	Windows 8.0	Apache	Windows 2008
…					

这样，1296 个测试用例就被简化为 64 个，减少率为 95%。关于正交表如何获得，是有许多工具可以产生的，读者可以在网上搜索。

2.6 软件白盒测试

上面介绍的 5 个测试用例的设计方法大部分都适用于黑盒测试。下面让我们来详细介绍软件白盒测试的一些知识。先来看一下由 Main Cohn 提出的著名的软件测试金字塔，如图 2-14 所示。

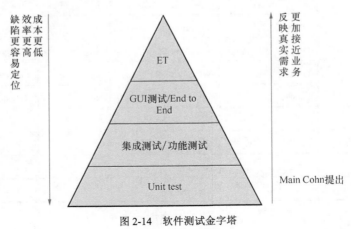

图 2-14　软件测试金字塔

由于白盒测试是单元测试的主要内容，所以白盒测试在整个软件测试过程中很重要。

白盒测试覆盖包括语句覆盖、分支覆盖、条件覆盖、分支/条件覆盖、MC/DC（修订的条件/判定）覆盖、路径覆盖、控制流覆盖等，这些是白盒测试技术中基本的概念，将在本节中详细介绍。在介绍之前，看一下本节中将要用到的一个程序，如图 2-15 所示。

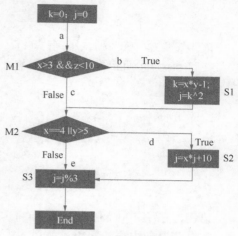

这里包括如下。

3 个语句：S1、S2、S3。

2 个判断：M1、M2。

4 条路径：L1：ace、L2：abe、L3：acd、L4：abd。

8 个条件：T1：x>3、T2：z<10、T3：x=4、T4：y>5、F1：x<=3、F2：j>=10、F3：x<>4、F4：y>=5。

图 2-15 白盒测试的例子

2.6.1 语句覆盖测试

语句覆盖（Statement Coverage）又叫行覆盖（Line Coverage）。段覆盖（Segment Coverage）。基本块覆盖（Basic Block Coverage），这是最常用、也是最常见的一种覆盖方式，就是度量被测代码中每个可执行语句是否被执行到了。这里说的是"可执行语句"，因此就不会包括像 C++ 的头文件声明、代码注释、空行等。非常好理解，只统计能够执行的代码被执行了多少行。需要注意的是，单独一行的花括号 { } 也常常被统计进去。语句覆盖常常被人指责为"最弱的覆盖"，它只覆盖代码中的执行语句，不考虑各种分支的组合等。假如只要求达到语句覆盖，那么换来的测试效果的确不明显，很难发现代码中更多的问题。

语句覆盖率的公式可以表示如下。

语句覆盖率=被评价到的语句数量/可执行的语句总数×100%。

下面让我们来看看各种情况下的语句覆盖。

在顺序语句中语句覆盖：在顺序语句中，语句覆盖率最简单，只要把顺序语句中的每个语句都覆盖到。

```
int f (int a,int b){
int c;
c=a+b;
return c;
}
```

语句覆盖率 100%测试用例：f(1,2)。

在没有 else 的判断语句中语句覆盖：只要执行 if 语句中的内容就可以了。

```
int f (int a){
int b=0;
if (a>0){
```

```
    b=1;
    }
return b;
}
```

语句覆盖率 100%测试用例：f(1)。

在有 else 的判断语句中语句覆盖：既要执行 if 语句，也要执行 else 中的语句。

```
int f (int a){
int b=0;
  if (a>0){
    b=1;
  } else{
    b=2;
  }
return b;
}
```

语句覆盖率 100%测试用例：f(1)（执行了 b=1 语句）、f(0)（执行了 b=2 语句）两个。

在循环语句中语句覆盖：循环体内的语句必须有且有一次被运行。

```
int f (int a){
for (i=0;i<=a;i++)
    …
    printf("hello",s);
    …
}
```

语句覆盖率 100%测试用例：f(0)。这里需要特别强调的是：测试用例在循环体内语句，必须有且有一次被运行，是因为循环体内的语句可能很长，如果让它执行 2 次，10 次，甚至 50 次，100 次或更多次，这样单元测试的时间会变得很长，而且意义不大。另外，单元测试要求一个测试用例最好在 0.5s 内能够执行完毕。

在多条件语句中语句覆盖：每一个分支必须执行一次。

```
int f (int a){
    switch (a) {
    case:1 { f1(); break;}
    case:2 { f2(); break;}
    case:3 { f3(); break;}
    case:4 { f4(); break;}
}
```

语句覆盖率 100%测试用例：f(1)、f(2)、f(3)、f(4) 共 4 个。

看看在开始的例子中，设计哪些数据可以达到语句覆盖 100%？

案例 2-15：语句测试覆盖率。

假设令 x=4、y=8、z=5。

● 经过 M1 判断时，(4>3&&5<10)->(True&&True)->True，所以走 b 路径，执行语句 S1。

● 经过 M2 判断时，(4=4||8>5)->(True||True)->True，所以走 d 路径，执行语句 S2。

- 最后执行 S3 语句。

语句覆盖测试用例见表 2-18。

表 2-18   语句覆盖测试用例

测试用例	输出	M1	M2	路径
x=4、y=8、z=5	k=31、j=0	True	True	L4

由此可见，只需要设计一个测试用例，就可以达到语句覆盖率 100%。

语句覆盖毕竟是最简单的覆盖，即使达到语句覆盖 100%，软件也会出现问题。

这里举一个不能再简单的例子，看下面的被测试代码。

```
int foo(int a, int b)
{
return a / b;
}
```

如果软件测试工程师编写如下软件测试用例。

测试用例：a = 10、b = 5。

软件测试工程师的测试结果会告诉你，代码覆盖率达到了 100%，并且所有软件测试用例都通过了。然而，遗憾的是，语句覆盖率达到所谓的 100%，但是却没有发现最简单的 Bug。比如，当 b=0 时，会抛出一个除以零的异常。

简而言之，语句覆盖就是设计若干个测试用例，运行被测程序，使得每一个可执行语句至少执行一次。这里的"若干个"意味着使用测试用例越少越好。

2.6.2 分支覆盖测试

分支覆盖又称判定覆盖，就是设计若干个测试用例，运行被测程序，使得程序中每个判定的取真分支和取假分支至少一次。

分支覆盖率的公式可以表示如下：

$$分支覆盖=被执行的分支数量/所有分支数量×100\%$$

下面来看各种情况下的分支覆盖。

分支覆盖没有 else 的判断语句：既要执行 if 语句为 True 的情况，也要执行 if 语句为 False 的情况。

```
int f (int a){
int b=0;
if (a>0){
   b=1;
 }
return b;
}
```

分支覆盖率 100%测试用例：f(1)、f(0)，这是区别分支覆盖与语句覆盖需要特别注意的地方。

有 else 的判断语句：既要执行 if 语句，也要执行 else 中的语句。

```
int f (int a){
int b=0;
  if (a>0){
    b=1;
  } else{
    b=2;
    }
return b;
}
```

分支覆盖率 100%测试用例：f(1)、f(0)。

在循环语句中：循环体内的语句必须有且有一次被运行。

```
int f (int a){
for (i=0;i<a;i++)
    printf("hello",s);
}
```

分支覆盖率 100%测试用例：f(1)。

在多条件语句中：每个分支语句必须执行一次，另外还要涉及一种所有 case 没有覆盖到的情形。

```
int f (int a){
    switch (a) {
    case:1 { f1(); break;}
    case:2 { f2(); break;}
    case:3 { f3(); break;}
    case:4 { f4(); break;}
}
```

分支覆盖率 100%测试用例：f(1)、f(2)、f(3)、f(4)、f(5) 5 个。

下面来看在开始例子中，设计哪些数据可以达到分支覆盖的 100%？

案例 2-16：分支测试覆盖率。

令 x=4、y=8、z=5。

- 经过 M1 判断时，(4>3&&5<10)-> (True&&True) ->True，所以走 b 路径，执行语句 S1。
- 经过 M2 判断时，(4=4||8>5)-> (True||True) ->True，所以走 d 路径，执行语句 S2。
- 最后执行 S3 语句。这时测试到 M1、M2 分别为 True 的情形。

然后令 x=2、y=5、z=11。

- 经过 M1 判断时，(2>3&&11<10)-> (False&&False) ->False，所以走 c 路径。
- 经过 M2 判断时，(2=4||5>5)-> (False||False) ->False，所以走 e 路径。
- 最后执行语句 S3。这时测试到 M1、M2 分别为 False 的情形。

通过这两组数据，就可以达到该程序分支覆盖率测试 100%，见表 2-19。

表2-19   分支覆盖测试用例（一）

测试用例	输出	M1	M2	路径
x=4、y=8、z=5	k=31、j=0	True	True	L4
x=2、y=5、z=11	k=0、j=0	False	False	L1

也可以设计另一组测试用例来达到分支覆盖的100%，这里不详细描述，见表2-20。

表2-20   分支覆盖测试用例（二）

测试用例	输出	M1	M2	路径
x=13、y=2、z=5	k=25、j=2	True	False	L2
x=4、y=11、z=6	k=0、j=2	False	True	L3

分支覆盖的优缺点如下。

● 优点：分支覆盖具有比语句覆盖更强的软件测试能力，而且具有和语句覆盖一样的简单性，无需细分每个判定，就可以得到测试用例。

● 缺点：一般情况下，大部分判定语句由多个逻辑条件组合而成（如判定语句中包含 AND、OR、CASE），若仅判断其整个最终结果，而忽略每个条件的取值情况，必然会遗漏部分软件测试路径。

如本例中：x=4 ‖ y>5，y>5 写成 y<5，即使判定覆盖测试用例达到100%，但是软件还是测试不出。

2.6.3 条件覆盖测试

在软件设计过程中，一个判定往往由多个条件组成，判定覆盖仅考虑了判定的结果，而没有考虑每个条件的可能结果。

条件覆盖是指选择足够的测试用例，使得运行这些测试用例时，判定中的每个条件的所有可能结果至少出现一次。

条件覆盖率的公式可以表示如下：

条件覆盖率=被执行的条件数量/所有条件数量×100%。

下面来看条件覆盖的例子：

```
int f (int a, int b){
int c=0;
if ((a>0) &&(b>0)){
    c=1;
}else{
    c=2
}return c;
}
```

表 2-21 为条件覆盖测试用例。

表 2-21 条件覆盖测试用例

a>0	b>0	软件测试数据
T	T	a=1、b=1
T	F	a=1、b=0
F	T	a=0、b=1
F	F	a=0、b=0

有些时候条件覆盖是达不到 100%的，请看下面的程序：

```
int f (int a){
int c=0;
if ((a>0) &&(a<5)){
   c=1;
}else{
   c=2
}return c;
}
```

表 2-22 条件覆盖测试用例不一定达到 100%

a>0	a<5	软件测试数据
T	T	4
T	F	6
F	T	-1
F	F	?

由表 2-22 可以看到，既要达到 a≤10 又要达到 a≥5 是不可能的。

下面再来看在开始例子中，设计哪些数据可以达到条件覆盖的 100%？

案例 2-17：条件测试覆盖率。

令 x=4、y=2、z=11。

● 经过 M1 判断时，(4>3&&11<10)-> (True&&False) ->False，所以走 c 路径。

● 经过 M2 判断时，(4=4||2>5)-> (True||False) ->True，所以走 d 路径，执行语句 S2。

● 最后执行 S3 语句。这时测试到条件判断分别为 T1、F2、T3、F4。

令 x=2、y=6、z=6。

● 经过 M1 判断时，(2>3&&6<10)-> (False&&True) ->False，所以走 c 路径。

● 经过 M2 判断时，(2=4||6>5)-> (False||True) ->True，所以走 d 路径，执行语句 S2。

● 最后执行 S3 语句。这时测试到的条件判断分别为 F1、T2、F3、T4。

经过以上测试用例，T1、T2、T3、T4、F1、F2、F3、F4 都被执行了一次，条件覆盖率达到 100%，如表 2-23 所示。

表 2-23 条件覆盖测试用例

测试用例	输出	原子条件	路径
x=4、y=2、z=11	k=0、j=0	T1、F2、T3、F4	L3
x=2、y=6、z=6	k=0、j=1	F1、T2、F3、T4	L3

可以看出，这里虽然条件覆盖达到 100%，但是语句覆盖都没有达到 100%，S1 语句根本没有执行到。

于是，在日常工作中为了弥补分支覆盖的不足，结合条件覆盖的不充分，提出了判定/条件覆盖。

2.6.4 判定/条件覆盖测试

判定/条件覆盖：设计足够的测试用例，使得判断中每个条件的所有可能取值至少执行一次，同时每个判断的所有可能判断结果，即要求各个判断的所有可能的条件取值组合至少执行一次。

我们仍旧以开始的程序为例。

案例 2-18：判定/条件测试覆盖率。

令 x=4、y=8、z=5。

- 经过 M1 判断时，(4>3&&5<10)-> (True&&True) ->True，所以走 b 路径，执行语句 S1。
- 经过 M2 判断时，(4=4||8>5)-> (True||True) ->True，所以走 d 路径，执行语句 S2。
- 最后执行 S3 语句。这时测试到 M1、M2 分别为 True 的情形。条件判断分别为 T1、T2、T3、T4。

令 x=2、y=5、z=11。

- 经过 M1 判断时，(2>3&&11<10)-> (False&&False) ->False，所以走 c 路径。
- 经过 M2 判断时，(2=4||5>5)-> (False||False) ->False，所以走 e 路径。
- 最后执行语句 S3。这时测试到 M1、M2 分别为 False 的情形。条件判断分别为 F1、F2、F3、F4。

可以看到：

- 原子条件 True，False 都达到了：T1、T2、T3、T4、F1、F2、F3、F4。
- 两个判断 True，False 也达到了：M1=True、False；M2=True、False。

所以，这样既达到了分支覆盖率是 100%的情形，也达到了条件覆盖率是 100%的情形，见表 2-24。

表 2-24 判定/条件覆盖测试用例

测试用例	输出	原子条件	M1	M2	路径
x=4、y=8、z=5	k=31、j=0	T1、T2、T3、T4	True	True	L4
x=2、y=5、z=11	k=0、j=0	F1、F2、F3、F4	False	False	L1

2.6.5　MC/DC（修订的条件/分支软件测试）覆盖测试

MC/DC（修订的条件/分支软件测试）准则是一种实用的软件结构软件测试率软件测试准则，已被广泛应用于软件验证和软件测试过程中。

案例 2-19：MC/DC 覆盖测试。

condition 和 decision 的概念：

```
if (A || B && C) {
    语句 1;
}
Else{
    语句 2;
}
```

A，B，C 都是一个条件，而(A‖B && C)叫一个 Decision，如果是条件软件测试，只需两个 CASE，就能软件测试，就是让这个 decision 为 True 和 False 各一次，就能达到。即：

- A=True、B=False、C=True。
- A=False、B=True、C=False。

如果是 MC/DC，就得 4 个测试用例，怎么计算呢？

MC/DC 覆盖测试在每个判定中的每个条件都曾独立影响判定的结果至少一次（独立影响意思是在其他条件不变的情况下，改变一个条件）：

```
A || B && C
```

总结：每个条件对结果都独立起作用。

（1）如果 A 对结果起作用的话，B 必须为 False、C 必须为 True，这样结果就独立受 A 的值影响。（A‖0&&1）->(A‖0)，（A、B、C 取值分别为 A=True、B=False、C=True 和 A=False、B=False、C=True）。

（2）同理，如果 B 对结果独立起作用，A 必须为 False、C 必须为 True，两种情况 B 为 True、False 各一个 (0‖B&&1) （A、B、C 取值分别为 A=False、B=True、C=True 和 A=False、B=False、C=True）。

（3）如果 C 独立对结果起作用，就是让(A‖B) 为 True，为了减少用例，上面的用例已经含有这样的用例了，就取 A 为 False、B 为 True，这样 C 独立起作用的用例为 (0‖1&&C)->(1&&C)。（A、B、C 取值分别为 A=False、B=True、C=True 和 A=False、B=True、C=False）。

可以看出，每个条件各走了一次 True 和 False，这样 3 个变量条件就会有 6 个用例，但是其中里面有两个是重复的。

- 在 1、2 情形中均出现 A=False、B=False、C=True。
- 在 2、3 情形中均出现 A=False、B=True、C=True。

因此，最后的测试用例为。

- A=True、B=False、C=True。
- A=False、B=False、C=True。
- A=False、B=True、C=True。

- A= False、B=True、C=False。

需要进一步补充说明的是，MC/DC 测试的主要目的是为了防止在组合条件表达式中包含副作用(side effect)，见以下语句：

```
if (a() || b() || c()){ ... }
```

当 b 函数或 c 函数产生副作用时，MC/DC 软件测试存在非常大的必要性。

原则上不应在组合条件表达式中调用产生副作用的函数。

2.6.6 路径覆盖测试

路径覆盖的含义是：选取足够多的软件测试数据，使程序的每条可能路径都至少执行一次（如果程序图中有环，则要求每个环至少经过一次）。

路径覆盖率的公式可以表示如下：

路径覆盖率=被执行的路径数量/所有路径数量×100%

案例 2-20：路径覆盖（图 2-16）测试。

这里存在 4 条路径，分别为（1，3）、（1，4）、（2，3）、（2，4）。为了达到这些路径，设计测试用例见表 2-25。

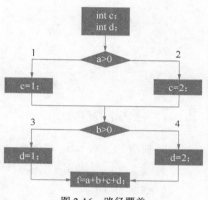

图 2-16　路径覆盖

表 2-25　　　　　　　　　　　　　路径覆盖测试用例

a	b	覆盖路径
1	1	1、3
1	0	1、4
0	1	2、3
0	0	2、4

回看本节开始的例子，设计什么数据可以使路径覆盖达到 100%呢？第 2.6.2 节提到的两组测试用例，第一组测试用例分别执行了路径 L4（abd）和 L3（acd），第二组测试用例分别执行了路径 L2（abe）和 L1（ace）。所以，使用这 4 个测试用例，就可以达到路径覆盖测试 100%。

路径覆盖测试用例见表 2-26。

表 2-26　　　　　　　　　　　　　路径覆盖测试用例

测试用例	原子条件 x>3、z<10	M1 x>3 &&z<10	原子条件 x=4、y>5	M2 x=4 ‖y>5	覆盖路径
x=4、y=6、z=9	T1、T2	True	T3、T4	True	L4
x=4、y=5、z=10	T1、F2	False	T3、F4	True	L3
x=5、y=4、z=9	T1、T2	True	F3、F4	False	L2
x=4、y=5、z=10	F1、F2	False	F3、F4	False	L1

以上 6 种覆盖率强弱关系如图 2-17 所示。

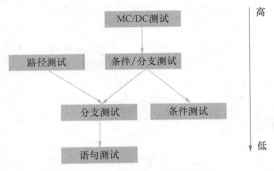

图 2-17　白盒测试各种覆盖的强度

2.6.7　控制流测试

控制流测试经常用在嵌入式软件系统。

案例 2-21：控制流测试。

如图 2-18 所示。

首先：

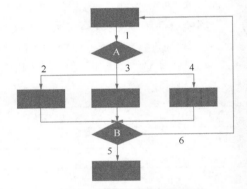

- 对经过 A 点的线进行排序：{1,2}、{1,3}、
  {1,4}、{6,2}、{6,3}、{6,4}。
- 对经过 B 点的线进行排序：{2,6}、{3,6}、
  {4,6}、{2,5}、{3,5}、{4,5}。

然后进行总体排序

{1,2}、{1,3}、{1,4}、{2,5}、{2,6}、{3,5}、{3,6}、

{4,5}、{4,6}、{6,2}、{6,3}、{6,4}。

图 2-18　控制流软件测试的例子

最后依次进行如下操作：

从 1 开始，5 结束的连续序列，一直到把所有序列都输出完毕，见表 2-27。

表 2-27　　　　　　　　　　　　　　　控制流覆盖过程

操作	输出
挑选：{1,2} 、{2,5} {1,2}、{1,3}、{1,4}、{2,5}、{2,6} 、{3,5}、{3,6}、{4,5}、{4,6} 、{6,2}、{6,3}、{6,4}	{1,2,5}
挑选：{1,3} {3,5} {1,2}、{1,3}、{1,4}、{2,5}、{2,6} 、{3,5}、{3,6}、{4,5}、{4,6} 、{6,2}、{6,3}、{6,4}	{1,3,5}
挑选：{1,4} {4,5} {1,2}、{1,3}、{1,4}、{2,5}、{2,6} 、{3,5}、{3,6}、{4,5}、{4,6} 、{6,2}、{6,3}、{6,4}	{1,4,5}

续表

操作	输出
排选：{1,2} {2,6} {6,2} {2,5} {1,2}、{1,3}、{1,4}、{2,5}、{2,6} 、{3,5}、{3,6}、{4,5}、{4,6} 、{6,2}、{6,3}、{6,4}	{1,2,6,2,5}
排选：{1,3} {3,6} {6,4} {4,6} {6,3} {3,5} {1,2}、{1,3}、{1,4}、{2,5}、{2,6} 、{3,5}、{3,6}、{4,5}、{4,6} 、{6,2}、{6,3}、{6,4}	{1,3,6,4,6,3,5}

最后得到 5 个测试用例。

（1）{1,2,5}。

（2）{1,3,5}。

（3）{1,4,5}。

（4）{1,2,6,2,5}。

（5）{1,3,6,4,6,3,5}。

2.6.8 单元测试中的基于代码的功能测试

在工作中，使用某些工具，可以通过图形化界面来了解各种测试的覆盖率。并且在单元测试中我们除了关心覆盖率的测试，还可以关心函数自身的功能测试。

案例 2-22： 单元测试中的基于代码的功能测试。

设计了函数 float myAve(int32 a,int32 b)，需求是获得 a 和 b 的平均数，如果输入参数有异常，则返回 0.01。

可以设计这样一系列测试用例。

● testMyAve (4, myAve(5,3))； //其中 myAve(5,3)为要测试的函数，称为被测函数（SUT），4 为期望结果，如果实际结果与期望结果相同，测试通过，否则测试不通过。

● testMyAve (4.5, myAve(6,3))。

● testMyAve (0, myAve(-1,+1))。

● testMyAve (-4, myAve(-5,-3))。

● testMyAve (-4.5, myAve(-6,-3))。

● testMyAve (1.5, myAve(6,-3))。

● testMyAve (-1.5, myAve(-6,3))。

● testMyAve (32767, myAve(32767, 32767))。

● testMyAve (-32767, myAve(-32767,-32767))。

● testMyAve (16383.5, myAve(32767, 0))。

● testMyAve (32767, myAve(0, 32767))。

● testMyAve (-32767, myAve(-32767,0))。

● testMyAve (0, myAve(-32767, 32767))。

- testMyAve (0.01, myAve(-32768, 32767))。
- testMyAve (0.01, myAve(-32767, 32768))。
- testMyAve (0.01, myAve(32767,-32768))。
- testMyAve (0.01, myAve(32768,-32767))。
- testMyAve (0.01, myAve(-32768,-32768))。
- testMyAve (0.01, myAve(32768, 32768))。

这样再去查看，测试工具告诉我们各种测试覆盖率是否达到 100%。本书第二篇第 8.1 节"单元测试工具 Junit4 测试工具"中会介绍 Junit 4 测试工具。

2.6.9　总结

白盒测试除了上述介绍的动态白盒测试外，还包括静态白盒测试，即代码审核。在静态审核中，代码书写规则非常重要，业界比较流行的编码规则请参看本篇附录 C。

最后要指出白盒测试不仅在单元测试时进行，也可以在系统测试时进行，最早在嵌入式软件测试中，通过插桩的技术，通过工具得知各种覆盖率达到百分之几。现在上海有家公司对于非嵌入式产品，如 APP 程序，在运行系统测试时可以通过监控器，看到当时程序正在执行哪条语句，并且告诉各种覆盖率达到百分之几。这种技术叫作精准软件测试，是现在比较先进的软件测试方法。本书第二篇第 11.4 节"精准测试工具-星云测试平台"将会详细介绍。

2.7　测试用例设计的若干错误观点

2.7.1　能发现到目前为止没有发现的缺陷的用例是好的用例

首先申明，这句话十分有道理，但很多人都曲解了这句话的原意，认为"能够发现难以发现缺陷的测试用例才是好的测试用例"，却忘记了软件测试的目的所在，这是十分可怕的。笔者倾向于将测试用例当作一个集合来认识，对它的评价也只能对测试用例的集合来进行。软件测试本身是一种"确认和验证"的活动。软件测试需要保证以下两点。

- 程序做了它应该做的事情。
- 程序没有做它不该做的事情。

因此，作为软件测试实施依据的测试用例，必须能完整覆盖软件测试的需求，而不应该针对单个测试用例去评判好坏。

2.7.2　测试用例应该详细记录所有的详细操作信息

讨论这个问题前，可以先考虑一下软件测试的目的。软件测试的目的之一是尽可能发现程序中存在的缺陷。软件测试活动本身也可以被看作是一个项目，也需要在给定的资源条件下尽可能达成目标。根据笔者个人的经验，大部分的国内软件公司在软件测试方面配备的资源都是不足够的，因此必须在软件测试计划阶段明确软件测试的目标，一切围绕软件测试的目标进行。

除了资源上的约束外，测试用例的详细程度也需要根据需要来确定。如果测试用例的执行者、测试用例设计者、测试活动相关人对系统了解都很深刻，那测试用例就没有必要写得太详细了，文档的作用本来就在于沟通，只要能达到沟通的目的，就可以了。

一般在软件测试计划中，软件测试设计的时间占 30%～40%，软件测试设计工程师能够根据项目的需要自行确定用例的详细程度，在测试用例的评审阶段由参与评审的相关人对其把关。

2.7.3 测试用例设计出来后是不用维护的

想必没有一个人会认可这句话是正确的，但在实际情况中，却经常能发现这种想法的影子。笔者曾经参与过一个项目，软件需求和设计已经变更了多次，但测试用例却没有任何修改。导致的直接结果是新加入测试工程师在执行测试用例时不知所措，间接的后果是测试用例成了一堆废纸，开发工程师在多次被无效的缺陷报告打扰后，对软件测试工程师不屑一顾。

这个例子可能有些极端，但测试用例与需求和设计不同步的情况在实际开发过程中确是屡见不鲜的。测试用例文档是"活的"文档，这一点应该被软件测试工程师牢记。

2.7.4 测试用例不应该包含实际的数据

在很多软件测试工程师编写的测试用例中，"预期输出"仅描述为程序的可见行为。其实，"预期结果"的含义并不只是程序的可见行为。例如，对一个订货系统，输入订货数据，单击"确定"按钮后，系统提示"订货成功"，这样是不是一个完整的用例呢？是不是系统输出"订货成功"，就应该作为唯一的验证手段呢？显然不是。订货是否成功还需要查看相应的数据记录是否更新，因此，在这样一个用例中，还应该包含对软件测试结果的显式的验证手段：在数据库中执行查询语句进行查询，看查询结果是否与预期一致。

测试用例是"一组输入、执行条件、预期结果"，毫无疑问地应该包括清晰的输入数据和预期输出。没有测试数据的用例最多只具有指导性的意义，不具有可执行性。当然，测试用例中包含的输入数据会带来维护、与软件测试环境同步之类的问题，关于这一点，《Effective Software Test》书中提供了详细的测试用例、软件测试数据的维护方法，供读者参考。

2.8 本章总结

2.8.1 介绍内容

● 运用等价类/边界值设计测试用例。

- 运用决策表设计测试用例。
- 运用状态转换图设计测试用例。
- 运用决策树设计测试用例。
- 运用正交法设计测试用例。
- 软件白盒测试：
  - ➢ 语句覆盖测试；
  - ➢ 分支覆盖测试；
  - ➢ 条件覆盖测试；
  - ➢ 判定/条件覆盖测试；
  - ➢ MC/DC 覆盖测试；
  - ➢ 路径覆盖测试；
  - ➢ 控制流测试；
  - ➢ 白盒测试在实际工作中的使用。
- 测试用例设计的若干错误观点。

2.8.2　案例

案例	所在章节
案例 2-1：等价类的分类	2.1.1 等价类
案例 2-2：边界值的设计法	2.1.2 边界值
案例 2-3：公园门票规定	2.1.3 基于输出的等价类/边界值划分
案例 2-4：等价类测试	2.1.4 测试用例的设计
案例 2-5：由于边界值测试不完善带来的 Bug	2.1.4 测试用例的设计
案例 2-6：日历等价类/边界值测试	2.1.5 案例
案例 2-7：四边形类型判断系统	2.2.1 四边形类型判断系统
案例 2-8：用户登录系统	2.2.2 用户登录系统
案例 2-9：飞机票定价系统	2.2.3 飞机票定价系统
案例 2-10：视频播放机	2.3.1 从状态转换图到状态转换树
案例 2-11：电子商务购物	2.3.3 业务流程状态转化法
案例 2-12：文本编辑软件	2.4.1 文本编辑软件
案例 2-13：机票购买系统	2.4.2 机票购买系统
案例 2-14：网站兼容性组合测试	2.5 运用正交法设计测试用例
案例 2-15：语句测试覆盖率	2.6.1 语句覆盖测试
案例 2-16：分支测试覆盖率	2.6.2 分支覆盖测试

续表

案例	所在章节
案例 2-17：条件测试覆盖率	2.6.3 条件覆盖测试
案例 2-18：判定/条件测试覆盖率	2.6.4 判定/条件覆盖测试
案例 2-19：MC/DC 覆盖测试	2.6.5 MC/DC（修订的条件/分支软件测试）覆盖测试
案例 2-20：路径覆盖测试	2.6.6 路径覆盖测试
案例 2-21：控制流测试	2.6.7 控制流测试
案例 2-22：单元测试中的基于代码的功能测试	2.6.8 单元测试中的基于代码的功能测试

扩展阅读：软件测试五大流派

- **分析学派**（Analytic School）：认为软件是逻辑性的，将测试看作计算机科学和数学的一部分，结构化测试、代码覆盖率就是其中一些典型的例子。他们认为测试工作是技术性很强的工作，侧重使用类似 UML 工具进行分析和建模。

- **标准学派**（Standard School）：从分析学派分支出来并得到 IEEE 的支持，把测试看作侧重劣质成本控制并具有可重复标准的、旨在衡量项目进度的一项工作，测试是对产品需求的确认，每个需求都需要得到验证。

- **质量学派**（Quality School）：软件质量需要规范，测试就是过程的质量控制、揭示项目质量风险的活动，确定开发人员是否遵守规范，测试人员扮演产品质量的守门员角色。

- **上下文驱动学派**（Context-Driven School）：认为软件是人创造的，测试所发现的每一个缺陷都和相关利益者（stakeholder）密切相关；认为测试是一种有技巧的心理活动；强调人的能动性和启发式测试思维。探索式测试就是其典型代表。

- **敏捷学派**（Agile School）：认为软件就是持续不断的对话，而测试就是验证开发工作是否完成，强调自动化测试。TDD 是其典型代表。

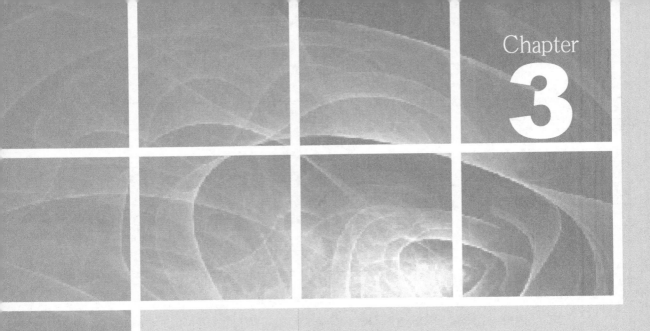

Chapter

3

第3章
探索式软件测试设计方法

　　"探索式软件测试"是软件测试专家 Cem Kaner 博士于 1983 年提出的，并受到语境驱动软件测试学派（Context Driven Testing School）的支持。由于符合快速提交的理论，且随着近年来敏捷开发的出现，探索式软件测试被重新提出，并且受到广泛重视。探索式软件测试（Exploratory Testing）：是一种自由的软件测试风格，强调软件测试工程师展开软件测试学习、软件测试设计、软件测试执行和软件测试结果评估等活动，以持续优化软件测试工作。

　　在参考文献【6】中，第一节有句话 "太让人失望了，不管我们写多少测试（用例），也不管我们执行多少测试用例，都没有用，最严重的缺陷只有在偏离脚本执行时，才能够找到"。对于这里的描述，笔者相信大部分读者可能都有同样的经历，这也体现了探索式测试的重要性所在。上海同济大学朱少明老师在讲座中曾经说过："脚本测试是发现已知的缺陷，探索式测试是发现未知的缺陷"。在某种意义上这也有一定道理。

本章主要介绍目前基于经验测试法中流行的方法：探索式软件测试法。其中包括。

● 探索式软件测试中用到的一些方法。

● 基于场景的测试。

3.1 探索式软件测试中用到的一些方法

笔者在本节中不涉及探索式软件测试的理论、思想以及一些相关的模型。关于这些理论、思想和模型，请参看参考文献【6】、【8】和【9】。笔者仅将本人在多年软件测试工作中用到的一些探索式软件测试方法介绍给大家，希望能对从事软件测试的同行有所帮助。

注

本节描述的软件测试产品对象大多以基于 B/S 结构的产品为主，少部分会考虑其他类型的产品。

3.1.1 表单输入的测试探索

表单输入在产品中是经常出现的，如要成为某个网站的会员，就要注册一些个人信息，然后通过表单页面上的【提交】按钮，存储到数据库中。对表单元素输入的测试探索中经常需要考虑以下两个方面：

● 对超长字符或不符合格式的字符（如：电话号码、Email）输入的探索。

● 对保留字符的输入探索。

1. 超长或不符合格式的字符输入的测试探索

由于表单输入的数据最终一般都存入到数据库中，所以对于输入的数据，一定要对其的长度或者类型进行限制，一个正常的操作方法为：输入一个超长或不符合格式的字符串，一般有以下 4 种处理方式：

（1）超长或不符合格式的字符在输入界面中被锁定：如表单要求输入的字符串最长长度为40，当输入第 41 个字符时，页面是不允许输入的；再如，表单只允许输入阿拉伯数字，如果输入了一个字符"A"，页面也是不允许的。

（2）当在表单内输入超长或不符合格式的字符：在鼠标失去焦点后，利用 Ajax 和 JavaScript 技术立即给出错误提示。

（3）超长或不符合格式的字符在输入界面中被输入：但在提交表单时，输入界面会提示表单中有超长或不符合格式的字符，并且表单不允许被提交。

（4）超长或不符合格式的字符在输入界面中被输入：但在提交表单后，会在另外的页面中提示表单中有超长字符或不符合格式的字符被输入，并且表单不允许被提交。

如果在表单输入了超过长度或不符合格式的字符串，提交后界面没有任何提示信息，甚至出现系统崩溃，或者出现数据库发生异常的英文日志显示在页面上，那么这显然是一个 Bug。另外，如果输入了一个超长或特殊字符串，符合上述 4 种处理方法，这时可以通过开发工程师查看对应的代码，尤其是数据存储到数据库之前，程序是否对输入字符的长度或类型进行再一次校验，这是从安全性角度考虑的。举个例子：输入页面的文件名为 table.html，后台存入数据库操作的文件名为 insert.jsp。一个黑客为了破坏这套系统，它用其他软件制造了一个表单页面代替 table.html。在他的页面中输入超过长度或者不符合格式的数据，然后通过 insert.jsp 提交到数据库中，由于 insert.jsp 没有对输入字符进行校验，从而造成系统瘫痪。这种案例经常会遇到。

案例 3-1：文本框的输入。

某文本框只允许输入长度为 5～20 的字符串。超长或不符合格式的文本框的测试用例见表 3-1。

表 3-1　　　　　　　　　　超长或不符合格式的文本框的测试用例

输入数据	期望结果
4 个'a'	测试不通过
5 个'a'	测试通过
20 个'a'	测试通过
21 个'a'	测试不通过
4 个'我'	测试不通过
5 个'我'	测试通过
19 个'我'	测试通过
20 个'我'	测试通过
1 个空格+4 个'a'	测试不通过
1 个空格+5 个'a'	测试通过
1 个空格+4 个'我'	测试不通过
1 个空格+5 个'我'	测试通过
1 个空格+20 个'a'	测试通过
1 个空格+21 个'a'	测试不通过
1 个空格+20 个'我'	测试通过
1 个空格+21 个'我'	测试不通过
1 个空格在 4 个'a'中间	测试通过
1 个空格在 3 个'我'中间	测试不通过
1 个空格在 19 个'a'中间	测试通过
1 个空格在 20 个'我'中间	测试不通过

2. 保留字符输入的软件测试探索

表单输入的数据，除了存储到数据库中，还会显示在界面上。例如在修改个人信息的案例中，系统会把以前输入到数据库中的数据显示到界面上，这样便于用户对信息中不合适的地方进行修改。要对这种类型的软件测试进行探索，首先要搞清楚这套产品对表单输入数据使用的是何种方式进行输出？这种输出方式中存在哪些保留字符？输出的方法是用 HTML 语言显示的，HTML 保留字符有：<、>、"、'、&、空格、回车等（参见附录 A）。HTML 显示这些字符时可以用其他字符进行替换。一个正常的操作是从数据库中输出保留字符以后，程序对这些保留字符通过正则替换转码为 HTML 中对应的可以显示的字符串，如 '<' 转为<，空格转为 ……如果在表单中输入了这些字符，或者输入一段含有这些字符的 HTML 代码或者 JavaScript 代码，如<a href="http://www.sina.com.cn">进入新浪</a>，然后在显示页面中查看输出的格式是否正确，如果不正确，或者出现显示页面错乱，甚至执行了 JavaScript 语句，这属于 XSS 注入，肯定是一个 Bug。

案例仍旧为案例 3-1，增加测试用例，见表 3-2。

表 3-2　　　　　　　　　　　　保留字符的测试用例

输入数据	期望结果
<script>alert(document.cookie)</script>	显示 '<script>alert(document.cookie)</script>'，不执行 javascript 语句 alert(document.cookie)

3.1.2　模糊查询输入框输入数据的测试探索

目前除了一些专业的搜索引擎（如 Google、百度）以及流行的大数据存储方式采用非关系型数据库或者 NoSQL 技术进行存储，对于大多数软件系统，通常还是采用传统的关系型数据库进行存储。若一个用户想查询标题中含有"云计算"的标题，再通过单击相应标题查看文章内容，通常对应的 SQL 查询语句为：select url,title,content from paper where title like '%$title%'；（$title 为模糊查询文本框提交过来的字符串，这里为"云计算"）。下面深入讨论一下 SQL 语句中%这个关键而特殊的模糊查询字符，假设用户在模糊查询输入框中输入%，而程序没有对%进行特殊处理，上述的 SQL 语句就变为 select url,title,content from paper where title like '%%%'，这样的查询输出结果不是把文章标题中含有%字符的标题输出，而是把这个数据库表中所有的记录都给输出来了，这属于 SQL 注入，也是一个 Bug。

案例 3-2：模糊搜索。

某文本框为根据关键字进行模糊搜索，可以设计测试用例，如表 3-3 所示。

表 3-3　　　　　　　　　　　　模糊搜索的测试用例

解释	数据	期望结果
正确查询	"软件测试"	显示含有"软件测试"标题的所有文章
空格的处理	"　软件测试"	显示含有"软件测试"标题的所有文章
空格的处理	"软件测试　"	显示含有"软件测试"标题的所有文章
空格的处理	"软件　测试"	显示含有"软件　测试"标题的所有文章

续表

解释	数据	期望结果
SQL 注入	"%"	显示含有 "%" 标题的所有文章, 不显示所有文章
长度限制	10 万个 a	系统不崩溃, 给出友好的提示信息
什么都不输入	空字符串	按照系统要求什么都不输出或者输出所有记录

3.1.3　对文件的探索

系统中需要上传文件, 有如下两种情形。

（1）选择文件直接上传。

（2）选择文件, 按【上传】键, 然后完成上传任务, 这里仅考虑情形（2）。

案例 3-3：上传文件。

文件上传测试用例见表 3-4。

表 3-4　　　　　　　　　　　　　文件上传测试用例

描述	期望结果
选择的文件被删除: 1. 选择文件 a.txt 2. 删除文件 a.txt 3. 按【上传】键	提示信息: a.txt 已经被删除
文件的内容被损坏: 1. 建立文件 a.txt 2. 将文件名改为 a.jpg 3. 选择文件 a.jpg（这里要求只能上传图片格式文件） 4. 按【上传】键	提示信息: a.jpg 格式不正确
使用空文件 1. 建立一个文件名为 a.txt 的空文件 2. 选择文件 a.txt 3. 按【上传】键	提示信息: 文件不能为空的信息
系统要求文件不能超过 2MB 1. 建立一个符合格式的超过 2MB 大小的文件 2. 选择这个文件 3. 按【上传】键	提示信息: 文件大小不能超过 2MB
用其他软件打开需要上传的文件 1. 用 potoshop 打开 a.jpg 2. 选择 a.jpg 3. 按【上传】键	根据用户需求 1. a.jpg 被上传 2. 提示信息: a.jpg 已被其他软件打开, 请关闭后再上传

当然我们还可以采用头脑风暴的方法，发现更多的测试用例。

3.1.4　登录界面的测试探索

对于登录页面，除了可以使用本书第 2.2.2 节"用户登录系统"介绍的方法外，还需要对 SQL 注入进行测试。如果用户知道或者猜到系统数据库的表名，那就更可怕了，如在密码栏中输入："*;DROP TABLE USER;"，如果程序中没有做合适的处理，这样数据库中的数据表就会被删除。

改进后的登录页面测试用例见表 3-5。

表 3-5　　　　　　　　　　　　　改进后的登录页面测试用例

编号	用户名	密码	验证码	期望结果
1	Tom	khnygh	243546	提示：用户名或密码错误
2	Kenny	oooo	243546	提示：用户名或密码错误
3	Kenny	khnygh	12345	提示：验证码错误
4	Kenny	khnygh	243546	进入系统
5	1111	2222' or 1=1;--	123456	提示：用户名或密码错误

关于 SQL 注入的描述，参见 1.1.9-5 节"安全性测试：案例 1-11 中的描述"。

3.1.5　根据机器的声音探索

通过机器的声音有些时候也可以发现一些软件缺陷。

案例 3-4：测试中的望闻问切。

甲同学晚上加班进行一个模块的性能测试，测试数据的结果总不能令他满意，他不断地进行复测，但是总找不出原因。由于当时已经接近 21：00，公司里只剩下他一个人，非常安静。他突然发现每经过一段时间，硬盘总是发出一种单调并且奇怪的声音，他立刻意识到是硬盘的问题，经过排查，是硬盘操作太频繁造成。第二天他让开发工程师查看后，发现这是由于开发人员修改一个缺陷所引起的，这个缺陷是数据经常从缓存中读取，准确性不高，而改成从硬盘中读取，当准确性上去后，性能却就成为另外一个问题。

中医中讲究看病要望闻问切，实际上，在软件测试中也要使用望、闻、问、切的方法。

- 望：这是最常用的方法，主要观察软件产品的输出是否满足预期的需求。
- 闻：闻就是听，本节就是通过"闻"的方法进行测试。
- 问：多问自己几个问题，探索出更多的测试用例。3.1.13 节就是通过"问"进行软件测试的方法。
- 切：对于某些测试，需要通过"切"的方法进行测试，如摸机箱或者摸嵌入式设备的外部看是否过热等方式。

3.1.6 通过查看 Log 日志探索

通信系统、嵌入式系统等是没有用户界面的，对这类系统进行探索式测试时，查看系统日志是一种最好的选择。在 Linux/UNIX 系统中，可以对日志文件进行以下操作（假设 log 日志为 a.log）：

```
>tail a.log | grep error;
>tail a.log | grep fail。
```

如果有查询结果，就可以顺藤摸瓜，查找问题所在。当然，并不是通信系统、嵌入式系统中才可以用这种方法，其他系统也可以使用，甚至会挖掘出一些隐藏的、没有爆发的缺陷。

案例 3-5：java.net.SocketException。

在某网站接口测试中发现一个自动化测试用例没有通过，经过使用> tail a.log | grep error，发现如下结果：

```
java.net.SocketException: Software caused connection abort: socket write error
at java.net.SocketOutputStream.socketWrite0(Native Method)
at java.net.SocketOutputStream.socketWrite(SocketOutputStream.java:92)
at java.net.SocketOutputStream.write(SocketOutputStream.java:136)
at org.apache.jk.common.ChannelSocket.send(ChannelSocket.java:531)
at org.apache.jk.common.JkInputStream.endMessage(JkInputStream.java:121)
at org.apache.jk.core.MsgContext.action(MsgContext.java:301)
```

通过这个结果，开发人员进一步查询，发现到问题的根本原因是 MySQL 的连接超时 8 小时，若空闲超过 8 小时，MySQL 就会自动断开连接造成的。

3.1.7 在开头/结尾处进行探索

在文件开头或者结尾处进行操作往往也会发现缺陷。

案例 3-6：文章结尾的输入。

测试一个文本编辑软件，在编辑的文本中的其他地方插入一些文字都没有问题，但是在文本的最后插入一些文字，再保存后重新打开，被插入的文字不见了。

案例 3-7：移动记录到第一条。

通过上下箭头试图把记录上下移动一个单位，测试发现当移动到非第一条时没有问题，但是移动到第一条时，系统立刻卡住没有任何反应。经过排查，发现是由于开发人员在计算时把第一个标记位的 "0" 记为 "1" 造成的问题。

3.1.8 多次执行同样操作进行探索

这也是一种经常发现缺陷的情形。比如，软件可以打开任意多个窗口，你试图打开这样的

10 个、20 个、50 个,甚至 100 个窗口,然后进行操作,看系统会有什么反应。这样的问题往往会导致响应速度变慢,甚至系统宕机。

案例 3-8:ERP 软件多窗口操作。

某 ERP 软件可以同时打开多个窗口来编辑库存信息。测试工程师小张打开 1～30 个窗口没有问题,但是打开第 31 个窗口后,系统发生了死机的情形。后来经需求、设计、项目经理、开发、测试等一起讨论,综合各方面因素后决定,最多只允许打开 20 个窗口,当用户试图打开第 21 个窗口时,系统将给出"本系统最多只允许打开 20 个窗口"的提示信息。

3.1.9 通过复制/粘贴进行探索

在文本框中编辑时,往往会用键盘手工进行输入,如果通过复制/粘贴进行操作,也许会发现一些缺陷。一种类型的缺陷是在复制时复制了字符串前后的空格,而程序没有对其进行判断,显示时也把前后空格显示出来。另外一种情形如图 3-1 所示。

图 3-1 富文本编辑器

这种类型的文本框不允许通过鼠标进行复制和粘贴,必须使用 Ctrl+C、Ctrl+V。对于这种情形,需要认真测试。另外,这种情况下,从安全性角度考虑:可以输入简单的 HTML 标记符,如<a href="...">、、、
、<font size="1">、</font>...,但是不允许输入存在安全风险性的标记,如<script>、</script>、docment.cookie、alert...等。

案例 3-9:富文本编辑器安全性测试。

富文本框测试用例见表 3-6。

表 3-6   富文本框测试用例

操作	期待输出
进入 HTML 编辑框,输入 "<a href="https://www.baidu.com">百度</a>"	显示"百度",点击百度超链接后进入百度网站
进入 HTML 编辑框,输入 "<font size="4">百度</font>"	"百度"显示为 4 号字体
…	
进入 HTML 编辑框,输入 "<script>alert(document.cookie)</script>"	显示提示信息:<script>,</script>,document.cookie,alert 等敏感字符不允许输入
进入 HTML 编辑框,输入 "<a href="#?id=1&drop table customer">"	显示提示信息:drop table 等敏感字符不允许输入
……	……

3.1.10 通过测试结果进行探索

通过某个测试的测试结果,还可以设计出更多、更深入的测试用例。比如,在用户注册时,发现【取消】按键的功能没有起作用,这样就必须对系统中所有表单提交功能中,对含有的【取消】按键都进行测试。再如,在对电子商务测试过程中发现,用支付宝付款存在问题,那就必须测试微信、银行借记卡、银行信用卡付款是否同样存在问题。另外,根据软件缺陷的 80/20 法则,如果在某个模块中测试出很多问题,那么就需要对这个模块进行更详尽的测试,以便发现更多的缺陷。关于软件缺陷的 80/20 法则,本书 1.2.4 节"原则 4 缺陷集群性"进行了更深入的介绍。

案例 3-10:关于删除的缺陷。

测试某个网站。

测试步骤:

(1)登录系统;

(2)对某一篇文章非本人提交的评论点击删除;

(3)提示:你没有权限进行删除操作;

(4)该评论没有被删除;

(5)跳转到其他页面;

(6)返回到刚才试图删除的文章页面。

结果:

该评论已经不存在。

根据这个测试结果,考虑到本网站还有 BBS 模块,于是测试工程师对 BBS 帖子的删除进行了类似的操作,发现了同样的问题。

测试步骤:

(1)登录系统;

(2)对某一条非本人提交的 BBS 回帖进行删除操作;

（3）提示：你没有权限；

（4）该回帖没有被删除；

（5）跳转到其他页面；

（6）返回到刚才试图删除的回帖页面。

结果：

该回帖已经不存在。

3.1.11 利用反向操作进行探索

比如，开发一个类似于百度地图的软件，测试从上海莘庄到人民广场的路径，同时设计从人民广场到上海莘庄的路径。看两个路径相差多少，如果相差在可接受范围内，就没有问题，否则算法可能就存在问题。

3.1.12 利用名词和动词进行探索

分离出系统中的名词和动词，进行随机自由组合，设计测试用例进行测试。

案例 3-11：富文本编辑器功能测试。

这里，还用图 3-1 富文本编辑器来举例。其中：

- 名词黑体字、下划线字、斜体字、大字号、中字号、小字号、带链接的字、段落、一行文字、表格、图片、视频。
- 动词复制、粘贴、移动、删除、添加、修改、设置链接、插入。

把这些名词和动词进行自由组合，如表 3-7 所示。

表 3-7   名词与动词

名词	动词	名词	动词	名词	动词	名词	动词
黑体字	复制	带链接的字	设置链接	黑体字	添加	带链接的字	移动
下划线字	粘贴	段落	插入	下划线字	修改	段落	删除
斜体字	移动	一行文字	复制	斜体字	设置链接	一行文字	添加
大字号	删除	表格	粘贴	大字号	插入	表格	修改
中字号	添加	图片	移动	中字号	复制	图片	设置链接
小字号	修改	视频	删除	小字号	粘贴	视频	插入

这样就可以得到一系列动词和名词的组合。

- 复制黑体字：选择一个黑体字，复制、粘贴在文档另外一个地方，检查是否复制过去仍旧为黑体字。
- 粘贴下划线字：选择一个下划线字，复制、粘贴在文档另外一个地方，检查是否复制过去仍旧为下划线字。

- 移动斜体字：选择一个斜体字，移动到文档另外一个地方，检查是否移动成功，移动后是否仍旧为斜体字。

……

通过这一系列的测试，很可能会发现软件中的一些缺陷。

3.1.13　运用提问进行探索

也可以采取提问题的方式进行探索式测试，以便设计出更多的测试用例。这里经常用到的问题是："如果……，那么……"，比如：

- 如果这个系统突然断电，那么恢复后是否可以正常工作，并且断电中正在进行的交易信息是否可以继续处理。
- 如果系统突然断网，那么用户会有什么反应，可以以多快的速度进行恢复。
- 如果这是一个第一次使用软件产品的用户，那么系统是否可以快速帮助他掌握操作。
- 如果有新的版本推出，那么系统是否可以在不影响用户使用的情况下进行升级活动，如果升级失败，是否也可以在不影响用户使用的情况下恢复到初始的状态。
- 如果用户按照非正规的流程处理我们设计的业务，系统是否会给出友好的提示。
- 如果用户提交了表单，又不小心单击了浏览器的【刷新】按钮，系统是否会多次提交用户数据。
- 如果用户删除了一条记录，又不小心单击了浏览器的【刷新】按钮，系统是否会把数据库错误信息显示在页面上。
- …

案例 3-12：应用程序的升级。

问题：如果有新的版本推出，并且由于用户升级失败，系统是否可以恢复到升级前的版本？以前升级程序是这样设计的：

（1）下载安装程序到本地；

（2）升级。

显然按照现在的思路是不能达到上述描述的，如果升级失败只能重新安装系统，那么用户的信息是肯定会丢失的。后来研发人员更新了升级程序，如下：

（1）下载安装程序到本地；

（2）备份当前版本信息；

（3）升级；

（4）如果升级成功，删除第（2）步的备份数据；

（5）否则，自动调用第（2）步备份信息复原到安装前的版本，并且把升级失败信息发回到研发中心。

3.1.14 函数级别的黑盒测试探索

基于函数的黑盒测试一般指的是测试 API。

案例 3-13：字符串合并函数。

函数 String Merage (String a, String b)的作用：合并字符串 a 和 b，可以设计如下测试用例进行探索：

- Merage("aaa","bbb");
- Merage("","bbb");
- Merage("aaa","");
- Merage("","");
- Merage(1,2); //类型不匹配，无效
- Merage(); //参数不对，无效
- Merage(null,null);
- Merage("aaa",null);
- Merage(null,"bbb");
- Merage("aaaa…","bbb"); // aaaa…为 1 万个 a
- Merage("aaa","bbb…"); // bbbb…为 1 万个 b
- Merage("aaaa…","bbb…")。 // aaaa…为 1 万个 a，bbbb…为 1 万个 b

3.1.15 运用不懂技术和业务的人员进行探索

大家知道在测试领域有个名词叫"猴子测试法"，最初意思是指一个猴子在键盘上不断地任意敲击，只要程序不退出，程序就不应该出现任何死机现象。著名的谷歌公司推出的工具 Monkey 就来源于这个名词。

案例 3-14：猴子测试法。

公司研发了一个系统，经过一系列开发测试之后，测试工程师基本找不出任何问题，于是研发经理请来非研发部门的人员（如行政部、人力资源部、财务部的人员），首先大致给他们介绍一下这个软件的作用以及基本使用方法，然后让他们进行操作，经过近一周的操作，这些非专业人士竟然发现了许多测试工程师没有想到的操作，从而引发一些意想不到的 Bug。

3.1.16 并发操作的测试探索

这里用一个例子来介绍并发操作会发生什么样的缺陷。

案例 3-15：博文系统。

被测系统是一个需要审核员审核的博文系统。注册该网站的会员可以在博文上发布博文，但是发表的博文必须经该网站的审核员审核通过后，才可正式发布到网上去。在这个产品中，网站会员具有的权限是：

- 书写博文，并提交给审核员进行审核；
- 对审核员退回的博文进行修改，然后重新提交；
- 对已提交未审核通过的博文可以随时进行修改或删除。

审核员具有的权限是：

- 审核通过，博文正式发表在网上；
- 审核退回，审核员需要书写退回理由。

博文审批系统如图 3-2 所示。

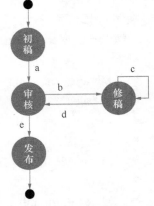

图 3-2 博文审批系统

设想可能会发生的过程（见图 3-3），审核员 A 正在审核一篇博文，这时书写这篇博文的作者 B 觉得这篇博文不太合适，已将它删除。此时审核员 A 进行审核通过或者审核拒绝时会出现什么情况？希望出现的情况是：在审核员 A 进行操作后，系统会出现相应的提示信息"该博文已经被发表者删除，请与作者联系！"的提示信息。然而在软件测试过程中经常会出现数据库发生错误，页面显示系统调用的英文错误日志信息。

再进行一次探索（见图 3-4），比如这时审核员 A 和 B 同时对同一篇博文进行审核，审核员 A 进行了一次审核通过的操作，过了几分钟后，审核员 B 进行了一次审核退回的操作，期望审核员 B 看到的也是一条友好性的提示信息："该博文已经被审核员 A 审核通过，请您与审核员 A 联系！"，而不是在页面中出现一些用户看不懂的英文错误日志信息或者这篇博文被操作的审核员 B 退回了。上述例子是审核通过在先、审核退回在后。同样，可以考虑审核退回在先、审核通过在后的情形。

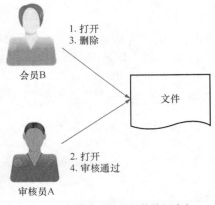

图 3-3 删除与审核之间的并行冲突

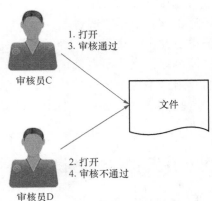

图 3-4 审核之间的并行冲突

3.1.17 页面刷新功能的测试探索

几乎所有人机交互页面都具有刷新功能。在网络信号不强时，用户可以浏览存在缓存上的内容，网络一旦畅通，页面变化后，用户通过按下【刷新】按钮，就可以及时地看到最新页面的内容。但是，刷新功能的存在往往给产品带来一定隐患，暗藏着一些缺陷。下面通过两个案例进行介绍：

案例 3-16：创建后的刷新。

用户进入表单填写页面、填写内容、然后提交表单，页面出现"表单数据提交成功"的提示信息。在这个提交成功的页面上按下浏览器上的【刷新】按钮，页面会出现英文提示的数据库错误日志，大致内容是表单中的某某字段不允许相同。显然，在刷新的时候，系统把表单数据又重新进行了一次提交。正确的处理办法是：刷新后，不再重新提交的数据库，应该告诉用户不允许同时提交相同的信息。

案例 3-17：删除后的刷新。

用户查询到一条记录，单击【删除】按钮，页面出现对应"记录删除成功"的提示信息。在删除成功的页面上按下浏览器上的【刷新】按钮，页面用英文提示数据库或程序中出现了空指针异常的错误日志。显然，在刷新时，程序对同一条记录又进行了一次删除操作。正确的办法是：不再重新删除记录，应该告诉用户删除的记录不存在，无法删除。

3.1.18 不常用功能的测试探索

这里还以表单提交页面举例。一个表单提交页面中往往会出现 2～3 个按钮（Button），一个是【提交】（Submit）按钮，一个是【重置】（Reset）按钮（这个按钮往往在有些页面被删除），还有一个是【取消】（Cancel）按钮。对于【提交】按钮，几乎每一个测试工程师都不会遗忘，而对于【重置】和【取消】按钮，可能无人问津，而在操作【重置】或者【取消】按钮，往往会发现一些隐藏的缺陷。

案例 3-18：恢复出厂设置。

机顶盒软件有一个功能为 "恢复出厂设置"，这个功能在产品第一个版本发布时测试过，并且当时仅发现一个很小的缺陷，并得到复测通过。近两年来，产品已经从 1.0 更新到 4.1.2，但是由于考虑到用户使用"恢复出厂设置"的情况很少，所以没有再进行一次回归测试。在版本 4.1.2 发布后不到一个月，有一个用户提到使用"恢复出厂设置"有些设置没有被恢复，而这些设置经开发人员定位后发现，大部分都是从第 V3.2.1 版本中引入的。

3.1.19 URL 栏的测试探索

URL 是浏览器上的一个重要控件。通过 URL，可以做如下测试探索。

案例 3-19：404 Error 网页。

http://www.mywebsite.com 是一家公司的网站，测试工程师在浏览器地址栏中输入 http://www.mywebsite.com 显示网站的首页。然后输入一个该域内肯定不存在的页面：http://www. mywebsite.com/aaaaa.html，发现网站没有对不存在的页面（404 Error）进行设计。

案例 3-20：地址栏中的 SQL 注入测试。

测试工程师得知在 www.mywebsite.com 网站中有个数据表叫 customer，于是他在浏览器 URL 中输入 "http:// www.mywebsite.com/file/index.htm?name=&page=123; 'drop table customer;"，发现表 customer 被无情删除了。

案例 3-21：需要登录的网站 URL 测试。

http:// www.mywebsite.com/market/index.html 页面需要登录后才可访问，测试工程师不登录，直接在浏览器 URL 中输入 http:// www.mywebsite.com/market/index.html，发现该网站直接跳转到登录页面，没有发现缺陷。

案例 3-22：需要特别权限的网站 URL 测试。

http:// www.mywebsite.com:8080/index.html 是网站管理员登录后的首页，不登录系统，直接粘贴 http:// www.mywebsite.com:8080/index.html 到浏览器 URL 中，出现提示信息：你的身份不合法。于是，测试工程师用普通用户的账号登录，然后试图再粘贴 http:// www.mywebsite.com:8080/index.html 到浏览器 URL 中竟然登录成功了，一个很严重的缺陷被发现。

3.1.20 突发事故的测试探索

若一个程序正在进行工作：或许是在备份数据；或许通信系统正在进行通话；或许一个用户正在浏览一个网站……就在这个时刻，事故发生了，比如事故是停电或者断网，当事故被解除后，系统重新运行，这个时刻要仔细检查整个系统是否仍旧可以启动？各个功能是否可以正常运行？是否存在数据或业务丢失的现象？

案例 3-23：支付过程中断网。

这是一个真实的案例：Mr. Smith 在某网站用信用卡支付刚买的商品时突然断网，当网络重新连接后，发现$50 已经从银行卡上扣除，但是网站上显示商品没有被支付，这$50 就无缘无故消失了。

3.1.21 界面链接的测试探索

一个复杂的系统往往存在数十个，甚至上百个页面，这些页面存在互相链接依赖的关系，在浏览某个网站时，点击一个链接，若系统告诉我们这个页面不存在，则是由于界面链接测试没有做好所导致。为了避免这种情形的产生，可以采用如下做法：把所有的页面画在一张纸上，如果 A 页面有链接，可以链接到 B 页面中，就从 A 画一条直线链接到 B，在直线 B 处画一个箭头；同样，如果 B 页面有链接，可以反向链接到 A 页面中，就从 B 再画一条平行于上述直线的直线链接到 A，在直线 A 处画一个箭头。直线、箭头都画好后，选择一个起点页面、一个终点页面，然后设计一条路径，在软件上一步一步地按照计划好的路径进行操作。经过几个这样的路径操作后，图中所有的路径都会被覆盖，软件测试结束。也可以使用目前市场上存在的检查 Web 页面是否存在空链接的工具，如 xenu link sleuth、HTML Link Validator、Web Link Validat 等。但是在页面相对少的情况下，建议采用手工的方式比较好，因为经过手工操作，可能会发现另外一些问题。

3.1.22 需要多步操作来完成一个事务的测试探索

有些操作往往需要进行多步操作才可以完成，如提交一份求职简历，第一页填写基本信息、第二页填写教育经历、第三页填写工作经历、最后一页填写其他信息。测试这样的软件产品时，可以尝试提交第一、二、三步后回退到第一步重新输入，观察软件会出现什么情况？再尝试提交第一、二步后放弃提交，退出，然后再一次进入，输入和上次相同的信息，观察软件会出现什么情况？

案例 3-24：用户信息的多步骤填写。

如图 3-5 所示，填写电子商务网站信息分为 4 步，对应 4 个页面，原先的顺序应该是：填写基本信息、填写辅助信息、填写收货信息、填写支付信息。通过浏览器上的【回退】键或者其他方式更改输入顺序步骤，如变为填写基本信息、填写辅助信息、返回填写基本信息、填写收货信息、返回填写辅助信息、填写收货信息、填写支付信息。最后看程序会不会有问题，信息是不是会遗漏？

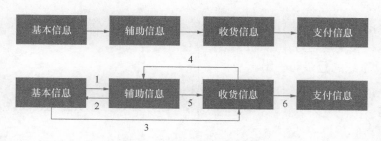

图 3-5 用户信息的多步骤填写

3.1.23 老功能的测试探索

产品中旧的功能，很容易被忽视，有人认为这些旧功能早就被测试很多遍，用不着再测试。设想，当其他功能的接口、框架、结构等都进行调整、变化，包括数据库的结构也可能做过相应的调整，这些调整或许会对老功能造成一定程度的影响，所以还需要不时地对老功能进行测试。以便发现一些意想不到的问题。

案例 3-25：用户注册。

用户注册功能是产品的旧功能，测试小组成员对这个功能近一年多没有进行全面的测试。上个月刚招了一个新员工小赵，测试经理考虑到小赵刚刚毕业又是测试新手，所以让小赵从基本的模块入手，两天后小赵竟然在注册模块发现了一个缺陷，后经分析发现这个缺陷的引起是由于半年前修改另一个关于用户权限缺陷引起的，修复这个缺陷，加长了数据库表结构，而用户注册页面没有做相应变化。

3.1.24　重灾区的测试探索

经常听到这么一句话：80%的 Bug 出现在 20%的功能点上，所以软件测试时，对于经常出现 Bug 的功能点，一定要小心，小心再小心，认真，认真，再认真。这样做往往会找到更多的 Bug。有时需要一定的时间和一定数量的测试工程师对这些模块进行专注的测试。

案例 3-26：购物车。

某网站增加了网上购物功能，经过前一段的探索式测试，发现购物车功能暴露出的缺陷最多，经过测试小组研究决定，准备让 3 位工程师集中精力，分别对这个子模块进行 3 个小时的基于测程的探索式测试。（关于基于测程的探索式测试，参见第三篇"软件测试管理篇"的"精益创业与探索式软件测试"的介绍）。

3.1.25　强迫症测试法的测试探索

强迫症测试法是 James A. Whittaker 在他的著作《探索式软件测试》中描述的。采取强迫症软件测试法往往会发现程序中出现的系统内存泄露等问题。

案例 3-27：系统的登录与登出。

几年前，笔者在测试一个产品角色功能模块时，需要不断地登出、登录系统，后来发现经过多次登出、登录操作后系统就会出现死机现象，最后经过程序员排查，发现是程序中的一个指针用完后没有及时释放造成的。

由于不可能对所有模块都进行强迫症测试法，所以在哪里进行强迫症测试法需要依据测试工程师的经验。当然，还可以借助某些工具进行强迫症软件测试法，这样可以节省很多精力。

案例 3-28：放入购物车与从购物车中移除商品。

考虑到顾客进行购物时经常会出现的一个情形：对选购的商品犹豫不决，于是，使用脚本模拟了一个情形：用户每往购物车中放入 3 个商品，就移除两个，整个过程循环 10000 次。经过测试没有发现问题，从而增加了测试人员对产品的信心。

3.1.26 升级的测试探索

一个产品不可能一次就能满足用户的需求，肯定需要经过多个版本，尤其是敏捷开发概念提出后，版本发布越来越频繁。现在产品大多支持在旧的产品的基础上，不删除旧的产品，直接运行升级脚本，从而完成升级。对于一些实时性要求很高的产品，如通信产品，在升级的过程中还需要考虑不影响通信业务的正常运行。另外，软件测试升级操作失败后，都要将产品进行还原（Restore）操作，还原到升级之前的版本，以保证用户仍旧可以在旧的版本上继续使用。

案例 3-29：电信领域的升级。

在本篇第 1 章"可靠性测试"中提到电信领域的可靠性为 5 个 9，即 99.999%。然而，电信产品的升级是经常的，为了避免升级过程中造成业务中断，可采用如下主备机网络环境设置，如图 3-6 所示。

主备机网络环境设置下，一台机器处于运行状态（图 3-6 中的服务器 A），另一台机器处于待命状态（图 3-6 中的服务器 B），运行状态的机器一旦发生故障，系统则立刻切换到待命机器，这样运行机器与待命机器的角色就发生了转换，即待命机变成了运行状态，而运行机变成了待命状态。当然为了转换后待命机能够立刻代替服务机进行工作，在待命机与服务机之间每隔一段时间通过心跳线的同步操作。

图 3-6 主备机网络环境设置

这种设计在增加可靠性同时，也给系统的无缝升级带来很大好处，如要对服务端软件从 3.23.3 升级到 4.0，可以先升级服务器 B，让服务器 A 处于工作状态；当服务器端 B 升级完毕，把服务器 A 断掉，系统自动切换到服务器端 B 进行运作，这样就可以升级服务器端 A 了。需要特别指出的是，不管在服务器 A，还是在服务器 B 进行升级操作，一旦发生了问题，一定要能够返回到原始的版本。比如，在服务器 B 上升级成功，而在服务器 A 升级失败，必须能够在服务器 A 把版本复原到 3.23.3，然后在服务器 B 也同样复原到 3.23.3。

3.1.27 总结

探索式软件测试强调在一个测程内进行测试设计、测试执行，然后对测试结果分析总结，从而进一步学习业务知识、测试技巧、测试工具……重新调整测试策略，然后进入下一个测程。所以，及时总结测试方法在探索式测试中是非常重要的，应该把这些测试方法放在一个大家都可以看到的地方，如 WiKi，便于大家及时查看和学习。软件测试工程师学习软件测试方法可以提高自己的软件测试技能；开发工程师学习软件测试方法可以在开发时尽量避免发生错误，从而起到缺陷预防的效果。基于测程的方法，本书第三篇"软件测试管理篇"第 13.7 节"精益创业与探索式软件测试"中进行介绍。

3.2 基于场景的测试

基于场景的测试法是探索式测试中经常使用的一种方法,它通过运用场景对系统的功能点或业务流程的描述执行测试用例,从而提高测试效果。基于场景来测试需求是指模拟特定场景发生的事件,通过会事件来触发某个动作的发生,观察事件的最终结果,从而发现需求中存在的问题。通常以正常的用例场景分析开始,然后再着手其他场景分析。

下面以一个案例作为描述。

案例 3-30:场景测试-电子商务网站。

这是一家电子商务网站,为了对这个网站进行基于场景的探索式测试,设计了以下场景:

"张小姐听她的闺蜜说她在一家电子商务网站上买了一套床上用品,感觉非常好,张小姐也想买一套。回家吃完晚饭后,在这个网站上注册了个人信息,然后进行登录,添加了收货信息和支付信息。通过分类信息找到这套床上用品,她把床上用品放入购物车中。同时,她看见一条推荐的裤子,非常喜欢,点击进去看了一下详情,可是她通过聊天工具与店商老板聊后得知没有适合她的尺寸的裤子。这时张小姐的妈妈打电话过来,正好谈及舅舅的孙子需要一种奶粉,在商场里面没有买到。挂了电话后,张小姐通过这个网上的产品搜索竟然查到这种奶粉。选择了一个客户评价相对较好的商店,选择了奶粉,加入了购物车。这时已经是晚上十点多了,于是张小姐决定结束本次网上购物活动,她进入购物车,选择了床上用品和奶粉,提交订单,并且准备通过支付宝付款,可是正在付款时网络 Wi-Fi 出现了故障,重新启动 Wi-Fi,网络通畅后,还可以重新付款,并且告之付款成功的信息。

三天后,床上用品和奶粉都收到了,奶粉很好,她在网上提交了确认收货的信息,并且给了好评。但是,床上用品不太令她满意,布料边角有些地方加工比较粗糙,于是她用手机拍下了部分粗糙的边角图片,上传到网上,与商家协商后,决定退货。商家答应了,张小姐把床上用品快递给卖家,卖家收到货后把钱退还给张小姐。"

软件测试工程师根据以上描述,可以进行探索式测试。为了更好地介绍如何结合场景进行探索式测试,给出测试执行期间书写的测试记录,便于各位读者掌握。

测试人员:杨刚(模拟张小姐) **测试测程时间:**2016-2-4 9:00-11:00。

测试记录。

(1)注册用户基本信息:注册时,试图用数据库中已有的 ID 进行注册,系统给出了友好的提示,没有问题。输入密码时,没有告诉密码的强弱程度,对于这点,我认为应该报告给产品经理。

(2)注册完毕,进行登录操作,试图采用 SQL 注入法,系统已经被屏蔽。

(3)登录进去后,修改了基本信息,添加了收货信息和支付信息。在收货信息填写中试图采用 XSS 注入法,结果发现开发工程师在这里没有作屏蔽,是一个 Bug。

(4)通过分类信息,找到床上用品,进入详情,放入购物车,没有发现问题。

（5）我请另外一位同事作为服装市场的卖家，我进入他的店铺，用自己开发的聊天工具进行了聊天的功能测试，除了速度反应有些慢（作为性能 Bug 处理），功能方面倒是没有发现什么问题。

（6）在搜索功能中输入"%"，所有的商品信息都被显示出来，这需要作为一个 Bug 进行处理。

（7）在搜索功能中输入"惠氏婴儿奶粉"，找到一个厂商的奶粉，进入详情页面，放入购物车。

（8）进入购物车，把奶粉个数改为两份，然后生成订单。在订单中，我又发现了一个大的 Bug，奶粉的价格仍旧按照一份计算。

（9）选择收货地址信息，进行付款操作，操作过程中，我断掉了网。

（10）网重新启动后，重新提交了订单，竟然发现付款成功，但是金额为 0，一个大 Bug 被发现。

（11）为了测试确认收货和退货功能，不得不重新选择那个床上用品和奶粉，再次生成订单，付款。

（12）付款成功后，确认奶粉的订单，并且给了好评。

（13）我故意把一个 exe 文件改为 jpg 文件，进入退货模块，把 jpg 文件上传到网上，非常好的是系统判断了上传上的 jpg 文件格式非法。

（14）我用手机拍下一张图片，重新上传，并且成功了。

（15）我又打开了一个浏览器窗口，用床上用品卖家的账号登录，确定了退货。

（16）在原来的浏览器窗口，检查到床上用品的钱被退回。

测程结束

结论：

发现 5 个 Bug（其中一个为性能 Bug），断网后付款失败的 Bug 应该立刻修改。

发现 1 个建议。

下面再来看一个案例。

案例 3-31：场景测试-租车网站。

场景描述如下：

"小李准备十一长假带上全家自驾游，可是没有车。于是，通过朋友介绍，他找到一个租车网，注册了信息（个人信息，支付信息）登录系统，选择了所在的城市，查询离家比较近的提车点，选择车型，准备 10 月 1 日至 10 月 3 日租用 3 天，并支付 3000 元预付金。10 月 1 日 9:00 他们全家去取车点取车，开始自驾行。10 月 3 日他们还在山里，感觉很不错，于是决定续租 1 天。两天后，由于在山路上出现了问题，后胎一个胎发生爆胎，于是又续租 1 天。10 月 5 日下午 7 点回到提车点。由于 2 天的延误以及途中发生了爆胎事件，需要再支付 1000 元。糟糕的是，小李付款时发现绑定这个网上的银行卡只有 800 元，于是他通过其他银行卡转来 5000 元，终于把 1000 元支付成功。"

如何对这个场景设计测试用例，笔者在本书中不给出固定的答案，希望读者发挥自己的想象力和经验，去设计测试用例。

3.3　本章总结

3.3.1　介绍内容

- 探索式软件测试中用到的一些方法：
  - ➢ 表单输入的测试探索；
  - ➢ 模糊查询输入框输入数据的测试探索；
  - ➢ 对于文件的探索；
  - ➢ 登录界面的测试探索；
  - ➢ 根据机器的声音探索；
  - ➢ 通过查看 Log 日志探索；
  - ➢ 多次执行同样操作进行探索；
  - ➢ 执行同样操作多次进行探索；
  - ➢ 通过复制/粘贴进行探索；
  - ➢ 通过测试结果进行探索；
  - ➢ 利用反向操作进行探索；
  - ➢ 利用名词和动词进行探索；
  - ➢ 运用提问进行探索；
  - ➢ 函数级别的黑盒测试探索；
  - ➢ 运用不懂技术和业务的人员进行探索；
  - ➢ 并发操作的测试探索；
  - ➢ 页面刷新功能的测试探索；
  - ➢ 不常用功能的测试探索；
  - ➢ URL 栏的测试探索；
  - ➢ 突发事故的测试探索；
  - ➢ 界面链接的测试探索；
  - ➢ 需要多步操作来完成一个事务的测试探索；
  - ➢ 老功能的测试探索；
  - ➢ 重灾区的测试探索；
  - ➢ 强迫症测试法的测试探索；
  - ➢ 升级的测试探索。
- 通过两个案例介绍基于场景的测试：
  - ➢ 电子商务网站；
  - ➢ 租车网站。

3.3.2 案例

案例	所在章节
案例 3-1：文本框的输入	3.1.1 表单输入的测试探索
案例 3-2：模糊搜索	3.1.2 模糊查询输入框输入数据的测试探索
案例 3-3：上传文件	3.1.3 对文件的探索
案例 3-4：测试中的望闻问切	3.1.5 根据机器的声音探索
案例 3-5：java.net.SocketException	3.1.6 通过查看 Log 日志探索
案例 3-6：文章结尾的输入	3.1.7 在开头/结尾处进行探索
案例 3-7：移动记录到第一条	3.1.7 在开头/结尾处进行探索
案例 3-8：ERP 软件多窗口操作	3.1.8 执行同样操作多次进行探索
案例 3-9：富文本编辑器安全性测试	3.1.9 通过复制/粘贴进行探索
案例 3-10：关于删除的缺陷	3.1.10 通过测试结果进行探索
案例 3-11：富文本编辑器功能测试	3.1.12 利用名词和动词进行探索
案例 3-12：应用程序的升级	3.1.13 运用提问进行探索
案例 3-13：字符串合并函数	3.1.14 函数级别的黑盒测试探索
案例 3-14：猴子测试法	3.1.15 运用不懂技术和业务的人员进行探索
案例 3-15：博文系统	3.1.16 并发操作的测试探索
案例 3-16：创建后的刷新	3.1.17 页面刷新功能的测试探索
案例 3-17：删除后的刷新	3.1.17 页面刷新功能的测试探索
案例 3-18：恢复出厂设置	3.1.18 不常用功能的测试探索
案例 3-19：404 Error 网页	3.1.19 URL 栏的测试探索
案例 3-20：地址栏中的 SQL 注入测试	3.1.19 URL 栏的测试探索
案例 3-21：需要登录的网站 URL 测试	3.1.19 URL 栏的测试探索
案例 3-22：需要特别权限的网站 URL 测试	3.1.19 URL 栏的测试探索
案例 3-23：支付过程中断网	3.1.20 突发事故的测试探索
案例 3-24：用户信息的多步骤填写	3.1.22 需要多步操作来完成一个事务的测试探索
案例 3-25：用户注册	3.1.23 旧的功能的测试探索
案例 3-26：购物车	3.1.24 重灾区的测试探索
案例 3-27：系统的登录与登出	3.1.25 强迫症测试法的测试探索
案例 3-28：放入购物车与从购物车中移除商品	3.1.25 强迫症测试法的测试探索
案例 3-29：电信领域的升级	3.1.26 升级的测试探索
案例 3-30：场景测试-电子商务网站	3.2 基于场景的测试
案例 3-31：场景测试-租车网站	3.2 基于场景的测试

扩展阅读：Cem Kaner & James Bach

1. Cem Kaner

个人介绍：

技术及软件开发管理顾问，并在当地大学及几家软件公司中讲授软件测试课程。他还是律师，通常为个人开发者、小型开发服务公司及客户工作。他创建并主持着洛斯阿尔托斯软件测试研讨会（Los Altos Workshops on Software Testing）。Kaner 在 1976 年开始使用计算机，当时他是一名人类实验心理学的研究生。1983 年，他前往硅谷，作过程序员、人为因素分析师、用户界面设计人员、软件销售人员、团队开发咨询公司合伙人、技术撰稿人、软件测试技术小组负责人、软件测试经理、技术发布经理、软件开发经理，以及文档编制和软件测试主管。他还曾作为代理地方检察官以及作为加利福利亚地区消费者事务部门的调查员/调解人提供公益服务。他积极参与到影响软件质量法规的立法工作中，并且是《Bad Software: What to Do When Software Fails》的资深作者（Wiley，1998）。Kaner 拥有数学学士、哲学学士、法学博士以及心理学博士等多个学位，而且他通过了美国质量协会的质量工程认证。

2. James Bach

个人介绍：

16 岁高中肄业后，从测试个人游戏机入职测试行业，并成为 Apple 的测试经理。后进入 Borland，主要设计敏捷开发的测试。作为业界公认的测试专家，他现在在全世界各地给各大公司培训测试人员，学员中包括洛斯阿拉莫斯和劳伦斯-利弗摩尔国家实验室导弹及核武器科学家。

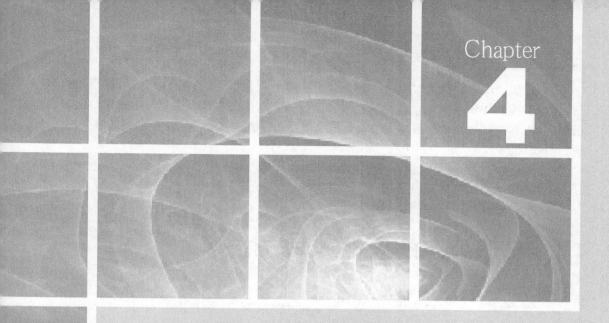

第 4 章

基于风险的软件测试

本章主要介绍基于风险的软件测试方法。基于风险的软件测试方法既是一种测试设计方法也是一种测试管理方法，基于与大部分书保持一致，笔者把这一章放在本篇中介绍。

基于风险的软件测试是对辨识出的测试风险及其特征进行明确的定义描述、分析和描述风险发生可能性的高低、风险发生的条件等。

首先，软件测试团队面临的问题是软件测试任务的时间压力。这个现象普遍存在，一般由于开发工程师开发周期加强，而版本发布的时间不变，运用其他技术很难保证软件测试的执行，如果运用基于风险的测试方法，在线性开发模式中可以优先考虑风险级别高的测试用例，而对于风险级别低的测试用例，可以不执行。在迭代过程中采取的策略是不减少测试范围，而是减少迭代次数。

其次，软件测试团队经常面临的问题是系统需求质量低下或者不完整。在这种情况下可以召集利益相关者，从而对需求进行风险评估：哪些优先级比较高，必须进行详细的测试；哪些优先级中等，简单测试一下就可以；而对于优先级低的，有时间可以测试，没时间可以不测试。这样也不要求一份相对比较完整的需求说明书了。

　　最后，在项目软件测试过程中，每隔一段时间对测试情况进行监控。软件测试经理可以对已经执行的测试用例以及已经发现的缺陷进行评估，从而决定是否需要继续测试，如果需要，测试哪些内容？哪些测试内容需要增加？重点需要测试哪些模块等，从而随时对软件测试计划进行调控。

　　本章的内容包括。

- 基于风险的软件测试方法。
- 软件测试风险级别确认与调整。

4.1　基于风险的软件测试方法

　　测试风险一般分为项目风险和产品风险。

- 项目风险：与测试项目的管理与控制相关的风险。如缺乏配备人员，严格的限期，需求的变更等。
- 产品风险：也叫质量风险，是与软件测试对象有直接关系的风险。在软件测试设计中经常考虑的是产品风险，而项目风险往往由测试管理考虑解决。

　　风险软件测试一般按照以下步骤进行实施。

- 风险识别：识别风险是项目风险，还是技术风险，并且识别风险的具体内容。
- 风险分析：分析风险发生的可能性与影响程度。
- 风险控制：包括风险缓解、风险应急、风险转移以及风险接受。

　　风险级别的决定因素一般有两个。

- 可能性：就是风险发生的概率，这是技术因素。
- 影响度：就是说如果风险一旦为真，它对社会的影响度，这是商业因素。这两个因素有定性法和定量法。所谓定量法，即用 5～1 标记，5 最大，1 最小；所谓定性法，即用很高、高、中、低、很低描述。有些企业也用三级制，即 3～1 或高、中、低。

　　风险级别=发生可能性×影响程度，也有用加法的，即风险级别=发生可能性+影响程度。但是，日常工作中以乘法居多。下面来看一下风险矩阵图。

　　定量法用表 4-1 描述。

表 4-1　　　　　　　　　　　　　　　　　　风险等级的定量法

	1	2	3	4	5
1	1	2	3	4	5
2	2	4	6	8	10
3	3	6	9	12	15
4	4	8	12	16	20
5	5	10	15	20	25

　　定性法用表 4-2 描述。

表 4-2　　　　　　　　　　　　　　　　风险等级的定性法

	很低	低	中	高	很高
很低	很低	很低	很低	很低	很低
低	很低	很低	低	低	低
中	很低	低	低	中	中
高	很低	低	中	高	高
很高	很低	低	中	高	很高

这里采用的是五级乘法。

对于产品风险分析，方法包括。

- 基于 ISO 9126 进行产品风险分析。
- 用风险发生成本进行产品风险分析。
- 用危害分析进行产品风险分析。
- 用失效模式和影响进行产品风险分析（FMEA）。

用失效模式和影响进行的产品风险分析是最正规的，其他都是非正规的。但是，用失效模式和影响进行的产品风险分析只适用于高风险或保守的项目，不适用于混乱的、快速变换的以及原型项目。

案例 4-1：登录页面的风险分析方法。

功能标号：001。

功能描述：基于 Web 的用户登录系统，登录界面包括用户名（文本输入框）、密码（文本输入框）、验证码（文本输入框）、验证码图片以及提交按钮。对这个功能采用基于风险的软件测试技术进行分析。

描述人：王××

首先识别出项目风险，包括如下。

- 开发工程师没有按时完成代码。
- 软件测试环境没有搭建（如 Web 服务器）。
- 软件测试工程师不到位。
- 软件测试过程中出现意外，如停电。

然后确定风险等级（发生可能性×影响程度）如下。

- 开发工程师没有按时完成代码：4×1。
- 软件测试环境没有成功搭建（如 Web 服务器）：5×1。
- 软件测试工程师不到位：4×2。
- 软件测试过程中出现意外，如停电：5×3。

于是得到相应的风险，项目风险见表 4-3。

表4-3 项目风险表

编号	项目风险	可能性	影响	风险等级	风险控制
01	开发工程师没有按时完成代码	4	3	12	延长发布日期 软件测试风险级别高的测试用例 将情况上报上级领导
02	软件测试环境没有成功搭建（如 Web 服务器）	4	3	12	寻找专业人士搭建环境 延长发布日期 软件测试风险级别高的测试用例 将情况上报上层领导
03	软件测试工程师不到位	4	2	6	从其他组调配软件测试工程师 延长发布日期 软件测试风险级别高的测试用例 将情况上报上级领导
04	软件测试过程中出现意外，如停电	3	2	6	立即修复 延长发布日期 软件测试风险级别高的测试用例 将情况上报上级领导

对于产品风险，这里不再一一描述，直接给出，见表4-4。

表4-4 产品风险表

编号	产品风险	可能性	影响	风险等级	软件测试	需求编号
01	用户名"文本输入框"无法输入	5	1	5	粗略的测试	001
02	密码"文本输入框"无法输入	5	1	5	粗略的测试	001
03	密码输入显示明码	3	2	6	广泛的测试	001
04	验证码"文本输入框"无法输入	5	1	5	粗略的测试	001
05	验证码的显示不清晰	4	2	8	广泛的测试	001
06	缺少【提交】按钮	5	1	5	粗略的测试	001
07	非注册的用户名可以登录	3	1	3	粗略的测试	001
08	错误的密码可以登录	3	1	3	粗略的测试	001
09	错误的验证码可以登录	3	2	3	粗略的测试	001

在这个表中列出风险等级后，就可以对测试设置测试级别了。

1～5：粗略的测试。

6～10：广泛的测试。

11～15：详尽的测试。

16～20：详细的测试。

21～25：重要的测试。

可以采取如下测试策略。

深度优先

测试顺序依次为：重要的测试、详细的测试、详尽的测试、广泛的测试、粗略的测试。这种情况通常为测试任务比较紧张。

广度优先

- 第一轮测试：60%（重要的测试和详细的测试）+30%（详尽的测试）+10%（广泛的测试和粗略的测试）。
- 第二轮测试：40%（重要的测试和详细的测试）+30%（详尽的测试）+30%（广泛的测试和粗略的测试）。
- 第三轮测试：40%（详尽的测试）+60%（广泛的测试和粗略的测试）。

这适合于时间比较充足的情形，确保每条测试用例都执行一次。

4.2 软件测试风险级别确认与调整

上一节简单介绍了基于风险的软件测试方法。在基于风险的软件测试方法中都提到在软件测试实施过程中需要随时调节风险级别。笔者在本节中给出一个比较正规的确定风险等级的案例和一个风险级别调整的算法。

4.2.1 确定风险级别

案例 4-2：一个正规的风险级别确认。

在这个案例中，考虑风险可能性受以下因素影响：

（1）复杂性；

（2）时间压力；

（3）高变更率；

（4）技能水平；

（5）地理分散程度；

（6）早期缺乏质量保证手段。

而风险严重度受以下因素影响：

（1）使用频率；

（2）失效可视性；

（3）商业的高变更率；

（4）组织负面形象和损害；

（5）社会损失和法律责任。

在这里关于严重度我们仅考虑：使用频率、失效可视性；关于可能性我们仅考虑：复杂性、时间压力和技术水平。由此列出下面的因素表。

仍然用上一节使用的定量法，用表 4-5 表示具体每个因素并给出其权重。

表 4-5　　　　　　　　　　　产品风险级别（一）

功能模块	严重程度的影响因素		发生可能性的影响因素			总的风险级别
	使用频率	失效的可视性	复杂性	时间压力	技能水平	
权重	3	10	3	10	1	
功能模块 A	3	4	5	2	4	
功能模块 B	2	3	2	4	5	
功能模块 C	4	2	4	3	2	
功能模块 D	1	5	3	3	1	

现在来看如何确定其中的风险级别。最大级别为。

- 最大使用频率=5×使用频率权重：5×3=15。
- 最大失效的可视性=5×失效的可视性权重：5×10=50。
- 最大复杂性=5×复杂性权重：5×3=15。
- 最大时间压力=5×时间压力权重：5×10=50。
- 最大技能水平=5×技能水平权重：5×1=5。

最大严重程度的影响因素与最大发生可能性的影响因素分别为。

- 最大严重程度的影响因素=最大使用频率+最大失效的可视性：15+50=65。
- 最大发生可能性的影响因素=最大复杂性+最大时间压力+最大技能水平：15+50+5=70。

计算公式：总的风险级别=总的严重程度×总的可能性，其中：

总的严重程度=(严重程度影响因素 1 的权重×评估的严重程度数值+严重程度影响因素 2 的权重×评估的严重程度数值)/最大严重程度的影响因素×100%。

总的可能性=(可能性影响因素1的权重×评估的可能性数值+可能性影响因素2的权重×评估的可能性数值+可能性影响因素 3 的权重×评估的可能性数值)/发生可能性的影响因素×100%。

- 1%～20%：1。
- 21%～40%：2。
- 41%～60%：3。
- 61%～80%：4。
- 81%～100%：5。

计算风险级别如表 4-6 所示。

表 4-6 计算风险级别

功能模块	总风险级别	严重程度计算公式	严重程度	发生可能性计算公式	发生可能性
功能模块 A	9	（3×3+4×10）/ 65×100%=75%	4	（5×3+2×10+4×1）/ 70×100%=56%	3
功能模块 B	16	（2×3+3×10）/ 65×100%=55%	3	（2×3+4×10+5×1）/ 70×100%=73%	4
功能模块 C	12	（4×3+2×10）/ 65×100%=49%	3	（4×3+3×10+2×1）/ 70×100%=63%	4
功能模块 D	15	（1×3+5×10）/ 65×100%=82%	5	（3×3+3×10+1×1）/ 70×100%=57%	3

最终得到总的风险级别如表 4-7 所示。

表 4-7 产品风险级别（二）

功能模块	严重程度的影响因素		发生可能性的影响因素			总的风险级别
	使用频率	失效的可视性	复杂性	时间压力	技能水平	
权重	3	10	3	10	1	
功能模块 A	3	4	5	2	4	12
功能模块 B	2	3	2	4	5	12
功能模块 C	4	2	4	3	2	12
功能模块 D	1	5	3	3	1	15

4.2.2 调整风险级别

案例 4-3：风险级别的调整。

假设原先的风险级别见表 4-8。

表 4-8 原先的风险级别

模块	可能性	严重度	风险级别
用户登录	3	6	18
用户注册	2	7	14
填写购物地址及支付信息	2	5	10
选择商品	3	4	12
放入购物车	3	5	15
结算	4	5	20
在线付款	4	6	24

目前级别发现的风险见表 4-9。

表 4-9   目前级别发现的缺陷

模块	高级	中级	低级
用户登录	2	5	16
用户注册	3	6	31
填写购物地址及支付信息	2	7	22
选择商品	1	5	13
放入购物车	1	0	3
结算	2	4	12
在线付款	3	5	15

下面来看如何调整风险级别。

Mi=高级错误数×5+中级错误数×3+低级错误数×1。

a=（Mi/∑Mi）×100%，根据 a 获得现在的发生可能性 b。

- 1%～20%：b=1。
- 21%～40%：b=2。
- 41%～60%：b=3。
- 61%～80%：b=4。
- 81%～100%：b=5。

于是得到表 4-10。

表 4-10   风险级别调整（一）

模块	高级	中级	低级	合计	%	级别
用户登录	2×5=10	5×3=15	16×1=16	10+15+16=41	14.7%	1
用户注册	3×5=15	6×3=18	31×1=31	15+18+31=64	23%	2
填写购物地址及支付信息	2×5=10	7×3=21	22×1=22	10+21+22=53	19%	1
选择商品	1×5=5	5×3=15	13×1=13	5+15+13=33	11.9%	1
放入购物车	1×5=5	0×3=0	3×1=3	5+0+3=8	2.88%	1
结算	2×5=10	4×3=12	12×1=12	10+12+12=34	12.23%	1
在线付款	3×5=15	5×3=15	15×1=15	15+15+15=45	16.29%	1
合计				278		

所以，e=(c + b)/2×d（c 为原可能性，b 为现在可能性，(c + b)/2 为调整后的可能性。d 为原严重性，e 为现优先级）。

由于缺陷只体现出可能性，而对严重度的影响不存在，所以不考虑对影响度的调整。根据前面的公式，得到表 4-11。

表 4-11   风险级别调整（二）

模块	可能性	严重度	风险级别
用户登录	(3+1)/2=2	5	10
用户注册	(2+2)/2=2	5	20
填写购物地址及支付信息	(2+1)/2=1.5	4	6
选择商品	(3+1)/2=2	3	6
放入购物车	(3+1)/2=2	3	6
结算	(4+1)/2=2.5	4	10
在线付款	(4+1)/2=2.5	4	10

比较前后结果，得到表 4-12。

表 4-12   前后结果比较

模块	风险级别（调整前）	风险级别（调整后）
用户登录	18	10
用户注册	14	20
填写购物地址及支付信息	10	6
选择商品	12	6
放入购物车	15	6
结算	20	10
在线付款	24	10

4.3 本章总结

4.3.1 介绍内容

- 基于风险的软件测试方法。
- 软件测试风险级别确认与调整：
  - ➢ 确定风险级别；
  - ➢ 调整风险级别。

4.3.2 案例

案例	所在章节
案例 4-1：登录页面的风险分析方法	4.1 基于风险的软件测试方法
案例 4-2：一个正规的风险级别确认	4.2.1 确定风险级别
案例 4-3：风险级别的调整	4.2.2 调整风险级别

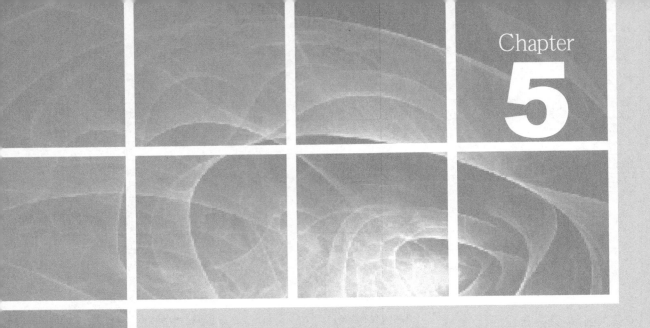

第 5 章
专项软件测试设计

性能测试是通过自动化测试工具模拟多种正常、峰值以及异常负载条件来对系统的各项性能指标进行测试。

嵌入式系统是指用于执行独立功能的专用计算机系统。它由包括微处理器、定时器、微控制器、存储器、传感器等一系列微电子芯片与器件，和嵌入在存储器中的微型操作系统、控制应用软件组成，共同实现诸如实时控制、监视、管理、移动计算、数据处理等各种自动化处理任务。嵌入式系统以应用为中心，以微电子技术、控制技术、计算机技术和通信技术为基础，强调硬件，软件的协同性与整合性，软件与硬件可剪裁，以此满足系统对功能、成本、体积和功耗等要求。

最简单的嵌入式系统仅有执行单一功能的控制能力，比如单片机的应用，在唯一的 ROM 中仅有实现单一功能控制程序，无微型操作系统。复杂的嵌入式系统，例如个人数字助理（PDA）、手持电脑（HPC）等，具有与PC 几乎一样的功能。实质上与 PC 的区别仅仅是将微型操作系统与应用软件嵌入在 ROM、RAM 或 FLASH 存储器中，而不是存储于磁盘等载体中。很多复杂的嵌入式系统又是由若干个小型嵌入式系统组成的。

在软件测试领域有多种测试可以进行讨论，比如嵌入式软件测试、安全性测试、性能测试和用户体验测试等各个方面。本章主要介绍两种专项的软件测试方法，其中包括。

- 性能测试。
- 嵌入式软件的测试方法。

5.1 性能测试

5.1.1 性能测试的定义

性能测试又称软件效率测试，指一定条件下根据资源的使用情况，软件产品能够提供适当性能的能力。性能首先是一种指标，表明软件系统或构件对于其及时性要求的符合程度；其次是软件的一种特性，可以用时间度量。

5.1.2 由于性能测试没做到位发生的缺陷

1. 奥运门票预售暂停 5 天，系统开工半小时即瘫痪

2007 年 10 月，北京奥组委向境内公众启动第二阶段奥运会门票预售。由于实行了"先到先得，售完为止"的销售政策，公众纷纷抢在第一时间订票，使票务官网压力激增，承受了超过自身设计容量八倍的流量，导致系统瘫痪。为此，北京奥组委票务中心对广大公众未能及时、便捷地实现奥运门票预订表示歉意，同时宣布奥运门票暂停销售 5 天。

2. 12306 网站在春运期间订不上火车票

2014 年 1 月 16 日是春运第一天，民众的列车车票通过互联网、电话渠道正式开售。首轮春运"抢票高峰"刚刚到来，众多网友纷纷称，12306 网站网络系统并不稳定，且出现了"串号"问题，用户甚至可轻易获取陌生人的身份证号码、手机号码等隐私信息。

5.1.3 性能指标

1. 响应时间

响应时间=前端响应时间+服务器端响应时间+用户响应时间，是反映系统处理效率的指标。

响应时间是从开始到完成某项工作所需时间的度量。在 C/S 环境中，通常从客户方测量响应时间。响应时间通常随负载的增加而增加。B/S 系统中有一个著名的 2/5/10 原则。也就是说，网页在 2s 内显示，大部分用户可以接受；在 5s 内显示，一半用户可以接受；但大于 10s 内显示，大部分用户就接受不了了。

合理的响应时间要与用户需求相结合，如在银行输入系统中，导入数据花费 2h，那么输出响应在 20min 内就很不错了。

通过图 5-1 可以看出，响应时间=网络延迟时间+WT+AT+DT=(N1+N2+N3)+(N4+N5+N6)+

WT+AT+DT。其中：

● WT=Web Server Time；

● AT=App Server Time；

● DT=Database Time。

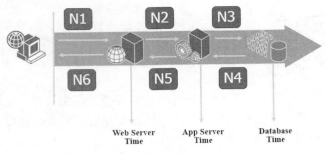

图 5-1　响应时间

案例 5-1：某网站的表单提交响应时间。

一个网站前端使用的是 HTML5+CSS3+JavaScript+Ajax 技术，服务器语言采用的是 jsp+javabean 技术，数据库采用的是 Orcale。该网站某个表单提交的响应时间包括如下步骤：

（1）用户输入信息提交表单的时间；

（2）前端验证输入信息的时间；

（3）前端处理输入信息的时间；

（4）前端输入信息传输到 Web Server 的时间；

（5）jsp+javabean 程序处理输入信息的时间；

（6）输入信息从 Web Server 到 Oracle 的传输时间；

（7）Oracle 插入数据处理时间；

（8）Oracle 将插入数据成功与否的信息传输到 Web Server 的时间；

（9）Web Server 将插入数据成功与否的信息传输到前端的时间；

（10）前端插入数据成功与否的信息展示时间；

（11）用户接收到显示信息的时间。

案例 5-2：某网站的查询响应时间。

一个网站前端使用的是 HTML5+CSS3+JavaScript+Ajax 技术，服务器语言采用的是 jsp+javabean 技术，数据库采用的是 Orcale。该网站数据查询的响应时间包括如下步骤：

（1）用户提交查询输入表单的时间；

（2）前端验证查询信息的时间；

（3）前端处理查询信息的时间；

（4）前端数据查询信息传输到 Web Server 的时间；

（5）jsp+javabean 程序处理输入查询信息的时间；

（6）查询信息从 Web Server 到 Oracle 的传输时间；

（7）Oracle 查询数据处理时间；

（8）Oracle 查询得到的信息传输到 Web Server 的时间；

（9）Web Server 处理查询获取信息的时间（如以 HTML 可显示的格式输出）；

（10）Web Server 传输查询获取信息到前端的时间；

（11）前端展示查询获取信息的时间；

（12）用户接收查询获取信息的时间。

2. 吞吐量

吞吐量是单位时间内完成工作的度量，在 C/S 环境中通常是从服务器方进行评估。

- 随着负载的增加，吞吐量往往增长到一个峰值后，然后下降，队列变长。在如 C/S 这样的端到端系统中，吞吐量依赖于每个部件的运行。系统中最慢的点来决定了整个系统的吞吐率。通常称此慢点为瓶颈。

- 吞吐量的单位。

  ➢ 对于普通软件产品：人数/天、业务数/天。

  ➢ 对于基于 B/S 的软件产品：请求数/秒、页面数/秒、字节数/秒。

3. 资源利用率、资源使用量

资源利用率=资源实际使用量/总的资源可用量。资源利用率反映系统能耗指标，包括：

- CPU 利用率；

- 内存利用率；

- 硬盘空间利用率；

- 网络带宽利用率；

- 其他资源利用率。

图 5-2 上面是某一进程对于 CPU 的利用率曲线图，图 5-2 下面是某一进程对于虚拟内存和物理内存的使用量的曲线图。

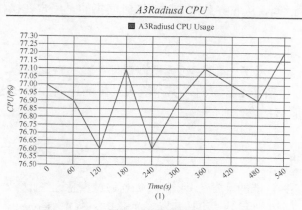

图 5-2　资源利用率

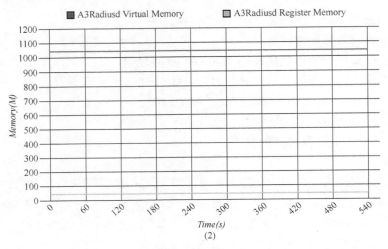

图 5-2 资源利用率（续）

4. 并发用户数与在线用户数

并发用户数与在线用户数的区别在于，并发用户数是一批用户同时在干同一件事情，如登录系统。而在线用户数指一些用户在系统上，有些在浏览网页，有些在查询，或有些进入系统，还有些在做其他与系统无关的事情等。

案例 5-3：并发用户数与在线用户数。

在 LoadRunner 录制脚本时，在模糊查询前先设置集合点，然后设置事务起点，当模糊查询完毕，设置该事物结束终点。设置场景时设置最大在线用户数为 500，当 80%的活跃用户（400）到达集合点后释放用户，在这里 80%的活跃用户（即 400）为并发用户数。在另外一个场景中，用户数达到 500 时，可能 20%在登录系统、10%在登出系统、20%在查询、20%在浏览文章，剩余 10%登录了系统去干其他事情（如做菜、玩游戏……），则 500 为在线用户数。

5. 思考时间

思考时间也称休眠时间，从业务角度来说，该时间指的是用户在操作时，每个请求之间的间隔时间。

案例 5-4：思考时间。

某个用户登录系统后，过了 5s，开始往模糊查询中输入查询内容，从输入到按点击用了 10s，查询结果出来后，停留了 20s 又进入某个查询结果的详细页面。这里，登录后 5s，输入花费的 10s，停留的 20s 都是思考时间。

5.1.4　性能计数器

性能计数器是反映系统性能的重要参考指标。如何通过查看这些计数器来观察系统性能是需要通过平时积累的。本节仅列出常用的 5 类计数器（关于 IIS、SQL Server、MySQL 计数器请参看本篇附录 D）。如何使用这些计数器，是一个非常复杂，而且有一定深度的问题，本书中不做详细介绍，读者若有兴趣，可以购买相关的书籍或者查阅相关的网站。

1. Windows 计数器

Windows 计数器见表 5-1。

表 5-1　　　　　　　　　　　　　　　　　Windows 计数器

对象	计数器	分析
processor	%processor time	建议阈值 85%
memory	Available bytes	建议阈值少于 4MB 需要添加内存 另外，又建议至少要有 10%的物理内存值
	Pages reads/sec	Pages Read/sec 是指为解析硬页错误而读取磁盘的次数，如果该值一直持续较大，表明可能内存不足 建议阈值 30（或 5），大数值表示磁盘读，而不是缓存读
	Pages writes/sec	Page Writes/sec 是指为了释放物理内存空间而将页写入磁盘的次数
	Pages Input/sec	Pages Input/sec 是指为解决页错误而从磁盘上读取的页数
	Pages Output/sec	Pages Output/sec 是指为了释放物理内存空间而写入磁盘的页数 如果该值远远大于 Pages Input/sec，可能有内存泄漏
	Pages/sec	Pages/sec 是指为解析硬页错误而从磁盘读取或写入磁盘的页数 建议阈值为 20
Network interface（对于 TCP/IP）	Bytes received/sec	该数据结合 Bytes total/sec 参看
	Bytes sent/sec	该数据结合 Bytes total/sec 参看
	Bytes total/sec	推荐不要超过带宽的 50%
	Packets/sec	根据实际数据量大小，无建议阈值，该数据结合 Bytes total/sec 参看
Physical disk	Disk reads/sec	取决于硬盘制造商的规格，检查磁盘的指定传送速度，以验证此速度没有超出规格
	Disk writes/sec	取决于硬盘制造商的规格，检查磁盘的指定传送速度，以验证此速度没有超出规格 以上两值相加应小于磁盘设备的最大容量
	%Disk Time	建议阈值为 90%
	Current disk queue length Avg. disk queue length（如果使用 RAID 设备，%Disk Time 计数器显示的值可以大于 100%。如果大于 100%，则使用 Avg. disk queue; length 计数器决定正在等待磁盘访问的系统请求的平均数	不超过磁盘数的 1.5～2 倍 如果以上两值始终较高，可以考虑升级磁盘驱动器或将某些文件移动到其他磁盘或服务器

在 Windows 下，可以通过"开始菜单->控制面板->管理工具->性能"查看计数器，如图 5-3 所示。

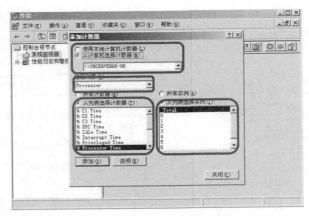

图 5-3 在 Windows 下查看计数器

在 Windows 中我们主要关注以下几个计数器。

（1）对于内存。

- Available Bytes：计算机可用于运行有效处理的有效物理内存。应该不少于 4MB，如果低于或者 pages/second，持续处于峰值，考虑物理内存不够。
- Memory pages/second：解决硬页错误读取或写入磁盘的速度，应该保持或者接近 0。
- Page Faults/sec：每秒出错页面的平均数量。

（2）对于磁盘。

- %Disk Time：所选磁盘驱动器在忙于读写请求服务所用的时间百分比。正常值<10%。
- Average Disk Queue Length：读取和写入请求的平均队列数，正常值<0.5。
- Average Disk Second/Read：秒计算在磁盘上读取的平均时间。
- Average Disk Second/Write：秒计算在磁盘上写入的平均时间。

（3）对于 CPU。

- %Processor Time：处理器用来执行非闲置线程时间的百分比，持续>80%就存在问题了。
- %User Time：处理器处于用户模式的时间百分比（应用程序、环境分系统、整数分系统）占整个 Processor Time 很大，应用程序就出现问题了。
- %Privileged Time：处理器处于特权模式的时间百分比（调用 Windows 系统服务）。

2. Linux 计数器

Linux 计数器主要如下。

- Collision rate：在以太网上侦察到的每秒冲突数。
- Context switches rate：每秒进程或线程之间的切换数。
- CPU utilization：CPU 使用时间的百分比。

- Disk rate：磁盘传输的速率。
- Incoming packets error rate：接受以太网包每秒的错误。
- Incoming packets rate：每秒接受的以太网包。
- Interrupt rate：每秒设备的中断次数。
- Outgoing packets error rate：发送以太网包每秒的错误。
- Outgoing packets rate：每秒发送的以太网包。
- Page in rate：每秒读到物理内存的页数。
- Page out rate：每秒写到页面文件和从物理内存移动的页数。
- Paging rate：每秒读到物理内存或者写到页面文件的页数。
- Swap in rate：交换的进程数。
- Swap out rate：交换的进程数。
- System mode CPU utilization：系统模式下 CPU 使用时间的百分比。
- User mode CPU utilization：用户模式下 CPU 使用时间的百分比。

在 Linux 中，除了采用计数器以外，我们还可以通过运行一些命令来分析系统性能。

（一）对于 CPU。

（1）>vmstat interval count。

其中：interval 为多长时间输出一次，count 为次数。

如图 5-4 所示，其中：

```
jerry@linux-hsbn:/> vmstat 2 10
procs -----------memory---------- ---swap-- -----io---- -system-- -----cpu---
 r  b   swpd   free   buff  cache   si   so    bi    bo   in   cs us sy id wa
 1  0     88  59428  44608 450552    0    0   646   695  120  439  6  5 88  1
 0  0     88  59420  44608 450536    0    0     0     0   45   84  1  0 99  0
 0  0     88  59420  44608 450536    0    0     0     0   35   72  0  1 99  0
 1  0     88  59420  44608 450536    0    0     0     0   46   84  0  1 100  0
 0  0     88  59420  44608 450536    0    0     0     0   51  103  1  1 98  0
 0  0     88  59296  44608 450536    0    0     8     0  245  325  5  2 93  0
 1  0     88  59156  44608 450656    0    0     0     0  221  449 11  3 86  0
 0  0     88  59148  44608 450680    0    0     0     0  341  647 14  2 84  0
 0  0     88  59148  44616 450668    0    0     0     8   72  114  1  1 99  0
 0  0     88  59148  44616 450676    0    0     0     0   40   74  1  0 99  0
jerry@linux-hsbn:/>
```

图 5-4　vmstat 命令

- r：可运行的内核线程平均数。
- b：每秒 VMM 等待队列的核心线程平均数。
- in：在某一段时间间隔中观察到的每秒设备中断数。
- cs：在某一段时间间隔中观察到的每秒上下文切换数。
- us：用户方式下花费的百分比。
- sy：CPU 在系统方式下执行一个进程花费的百分比。
- id：没有使用本地磁盘 I/O 时 CPU 空闲或等待时间百分比。
- wa：详细显示了暂时挂在本地磁盘 I/O 和 NFS 加载的磁盘的 CPU 百分比。

（2）>ps -ef。

如图 5-5 所示，其中 C 列显示最近 CPU 显示情况。

```
jerry@linux-hsbn:/> ps -ef
UID          PID   PPID  C STIME TTY          TIME CMD
root           1      0  0 11:53 ?        00:00:00 init [5]
root           2      0  0 11:53 ?        00:00:00 [kthreadd]
root           3      2  0 11:53 ?        00:00:00 [ksoftirqd/0]
root           4      2  0 11:53 ?        00:00:02 [kworker/0:0]
root           6      2  0 11:53 ?        00:00:00 [migration/0]
root           7      2  0 11:53 ?        00:00:00 [watchdog/0]
root           8      2  0 11:53 ?        00:00:00 [cpuset]
root           9      2  0 11:53 ?        00:00:00 [khelper]
root          10      2  0 11:53 ?        00:00:00 [netns]
root          11      2  0 11:53 ?        00:00:00 [sync_supers]
root          12      2  0 11:53 ?        00:00:00 [bdi-default]
root          13      2  0 11:53 ?        00:00:00 [kintegrityd]
root          14      2  0 11:53 ?        00:00:00 [kblockd]
root          15      2  0 11:53 ?        00:00:00 [md]
root          16      2  0 11:53 ?        00:00:00 [khungtaskd]
root          17      2  0 11:53 ?        00:00:00 [kswapd0]
root          18      2  0 11:53 ?        00:00:00 [ksmd]
root          19      2  0 11:53 ?        00:00:00 [khugepaged]
root          20      2  0 11:53 ?        00:00:00 [fsnotify_mark]
root          21      2  0 11:53 ?        00:00:00 [crypto]
```

图 5-5　ps -ef 命令

（3）>ps -au。

如图 5-6 所示，其中%CPU 列显示自从进程启动以来，分配给进程的百分比等于进程 CPU 时间/进程持续时间×100%

```
jerry@linux-hsbn:/> ps -au
Warning: bad ps syntax, perhaps a bogus '-'? See http://procps.sf.net/faq.htm
l
USER       PID %CPU %MEM    VSZ   RSS TTY      STAT START   TIME COMMAND
root     13943  0.4  4.9 134868 36692 tty7     Ss+  11:57   0:11 /usr/bin/X
root     13977  0.0  0.1   4496   796 tty1     Ss+  11:57   0:00 /sbin/minge
root     13978  0.0  0.1   4496   796 tty2     Ss+  11:57   0:00 /sbin/minge
root     13979  0.0  0.1   4496   796 tty3     Ss+  11:57   0:00 /sbin/minge
root     13980  0.0  0.1   4496   792 tty4     Ss+  11:57   0:00 /sbin/minge
root     13981  0.0  0.1   4496   796 tty5     Ss+  11:57   0:00 /sbin/minge
root     13982  0.0  0.1   4496   796 tty6     Ss+  11:57   0:00 /sbin/minge
jerry    29085  0.0  0.3  13900  2852 pts/0    Ss   12:02   0:00 /bin/bash -
jerry    29972  0.0  0.1   4940   996 pts/0    R+   12:43   0:00 ps -au
jerry@linux-hsbn:/>
```

图 5-6　ps -au 命令

（4）>top 命令。

如图 5-7 所示，显示实时运行情况。

```
jerry@linux-hsbn:/> top

top - 12:49:31 up 55 min,  2 users,  load average: 0.42, 0.23, 0.17
Tasks: 143 total,   1 running, 142 sleeping,   0 stopped,   0 zombie
Cpu(s):  0.7%us,  1.0%sy,  0.0%ni, 98.3%id,  0.0%wa,  0.0%hi,  0.0%si,  0.0%s
Mem:    747456k total,   688080k used,    59376k free,    45092k buffers
Swap:  1123324k total,       88k used,  1123236k free,   450672k cached

  PID USER      PR  NI  VIRT  RES  SHR S %CPU %MEM    TIME+  COMMAND
13943 root      20   0  163m  35m 8680 S  0.7  4.9   0:12.31 X
29996 jerry     20   0  8920 1144  828 R  0.7  0.2   0:00.12 top
13932 root      20   0 34756 2096 1788 S  0.3  0.3   0:00.55 hald-addon-stor
28977 jerry     20   0  363m  19m  14m S  0.3  2.7   0:00.91 gnome-panel
29007 jerry     20   0  134m  17m  12m S  0.3  2.3   0:07.90 vmtoolsd
29083 jerry     20   0  218m  14m  10m S  0.3  1.9   0:03.96 gnome-terminal
    1 root      20   0 10540  768  704 S  0.0  0.1   0:00.98 init
    2 root      20   0     0    0    0 S  0.0  0.0   0:00.00 kthreadd
    3 root      20   0     0    0    0 S  0.0  0.0   0:00.35 ksoftirqd/0
    4 root      20   0     0    0    0 S  0.0  0.0   0:03.06 kworker/0:0
```

图 5-7　top 命令

（二）对于内存。

（1）>vmstat interval count。

其中：

interval：执行次数，count：每次显示次数。

如图 5-8 所示，其中：

```
jerry@linux-hsbn:/> vmstat 2 10
procs -----------memory---------- ---swap-- -----io---- -system-- -----cpu-----
 r  b   swpd   free   buff  cache   si   so    bi    bo   in   cs us sy id wa
 1  0     88  59428  44608 450552    0    0   646   695  120  439  6  5 88  1
 0  0     88  59420  44608 450536    0    0     0     0   45   84  1  0 99  0
 0  0     88  59420  44608 450536    0    0     0     0   35   72  0  1 99  0
 1  0     88  59420  44608 450536    0    0     0     0   46   84  0  0 100
 
 0  0     88  59420  44608 450536    0    0     0     0   51  103  1  1 98  0
 0  0     88  59296  44608 450536    0    0     8     0  245  325  5  2 93  0
 1  0     88  59156  44608 450656    0    0     0     0  221  449 11  3 86  0
 0  0     88  59148  44608 450680    0    0     0     0  341  647 14  2 84  0
 0  0     88  59148  44616 450668    0    0     0     8   72  114  1  0 99  0
 0  0     88  59148  44616 450676    0    0     0     0   40   74  1  0 99  0
jerry@linux-hsbn:/>
```

图 5-8　vmstat interval count 命令

● si：自上次取样以来从磁盘交换出来的比特数。

● so：自上次取样以来交换到磁盘的比特数。

（2）>vmstat -s。

如图 5-9 所示，获得系统摘要信息。

（3）>procinfo。

如图 5-10 所示，显示物理内存与 swap 交换区的详细信息。

```
jerry@linux-hsbn:/> vmstat -s
    747456  total memory
    687740  used memory
    265160  active memory
    282964  inactive memory
     59716  free memory
     45348  buffer memory
    450772  swap cache
   1123324  total swap
        88  used swap
   1123236  free swap
      7584  non-nice user cpu ticks
      1061  nice user cpu ticks
      6975  system cpu ticks
    440769  idle cpu ticks
      1134  IO-wait cpu ticks
         0  IRQ cpu ticks
       254  softirq cpu ticks
         0  stolen cpu ticks
    710621  pages paged in
    759092  pages paged out
        33  pages swapped in
```

图 5-9　vmstat -s 命令

```
jerry@linux-hsbn:/> procinfo
Linux 3.0.76-0.11-default (geeko@buildhost) (gcc 4.3.4) #1 1CPU [linux-hsbn

Memory:      Total       Used       Free     Shared    Buffers      Cac
ed
Mem:        747456     687064      60392          0      45444      481
84
Swap:      1123324         88    1123236

Bootup: Tue Dec 27 11:53:37 2016   Load average: 0.15 0.19 0.17 1/231 3058

user   :    0:01:17.52   1.6%  page in :    710685  disk 1:    36583r
5579w
nice   :    0:00:10.61   0.2%  page out:    759716
system :    0:01:11.04   1.4%  page act:    164874
IOwait :    0:00:11.35   0.2%  page dea:     38812
hw irq :    0:00:00.00   0.0%  page flt:   8204857
sw irq :    0:00:02.57   0.1%  swap in :        33
idle   :    1:19:13.34  95.6%  swap out:        46
uptime :    1:22:50.57         context :    793800

irq  0:        63 timer              irq 51:        0 PCIe PME, pciehp
```

图 5-10　procinfo 命令

（三）对于磁盘。

（1）>iostat interval count。

如图 5-11 所示，其中：

图 5-11　iostat interval count 命令

- BlK-read/s：每秒物理磁盘的读取数据量。
- BlK-wrtn/s：每秒物理磁盘的写入数据量。
- BlK-read：总的物理磁盘的读取数据量。
- BlK-wrtn：总的物理磁盘的写入。

（2）>iostat –d sta1。

如图 5-12 所示，指定的硬盘分区使用情况。

```
jerry@linux-hsbn:~/Desktop> iostat –d sda
Linux 3.0.76-0.11-default (linux-hsbn)  12/30/2016

avg-cpu:     %user    %nice %system %iowait  %steal   %idle
              4.50     0.00    5.52    1.10    0.00   88.87

Device:          tps   Blk_read/s   Blk_wrtn/s   Blk_read   Blk_wrtn
sda            32.36      1971.36       167.14     552354      46832

jerry@linux-hsbn:~/Desktop>
```

图 5-12　iostat –d sta1 命令

（3）>sar –d 3 3。

如图 5-13 所示，报告设备使用情况，每 3 秒采样一次，连续采样 3 次。

（四）对于网络。

（1）>ping。

如图 5-14 所示，-c：指定了信息包数，-s：指定的信息包的长。

（2）>netstat。

如图 5-15 和图 5-16 所示 netstat 显示路由器信息，其中的信息解释如下。

- -a：显示所有的 socket 信息。
- -c：每隔 1s 就重新显示一遍，直到用户中断它。
- -i：显示所有网络接口的信息，格式同 ifconfig -n:以网络 IP 地址代替名称，显示出网络连接情形。

```
File  Edit  View  Terminal  Help

jerry@linux-hsbn:~/Desktop> sar -d 3 3
Linux 3.0.76-0.11-default (linux-hsbn)  12/30/2016

11:47:26 AM       DEV       tps  rd_sec/s  wr_sec/s  avgrq-sz  avgqu-sz  a
wait   svctm   %util
11:47:29 AM     dev8-0     0.00     0.00      0.00      0.00      0.00
0.00    0.00    0.00
11:47:29 AM     dev8-1     0.00     0.00      0.00      0.00      0.00
0.00    0.00    0.00
11:47:29 AM     dev8-2     0.00     0.00      0.00      0.00      0.00

11:47:29 AM       DEV       tps  rd_sec/s  wr_sec/s  avgrq-sz  avgqu-sz  a
wait   svctm   %util
11:47:32 AM     dev8-0     1.34     0.00     48.32     36.00      0.00
2.00    1.00    0.13
11:47:32 AM     dev8-1     0.00     0.00      0.00      0.00      0.00
0.00    0.00    0.00
11:47:32 AM     dev8-2     1.34     0.00     48.32     36.00      0.00
2.00    1.00    0.13

11:47:32 AM       DEV       tps  rd_sec/s  wr_sec/s  avgrq-sz  avgqu-sz  a
```

图 5-13 sar –d 3 3 命令

```
jerry@linux-hsbn:~/Desktop> ping 192.168.0.109 -c 5
PING 192.168.0.109 (192.168.0.109) 56(84) bytes of data.
64 bytes from 192.168.0.109: icmp_seq=1 ttl=128 time=4.81 ms
64 bytes from 192.168.0.109: icmp_seq=2 ttl=128 time=2.40 ms
64 bytes from 192.168.0.109: icmp_seq=3 ttl=128 time=1.42 ms
64 bytes from 192.168.0.109: icmp_seq=4 ttl=128 time=1.48 ms
64 bytes from 192.168.0.109: icmp_seq=5 ttl=128 time=1.41 ms

--- 192.168.0.109 ping statistics ---
5 packets transmitted, 5 received, 0% packet loss, time 4008ms
rtt min/avg/max/mdev = 1.413/2.307/4.819/1.311 ms
jerry@linux-hsbn:~/Desktop>
```

图 5-14 ping 命令

```
jerry@linux-hsbn:~/Desktop> netstat -in
Kernel Interface table
Iface  MTU Met   RX-OK RX-ERR RX-DRP RX-OVR  TX-OK TX-ERR TX-DRP TX-OVR F
lg
eth0  1500   0     239      0      0      0     37      0      0      0 B
MRU
lo   16436   0      90      0      0      0     90      0      0      0 L
RU
jerry@linux-hsbn:~/Desktop>
```

图 5-15 netstat -in 命令

```
jerry@linux-hsbn:~/Desktop> netstst -nr
If 'netstst' is not a typo you can run the following command to lookup the pa
ckage that contains the binary:
    command-not-found netstst
bash: netstst: command not found
jerry@linux-hsbn:~/Desktop> netstat -nr
Kernel IP routing table
Destination     Gateway         Genmask         Flags MSS Window  irtt Ifac
e
0.0.0.0         192.168.119.2   0.0.0.0         UG      0 0          0 eth0
127.0.0.0       0.0.0.0         255.0.0.0       U       0 0          0 lo
169.254.0.0     0.0.0.0         255.255.0.0     U       0 0          0 eth0
192.168.119.0   0.0.0.0         255.255.255.0   U       0 0          0 eth0
jerry@linux-hsbn:~/Desktop>
```

图 5-16 netstat -nr 命令

- -r：显示核心路由表，格式同 rout -e。

- -t：显示 TCP 协议的连接情况。
- -u：显示 UDP 协议的连接情况。
- -v：显示正在进行的工作。

5.1.5 性能测试类型

1. 负载测试

负载测试（Load Testing）是指在一定的软件、硬件及网络环境下，通过运行一种或多种业务在不同虚拟用户数量情况下测试服务器的性能指标是否在用户的要求范围内，用于确定系统能承载的最大用户数、最大有效用户数以及不同用户数下的系统响应时间及服务器的资源利用率。

案例 5-5：负载测试。

以并发用户 5000 开始对某产品的模糊查询功能进行负载测试（数据库中的数据一直保持为 10000 条），记录 CPU、MEM 的使用率，然后每次增加 500 个并发用户，发现 CPU、MEM 的使用率会随之发生增长，当并发用户达到 11500 时发现 CPU、MEM 的使用率不再随之发生变化，仍旧与 11000 时相同，然后再先后验证并发用户为 12000、12500 时，CPU、MEM 的使用率仍旧与 11000 时相同，最终确定本次测试的模糊查询模块最大用户并发数为 11000。

2. 压力/强度软件测试

压力/强度测试（Stress Testing）是指在一定的软件、硬件及网络环境下，通过模拟大量的虚拟用户向服务器产生负载，使服务器的资源处于极限状态下长时间连续运行，以测试服务器在高负载情况下是否能够稳定工作。（通常为 70%～80%最高负载运行 48h）

案例 5-6：压力/强度测试。

在案例 5-5 场景下（数据库中的数据一直保持为 10000 条），将并发用户设置为最大并发用户的 75%，即 11000×75%=8250，持续运行 48h，使用监控软件监控应用服务器以及数据库设备的各个使用率情况。48h 后，通过查看测试日志，发现在第 36 小时 34 分，服务器端查询进程的内存出现了飙升，持续 12s 后降到 0 点，这时查询进程的 CPU 使用率也一下降到 0 点，确定在这个时刻可能存在一个内存溢出的 Bug。

3. 配置测试

配置测试（Configuration Testing）是指在不同的软件、硬件以及网络环境配置下，通过运行一种或多种业务在一定的虚拟用户数量情况下获得不同配置的性能指标，用于选择最佳的设备及参数配置。

案例 5-7：配置测试。

对某个安卓 APP 软件在几个主流厂商的手机上进行负载测试，测试结果表明在华为手机上性能最好，而在*米手机上性能最差。

4. 容量测试

容量测试（Volume Testing）是指在一定的软件、硬件及网络环境下，向数据库中构造不同数量级别的数据记录，通过运行一种或多种业务在一定的虚拟用户数量情况下，获取不同数据级别的服务器性能指标，以确定数据库的最佳容量。

案例 5-8：容量测试。

在案例 5-5 场景下，保持并发用户为 8250，数据库数据从 10000 条开始每次增加 1000 条记录 CPU、MEM 的使用率，当数据达到 25000 后，发现 CPU、MEM 的使用率居高不下，响应时间骤降。所以，确定本次测试的模糊查询模块最大容量为 25000 条。

5．基准测试

基准测试（Benchmark Testing）是指在一定的软件、硬件及网络环境下，模拟一定数量虚拟用户运行一种或多种业务将软件测试结果作为基线数据，在系统调优或者系统评测过程中，通过运行相同的业务场景并比较软件测试结果，确定调优是否达到效果或者为系统的选择提供决策数据。

一般而言，每次结果不得低于上次结果的 95%。比如，上次最大并发数为 10000 个用户，则这次最大并发数不得小于 9500。

案例 5-9：基准测试。

在案例 5-5 的产品设计的版本下发布了一个新的版本，得到的最大并发数为 1090，最大容量为 23000 条。与上一次的测试结果比较：并发 $1090/1100 \times 100\% \approx 91\%$，$23000/25000 \times 100\% = 92\%$。所以，这次性能测试中并发测试是符合要求的，而容量测试是不符合要求的，需要开发人员定位容量测试性能降低的原因。

5.1.6 性能测试可以发现的问题

表 5-2 展示可以通过性能测试发现的问题类型。

表 5-2　　　　　　　　　　　　性能测试可以发现的问题类型

问题类别	问题描述
内存问题	是否存在内存泄漏 C/C++
	是否有太多的临时对象 Java
	是否有太多的操作设计生命周围的对象 Java
数据库问题	是否有数据库死锁 Dead Lock
	是否经常出现长事务 Long Transaction
线程/进程问题	是否出现线程与进程同步失败
其他问题	是否出现资源竞争导致死锁
	是否因为没有正确处理异常（如超时等）导致系统死锁

5.1.7 性能调优

经过性能测试后发现性能没有达到预期结果，当排除表 5-2 出现的错误外，如果仍旧不能解决问题，就要考虑性能调优了。性能调优如图 5-17 所示，主要包括应用程序诊断和系统调优，虽然性能调优是主要由开发人员解决，但是软件测试工程师也必须有一些了解。下面分别来看调优的使用方法。

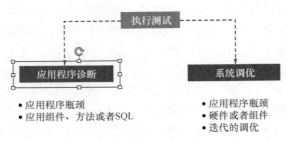

图 5-17　性能调优

1．代码调优

代码调优是最先想到的性能调优，大学中都学过《数据结构》和《算法分析》，选择一个好的算法就是调优的手段。从程序方面考虑，影响一个程序的性能需要从时间复杂度和空间复杂度来考虑。

案例 5-10：嵌套函数。

让我们先来看以下代码：

```
function f(){
    …
    f();
    …
}
```

《数据结构》课程我们在大学里都学过：任意一个嵌套函数，都可以用一个循环实现，并且使用循环的性能要比使用嵌套的性能好很多。这样我们就可以把代码改为：

```
function f(){
    …
    while(){
    }
    …
}
```

接下来确定功能是否正确，再重新测试一下性能。

2．SQL 语句调优

除了对代码进行优化，还可能对 SQL 语句进行优化，比如：

（1）select * from contact where username like 'ver%';

要优于：

select * from contact where username like '%ver%';

（2）合理利用数据库自带变量。

如 Oracle 产品，通过自带列 rowid，可加快翻页显示的速度。

```
select * from title where name like '%ver%' and rowid<=1040 and rowid>1020
```

（3）合理建立索引。

索引的合理建立也可大大提高数据库的查询速度。

案例 5-11：Oracle 的 rowid 字段。

某 BBS 产品分页显示后台 Oracle 数据库中存储的数据，在进行容量测试的时候发现数据量小于 50000，速度是正常的，但是达到甚至超过 50000，性能就发生了很大地降低。分析发现数据库查询语句为：

select * from paper where groupname=2；

程序把数据库表中数据全部取出来，然后根据所显示的页数把相应的数据调用到相应的页面，由此可见这样的软件性能是比较低的。研发工程师考虑到 Oracle 数据库中含有隐藏字段 rowid 可以解决这个问题，把代码改为：

select * from paper where groupname=2 and rowid<=(PageNo+1)*20 and rowid> PageNo *20；

这样根据所要显示的页号遍历变量 PageNo 来决定调用多少数据到内存中，这样性能就得到了很大的提高。

3. 其他调优方法

除了对代码、数据库进行调优方法外，还可以采用以下调优方法：

- 硬件的调优；
- 应用服务器的调优；
- 数据库服务器配置的调优；
- 操作系统的调优；
- 前端机器的调优；
  ……

5.1.8 性能测试角色

一个性能测试团队可能包括以下成员：

- **项目经理**
  - 计划软件测试时间，监督项目进度。
  - 项目经理自己了解性能测试，进行合理的性能测试时间安排。
  - 通过"进度"度量获得项目经验数据，据此做出正确的时间安排。
  - 指定软件测试经理根据项目进度安排性能测试进度。
- **需求分析工程师**
  - 撰写性能测试需求。
  - 用户可能不明确提出性能方面的需求，需求分析工程师需要指导用户确定性能需求。
  - 系统用户数。

> ➤ 在不同用户数量级别的并发用户数下，系统的响应时间和服务器的资源利用率。
> ➤ 系统的处理能力。

- **系统架构师**
  - ➤ 根据需求做出正确的系统架构设计。
- **开发工程师**
  - ➤ 根据架构设计的要求进行编码。
- **软件测试经理**
  - ➤ 制定并组织评审性能测试计划。
  - ➤ 组织资源。
  - ➤ 跟踪项目进度。
  - ➤ 处理性能测试过程中遇到的各种问题。
- **高级性能测试工程师**
  - ➤ 制定性能测试方案。
  - ➤ 分析软件测试结果。
- **性能测试工程师**
  - ➤ 开发 Vuser Script。
  - ➤ 运行性能测试。
  - ➤ 提交性能测试结果。
  - ➤ 进行回归测试。

5.1.9 性能测试工具

目前，性能测试工具主要有。

商用：LoadRunner。

开源：Jmeter、Fitnesse。

LoadRunner 在第 9.1 节"LoadRunner 工具介绍"中会进行详细介绍。开源工具 JMeter 和 Fitnesse 在本书不做介绍。这里来介绍一家通信公司是如何利用自己开发的工具进行性能测试的。

案例 5-12：某通信公司产品的性能测试工具使用简介。

- 硬件：服务器、客户机。
- 操作系统：Suse Linux。
- 测试工具：安装在客户机，通过模拟从客户机向服务器发送/接受符合国际通信标准协议的通信数据包。
- 模拟器：安装在服务器上，随时监视服务器 CPU、Memory 等状态。

（1）运行在客户机上的测试命令如下。

./可执行文件名 -d dic -f QueryFile_s1_n20000akafull–R /tmp/test.log -q -T -K Ki -r 1 -t 600 -S secret -s 192.168.0.158 auth -n 100 -l 600 >Traffic_EAP_AKA_100tps.log，这其中。

- ➢ QueryFile_s1_n20000akafull：性能测试读取的配置文件。
- ➢ -f QueryFile_s1_n20000akafull：性能测试读取的参数文件。
- ➢ -R /tmp/test.log：测试 Log 日志。
- ➢ -t 600：持续运行 600s。
- ➢ -s 192.168.0.158：服务器的 IP 地址。
- ➢ -n 100：并发用户为 100。
- ➢ >Traffic_EAP_AKA_100tps.log：测试结果输出文件，通过"＞"定向输出。

（2）模拟器启动命令。

./模拟器文件（运行在服务器上） -t 600>Test_QPS100.log，这其中。

- ➢ -t 600：持续运行 600s，与测试命令-t 相同。
- ➢ >Test_QPS100.log：监视结果输出文件，通过"＞"定向输出。

测试命令与模拟器命令同时启动。

测试完毕：在客户端查看 Traffic_EAP_AKA_100tps.log，检查测试功能是否正常后，再去分析服务器端监视文件 Test_QPS100.log，用专用工具转化成统计图，查看有无性能异常。

5.1.10 性能测试流程

性能测试流程可以包括以下几个阶段。

（1）性能测试计划。

主要工作为分析哪些地方需要性能测试？执行哪种类型的性能测试？事务点加在哪些地方？以及录制、修改、回放脚本。

（2）软件测试场景设计。

主要工作为设置脚本的运行场景,包括需要模拟多少虚拟用户？虚拟用户如何在场景中进入、持续和退出，如何设置集合点等。

（3）软件测试执行及监控。

包括运行性能测试以及运行时监测各种计数器变化。

（4）软件测试结果分析。

指性能测试完毕，对测试结果进行分析，如果测试结果表明存在缺陷，就与开发工程师沟通，协助解决。

（5）软件测试报告撰写。

当本轮所有性能测试完毕，书写并提交测试报告。

更多性能测试的资料参见参考文献【3】。

扩展阅读：软件性能测试需要关注的 6 个方面

一、性能测试提前准备关注点

（1）性能测试的环境配置需要能够尽可能地模拟用户的现场使用，包括外网的设备、软件网元、各种硬件平台、操作系统和软件平台。

（2）性能测试需要准备合适的模拟脚本来尽可能全真地模拟用户可能的操作，比如同时并行网页操作，同时进行 socket 连接等。而且要超出用户的真实可能情况。

二、性能测试需要出两类数据

（1）基准测试对比数据：比较本版本和前一版本的性能指标的情况。用以发现本版本的功能合入是否影响了基准的性能。基准测试的情况下，本版本的新增功能和特性默认都是不打开的，保持和前一版本一致。

（2）单个功能的性能对比数据：验证本版本中，新增的功能和特性打开的时候，此功能对于版本的性能的影响。

三、性能测试过程关注点

（1）资源的占用情况：查看资源的使用情况。包括 CPU、内存、硬盘等。

（2）资源的释放情况：查询系统在业务处理停止后是否可以正常释放资源，以供后续业务使用。按道理业务停止，资源应该及时释放。常见问题：内存泄露、资源吊死、导致系统不能正常释放资源、严重情况导致宕机。可以用很多工具来检测资源情况。

（3）异常测试：性能测试的情况在一定的话务（一般是模拟现场的用户）的情况下，进行硬件倒换，双机倒换，业务切换等。包括破坏性地输入来验证系统在高负荷情况下的容错性。

（4）查询警告等信息：一般系统都会在出问题的时候，进行通知和警告，这些信息是暴露问题的最好手段，性能测试需要及时查看。

（5）长时间运行：性能测试需要模拟设备长时间的运行，这是检查版本在外场测试的手段。可以检查出很多与时间、定时器等相关的积累效应的故障。

（6）日志检查：性能测试需要经常分析系统的日志，包括操作系统、数据库、软件版本的日志。

（7）查看业务响应时间：长时间的测试后，查看业务响应的时间是否在客户可以接受的范围内。比如网页的响应时间，终端登录时长等。

四、性能测试的人员要求

（1）性能测试的人员必须是骨干，不能使用新人进行性能测试。

（2）性能测试的人员必须对全系统非常熟悉，对于问题定位手段使用熟练，能够牵头带领开发人员进行性能相关的问题排查。

五、性能测试报告

（1）性能测试报告要体现基准性能数据，单个功能的性能数据。用于评估版本是否可以在原有的硬件环境下保持同样的处理能力。

（2）性能测试报告需要满足各个测试利益相关者的要求。所以性能测试进行前需要获得测试利益相关者的要求，做成明细表，然后再开始性能测试。

六、性能测试的工具要求

（1）性能测试必须有一定的工具准备，包括 LoadRunner 等。很多产品的性能测试需要自研性能测试工具，工具的最高境界是可以全真地模拟用户的操作。特别说明，LoadRunner仅仅是一种工具，而性能测试是一套理论和方法。

（2）性能测试工具使用过程中，需要加入手工操作。比如模拟用户购物的网购动作。工具和手工需要有效结合，用以弥补工具的某些不可预知的不足。

5.2　嵌入式软件的基本测试方法

嵌入式软件测试一直被认为是软件测试中最难的软件测试类型，由于它在初期看不见、摸不着，只有到最后烧入硬件设备中才可看到结果。嵌入式软件测试在以下几个方面是很重要的。

（1）嵌入式软件开发与测试必须严格地按照软件测试流程进行，尤其是安全性极高的嵌入式软件，如火车、汽车控制系统，医疗软件系统以及航空、航天系统。

（2）单元测试，静态代码检查在软件测试过程中占有举足轻重的地位。

（3）学会使用插桩技术调试软件。

（4）学会使用一到多个软件测试工具。

下面先来看几个名词定义。

● **宿主机**：开发嵌入式软件的机器。

● **仿真器**：模拟真实软硬件环境的机器，分为软件仿真和硬件仿真。

● **目标机**：系统真正运行的机器。

5.2.1　嵌入式软件测试流程

软件测试流程在嵌入式系统中非常重要，各个公司可以根据自身的具体情况来定义适合自己的软件测试流程。一般包括单元测试、集成测试、仿真机上系统测试、软硬件集成测试，目标机上系统测试和确认测试。当然，单元测试和集成测试有时也可在目标机上运行。

1. 单元测试

单元测试的测试内容包括：

- 模块接口测试；
- 局部数据结构测试；
- 路径测试；
- 错误处理测试；
- 边界值测试。

测试步骤如下：

- 驱动模块；
- 桩模块。

关于桩函数和驱动函数，参见本篇第 1.1.2～1.1.5 节。

在仿真机或者目标机中运行单元或集成测试往往需要在程序中进行插桩。所谓**插桩**，就是指在程序中插入一些代码，在程序运行到插桩的地方，发出某种信号，检验程序是否运行到该点或者其他作用（比如性能）。

2．集成测试

集成测试分为非增量式与增量式。增量式又分为自上而下、自下而上以及三明治集成。具体参见本篇第 1.1.2～1.1.6 节"集成软件测试"。

3．仿真机上系统测试、软硬件集成测试、目标机上系统测试

具体包括：

- 恢复测试；
- 安全测试；
- 强度测试；
- 性能测试；
- 抗干扰测试；
- 探索式测试；
- 稀有时间测试；

    ……

在嵌入式软件测试中有两种系统测试技术需要强调：

（1）状态转移图软件测试，详细介绍见本篇第 2.3 节"运用状态转换图设计测试用例"。

（2）余量软件测试：是指软件是否达到所要求的余量，在嵌入式系统中，插桩技术需要运行时留有余量，余量一般在 20%左右。余量包括：

- 输入/输出及通信吞吐能力的余量；
- 功能处理时间的余量；
- 存储空间的余量。

可见，余量测试往往是为插桩技术考虑的。

4.　确认软件测试

确认软件测试具体包括:

- 功能测试;
- 软件配置审查;
- 验收测试;
- Alpha & Beat 测试。

5.2.2　单元测试和集成测试

1.　单元测试

在其他领域，单元测试可以不彻底，如软件测试覆盖率往往只需要进行到语句覆盖和分支覆盖就够了。而在嵌入式产品中，对于一些重要模块，除了要达到一定规模的语句覆盖和分支覆盖外，还要达到条件覆盖、分支/条件覆盖、MC/DC 覆盖、路径覆盖以及控制流软件测试。

2.　集成测试

嵌入式软件测试的集成测试不但包括软件模块之间的集成，还包括软件与硬件的集成，尤其是在软件与硬件的集成过程中，排除发现问题是由软件引起的还是硬件引起的，是需要一定技巧的。

5.2.3　插桩技术

下面来看插桩技术的一个使用案例。

案例 5-13：数字电视机顶盒。

在数字电视机顶盒嵌入式软件系统中有一个"新闻搜索"功能，现在需要了解在一定新闻节目数量的情况下搜索所需要的响应时间。为了验证这个性能，测试工程师要求开发工程师采用插桩方法。在输入查询内容，单击【搜索】按钮时开始计时，当所有查询结果都被显示出来后结束计时，并且把结束时间减去开始时间的计算结果显示在电视机屏幕的左上角。然后，软件测试工程师用打好桩并且编译好的程序在机顶盒上对新闻搜索功能进行系统响应时间的性能测试。

5.2.4　嵌入式软件测试工具

嵌入式软件测试的工具有很多，如图 5-18 所示。

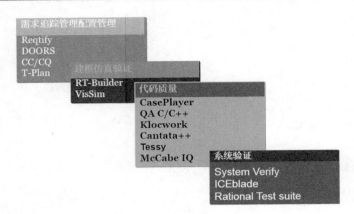

图 5-18 嵌入式软件测试工具

关于嵌入式软件测试工具，由于类型比较多，使用起来比较复杂，在本书中不做介绍。读者在实际工作中可以参看相关的使用文档。更多关于嵌入式软件测试的资料，可以参见参考文献【5】和文献【34】。

扩展阅读：嵌入式软件

　　定义

　　嵌入式系统是指用于执行独立功能的专用计算机系统。它由包括微处理器、定时器、微控制器、存储器、传感器等一系列微电子芯片与器件，和嵌入在存储器中的微型操作系统、控制应用软件组成，共同实现诸如实时控制、监视、管理、移动计算、数据处理等各种自动化处理任务。嵌入式系统以应用为中心，以微电子技术、控制技术、计算机技术和通信技术为基础，强调硬件和软件的协同性与整合性，软件与硬件可剪裁，以此满足系统对功能、成本、体积和功耗等要求。

　　最简单的嵌入式系统是仅有执行单一功能的控制能力，比如说单片机的应用，在唯一的 ROM 中仅有实现单一功能控制程序，无微型操作系统。复杂的嵌入式系统，例如个人数字助理（PDA）、手持电脑（HPC）等，具有与 PC 几乎一样的功能。实质上与 PC 的区别仅仅是将微型操作系统与应用软件嵌入在 ROM、RAM 或 FLASH 存储器中，而不是存储于磁盘等载体中。很多复杂的嵌入式系统又是由若干个小型嵌入式系统组成的。

　　系统分类

　　流行的嵌入式操作系统可以分为两类：

　　一类是从运行在个人电脑上的操作系统向下移植到嵌入式系统中形成的嵌入式操作系统，如微软公司的 Windows CE 及其新版本，SUN 公司的 Java 操作系统，朗讯科技公司的 Inferno，嵌入式 Linux 等。这类系统经过个人电脑或高性能计算机等产品的长期运行考验，技术日趋成熟，其相关的标准和软件开发方式已被用户普遍接受，同时积累了丰富的开发工具和应用软件资源。

　　另一类是实时操作系统，如 WindRiver 公司的 VxWorks，ISI 的 pSOS，QNX 系统软件公司的 QNX，ATI 的 Nucleus，中国科学院凯思集团的 Hopen 嵌入式操作系统等，这类产品在操作系统的结构和实现上都针对所面向的应用领域，对实时性和可靠性等进行了精巧的设计，而且提供了独立而完备的系统开发和测试工具，较多地应用在军用产品和工业控制等领域中。

　　Linux 是 90 年代以来逐渐成熟的一个开放源代码的操作系统。PC 上的 Linux 版本在全球数以百万计爱好者的合力开发下，得到了非常迅速的发展。90 年代末 uClinux、RTLinux 等相继推出，在嵌入式领域得到了广泛的关注，它拥有大批的程序员和现成的应用程序，是我们研究开发工作的宝贵资源。

5.3　本章总结

5.3.1　介绍内容

- 性能测试：
  - 性能测试的定义；
  - 由于性能测试没做到位引发的缺陷；
  - 性能指标；
  - 性能计数器；
  - 性能测试类型；
  - 性能测试可以发现的问题；
  - 性能调优；
  - 性能测试角色；
  - 性能测试工具；
  - 性能测试流程。
- 嵌入式软件的基本测试方法：
  - 嵌入式测试流程；
  - 单元测试与集成测试；
  - 插桩技术；
  - 嵌入式软件测试工具。

5.3.2　案例

案例	所在章节
案例 5-1：某网站的表单提交响应时间	5.1.3-1 响应时间
案例 5-2：某网站的查询响应时间	5.1.3-1 响应时间

续表

案例	所在章节
案例 5-3：并发用户数与在线用户数	5.1.3-4 并发用户数与在线用户数
案例 5-4：思考时间	5.1.3-5 思考时间
案例 5-5：负载测试	5.1.5-1 负载测试
案例 5-6：压力/强度测试	5.1.5-2 压力/强度测试
案例 5-7：配置测试	5.1.5-3 配置测试
案例 5-8：容量测试	5.1.5-4 容量测试
案例 5-9：基准测试	5.1.5-5 基准测试
案例 5-10：嵌套函数	5.1.7-1 代码调优
案例 5-11：Oracle 的 rowid 字段	5.1.7-2 SQL 语句调优
案例 5-12：某通信公司产品的性能测试工具使用简介	5.1.9 性能测试工具
案例 5-13：数字电视机顶盒	5.2.3 插桩技术

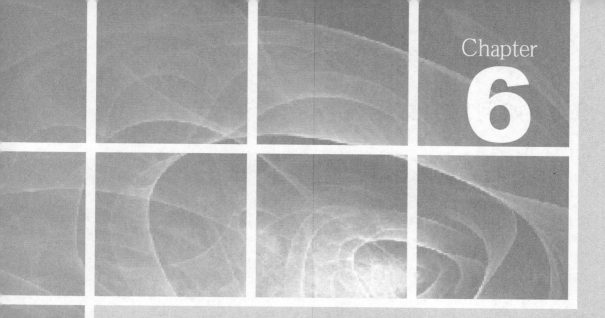

Chapter

6

第 6 章

云计算、大数据的软件测试方法

  云计算和大数据是当前最热门的话题和技术，IT 时代也将逐步转入到 DT 时代。这是个历史性的转变，同时对从事软件测试行业的人来说也是一个巨大的挑战。如何测试大数据产品和云端软件产品呢？由于云计算与大数据的测试仍在研究中，这里只简单介绍基于云和大数据产品应该如何测试以及应注意的事项。本章的内容共分以下 4 部分。

- 对大数据软件产品进行测试的方法。
- 云测试中应注意的 13 个问题。
- 云计算的优缺点。古人云：知己知彼，百战不殆。只有了解了云计算的优缺点，才能更好地测试云端的软件产品。
- 对云端软件测试产品的文档、环境、数据如何进行管理。

  关于大数据的知识，请参见参考文献【28】；关于云计算的知识，请参见本篇附录 C。

6.1　如何对大数据软件产品进行软件测试

6.1.1　前言

本节仅考虑大数据产品的系统以及验收阶段的测试，不考虑单元及集成阶段的测试。

6.1.2　新产品的软件测试

案例 6-1：小象网。

小象网是专门从事儿童用品的网上超市，随着大数据的普及，小象网决定推出一个新功能：根据登录用户的历史购物情况以及购买同类产品用户的购物情况，对单一用户进行定向产品推荐。这个功能的实现无疑需要用到大数据的技术，但是，黑盒软件测试工程师无需了解开发工程师是如何实现的，只需考虑：对这个用户推荐的产品是否合理。比如，这个用户家里有个男孩，经常在小象网上买一些男孩类的产品，而网站推荐的产品是一条裙子，这显然是不合适的。

这里采用基于场景的测试法（对于场景的设计方法，参见本篇第 3.2 节"基于场景的测试"）进行测试，可以设计以下几个用户场景：

（1）顾客小王曾经为他的宝宝购买 10 个汽车模型玩具，其他产品从来没有购买过。现在网站添加一款新的汽车模型玩具，测试该产品是否推荐给顾客小王。

（2）顾客小张在小象网上曾经购买过一条连衣裙，而购买这条连衣裙的其他 4 名顾客还购买了芭比娃娃玩具。当顾客小张再次登录小象网时，测试该网站是否也给她推荐了芭比娃娃玩具。

（3）然后逐步增加难度。比如，顾客小李在小象网上为她的小公主购买衣服、玩具、幼儿食品 3 类产品；顾客小张和顾客小李在网上购买的产品类型差不多。检查系统能否把小张和小李归为一类人群，即把小张购买的一些产品介绍给小李；并把小李购买的一些产品介绍给小张。

（4）最后逐步增加用户以及产品的数量设计更复杂的测试用例。

（5）当产品的数量与客户的数量达到一定数量级别后，可以把系统放在真实环境下进行软件测试，用户数据来自于正式的用户环境，但是这时在页面上的接口不要放开，在真实数据环境下进行测试，这时可能还会发现一些软件缺陷。

（6）当通过以上 5 个测试步骤后，认为产品可以正式上线了。这时正式打开这个功能，同时给用户提供一个使用该功能的反馈渠道，从而使得用户在实际使用过程中遇到的一些问题，可以通过反馈渠道反馈。

6.1.3　老产品的升级测试

大数据产品往往有两种部署场景。

（1）系统输出数据放在本地，而云端仅用来计算、存储 log 等信息。

（2）所有工作都在云端进行，输出数据也放在云端。

首先来看情形（1）。

步骤一，我们首先在云端部署一套新的系统，然后把输入的数据源同时引入新的系统和旧的系统中。运行一段时间后，比较新旧两套系统的差异。

步骤二，如果测试步骤一的场景没有问题，仍旧把新系统的输出数据放入云端，先把 20% 的输入信息流引入到新系统中，80% 的数据引入到旧系统。没有问题再逐步把 40% 的新数据引入到新系统中（注意，更换前要把之前旧系统中的数据先导入到新系统中）。测试没有问题后再逐步增加到 60%、80%，一直逐步增加到 100%，在此过程中如果发现问题，应及时进行修复甚至回退。

步骤三，如果 100% 的信息在新系统中运行没有问题，就把云端输出数据迁移到本地。停止旧系统运行，启动新系统（迁移前，注意对旧系统进行备份，一旦迁移出问题，可以立即恢复回来）。

情形（2）与情形（1）基本类似，但是没有步骤三。在情形（2）步骤一中，除了可以检查新旧产品在功能上的差异外，还可以检测性能上的差异。

6.2 云计算软件测试应注意的问题

云计算是目前比较热门的技术。关于云计算的定义，业界有各种各样的定义标准，并且每个标准都有一定的意义。到目前为止，关于云计算的定义已超过 100 种。在这里给出 CSA（Cloud Security Alliance）云计算安全联盟在 Security Guidance For Critical Area of Focus In Cloud Computing V3.0 中的定义：

"**云计算**的本质是一种服务提供模型，通过这种模型可以随时、随地、按需地通过网络访问共享资源池的资源，这个资源池的内容包括计算资源、网络资源、存储资源等，这些资源能够被动态地分配和调整，在不同用户之间灵活划分。凡是符合这些特征的 IT 服务都可以被称作云计算服务。"

对云计算进行软件测试需要注意哪些问题？下面会详细介绍。

6.2.1 云计算中增加了供应商角色，给云计算测试带来复杂性

在传统软件项目中，只有软件"厂商"和"客户/用户"这两个角色，但是引入云计算概念后，增加了"供应商"这个角色，供应商主要提供云平台环境，如图 6-1。供应商在维护云平台中的软硬件设备可能不会告知软件厂商，这样变更后的软硬件设备可能引起运行在云中的服务器在功能或者性能上受到影响。

图 6-1 供应商在云测试中的位置

案例 6-2：云产品中由于供应商修改参数引起的连锁反应。

A 公司的产品是一个云计算的产品，托管给云供应商 X。对于某一个功能在前一天还没有问题，可是今天，A 公司接连接到客户的投诉，被告知某个功能不能使用。A 公司通过调查，发现这个功能的确发生了故障，经过连夜排查，发现问题不在软件本身，可能得与云供应商相关。后得知发生故障前一个晚上，云供应商为了给 B 公司发布一个新产品，而修改了系统上一个参数而导致。A 公司对此事非常恼火，与其他厂商达成一致意见，要求云供应商以后若有什么改动，需要把改动的信息提前 3 天告诉其他厂商，以免同样的问题再一次出现。

6.2.2　云计算中使用虚拟技术，给性能测试带来的影响

云中的软件产品都是运行在虚拟平台上的，包括 CPU、内存、网络和硬盘。并且这些设备经常可能发生位置变化，如某个应用的数据库今天运行在天津的某个实体设备上，明天被分配到法国的某个实体设备上。比如，法国某个设备的性能远远低于/高于天津的某个设备。这样带来的结果是执行同一个性能测试用例，今天和明天的结果可能完全不同，如图 6-2 所示。

案例 6-3：云的虚拟技术对产品性能的影响。

大世界电子商务平台经过近半年的开发，推出了 v1.0 版本，这套系统在公司本地云上经过周密详细的测试，不管在功能，还是在性能上测试都非常满意。正式发布一年后随着用户和流量的

图 6-2　云测试位置的不固定性

增加，大世界电子商务平台决定把系统部分安全性级别要求不太高的模块由某个云代理厂商的公有云上。但是后来发现这部分的性能时好时坏，很不稳定。大世界电子商务平台将这个情况告诉云代理厂商，第二天，云代理厂商被告知是由于被分配的各个虚拟设备所用网络的网络带宽引起的。为了长期考虑，大世界电子商务平台升级了云服务等级，在这个等级下，系统可以将性能好的设备优先分配给大世界电子商务平台。

6.2.3　增加按照使用量收费的软件测试方法

云计算是通过使用互联网流量以及存储器空间进行收费的。典型的按量使用付费模型像日常生活中使用的水、电、气一样。所以，测试云计算产品时需要考虑这个因素，并且需要考虑这种收费方式是否具有快速的可伸缩性。

案例 6-4：云计算的收费。

计费开始，应用程序需要 2GB 的硬盘空间，它主动向云服务器提出申请，云服务器自动分配 2GB 的硬盘空间给该应用程序。2h 后，由于业务量上去了，应用程序需要的硬盘空间需要增加到 4GB，云服务器会根据应用程序的申请，自动再给应用程序 2GB 的硬盘空间；3h 后

由于业务量下降，应用程序需要硬盘空间下降到 3G，云服务器也会根据应用程序的申请自动减少 1G 的硬盘空间，并且应用程序持续使用 3G 空间达 4h。计费系统应该如何收费呢？假设每小时使用 1G 硬盘空间的价格为 4 美元，不满一小时按一小时收费。在刚才的例子中，9h 内需要支付（2G×2h+4G×3h+3G×4h）×4 美元/ Gh=112 美元。在现实测试过程中往往会发现，使用量下去了，但是金额不下降或者使用量上去了，但是金额不上升的情况，这也是需要注意的。

6.2.4 安全性测试

安全性是云计算最关注的问题，我们不希望存在云中的数据丢失，或者在平台迁移的时候发生丢失。以及存在云中的信息被非法调用查看，所以做好云安全测试是重中之重。云产品安全测试如图 6-3 所示。

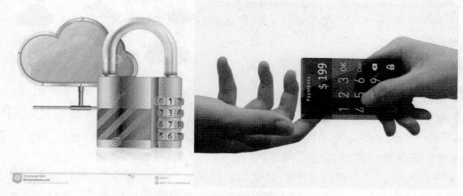

图 6-3 云产品安全性测试

案例 6-5：云中信息的存储。

A 公司是一家电子商务网站，其产品的运行都在公司内部的私有云中，安全性不存在任何问题。但是，随着运营日期的逐年增长，数据量呈指数级的增长，存储在本公司内部的私有云中不太划算，经过与公司高层研究决定，将这些数据存储到公有云上，并且考虑到数据的安全性，所有数据均采用了公司内部开发的一套加密算法。

6.2.5 定位问题

由于云产品运行在何处对于用户来说是透明的，一旦发现这个问题，开发工程师往往需要登录到发生问题的机器去查看 log 文件以确定问题，进而解决问题。但是，运行位置不固定给定位问题带来了很大麻烦。如图 6-4 所示，一旦系统发生问题，我们能够确定是在哪台机器上出现的吗？在悉尼，在法国，还是在纽约？

图 6-4 云软件测试缺陷定位问题

案例 6-6：HP 的云缺陷定位系统。

由于云计算采用网格计算方式，系统在哪里运行对用户来说都是透明的，虽然它具有很大的优势，但是这也正如前面所述，对于发现缺陷、定位问题带来了麻烦。幸好 HP 公司推出了一套基于云的缺陷解决系统。该系统运行在主服务器上，一个产品对应一个日志，其日志实时地把当前应用所在的应用服务器、数据库服务器等信息写在 Log 日志中。一旦发现问题，可以先从主服务器这个 Log 日志中通过问题发生的时间信息来确定发生问题机器的位置，然后登录到问题所在服务器中去查找相应的 Log 日志，从而定位问题。

6.2.6 法律法规问题

基于云的软件测试的目的除了发现 Bug 外，在云计算中还有一个关键性的问题，那就是由于各国的法律法规不同，而造成数据隐私性的问题。比如，欧洲有《荷兰数据保护法》《欧洲个人数据保护指令》，美国有《美国-欧盟保护港》等，这些条款中存在各种不一致性的地方。

案例 6-7：云计算中的法律法规问题。

某公司计划把他们的应用软件中的存储部分放在某个云运营商处，软件测试部门贾经理根据市场部门反馈回的信息，获知该云运营商所有服务器有两台位于美国，4 台位于欧洲。由于 9·11 以后，美国颁布了《爱国者法案》，这条法案中规定"只要有检查是否存在恐怖袭击的需求，美国政府有权利查看任意一台存储在美国本土机器中的任何资料信息"。另外，微软也承认《爱国者法案》可获取欧盟云端的资料。基于这些调查，贾经理将这个信息以 Email 的方式告诉公司 CEO 与 CTO。CEO 与 CTO 专门召开了公司中高层人员会议，决定更换云运营商，新的运营商的服务器全部在远东地区，并且查实这些国家不存在像《爱国者法案》那样的由于法律法规引起的数据安全性问题。

6.2.7 迁移性软件测试

迁移性软件测试在云计算中普遍存在，如要更换供应商，或者对云平台进行大规模的升级，都需要进行迁移性工作，如图 6-5 所示。迁移性软件测试主要测试迁移后系统在新的环境中是否可以正常运行，是否会发生数据丢失以及原环境中的数据是否清除干净等。

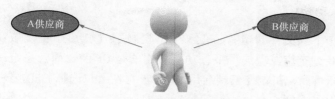

图 6-5　迁移性软件测试

案例 6-8：云运营商的变更。

由于蒙特利尔软件公司决定以后的业务主要集中在中国市场，所以他们决定把产品从 AWS 转移到阿里云平台上。这个转换给测试部门带来很大的工作量。测试部门的工作主要包括：

（1）确保在转换过程中不影响原有客户业务的工作，也就是说，迁移对客户来说是透明的。

（2）迁移以后产品的所有功能是否可以正常运行？

（3）如果在迁移过程或者迁移后发现功能不能正常运行，是否可以复原？

（4）迁移后，在美国云端的数据、文件等信息是否清理干净？

（5）……

于是，测试经理将迁移过程中可能遇到的所有问题列出一个 CheckList，在测试工程师的配合下制定了测试计划，并和研发部门一起讨论了解决方案，最后与开发工程师配合，经过半个月的时间，成功完成了整个系统的迁移。

6.2.8　功能测试

除了和传统测试一样的问题外，云产品的被测系统更加复杂，很多测试工程师必须理解整个系统的运作，才能开展工作，这对软件测试工程师的要求提高了。测试环境的部署花费的时间和代价也很大。另一方面，很多场景难以模拟，如部分机器坏掉，存储上的不同步问题，因为这本身就是一个公开的问题。下面讨论基于云上的功能测试需要特别考虑的地方。

测试服务质量：正如第 6.3.1 节"云计算优缺点"所描述，要把软件产品运行在云上，就需要云运营商的支持，所以，选择好的云运营商就成为测试的内容。对于云运营商而言，我们是甲方，是产品的使用者，所以基于这样的测试，可以看作是对云运营商产品的验收测试，并且在某些时候可能还需要云运营商帮助我们定制一些功能。

测试云运营商提供的文档：使用云平台，肯定需要对云上的设备进行一些配置，而这些配置手册往往由云运营商提供。作为一个测试工程师，我们需要测试提供的文档是否正确，与实际操作是否一致，并且检查配置界面是否友好。

测试接口：接口测试在云产品中也非常重要。我们首先要了解应用程序采用什么样的接口，然后了解云运营商提供哪些接口，最后确定平台是否可以满足产品的接口。

案例 6-9：测试产品接口。

某产品中有一个下载文件的功能，在公司内部测试是成功的，但是放在云上发现这个功能不能工作了。后来经过定位发现这个下载功能使用的是 SFTP，而云系统仅提供了普通的 FTP 功能。最后与运营商协商，决定在云端启用 SFTP，并且用户选择 FTP，还是 SFTP，可以由软件厂商通过控制面板来选择。

测试服务配置：测试服务配置一般由测试工程师按照云营运商提供的文档进行操作，检查系统设置是否正常，如语言、时间格式、日期格式、公司标记、操作授权等因素。

测试定制：对于某些公司的某些功能，可能需要云运营商来定制。定制的功能是测试人员需要认真测试的部分。

另外，还有 Web 测试、多平台测试、离线功能等，本书不再进行描述。

6.2.9　自动化测试

传统的软件测试工具和框架也不能满足在云上的要求。仔细展开有很多方面，这里只讨论自动部署问题，因为虚拟机也是动态生成的，所以要有一个合适的机制把软件测试工具部署上去，并且有集中的控制，这是很难的。

案例 6-10：基于云的自动化软件测试。

某公司的产品原先的自动化测试框架是这样的：产品运行在服务器上，自动化测试脚本运行在另外一台机器上，每个服务器都有自己的 IP 地址，通过 TCP/IP 进行通信。当这个产品运行在云上后，由于产品是运行在虚拟机中的，而虚拟机的 IP 地址都是临时动态生成的，所以原有的测试框架肯定不适合现在的云环境。公司人员正在考虑新的自动化测试解决方案。

6.3　云计算的优缺点

了解云计算的优缺点，对运行在云上的产品进行软件测试十分有用。

6.3.1　优点

1.　降低成本

以前搭建一个 IT 系统需要购买一堆服务器、网络设备以及一些相关的平台软件（如操作系统，数据库）和应用软件（如编辑软件、编译软件），并且还可能需要拿出一间屋子作为机房使用。现在使用了云，就可以把这些工作都交给云供应商，而不去管它。

2.　扩展性强

使用云服务，就不用再为内存不够、硬盘空间不够、CPU 速度太慢、网速太慢等类似问题而担忧。云具有很强的扩展性，它会根据系统的使用状况动态地为系统分配资源。

3. 可靠性高

云具有很高的可靠性。云存储设备一般都具有相应的备份设备。另外，存储在云设备上的数据可能在世界各地的云存储设备上都有备份。

案例 6-11：摄影作品的备份。

小张是一个业余的摄影爱好者，两年来他获得了几十万张摄影作品，这些作品他都存储在移动硬盘上。有一次出去摄影，他的移动硬盘不知道在哪里丢失了。后来在朋友的介绍下，他把自己拍摄下的照片存放在百度云上，这样他就再也不用害怕作品丢失了。这是因为百度云具有极其优秀的备份机制，小张的照片不是简单地存储在某台设备上，而是除了一台存储，另外还有多台用于备份。

4. 可以远程访问

云是基于互联网技术的。通过互联网，可以在任何时间、任何地方使用存储在云设备上的数据或应用。

案例 6-12：出差办公。

李栋的公司在上海，某天公司派他到智利出差，由于李栋所在公司的业务都是基于云上的，所有的资料都是存储在云上的，并且可以利用云提供远程对资料进行操作，所以他只需要带上一台很普通的笔记本电脑或 iPad 就可以了。李栋到智利客户处，只需要将他的笔记本电脑连接上云就可以工作了。也就是说，李栋享受到了多年前微软提出的"工作新世界"（New World of Work）的便利。

5. 模块化

云计算通常使用模块化的方法提供服务。我们可以单独使用云上的 OFFICE、邮件、CRM、ERP 等软件或服务，也可以按照自己的需求使用云上的多项软件或服务，甚至使用云上的所有软件或服务。

案例 6-13：增加微信提醒功能。

某公司是一家从事了近十年的 CRM 软件产品供应商。由于业务需要，去年该公司的业务被移植到 XX 云上了。上个月客户提出一个是否可以在他们产品中加上一个微信提醒功能的需求。这家公司查看所在云供应商的官方网站，发现他们提供的服务模块中有这个功能，于是公司技术负责人与云供应商联系，向云供应商支付了相应费用后，该公司获得了这项功能的调用接口，后经公司研发部门的开发与测试很快上线使用了。

6. 高等级服务

如果没有使用云计算，就需要雇佣一到多名系统管理员来维护系统。一旦使用了云，就可以把这些任务都交给云供应商了。因为云供应商处一定会有一批专家级的系统工程师来维护系统的。换句话说，一旦我们使用了云，我们也就使用了云提供给我们的高等级的系统服务。

案例 6-14：IT 部门的解散。

莱利有限责任公司以前的产品是基于公司内部局域网的，公司由一个 5 人的 IT 团队来负责对服务器等设备的维护、运营工作。自从公司半年前把业务转移到阿里云上后，公司内部就没有需要维护的服务器、路由器等设备了。后经公司高层决定，解散这个 5 人团队。这 5 人中有一人去了腾讯公司，两人考上了研究生去学校进修，另外两人留在公司从事测试工作。

6.3.2 缺点

1. 安全性

人们意识到的基于云的开发最大的不足就是给所有基于 Web 的应用带来安全性问题。基于 Web 的应用程序长时间以来就被认为具有潜在的安全风险。由于这一原因，许多公司宁愿将应用、数据和 IT 操作放在自己公司内部，而不愿意放在云上。

案例 6-15：企业对云安全性的顾虑。

据有关方面统计，目前中国大部分公司对于是否把自己的产品放入到云中，最担心的还是安全性方面。即使是使用云的大部分企业都还是使用私有云，并且采用 IaaS 架构的比较多。其实在安全性方面，真正由于技术方面的原因仅占约 15%，还有 85% 都是大家心理上对云安全的担忧，就像 20 世纪末，许多人害怕网络病毒不敢上网一样。但是，随着安全意识的普及以及技术的加强，越来越多的企业会把自己的产品放在云上，这是趋势。

2. 数据的隐私性

就像本站 6.2.6 "法律法规问题" 中描述，如何保证存放在云服务提供商的数据隐私不被非法利用呢？这不仅需要技术的改进，也需要法律的进一步完善。

案例 6-16：电子商务网站中的数据隐私性。

我们在享受电子商务网站便利的同时，其实也把我们自己的一些信息透露给了电子商务厂商，如电话、地址、喜欢购买什么商品、喜欢什么时候购买，甚至银行卡号、密码等。提供这些信息给电子商务网站是必须的，也是合理的，因为你在享受电子商务给我们带来便利的同时，也需要有一定的付出。然而，如果电子商务网站对用户的信息在没有经过用户同意的情况下，故意（信息购买交易）和非故意（安全架构设置不合理，网站被黑客攻击）被第三方获得，这就应该受到法律制裁。

3. 数据的丢失

也就是说，利用云托管的应用和存储在少数情况下会产生数据丢失。尽管一个大的云托管公司可能比一般的企业有更好的数据安全和备份的工具，然而在任何情况下，即便是感知到来自关键数据和服务异地托管的安全威胁，也可能阻止一些公司这么做。

案例 6-17：迁移带来的数据丢失。

某公司由于业务需求，进行类似本章 6.2.7 "迁移性软件测试" 所描述的云运营商的变更，但是由于在变更过程中发生了一些错误的操作以及迁移方案不全面，仍旧导致一些数据无缘无故地永久丢失，这给公司的业务带来很大影响。

4. 网络传输的问题

云计算依赖网络，并且目前网络的速度也不是很稳定，使得基于云服务的应用的性能不高。

所以，云计算的普及依赖网络技术的发展。

案例 6-18：基于云的软件性能测试培训。

由于在技术水平上已经可以达到本章 6.3.1-4 节提及的基于云的异地出差，但是目前在许多地区，网络速度的影响给异地工作带来很大麻烦。笔者曾经到某城市进行软件性能测试培训，尝试了基于云的讲座。在云端进行软件性能测试的好处在于，软件测试的环境是预先配置好的，学员可以不用在环境配置下浪费时间。可是后来发现，由于受场地内的网络速度的影响，连接到云端的速度非常慢，这对讲座有很大影响，最后不得不采取原始的本地讲座的方式。

5. 宿主离线导致的事件

案例 6-19：亚马逊的 EC2 业务大规模的服务中止。

尽管多数公司说这是不可能的，但它确实发生了，亚马逊的 EC2 业务在 2008 年 2 月 15 日经受了一次大规模的服务中止，并抹去了一些客户应用数据。（该次业务中止是由一个软件部署所引起，它错误地终止了数量未知的用户实例）。对那些需要可靠和安全平台的客户来说，平台故障和数据消失就像被粗鲁地被唤醒一样，是不可以接受的。更进一步讲，如果一个公司依赖于第三方的云平台来存放数据，而没有其他物理备份，该数据可能处于危险之中。

6. 降低了系统的可测试性

使用了云计算，除了客户（或者称用户）、厂商外，还增加了供应商这个角色。尤其对于 IaaS、PaaS，当系统出现了问题，就需要考虑引起问题的原因是在公司内部，还是在云设备供应商处。另外，由于云中运行某个固定的服务可能发生在云中任何的一台机器上，所以不管是 IaaS、PaaS，还是 SaaS，定位问题时是搞不清出现的问题发生在哪台机器上的，这就给查看出错日志文件带来了很大的困难。此外，供应商在未告知厂商的情况下对云中的软硬件进行升级、打补丁等操作造成厂商产品无法运行的例子也经常发生，这就需要系统厂商经常性地对产品进行回归测试，从而降低系统的可测试性。对于这些介绍读者还可以参考本篇在第 6.2.1 节"云计算中增加了供应商角色，给云计算测试带来了复杂性"和第 6.2.5 节"发现问题定位问题"章节的描述。

6.4 文档、环境、数据在云软件测试中的管理

6.4.1 文档管理

1. 客户侧需要的文档

客户侧的文档应该具有以下特点：

- 需要完整的系统文档，如传统测试行业；
- 架构文档：描述服务如何集成到端到端的基础设施中（如系统全景、接口情况等）；
- 业务过程文档：介绍业务以及如何使用服务；
- 业务需求文档：对业务功能的介绍。

2．用户文档

IaaS

IaaS 应该包含：

- 如何配置环境；
- 如何在生产环境中部署服务；
- 如何在系统中安装软件。

PaaS

PaaS 应该包含：

- 如何安装应用软件；
- 如何配置数据库；
- 如何使用平台。

其他信息

其他信息应该包括：

- 常见问题（FAQ）；
- 已知错误列表及其处理办法；
- 在线课程。

软件测试文档

- 客户软件测试文档：应该确保软件测试文档经常更新。
- 供应商软件测试文档：一般为供应商内部文档。共享的好处：
  - 发布测试结果可以获得客户信任；
  - 发布测试规程可以让客户进行 Beta 软件测试；
  - 提供测试用例，便于接口软件测试。

6.4.2　云计算软件测试环境管理

1．IaaS/PaaS

对于 IaaS/PaaS，开发环境、测试环境、验收环境和生产环境都应该在云上，如图 6-6 所示。

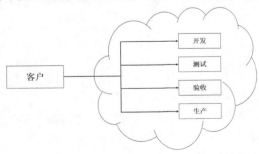

图 6-6　IaaS/PaaS 云计算测试环境

2. SaaS

SaaS 测试环境一般用仿服务,即开发环境、测试环境和验收环境在仿服务上,而生产环境在真正云上,如图 6-7 所示。

图 6-7 SaaS 云计算测试环境

6.4.3 云计算软件测试数据管理

(1)在软件测试服务提供组织内部,建设完善的软件测试数据管理制度,充分考虑到软件开发者对软件测试数据的安全性需求与软件测试工程师(内部的自动化软件测试小组和外包的软件测试专家)对软件测试数据深度开放性需求。通过在不同软件测试环节建立差异化的数据保密措施细化软件测试数据管理,并在不断的软件测试实践中探讨和修正软件测试数据的管理政策。

(2)深化软件测试工程师的软件测试数据保护理念,通过访谈、培训等方式培养软件测试第一线的工作人员,形成对软件测试数据保护的敏感性。同时,通过技术手段加强软件测试服务平台的安全性,最大程度降低软件测试数据被污染的可能性。

(3)同软件开发者建立长期稳定的软件测试数据保护交流机制,积极学习他们在软件开发过程中数据保护等方面的经验,同时建立良好的互信合作关系,使软件开发者对第三方软件测试组织降低戒备心,通过健全的软件测试数据保护体系获得其对软件测试服务平台的认可和支持。

(4)建立起行业信誉。从软件服务开发者的角度研究解决软件测试数据安全问题的技术方案。例如,改进软件开发流程,能在开发过程中产生实际数据的"复制品",以满足软件测试数据需求。采用这种解决方案的前提是软件开发者通过对软件系统和平台进行评估,确认可以得到一定数量的产品数据复制。这一过程需要通过今后的软件模式实践加以验证。

6.4.4 变更管理与版本控制

1. 变更管理流程
● 客户方:修改服务的配置。

- 供应商方：升级，打补丁，定制化。
- 不管变更在供应商，还是在客户处，变更完毕后都需要测试。对于供应商变更，应该及时通知所有客户，所有客户都需要对变更进行有效测试。

2. 版本控制

- 在供应商、客户处，都要建立良好的变更流程和版本控制管理。
- 所有软件测试记录都要标记出是基于哪个版本下的。

6.5 本章总结

6.5.1 介绍内容

- 如何对大数据软件产品进行软件测试。
- 云计算软件测试应注意的问题。
- 云计算的优缺点。
- 文档、环境、数据在云软件测试中的管理。

6.5.2 案例

案例	所在章节
案例 6-1：小象网	6.1.2 新产品的软件测试
案例 6-2：云产品中由于供应商修改参数引起的连锁反应	6.2.1 云计算中增加了供应商角色，给云计算测试带来复杂性
案例 6-3：云的虚拟技术对产品性能的影响	6.2.2 云计算中使用虚拟技术，给性能测试带来的影响
案例 6-4：云计算的收费	6.2.3 增加了按照使用量收费的软件测试方法
案例 6-5：云中信息的存储	6.2.4 安全性测试
案例 6-6：HP 的云缺陷定位系统	6.2.5 发现问题，定位问题
案例 6-7：云计算中的法律法规问题	6.2.6 法律法规问题
案例 6-8：云运营商的变更	6.2.7 迁移性软件测试
案例 6-9：测试产品接口	6.2.8 功能测试
案例 6-10：基于云的自动化软件测试	6.2.9 自动化测试
案例 6-11：摄影作品的备份	6.3.1-3 可靠性高
案例 6-12：出差办公	6.3.1-4 可以远程访问
案例 6-13：增加微信提醒功能	6.3.1-5 模块化
案例 6-14：IT 部门的解散	6.3.1-6 高等级服务

续表

案例	所在章节
案例 6-15：企业对云安全性的顾虑	6.3.2-1 安全性
案例 6-16：电子商务网站中的数据隐私性	6.3.2-2 数据的隐私性
案例 6-17：迁移带来的数据丢失	6.3.2-3 数据的丢失
案例 6-18：基于云的软件性能测试培训	6.3.2-4 网络传输的问题
案例 6-19：亚马逊的 EC2 业务大规模的服务终止	6.3.2-5 宿主离线导致的事件

参考文献

【1】《软件测试的艺术》（原书第三版），Glenford J. Myers Tom Badgett Corey Sandler 著，张晓明 黄琳译，机械工业出版社，2012 年 4 月。

【2】《云服务软件测试：如何高效地进行云计算软件测试》，Kees Blokland Jeroen Mengerk Nartin Pol 著，段念 等译，人民邮电出版社，2014 年 7 月。

【3】《软件性能测试过程详解与案例解析》（第二版） 段念著，清华分大学出版社，2012 年 6 月。

【4】《软件测试设计》，马俊飞 郑文强编著，电子工业出版社，2011 年 4 月。

【5】《嵌入式软件测试》，康一梅 张永革 胡江 吴伟著，机械工业出版社，2008 年 7 月。

【6】《探索吧！深入理解探索式软件测试》，Elisabeth Hendrickson 著 徐毅译 李晓辉审校，机械工业出版社，2014 年 1 月。

【7】《软件测试之魂 核心软件测试设计精解》（第二版） 晓利琼著，电子工业出版社，2013 年 5 月。

【8】《探索式软件测试》，James A Whittaker 等著，钟颂东等译，清华大学出版社，2010 年 4 月。

【9】《探索式软件测试实践之路》，史亮 高翔 著，电子工业出版社，2012 年 8 月。

【10】《软件测试案例与实践教程》 古乐 史九林等著，清华大学出版社，2007 年 2 月。

【11】《实用软件测试指南》James A Whittake 著，马良荔 俞立军著 贾可荣审校，电子工业出版社，2003 年 1 月。

【12】《软件测试》Ron Patton 著 周予滨 姚静等译，机械工业出版社，2002 年 7 月。

【13】《高级软件测试卷 1 高级软件测试分析师》Rex Black 著 刘琴 周震漪 郑文强 马俊飞译，清华大学出版社，2011 年 8 月。

【14】《软件测试设计》马俊飞 郑文强编著，电子工业出版社，2011 年 4 月。

【15】《软件测试基本教程》（第二版）Andreas Spillner Tilo Linz Hans Scheafer 著 刘琴 周震漪 马俊飞 郑文强译，人民邮电出版社，2009 年 4 月。

【16】《众妙之门 Web 用户体验设计与可用性测试》【德】Semashing Magazine 著 李函霖译，人民邮电出版社，2014 年 11 月。

【17】《软件测试技术经典教程》赵斌编著，科学出版社，2007 年 5 月。

【18】百度百科：http://baike.baidu.com。

【19】百度文库：http://wenku.baidu.com。

【20】如何配置 ANT：http://jingyan.baidu.com/article/90808022c5eed8fd91c80f90.html。

【21】Google 开源项目风格指南 （中文版）：http://zh-google-styleguide.readthedocs.org/en/latest/。

【22】博客园：http://www.cnblogs.com。

【23】51CTO 开发频道：http://developer.51cto.com。

【24】51testing：http://www.51testing.com。

【25】领测国际：http://www.ltesting.net。

【26】啄木鸟软件测试培训网：http://www.3testing.com。

【27】理发师模型：http://blog.csdn.net/myfuturemydream08/article/details/6286347。

【28】大数据：http://wenku.baidu.com/link？url=miICmmJv6MI5coS-6OYFNjtHS_GWf_FU8mLM66hyYqPgm_8x80jl6VgAcObNVcf6RNPJFA8OjZjLvzQt5BdcqBzoczUZUMybb5poTuB1FrG。

第 2 篇　软件测试工具

　　古人云："工欲善其事，必先利其器"，软件测试也是这样，软件测试工具的重要性随着敏捷技术的发展而发展。第一篇介绍了软件测试设计方面的知识和技巧。测试用例被设计出来后，下面的工作就是执行测试用例，执行可以分为手工执行和自动化执行。随着敏捷开发越来越被各大公司引入，自动化测试得到迅猛发展。当然自动化测试仍旧不能够完全代替手工测试，对此，本篇 7.2 节将会详细论述。

　　本篇共分以下几个章节。

- 第 7 章，软件测试工具总览：本章对自动化测试进行总体介绍。
- 第 8 章，单元测试工具 JUnit 4：本章介绍单元测试工具 JUnit 4。
- 第 9 章,性能测试工具 LoadRunner:本章介绍性能测试工具 LoadRunner。
- 第 10 章，缺陷管理工具 Bugzilla：本章介绍缺陷管理工具 Bugzilla。
- 第 11 章，APP 软件测试工具：UiAutomator、Selenium 和 Webdriver、Monkey、精准测试工具－星云测试平台。

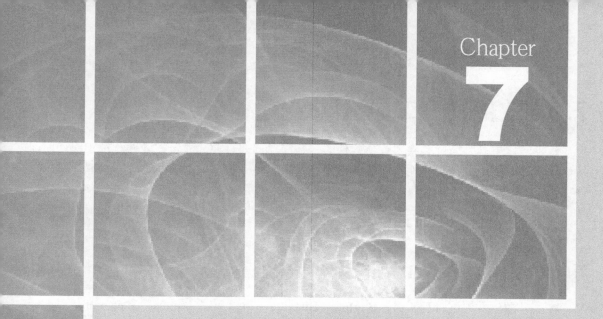

第 7 章
软件测试工具总览

  软件自动化测试是把以人为驱动的软件测试行为转化为机器执行的过程。通常，在设计了测试用例并通过评审之后，由软件测试工程师根据测试用例中描述的过程一步一步地执行测试，得到实际结果与期望结果的比较。在此过程中，为了节省人力、时间或硬件资源，提高测试效率，便引入了自动化测试的概念。所谓自动化测试，就是使用自动化测试工具对软件进行测试，自动化测试工具可以自己开发，也可选用现成的。常用的自动化测试工具有：QTP、WinRunner、Rational Robot、AdventNet Qengine、SilkTest、QA Run、Test Partner、Holodeck、Telelogic TAU、AutoRunner、Phoenix Framework 等。这些工具的功能不太一样，可根据需要选用不同的工具。

  软件自动化测试是通过软件测试工具来实现的，本章主要对自动化测试工具进行总体介绍，包括以下两个方面。

- 简单介绍目前常用的软件测试工具。
- 探讨使用自动化测试工具应该注意的事项。

7.1 软件测试工具介绍

软件测试工具是通过某些工具使软件的一些简单问题直观地显示在软件测试工程师面前，从而使软件测试工程师更好地找出软件错误。软件测试工具分为自动化测试工具和软件测试管理工具。自动化测试工具是为了提高软件测试的效率，用软件代替一些人工输入，软件测试管理工具是为了复用测试用例，提高软件测试的价值。好的自动化测试工具和软件测试管理工具结合起来使用，将会大大提高软件测试效率。

7.1.1 普通软件测试工具推荐

- 开源软件测试管理工具：Bugfree、Bugzilla、TestLink、Mantis、Zentaopms 等。
- 开源功能自动化测试工具：Watir、Selenium 和 Webdriver、MaxQ、WebInject 等。
- 开源性能自动化测试工具：Jmeter、OpenSTA、DBMonster、TPTEST、Web Application Load Simulator 等。
- 禅道测试管理工具：它是功能比较全面的软件测试管理工具，涵盖软件研发的全部生命周期，为软件测试和产品研发提供一体化的解决方案，是一款优秀的国产开源软件测试管理工具。
- Quality Center：它是基于 Web 的测试管理工具，可以组织和管理应用程序测试流程的所有阶段，包括指定测试需求、计划测试、执行测试和跟踪缺陷。
- Quick Test Professional：用于创建功能和回归测试。
- LoadRunner：预测系统行为和性能的负载测试工具。
- 静态测试工具：Checkstyle、Findbugs、PMD、Android Lint 等。
- 其他软件测试工具与框架还有 Coverity、Rational Functional Tester、Borland Silk 系列工具、WinRunner、Robot 等。
- 国内免费软件测试工具有：AutoRunner、TestCenter 等。

7.1.2 APP 软件测试工具

1. Android APP 软件测试工具
- Monkey（本篇第 11.3 节将详细介绍）。
- APPium。
- MonkeyRunner。
- UiAutomator（本篇第 11.1 节将详细介绍）。
- DDMS（Dalvik Debug Monitor Service）。

- Robotium。
- Tcpdump/Wireshark。
- Robolectric：让 Android 开发从此摆脱模拟器软件测试的老套路。
- AppGrader：Android 开发者的意见大师。

2. IOS APP 软件测试工具

- UI Automation。
- Appium。
- Jenkins。
- Xcode5。

7.1.3 软件测试工具介绍

下面重点介绍几种软件测试工具。

1. Coverity

Coverity 是最新一代的源代码静态分析工具，技术源于斯坦福大学，能够快速检测并定位源代码中可能导致产品崩溃、未知行为、安全缺口或者灾难性故障的软件缺陷。Coverity 具有缺陷分析种类多、分析精度高和误报率低等特点，是业界误报率最低的源代码分析工具（小于 10%）。Coverity 也是第一个能够快速、准确分析当今大规模（百万行、千万行甚至上亿行）、高复杂度代码的工具，目前已经检测了超过 50 亿行专有代码和开源代码。全球有超过 1100 家品牌和企业，如华为、中兴、联想、百度、三星、腾讯、Apple、Honeywell、NEC、BAE Systems、Juniper Networks、BMC Software、Samsung、France Telecom、Sega 和 Schneider Electric 等，依靠 Coverity 确保其产品和服务的质量与安全。诸多行业领导者利用 Coverity 交付高质量产品，维护竞争优势。

Coverity Development Platform 目前包含以下功能。

- 代码质量缺陷与安全漏洞检测。

Coverity 的智能静态分析引擎能够帮助开发者在工作流程中找出质量缺陷和安全漏洞，提供精确、可行的修复指导，在开发过程中识别关键质量缺陷，降低风险，并减少项目成本。通过深刻理解行为和问题的危急程度，Coverity SAVE 可以进行智能测试，精确找出那些潜在的、难以发现的、能够引发崩溃的问题，包括 C/C++、Java（JSP）和 C #（ASP）等的代码库。

- 代码安全与 Web 应用安全审计。

Coverity 的安全审计引擎能够通过识别 JSP 和 ASP 网站中可能导致安全漏洞的关键缺陷，从而降低风险和项目成本。Coverity Static Analysis Verification Engine 能够智能检测出 C/C++ 应用和 Java web 应用中的缺陷，包括缓存区溢出、整数溢出、格式字符串错误、SQL 注入、系统命令行注入、资源泄露、目录遍历和跨站脚本攻击（XSS）等问题，全面覆盖 OWASP Top10。

2. WinRunner

WinRunner 最主要的功能是自动重复执行某一固定的软件测试过程，它以脚本的形式记录下手工测试的一系列操作，在环境相同的情况下重放，检查其在相同的环境中有无异常的现象或与实际结果不符的地方。可以减少由于人为因素造成结果错误，同时也可以帮助软件测试工程师节省大量的时间和精力来做其他事情。其功能模块主要包括：GUI map、检查点、TSL 脚本编程、批量软件测试和数据驱动等几个部分。

3. LoadRunner

LoadRunner 是一种预测系统行为和性能的工业标准级负载测试工具，通过模拟上千万用户实施并发负载及实时性能监测的方式确认和查找问题。通过使用 LoadRunner，企业能最大限度地缩短软件测试时间、优化性能和加速应用系统的发布周期。LoadRunner 作为一款适用于各种体系架构的自动负载测试工具，能预测系统行为并优化系统性能，其测试对象是整个企业架构，通过模拟实际用户的操作行为和实行实时性能监测，来帮助测试工程师更快地查找和发现问题。此外，还能广泛地支持各种协议和技术，为系统的特殊环境提供特殊解决方案。本书第 9.1 节将详细介绍。

4. QTP

Mercury（现在已经被 HP 收购）的自动化功能测试软件 Quick Test Professional，即 QTP，是一款基于 B/S 架构的自动化功能测试工具，可以覆盖绝大多数的软件开发技术，简单、高效，并具备测试用例可重用的特点，具有先进的自动化测试解决方案，用于创建功能和回归测试，能自动捕获、验证和重放用户的交互行为，为每一个重要软件应用和环境提供功能和回归测试自动化的行业最佳解决方案。

5. TestDirector

TestDirector 即 TD 是基于 Web 的软件测试管理工具，它能够系统地控制整个软件测试过程，并创建整个软件测试工作流的框架和基础，使整个软件测试管理过程变得更简单和有组织。它能够帮助测试工程师维护软件测试工程数据库，并且能够覆盖应用程序功能性的各个方面。TestDirector 提供了直观、有效的方式计划和执行软件测试集、收集软件测试结果，分析数据，并专门提供一个完善的缺陷跟踪系统，可以同 Mercury 公司的软件测试工具、第三方或者自主开发的软件测试工具、需求和配置管理工具、建模工具进行整合。可以通过 TestDirector 进行需求定义、软件测试计划、软件测试执行和缺陷跟踪，即整个软件测试过程的各个阶段。

6. SilkTest

SilkTest 是面向 Web 应用、Java 应用和传统 C/S 应用进行自动化的功能测试和回归测试工具，它提供了用于软件测试的创建和定制的工作流设置、软件测试计划和管理、直接的数据库访问及校验等功能，使用户能够高效率地进行软件自动化测试。

为提高软件测试效率，SilkTest 提供了多种手段，来提高软件测试的自动化程度，包括：软件测试脚本的生成、软件测试数据的组织、软件测试过程的自动化、软件测试结果的分析等方面。在软件测试脚本的生成过程中，SilkTest 通过动态录制技术录制用户的操作过程，快速生成软件测试脚本。在软件测试过程中，SilkTest 提供了独有的恢复系统（Recovery System），允许软件系统可在 24×7×365 全天候无人看管条件下运行。此外，由于某些错误导致被测应用崩溃时，错误可被发现并记录下来，然后，被测应用可以恢复到它原来的基本状态，以便进行下一个测试用例的执行。

7. Selenium 和 WebDriver

Selenium 和 Webdriver 是为正在蓬勃发展的 Web 应用和基于 HTML5 的 APP 开发的一套完整的软件测试系统，直接运行在浏览器中，就像真正的用户在操作一样。它的主要功能包括。

- 测试与浏览器的兼容性——测试应用程序是否能够很好地工作在不同浏览器和操作系统之上。
- 测试系统功能——创建软件测试，检验软件功能和用户需求，支持自动录制动作和自动生成。

Selenium 和 Webdriver 的核心 Selenium Core 基于 JsUnit，完全由 JavaScript 编写，因此可运行于任何支持 JavaScript 的浏览器上，包括 IE、Mozilla Firefox、Chrome、Safari 等。第 11.2 节将详细介绍。

8. TPT

TPT 是针对嵌入式系统的、基于模型的软件测试工具，特别针对控制系统的软件功能测试。TPT 支持所有的软件测试过程，包括软件测试建模、软件测试执行、软件测试评估以及软件测试报告的生成。

TPT 软件由于首创地使用分时段软件测试（Time Partition Testing），使得控制系统的软件测试技术得以提升。同时，由于 TPT 软件支持众多业内主流的工具平台和软件测试环境，所以能够更好地利用客户已有的投资，实现各种异构环境下的自动化测试；针对 MATLAB、Simulink、Stateflow 以及 TargetLink，TPT 提供了全方位的支持，以进行模型软件测试。

7.1.4　软件测试工具的类型

1. 软件测试管理的工具支持
- 软件测试管理工具。
- 需求管理工具。
- 事件管理工具（缺陷跟踪工具）。
- 配置管理工具。
2. 静态测试的工具支持
- 评审工具。
- 静态分析工具。
- 建模工具。
- 软件测试设计工具。

- 软件测试数据准备工具。

3. 软件测试执行和记录工具

- 软件测试执行工具。
- 软件测试用例/单元测试框架工具。
- 软件测试比较器。
- 覆盖率测量工具。
- 安全性测试工具。
- 渗透测试工具。

4. 性能和监控工具

- 动态分析工具。
- 性能测试、负载测试、压力测试工具。
- 监控工具。

7.2 关于自动化测试工具

目前，软件测试自动化的研究领域主要集中在软件测试流程的自动化管理以及动态测试的自动化（如单元测试、功能测试以及性能测试方面）。在这两个领域，与手工测试相比，软件测试自动化有以下优势：

（1）自动化测试可以提高软件测试的效率，使软件测试工程师更加专注于新的测试模块的建立和开发，从而提高软件测试覆盖率。

（2）自动化测试更便于软件测试资产的数字化管理，使得软件测试资产在整个软件测试生命周期内可以得到复用，这个特点在功能测试和回归测试中尤其重要。

（3）软件测试流程自动化管理可以使机构的测试活动更加过程化，这很符合 CMMI 过程改进的思想。

（4）投资回报率高。根据 OppenheimerFunds 的调查，在 2001 年前后的三年中，全球范围由于采用了软件测试自动化手段实现的投资回报率高达 1500%。

 注　本节论述的自动化测试主要指动态测试的自动化，不考虑软件测试流程的自动化管理。

7.2.1 自动化测试工具本身也是软件，也要重视工具本身的质量

自动化测试工具也是通过编写代码实现的，所以肯定也存在缺陷或不符合软件测试需求的地方。在工作中经常会发生如下情形：当自动化测试工具显示出某个测试用例的测试结果没有通过，然后开发工程师对相应部分的开发代码进行排查，同时测试工程师配合开发工程师也对

测试工具相应的测试代码进行排查，最后发现没通过的原因是在测试代码上，而并非在产品代码上，即测试代码本身出现了错误。为了提高测试代码的质量，通常采用以下两种方法。

（1）书写测试代码前，先对相应的测试用例进行严格的评审工作。

（2）当测试代码书写完毕，对测试代码以走读的方式进行严格的检查。

由于测试代码相对于产品代码简单，所以走读检查比较容易实施。虽然对测试用例评审与对测试代码走读都很费时间和精力，但这是控制测试代码质量的最好办法。对测试用例的评审、对测试代码的走读最好由专门的负责人员安排专门的场所（如会议室）进行，如有可能，最好请相关人员，如软件测试工程师、开发工程师、需求人员、市场销售人员参加，以便更有效地达到评审或走读的效果。

7.2.2 自动化测试工具要随用户的需求变化而变化

百度百科中提到，"自动化测试的前提条件之一是软件需求变动不频繁"。但是，现实情况是用户的需求经常变化。而"拥抱变化"是敏捷开发提倡的一个理念，所以，使用自动化工具进行软件测试时，需要注意：当用户的需求发生变更时，开发要及时调整产品代码，与此同时，测试工程师也应该及时对测试代码进行调整。

7.2.3 不是所有的功能都可以作自动化测试

在软件测试界一直以来有一句非常经典的话："自动化测试永远代替不了手工测试"。

使用自动化测试工具的同行都会感受到自动化测试工具给工作带来的便利，但是并不是所有的功能都可以通过自动化测试方式来实现，如 James Whittaker 在他的《探索式软件测试》（参见参考文献【4】）一书中提到的超模软件测试（其实就是一种用户体验性测试），由于这种类型的软件测试没有统一的标准，且具有一定的主观性，所以不适合用自动化方式来进行测试。

7.2.4 探索式软件测试也可由自动化测试来实现

"探索式软件测试"是软件测试专家 Cem Kaner 博士于 1983 年提出，由于符合快速提交的理论，且随着近年来敏捷开发的出现，探索式软件测试也被重新提出。但是，许多人可能存在一种误解，认为探索式软件测试只能通过手工测试的方法实现，而不能采用自动化测试。然而，就像 James Whittaker 在《探索式软件测试》一书中提到的"强迫症软件测试法"，由于这种方法具有典型的机械重复性，所以最好采用自动化工具来实现，这样可以节省很多精力，还可以带来很好的效果。

7.2.5 是否需要采用自动化测试，需要考虑测试的效率

自动化测试虽好，但它也具有一定的局限性。如果采用现有的自动化测试工具，那么学习、

熟悉、了解这些自动化测试工具要花费一定的时间和精力。如果自己开发自动化测试工具，开发的过程更要花费相当的时间和人力。所以，对于一些需求还不稳定，需求变化很频繁或者对特定客户订制的一些很容易用手工测试来进行的小的功能，就不需要用自动化测试方式了。

7.2.6　自动化测试可以覆盖软件测试中的每个阶段

很多刚入门的软件测试的新手往往认为自动化测试只限于系统测试和验收测试，而不适用于单元测试和集成测试，其实，这不完全正确的。开源工具 JUnit、CPPUnit 以及 ParaSoft 公司出品的 Jtest、Ctest、C++test 和 Google 公司开发的 GTest 等工具都是基于单元测试或集成测试的，它们除了可以完成单元测试和集成测试工作外，有些还具有代码书写规范检查的功能，启动运行这个模块，可以对代码参照预先定义好的规范进行检查，如果某些代码违反了规范，系统会给出可视化的提醒。

7.2.7　软件测试自动化是敏捷开发强有力的工具

众所周知，敏捷开发强调的是开发的快速性，是"短平快"的开发方式，这必然增大开发工程师、软件测试工程师以及运行维护人员的工作压力。如果能对某些功能，尤其是回归测试中涉及到的功能进行自动化测试，让这些功能在版本发布前自动运行，甚至是采用持续集成（CI）的策略：即每天晚上，从版本控制管理软件中获取已经 Check In 的老的及新加入的产品和测试代码，然后对这些产品和测试代码分别进行自动化编译，再利用新编译好的测试代码去测试产品代码，直到最后测试完毕，系统会自动将测试报告发到相应的每个开发和软件测试工程师以及其他干系人的邮箱里，以便开发工程师、软件测试工程师第二天一早到公司就可看到测试报告，并对没通过的测试用例在第一时间内进行排查。这样就部分解决了敏捷开发中时间紧、工作压力大的问题，提高了测试的效率。

7.2.8　不要盲目选用现有的自动化测试工具

目前市面上有许多自动化测试工具，如本节开始部分提到的那些产品。许多书籍对这些工具的使用方法和技巧进行了系统介绍，有的测试培训中心还将这些软件测试工具作为专门的课程进行教学，这些都是必要的。但这些工具不是万能的，在实际工作中，还要充分结合产品自身的特性，了解这些自动化测试工具是否可以达到测试自己产品的目的，而不要盲目使用。事实上，如果这些现有的自动化测试工具达不到测试自己产品的目的，那么可以建立专门的自动化测试开发小组，自己开发出符合自己产品测试需求的自动化测试工具，这虽然要消耗一些时间和人力，但由于自己开发的自动化测试工具是针对自身产品开发的，因此使用起来效率高、速度快。此外，那些现有的自动化测试工具价格都比较昂贵，所以建立自动化开发小组往往还可以节约成本。

最后来看各种类型的自动化测试工具的利与弊。

7.2.9　各种类型的自动化测试工具的比较

各种类型测试工具的比较见表 7-1。

表 7-1　　　　　　　　　　　各种类型测试工具的比较

类型	优点	缺点
开源	无需购买 可以改动代码 ……	质量较差 没有售后服务 可能不符合公司业务 ……
商用	有售后支持服务 质量可靠 ……	价格贵 可能不符合公司业务 ……
自开发	无需购买 符合自己产品 ……	开发周期长 ……

扩展阅读：自动化测试知识体系（ABOK）

（1）自动化在软件测试生命周期（STLC）中的角色

（2）测试自动化的类型和接口

（3）自动化工具

（4）测试自动化框架

（5）自动化框架设计

（6）自动化测试脚本思想

（7）质量优化

（8）编程思想

（9）自动化对象

（10）调试技巧

（11）错误处理

（12）自动化测试报告

http://www.automatedtestinginstitute.com/home/index.php?option=com_content&view=category&id=69&Itemid=95

注：本书中扩展阅读大部分来自于百度百科，请见参考文献【6】。

扩展阅读：数据驱动与关键字驱动

1. 数据驱动

数据驱动测试，即黑盒测试（Black-box Testing），又称为功能测试，是把测试对象看作一个黑盒子。利用黑盒测试法进行动态测试时，需要测试软件产品的功能，不需测试软件产品的内部结构和处理过程。数据驱动测试注重于测试软件的功能性需求，也即数据驱动测试使软件工程师派生出执行程序所有功能需求的输入条件。数据驱动测试并不是白盒测试的替代品，而是用于辅助白盒测试发现其他类型的错误。

数据驱动，必须有数据来控制测试的业务流。比如测试一个 Web 程序，有很多页面，可以通过一个数据来控制每次是在哪个页面下工作的（即通过数据来导航到相应的页面）。它是关键字驱动的低级版本，它控制的是函数级的，而关键字是控制动作级的。所以数据驱动应该是可以控制整个测试的。

2. 关键字驱动

关键字驱动测试是数据驱动测试的一种改进类型，它将测试逻辑按照关键字进行分解，形成数据文件，关键字对应封装的业务逻辑。主要关键字包括 3 类：被操作对象（Item）、操作（Operation）和值（value），依据不同对象还有其他对应参数。关键字驱动的主要思想是：脚本与数据分离、界面元素名与测试内部对象名分离、测试描述与具体实现细节分离。数据驱动的自动化测试框架在受界面影响方面，较数据驱动和录制/回放有明显的优势，可根据界面的变化更新对应的关键字对象，而不用重新录制脚本。

3. 关键字驱动与数据驱动区别

关键字驱动的自动化测试系统与数据驱动的系统相比，主要的不同有两点：

第一点是数据文件的设计方法不同，数据驱动系统中数据文件存储的是测试输入数据，脚本中仍然存在业务逻辑，这样业务的变化会引起脚本的更改，而关键字驱动系统数据文件的设计将业务和测试输入数据都集成在数据表格中，虽然设计复杂，但当业务发生变化时，无需更改测试所用的脚本，从而提高了测试的效率。

第二点是与数据驱动系统相比，由于关键字驱动系统中数据文件的设计包含了业务信息，因此，将测试所进行的操作封装为关键字支持脚本。由动作封装的关键字支持脚本不包含任何的数据和业务信息，其重用性得到了极大的增强。

7.3　本章总结

介绍内容

- 推荐了几个普通的软件测试工具以及 APP 软件测试工具。
- 简单介绍了 Coverity、WinRunner、LoadRunner、QTP、TestDirector、SilkTest、Selenium&WebDriver 以及 TPT。

- 介绍了软件测试工具的类型。
- 介绍使用自动化测试工具应该注意的事项。
- 比较各种类型的自动化测试工具的优缺点。

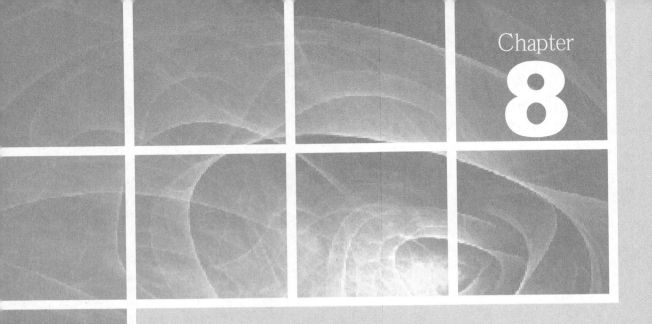

Chapter

8

第 8 章

单元测试工具

　　单元测试（Unit Testing），是指对软件中的最小可测试单元进行检查和验证。对于单元测试中单元的含义，一般来说，要根据实际情况去判定其具体含义，如 C 语言中单元指一个函数，Java 里单元指一个类，图形化的软件中可以指一个窗口或一个菜单等。总的来说，单元就是人为规定的最小的被测功能模块。单元测试是在软件开发过程中要进行的最低级别的测试活动，软件的独立单元将在与程序的其他部分相隔离的情况下进行测试。

　　在一种传统的结构化编程语言中，比如 C 语言，要进行测试的单元一般是函数或子过程。在像 C++这样的面向对象的语言中，要进行测试的基本单元是类。对 Ada 语言来说，开发人员可以选择是在独立的过程或函数，还是在 Ada 包的级别上进行单元测试。单元测试的原则同样被扩展到第四代语言（4GL）的开发中，在这里基本单元被典型地划分为一个菜单或显示界面。

　　本章介绍单元测试工具 JUnit 4。JUnit 4 是 JUnit 的第四个版本，而 JUnit 属于 Xunit 系列的单元测试工具的产品（另外，还有 CPPUnit、CUnit、C#Unit 等）。

　　本章主要内容为。

● 　单元测试工具 JUnit 4 如何在 Eclipse 中使用。

8.1　单元测试工具 JUnit 4 如何在 Eclipse 中使用

百度百科介绍：

"JUnit 是一个 Java 语言的单元测试框架，由 Kent Beck 和 Erich Gamma 建立，逐渐成为源于 Kent Beck 的 sUnit 和 xUnit 家族中最成功的一个。JUnit 有自己的 JUnit 扩展生态圈。多数 Java 的开发环境都已经集成了 JUnit 作为单元测试工具。

JUnit 是由 Erich Gamma 和 Kent Beck 编写的一个回归测试框架（Regression Testing Framework）。JUnit 测试是程序员测试，即所谓白盒测试，因为程序员知道被测试的软件如何（How）完成功能和完成什么样（What）的功能。JUnit 是一套框架，继承 TestCase 类，就可以用 JUnit 进行自动测试了。"

而 JUnit 4 是 JUnit 框架有史以来的最大改进，其主要目标是利用 Java 5 的 Annotation 特性简化测试用例的编写。

8.1.1　JUnit 4 环境的配置

> **注**
>
> 使用 JUnit 4 时不要使用第 11 章提供的 ADT 配置的 Eclipse，这个 Eclipse 在 JUnit 4 中存在一些问题。可以到 Eclipse 的官方网站（http://www.eclipse.org/）上下载 J2SE 版本。笔者目前使用的版本如图 8-1 所示。

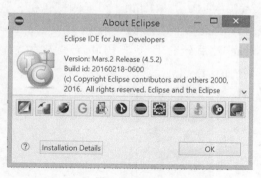

图 8-1　Eclipse

首先需要有被测程序，这里以一个简易的计算器作为例子。

案例 8-1：简易的计算器。

这个计算器中主要包括加、减、乘、除、求平方以及开根号 6 个函数，其代码如下：

```
package com.jerry;
```

```
public class Calculator {
    private static int result; // 静态变量，用于存储运行结果
    public void add(int m,int n) {
        result = m + n;
    }
    public void substract(int m,int n) {
        result = n-m;  //Bug: 正确的应该是 result =m-n
    }
    public void multiply(int m,int n) {
    }        // 此方法尚未写好
    public void divide(int m,int n) {
        result = m / n;
    }
    public void square(int n) {
        result = n * n;
    }
    public void squareRoot(int n) {
        for (; ;) ;              //Bug : 死循环
    }
    public void clear() {     // 将结果清零
        result = 0;
    }
    public int getResult() {
        return result;
    }
}
```

注　这里暂时先不写乘法函数的实现，并且故意写错减法函数的实现。

接下来建立 JUnit 4 测试程序。首先将 JUnit 4 单元测试包引入这个 Project：在被测程序的 Class 上单击鼠标右键，在弹出的菜单上选择【Properties】，然后在弹出的属性窗口中，首先在左边选择【Java Build Path】，然后到右上选择【Libraries】标签，之后在最右边选择【Add Library...】按钮，如图 8-2 所示。

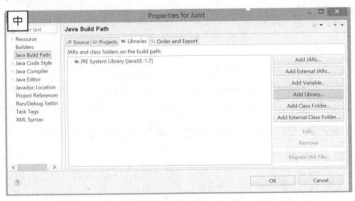

图 8-2　Java Build Patch

在 Eclipse 的 Package Explorer 中右键单击该弹出菜单，选择"New a JUnit 4 Test Case"，在弹出的对话框中进行相应的选择，如图 8-3 所示。

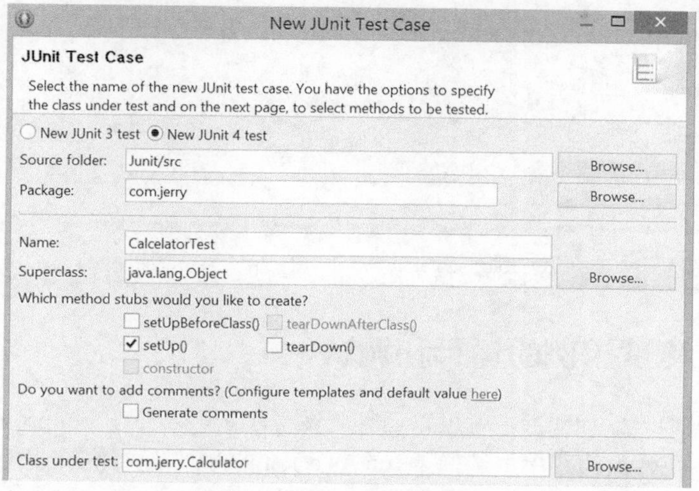

图 8-3　New JUnit Test Case

单击【下一步】按钮后，系统自动列出这个类中包含的方法，选择要进行测试的方法。此例中，仅对"加、减、乘、除"4 个方法进行测试。之后系统会自动生成一个新类 CalculatorTest，里面包含一些空的测试用例。只需对这些测试用例稍作修改，即可使用。

```
package com.jerry;

import static org.junit.Assert.*;
import org.junit.Before;
import org.junit.Test;
import org.junit.Ignore;

public class CalculatorTest {
private static Calculator calculator = new Calculator();
@Before
public void setUp() throws Exception {
        calculator.clear();
}
@Test
public void testAdd() {
        calculator.add(2,3);
        assertEquals(5,calculator.getResult());
}
@Test
public void testSubstract() {
        calculator.substract(10,2);
        assertEquals(8, calculator.getResult());
}
```

```
@Test
public void testMultiply() {
    fail("Not yet implemented");
}
@Test
public void testDivide() {
        calculator.divide(8,2);
        assertEquals(4,calculator.getResult());
}
}
```

 注 这里暂时先不写乘法函数的测试代码。

8.1.2 JUnt4 测试用例的运行和调试

写好产品代码和测试代码后，就可以运行测试程序了。只要在 Eclipse 的 CalculatorTest 类上单击鼠标右键，在弹出的菜单上选择"Run As a JUnit Test"运行测试用例，测试结果就显示出来了，如图 8-4 所示。

显然，减法没通过是由于代码中存在问题，而乘法没通过是由于乘法没有实现。首先来修改减法的函数实现：

```
public void substract(int m,int n) {
        result =n-m;  //Bug: 正确的应该是 result =m-n
}
```

再进行一次运行，结果如图 8-5 所示。

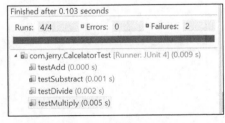

图 8-4　JUnit 单元测试结果（一）　　　　图 8-5　JUnit 单元测试结果（二）

最后完成乘法的产品代码与测试代码。产品代码如下：

```
public void multiply int m,int n) {
    result=m*n
    }
```

测试代码如下：

```
public void testMultiply() {
        calculator.multiply (8,2);
        assertEquals(16,calculator.getResult());
    }
```

图 8-6 为最后的测试结果。最终产品代码如下：

```
package andycpp;

public class Calculator {
    private static int result; // 静态变量，用于存储运行结果
    public void add(int m,int n) {
        result = m + n;
    }
    public void substract(int m,int n) {
        result = m-n;
    }
    public void multiply int m,int n) {
        result = m*n;
    }
    public void divide(int m,int n) {
        result = m / n;
    }
    public void square(int n) {
        result = n * n;
    }
    public void squareRoot(int n) {
        for (; ;) ;              //Bug：死循环，为了后面介绍
    }
    public void clear() {      // 将结果清零
        result = 0;
    }
    public int getResult() {
        return result;
    }
}
```

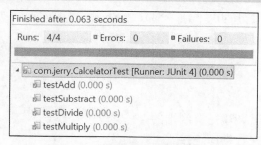

图 8-6　JUnit 单元测试结果（三）

而最终的测试代码如下：

```
package com.jerry;

import static org.junit.Assert.*;
import org.junit.Before;
import org.junit.Test;
import org.junit.Ignore;
```

```
public class CalculatorTest {
private static Calculator calculator = new Calculator();
@Before
public void setUp() throws Exception {
calculator.clear();
}
@Test
public void testAdd() {
      calculator.add(2,3);
      assertEquals(5, calculator.getResult());
}
@Test
public void testSubstract() {
      calculator.substract(10,2);
      assertEquals(8,calculator.getResult());
}
@Test
public void testMultiply() {
      calculator.multiply (8,2);
      assertEquals(16,calculator.getResult());
}@Test
public void testDivide() {
      calculator.divide(8,2);
      assertEquals(4, calculator.getResult());
}
}
```

8.1.3 对代码的详细介绍

一个单元测试代码主要分为以下几个部分：

（1）设置环境；

（2）运行测试；

（3）结果判断；

（4）清理环境。

这里，设置环境和清理环境是有区别的。

设置环境：比如，建立数据库连接。

清理环境：比如，断开数据库连接。

1. 包含必要的 Package

```
import static org.junit.Assert.*;
```

assertEquals 是 Assert 类中的一系列的静态方法，一般的使用方式是 Assert. assertEquals()，但是使用了静态包后，前面的类名就可以省略了，使用起来更加方便。比如：

```
assertEquals(8,calculator.getResult());
```

显而易见，assertEquals 函数的主要功能是实现"结果判断"。

2. 测试类的声明

测试类是一个独立的类，没有任何父类。测试类的名字也可以任意命名，没有任何局限性。所以，不能通过类的声明来判断它是不是一个测试类。测试类与普通类的区别在于它内部方法的声明。

3. 创建一个待测试的对象

要测试哪个类，要创建一个该类的对象。比如第 8.1.1 节和第 8.1.2 节中，为了测试 Calculator 类，必须创建一个 Calculator 对象。

```
private static Calculator calculator = new Calculator();
```

4. 测试方法的声明

在测试类中，并不是每个方法都用于测试，必须使用"标注"来明确表明哪些是测试方法。"标注"也是 JDK5 的一个新特性，用在此处非常恰当。可以看到，某些方法的前面有@Before、@Test、@Ignore、@After 等字样，这些就是标注，以一个"@"作为开头。第 8.1.3 节开始的描述的@Before、@Test、@After 对应于。

（1）标记@Before：设置环境。

（2）标记@Test：运行测试。

（3）标记@After：清理环境。

这个方法的前面使用@Test 标注，表明这是一个测试方法。对方法的声明，也有如下要求：名字可以随便取，没有任何限制，但是返回的值必须为 void，而且不能有任何参数。如果违反这些规定，会在运行时抛出一个异常。

```
@Test
public void testSubstract() {
        calculator.substract(10,2);
        assertEquals(8,calculator.getResult());
}
```

在测试方法中调用 substract 函数，将 10 减去 2，期待的结果应该是 8。如果最终的实际结果也是 8，则说明 substract 函数是正确的，反之说明它是错的。

assertEquals(8,calculator.getResult())：用来判断期待结果和实际结果是否相等，第一个参数填写期待结果，第二个参数填写实际结果，也就是通过计算得到的结果。这样写好后，JUnit 会自动进行测试，并把测试结果反馈给用户。

8.1.4 对 JUnit 4 的高级操作

1. @BeforeClass 和 @AfterClass

有一个类是负责对大文件（超过 500MB）进行读写，它的每一个方法都是对文件进行操作。换句话说，调用每个方法前，都要打开一个大文件，并读入文件内容，这绝对是一个非常耗时的操作。如果使用@Before 和@After，那么每次测试都要读取一次文件，效率极其低下。

@BeforeClass 和@AfterClass 两个标识来帮助实现这个功能。从名字上就可以看出，用这两个 Fixture 标注的函数，只在测试用例初始化时执行 @BeforeClass 方法，当所有测试执行完毕后，执行@AfterClass 方法进行收尾工作。这里要注意，每个测试类只能有一个方法被标注为@BeforeClass 或@AfterClass，并且该方法必须是 public 和 static。

2. 防止超时

比如，程序里存在死循环，如何处理？如在"简单计算器"产品代码中，有语句：

```
public void squareRoot(int n)  {
   for(; ;) ;                // Bug：死循环
}
```

要实现这一功能，给@Test 标注加一个参数即可：

```
@Test(timeout=1000) //1000ms
public void testSquareRoot()  {
    calculator.squareRoot(4);
    assertEquals(2,calculator.getResult());
}
```

也就是说，测试用例等待时间 1000ms（即 1s），如果 1s 内没有反应，就认为测试失败。

3. Runner（运行器）

当测试代码提交给 JUnit 4 框架后，JUnit 4 框架通过 Runner 如何来运行测试代码。如果不设置，就认为是默认的，但是也可以设置：

```
import  org.junit.internal.runners.TestClassRunner;
import  org.junit.runner.RunWith;
// 使用了系统默认的 TestClassRunner，与下面代码完全一样
public class CalculatorTest  {
  ...
  }
@RunWith(BlockJUnit4ClassRunner.class )
 public class CalculatorTest  {
  ...
  }
```

JUnit 4 的 Runner 主要有 BlockJUnit4ClassRunner、ParentRunner、Statement、TestRule、Description、RunNotifier、Enclosed 和 InvokeMethod。其中 BlockJUnit4ClassRunner.class 是默认的 Runner。

- Enclosed：是实现内部类中测试类的运行器。
- ParentRunner：是 JUnit 4 测试执行器的基类，它提供了一个测试器所需的大部分功能。继承它的类需要实现：

```
protected abstract List<T> getChildren();
protected abstract Description describeChild(T child);
protected abstract void runChild(T child,RunNotifier notifier);
```

- Parameterized：则可以设置参数化测试用例。
- JUnit38ClassRunner：是为了向后兼容 JUnit 3 而定义的运行器。
- Statement：在运行时，执行 test case 前可以插入一些用户动作，它就是描述这些动作的一个类。继承这个类要实现：

```
/**
```

```
* Run the action, throwing a {@code Throwable} if anything goes wrong.

*/

public abstract void evaluate() throws Throwable;
```

这个方法会先后在 ParentRunner.run()和 ParentRunner.runLeaf()这两个方法里面调用。另外，我们可以自定义一个 Statement，并且实现 evaluate()方法。

- TestRule：TestRule 可以描述一个或多个测试方法如何运行和报告信息的接口。在 TestRule 中可以额外加入一些 check，我们可以让一个 test case 失败/成功，也可以加入一些 setup 和 cleanup 要做的事，也可以加入一些 log 之类的报告信息。总之，跑 test case 之前的任何事，都可以在里面做。需要实现 apply()方法。

```
/**

* Modifies the method-running {@link Statement} to implement this

* test-running rule.

* @param base The {@link Statement} to be modified

* @param description A {@link Description} of the test implemented in {@code base}

* @return a new statement, which may be the same as {@code base},

* a wrapper around {@code base}, or a completely new Statement.

*/

Statement apply(Statement base,Description description);
```

- Description：存储着当前单个或多个 test case 的描述信息。这些信息跟逻辑无关，比如原数据信息等。实例化 Description 用 Description.createTestDescription()方法。
- RunNotifier：运行时通知器。执行 Runner.run(RunNotifier runNotifier)方法时，需要传一个 RunNotifier 进去，这个 RunNotifier 是事件的管理器，它能帮助我们监控测试执行的情况。
- InvokeMethod：最终执行 test case 里面的测试方法通过这个类来做，这个类会间接调用 Method.invoke()方法通知编译器执行@test 方法。
- ……

4. 参数化测试

案例 8-2：计算一个数的平方。

测试"计算一个数的平方"这个函数，暂且分 3 类：正数、0、负数。测试代码如下：

```
import org.junit.AfterClass;
import org.junit.Before;
import org.junit.BeforeClass;
```

```
import org.junit.Test;
import static org.junit.Assert.*;
public class AdvancedTest {
private static Calculator calculator=new Calculator();
@Before
public void clearCalculator() {
    calculator.clear();
}

@Test
    public void square1() {
        calculator.square(2);
        assertEquals(4,calculator.getResult());
    }

  @Test
   Public void square2() {
        calculator.square(0);
        assertEquals(0,calculator.getResult());
    }
  @Test
    Public void square3() {
        calculator.square(-3);
        assertEquals(9,calculator.getResult());
    }
 }
```

如果用参数化实现代码，就简化成如下形式：

```
import static org.junit.Assert.assertEquals;
import org.junit.Test;
import org.junit.runner.RunWith;
import org.junit.runners.Parameterized;
import org.junit.runners.Parameterized.Parameters;
import java.util.Arrays;
import java.util.Collection;

@RunWith(Parameterized.class)
public class SquareTest{
private static Calculator calculator = new Calculator();
private int param;
private int result;
@Parameters
    public static Collection<Object[]> data {
        return Arrays.asList( new Object[][] {
                {2,4},
                {0,0},
                {-3,9},
        } );
    }

// 构造函数，对变量进行初始化
```

```
    public  void SquareTest(int param,int result)  {
        this.param=param;
        this.result=result;
    }
    @Test
Public  void  square(){
        calculator.square(param);
        assertEquals(resul,calculator.getResult());
    }
  }
```

5. 打包测试

对于打包测试，就是把所有的测试类打成一个包一起运行，其代码如下：

```
import  org.junit.runner.RunWith;
import  org.junit.runners.Suite;
@RunWith(Suite.class)
@Suite.SuiteClasses({
        CalculatorTest.class,
        SquareTest.class
        } )
public  class  AllCalculatorTests{
}
```

8.1.5 介绍一下断言

我们可以看出，断言在 JUnit 测试中的重要性，JUnit 最后是通过断言来决定测试用例通过与否。下面我们来看看常见的断言。

1. assertEquals([String message],expected,actual)

message：可选，假如提供，将会在发生错误时报告这个消息。

expected：是期望值，通常都是用户指定的内容。

actual：是被测试的代码返回的实际值。

例：assertEquals("equals","1","1");

2. assertEquals([String message],expected,actual,tolerance)

message：是个可选的消息，假如提供，将会在发生错误时报告这个消息。

expected：是期望值，通常都是用户指定的内容。

actua：是被测试的代码返回的实际值。

toleranc：是误差参数，参加比较的两个浮点数在这个误差之内则会被认为是相等的。

例：assertEquals ("yes",6.6,13.0/2.0,0.5);

3. assertTrue ([String message],Boolean condition)

message：是个可选的消息，假如提供，将会在发生错误时报告这个消息。

condition：是待验证的布尔型值。

该断言用来验证给定的布尔型值是否为真，假如结果为假，则验证失败。

例：assertTrue("true",0==0);

4. assertFalse([String message],Boolean condition)

message：是个可选的消息，假如提供，将会在发生错误时报告这个消息。

condition：是待验证的布尔型值。

该断言用来验证给定的布尔型值是否为假，假如结果为真，则验证失败。

例：assertFalse("false",4==5);

5. assertNull([String message],Object object)

message：是个可选的消息，假如提供，将会在发生错误时报告这个消息。

object：是待验证的对象。

该断言用来验证给定的对象是否为 null，假如不为 null，则验证失败。

例：assertNull("null",null);

6. assertNotNull([String message],Object object)

message：是个可选的消息，假如提供，将会在发生错误时报告这个消息。

object：是待验证的对象。

该断言用来验证给定的对象是否为 null，假如不为 null，则验证失败。

例：assertNotNull("not null",new String());

7. assertSame ([String message], expected,actual)

message：是个可选的消息，假如提供，将会在发生错误时报告这个消息。

expected：是期望值。

actual：是被测试的代码返回的实际值。

该断言用来验证 expected 参数和 actual 参数所引用的是否是同一个对象，假如不是，则验证失败。

例：assertSame("same",6,3+3);

8. assertNotSame ([String message], expected,actual)

message：是个可选的消息，假如提供，将会在发生错误时报告这个消息。

expected：是期望值。

actual：是被测试的代码返回的实际值。

该断言用来验证 expected 参数和 actual 参数所引用的是否是不同对象，假如所引用的对象相同，则验证失败。

例：assertNotSame("not same",5,4+2);

9. fail

fail([String message])

message 是个可选的消息，假如提供，将会在发生错误时报告这个消息。

该断言会使测试立即失败，通常用在测试不能达到的分支上（如异常）。

8.1.6 案例分析

案例 8-3：路径覆盖测试。

最后以本书第一篇 2.6.6 节中："路径覆盖测试"提到的产品代码的例子为例，结束本章的介绍。

代码流程如图 8-7 所示。

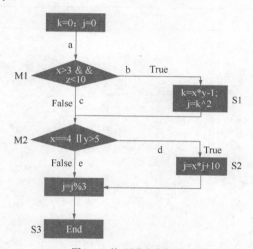

图 8-7 单元测试流程图

函数返回参数 j+k，产品代码如下：

```
package com.jerry;

public class TestDemo {
    int k=0;
    int j=0;

    public void clear() {      // 将结果清零
        k=0;
        j=0;
    }
    public int myTest(int x,int y,int z){
        if ((x>3)&&(z<10)){
            k=x*y-1;
            j=k*k;
        }
        if((x==4)||(y>5)){
            j=x*j+10;
        }
        j = j%3;
```

```
        return j+k;
    }
}
```

根据测试用例：

测试用例	k+j	路径
x=4、y=6、z=9	25	L4
x=4、y=5、z=10	1	L1
x=5、y=4、z=9	20	L2
x=4、y=5、z=10	1	L3

用参数化的形式实现，代码如下：

```
package com.jerry;

import static org.junit.Assert.assertEquals;
import org.junit.Test;
import org.junit.runner.RunWith;
import org.junit.runners.Parameterized;
import org.junit.runners.Parameterized.Parameters;
import java.util.Arrays;
import java.util.Collection;
import org.junit.Before;

@RunWith(Parameterized.class)
public class TestDemoTest {
    private static TestDemo TestDemo = new TestDemo (); //声明被测对象类

    private int  param1;    //定义成员变量
    private int  param2;    //定义成员变量
    private int  param3;    //定义成员变量
    private int  result;    //定义成员变量

    @Parameters     //设置参数
    public static Collection<Object[]> data(){
        return Arrays.asList(new Object[][] {
            {4,6,9,25},
            {4,5,10,1},
            {5,4,9,20},
            {4,5,10,1},
        } );
    }
    // 构造函数，对变量进行初始化
    public TestDemoTest(int param1,int param2,int param3,int result) {
        this.param1=param1;
        this.param2=param2;
        this.param3=param3;
```

```
     this.result =result;
}

@Before   //初始化
public void setUp() throws Exception {
  TestDemo.clear();
}

@Test    //运行测试
public void TestMyTest()  {
  int result1=TestDemo.myTest(param1,param2,param3);  //调用函数，执行测试
  assertEquals(result,result1);  //判断
    }
  }
```

8.2 本章总结

8.2.1 介绍内容

- JUnit 4 环境的配置。
- JUnit 4 测试用例的运行和调试。
- 对代码的详细介绍。
- 对 JUnit 4 的高级操作。
- 基于路径覆盖的案例分析。

8.2.2 案例

案例	所在章节
案例 8-1：简易的计算器	8.1.1 JUnit 4 环境的配置
案例 8-2：计算一个数的平方	8.1.4-4 参数化测试
案例 8-3：路径覆盖测试	8.1.6 案例分析

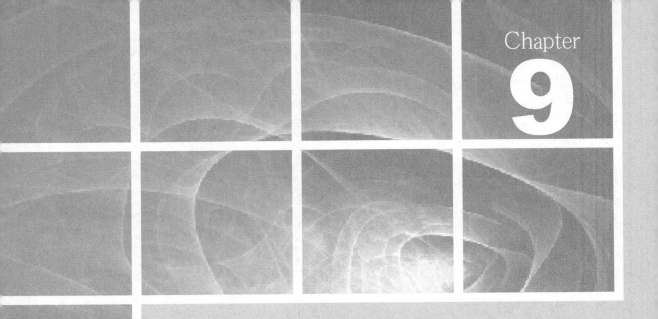

第 9 章

性能测试工具

在本书第 5.1 节 "性能测试" 中介绍了性能测试，在这章我们来介绍性能测试工具 LoadRunner。大家知道 LoadRunner 和 QTP 都是原 Mercury（现在已经被 HP 收购）公司开发的商用测试工具。LoadRunner 偏于性能测试，而 QTP 偏于功能测试。本章仅介绍 LoadRunner 工具。QTP 介绍请参看参考文献【16】。

本章的主要内容为。

● 商用性能测试工具：LoadRunner。

9.1 LoadRunner 工具介绍

　　LoadRunner 是一种预测系统行为和性能的负载测试工具。通过以模拟上千万用户实施并发负载及实时性能监测的方式，来确认和查找问题。LoadRunner 能够对整个企业架构进行软件测试。企业使用 LoadRunner 能最大限度地缩短软件测试时间及优化性能和加速应用系统的发布周期。LoadRunner 适用于各种体系架构的自动负载测试，能预测系统行为，并评估系统性能。

9.1.1 LoadRunner 简介

- LoadRunner 是业界标准的压力测试工具，占全球 77%的市场份额。
- 支持最广泛的应用标准，如 Web、RTE、Tuxedo、SAP、Oracle、Sybase、Email、Winsock 等，拥有近 50 种虚拟用户类型。
- 自动分析压力测试结果，自动产生 Word 等多格式文档的报告，保证了结果的真实性。
- 界面友好，易于使用，通过图形化的操作方式，使用户在最短的时间内掌握 LoadRunner。
- 无代理方式性能监控器，无需改动生产服务器，即可监控网络、操作系统、数据库和应用服务器等性能指标。
- 全面支持中文版本。

9.1.2 LoadRunner 性能测试工具架构

脚本生成器 VuGen。

压力调度和监控系统 Controller。

结果分析工具 Analysis。

图 9-1 为 LoadRunner 性能测试工具架构。它通过脚本生成器 VuGen 录制脚本，然后设置并运行场景，运行场景时通过压力调度和监控系统 Controller 检测 Web 服务器、应用服务器以及数据库服务器的性能；最后由结果分析工具 Analysis 得出测试结果。

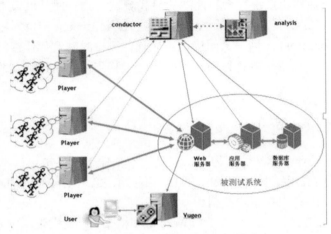

图 9-1　LoadRunner 性能测试工具架构

9.1.3　LoadRunner 基本功能使用技巧

1. 录制脚本

录制脚本在脚本生成器 VuGen 中，如图 9-2 所示。

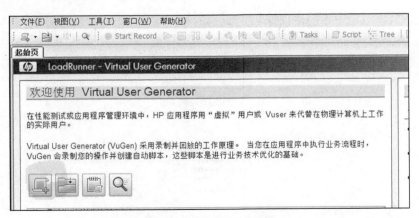

图 9-2　创建性能测试脚本

单击"新建/编辑脚本"后会让选择协议。协议一般分单个协议和多个协议。一般选择单个协议的情况比较多。另外，当不确定选择何种协议进行测试时，应尽量选择比较高层的协议。

这里以测试网站为例，选择的协议为 HTTP，如图 9-3 所示。

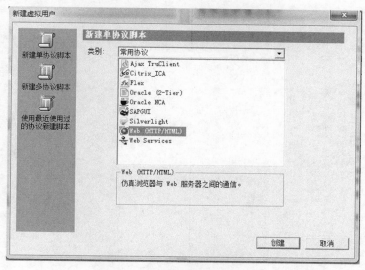

图 9-3　选择协议

接下来就可以开始录制脚本了，如图 9-4 所示。

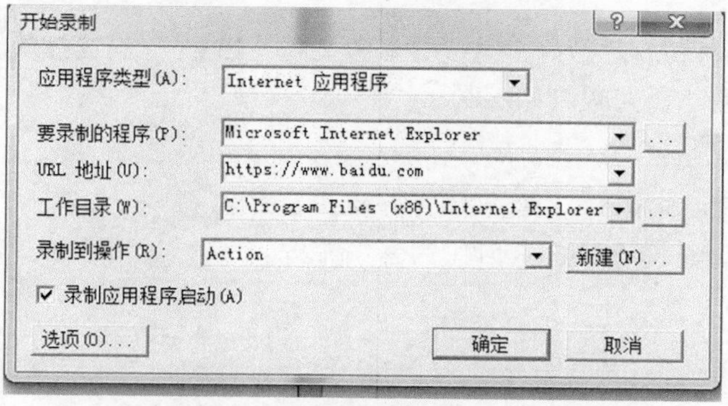

图 9-4　开始录制

在这里，各个参数分别解释为。

应用程序类型：应用类型（分为 Internet 应用程序和 Win32 应用）。

要录制的程序：录制使用的浏览器，如 IE、FireFox 等。

URL 地址：输入被测试软件系统的 URL（一定要写上 http:// 或 https://）。

工作目录：工作路径，这里可任意选择。

录制到操作：默认使用 Action，也可以选择 vuser_init 或 vuser_end。

录制应用程序启动：不勾选，由用户指定的时刻进行录制，默认为勾选。

录制前，点【选项...】，或者通过菜单选择："工具->录制选项->常规->录制"，如图 9-5 所示。

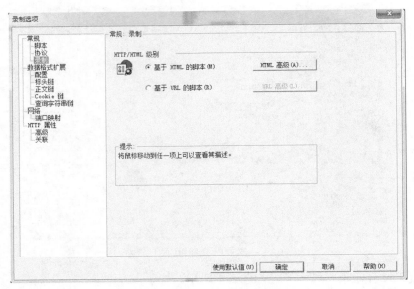

图 9-5 选择录制选项

这种情况选择何种协议比较好，请参看参考文献【15】，这里选择基于 HTML 的脚本。最后单击【确定】，就可以开始录制了。

 注

如果录制的网页是中文网页，需要做如下设置：

通过菜单："工具->录制选项->HTTP 属性->高级"中 UTF-8 必须选上，如图 9-6 所示。

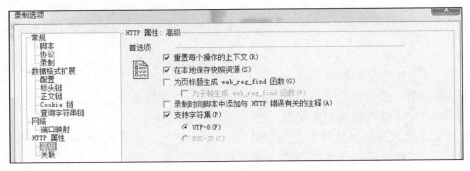

图 9-6 选择支持中文字符

图 9-7 是录制过程中显示的菜单。从左到右依次为：

录制显示状态、开始（录制状态时为灰色）、停止、暂停和设置（录制状态时为灰色）。右边有 4 个关键的按钮，依次为事务开始、事务结束、集合点和注释。注释就是在录制脚本中书写注释脚本。事务以及集合点将在后续章节中进行介绍。录制过程中如图 9-4 选择的浏览器弹出 URL 地址页面进行操作，系统自动记录操作过程，直到单击【停止】按钮为止。图 9-8 为录制完毕后的界面。

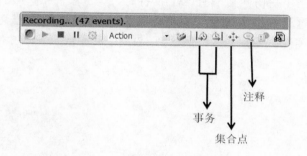

图 9-7　录制过程中显示的菜单

图 9-8　录制完毕后的界面

图 9-8 中，可以通过录制日志窗口查看录制过程中的详细记录；右上是录制产生的录制代码，可以在里面进行修改。

由图 9-8 可见，程序分为 vuser_init、Action、vuser_end 三大块。其中 Action 为关心的主体部分，vuser_init 为初始化部分，如用户登录。vuser_end 为结束处理部分，如用户执行操作完毕登出。

由图 9-9 可知，LoadRunner 的录制过程其实就是在客户端和服务器端搭建起来的一个虚拟监听器。

介绍 VuGen 的工作原理前，先了解一下浏览器的工作原理，这对后面学习录制与开发脚本将会有很大帮助。

实际上，可以把浏览器看成一个通用 C/S 程序的客户端，其工作原理和 C/S 架构的程序基本一致。简单来说，当用户访问某个 HTML 文件时，浏览器首先把该 HTML 文件拿到，然后进行语法分析。如果这个 HTML 文件包含图片、视频等信息，浏览器会再次访问后台 Web 服务器，依次获取这些图像、视频文件，然后把 HTML 和图像、视频文件组装起来，显示在屏幕上，如图 9-10 所示。

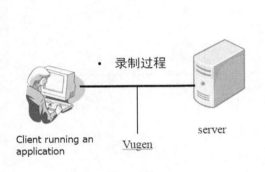

图 9-9 录制原理

图 9-10 浏览器的工作原理

2. 运行录制脚本

运行脚本可以单击菜单上的运行键，也可以使用以下快捷键。

运行（Run）：F5。

单步执行（Run Step By Step）：F10。

停止（Stop）：Ctrl＋F5。

设置/取消断点（Breakpoint）：F9。

3. 运行时间设置

（1）运行逻辑

图 9-11 描述了可以建立多个 Action，并且可以把多个 Action 合并成一个块 Block，这个块（Block）可以随机或者顺序地运行多次。

（2）日志信息的选择

通过对日志的设置，可以选择需要什么类型的日志信息，如图 9-12 所示。

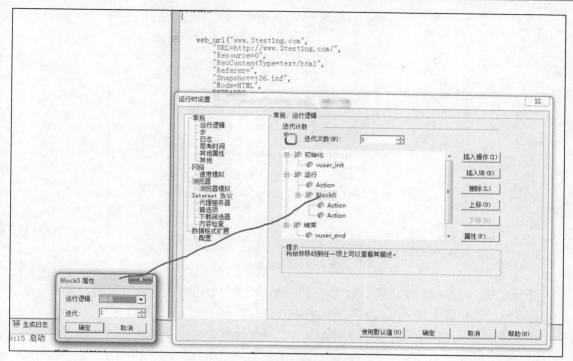

图 9-11 运行逻辑

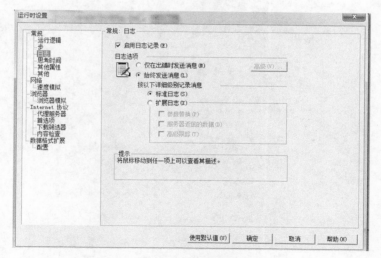

图 9-12 日志信息选择

（3）特殊信息的选择

通过图 9-13，可以对一些特殊信息进行选择。

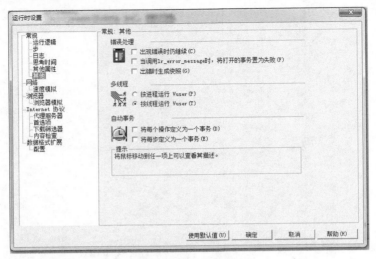

图 9-13　特殊信息选择

错误处理：程序中如果出现类似 404 错误时，程序的处理方式。

多线程：选择多个任务以线程或进程的方式运行。

自动事务：每一步作为一个事务，还是一个 Action 作为一个事务。

（4）参考信息

通过图 9-14，可以选择一些参考信息。

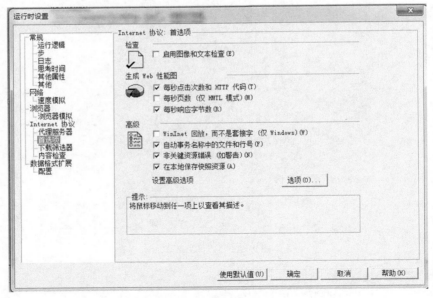

图 9-14　参考信息

检查：是否要在文本中加入文字或者图片检查。

非关键资源错误（如警告）：这项如果被勾选，说明可以避免软件测试中出现一些图片或者 js 文件找不到而导致的失败。

（5）速度模拟

通过图 9-15，可以模拟用户端使用的网速。

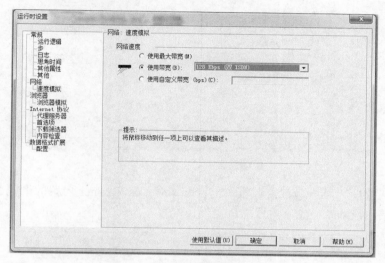

图 9-15　速度模拟

（6）思考时间

此处，关于思考时间将在第 9.1.3 节进行介绍，如图 9-16 所示。

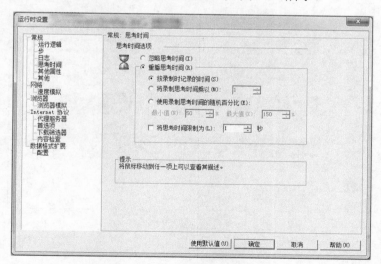

图 9-16　设置思考时间

（7）运行时是否显示浏览器

运行菜单：工具->常规选项->显示，如图 9-17 所示。

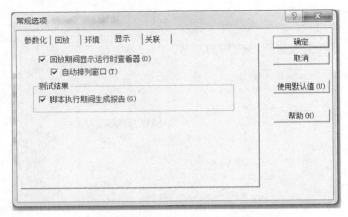

图 9-17 运行时是否显示浏览器

如果选择回放期间显示运行查看器，运行脚本时 LoadRunner 内置的浏览器就会被显示出来。图 9-18 所示为 LoadRunner 内置的浏览器。

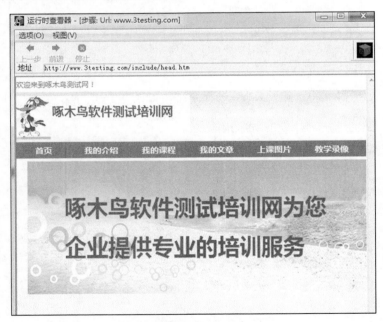

图 9-18 LoadRunner 内置的浏览器

4. 参数化

参数化的目的是模拟真实的用户操作来创建的结果。比如，要测试性能测试中一个查询功能，不可能每次都输入一样的值，LoadRunner 提供了参数化功能，其原理如图 9-19 所示。

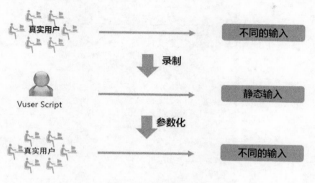

图 9-19　参数化目的

参数化的步骤如下。

（1）确定需要参数化的数据。

（2）选择数据，鼠标右键选择"用参数替换"。

（3）在参数列表中设置参数值和参数更新方式，如图 9-20 所示。

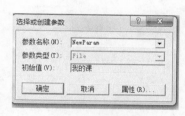

图 9-20　选择参数

参数可以从数据库和文件中获得，这里选择从文件中获得，单击【属性…】按钮，如图 9-21 所示。

然后就可以输入参数了。对于参数，几个选项描述如下。

● 选择下一行。

➢ Sequential：连续。

➢ Random：随机。

➢ Unique：唯一。

● 更新值的时间。

➢ Each iteration：每次迭代时更新一个值。

➢ Each occurrence：如果一个迭代中参数出现多次，则取一个值。

➢ Once：第一次取一个值，以后迭代都不变。

案例 9-1：脚本参数化。

```
web_link("公司介绍",
"Text=公司介绍"
```

对公司介绍进行参数化，变为：

```
web_link("{NewParam}",
"Text={NewParam}"
```

可以通过选择菜单"虚拟用户->参数列表"显示已设置的参数，如图 9-22 所示。

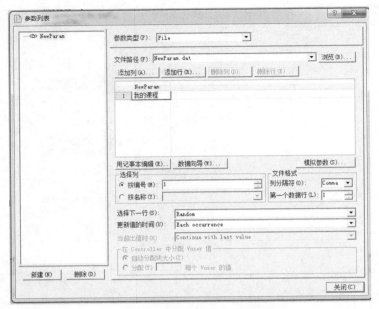

图 9-21　输入参数

	NewParam
1	我的课程
2	我的介绍
3	我的文章
4	上课图片
5	教学录像

图 9-22　显示已设置的参数

还可以选择【用记事本编辑…】来进行快速的编辑，如图 9-23 所示。
其中，文件第一行是变量的名称。

5．事务

在介绍事务之前，希望大家能够回顾一下本书中"响应时间"的内容。

就像图 9-7 所示，事务可以在录制过程中添加，同时也允许录制结束后在脚本代码中手工输入，比如：

- 插入->开始事务；
- 插入->结束事务。

插入事务开始与结束点如图 9-24 所示。

图 9-23　用记事本进行快速编辑

图 9-24　插入事务开始与结束点

　　所谓一个事务，就是一个特别需要关注的过程，如需要测试一个电子商务网站查询某个商品的性能，那么输入数据后插入一个事务开始点，然后等查询结果全部显示出来后插入事务的结束点。最后的分析报表中会告诉这个事务的各种详细的性能参数，参见图 9-25。

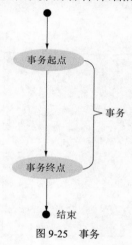

图 9-25　事务

插入事务代码如下：

```
lr_start_transaction("提交数据");
...
lr_end_transaction("提交数据", LR_AUTO);
```

其中，"提交数据"为这个事务的标识名。事务的时间组成如图 9-26 所示，具体包括如下。

● 函数自身。
● Think Time：用于模拟用户操作步骤之间延迟时间的一种技术手段。
● Wasted Time：Web 函数进行处理时需要消耗的时间，第三方代码浪费的时间通过 lr_wasted_time()函数手工计算。
● 响应时间。

6. 检查网页中是否存在以下文字

代码如下：

```
web_reg_find ("Text=首页",
"SaveCount=My_Count",
"Search=Body"
```

```
LAST）；
```

其中 Text=首页：要查询的字符。SaveCount=My_Count：定义查找计数变量名。Search=Body：定义查找范围。

其中"首页"为要查询的字符。由于这里是性能测试，有点相当于功能测试中的断言，所以用得比较少。

7. 集合点和思考时间

用途：所谓集合点，就是设定一定数量的用户达到这个点，产生并发操作。比如第 9.1.3-5 节测试查询的性能，要求有 500 个用户并发。它是模拟多用户并发操作的一种技术手段，操作可以是相同任务，也可以是不同任务，如图 9-27 所示。

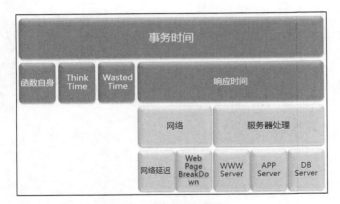

图 9-26　事务的时间组成

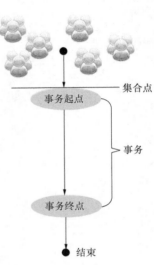

图 9-27　集合点的原理

例如：

● 500 用户并发执行注册操作；

● 500 用户中 70%用户执行注册操作，30％用户执行登录操作。

图 9-26 描述了集合点的原理。在 LoadRunner 中插入开始事务前设置集合点，然后在场景中设置集合点策略。

设置步骤如下：

（1）确定并发操作步骤；

（2）在并发操作事务之前，插入集合点；

（3）插入->集合点。

这里特别要指出：

注

集合点必须在事务点前添加。

集合点可以在录制过程中或者录制结束后插入。图 9-28 描述的是在录制过程中插入。

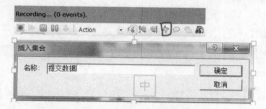

图 9-28　在录制过程中插入集合点

插入集合点的代码如下。

```
lr_rendezvous("提交数据");
```

设置了集合点（见图 9-29），在压力调度和监控系统 Controller 中运行菜单："场景->集合"来设置集合点策略。

图 9-29　在压力调度和监控系统 Controller 设置集合点策略

注

如果菜单场景下的集合点显示为灰色，则不可操作，在 Controller 的场景组中，有个按钮 Details，进去之后会有刷新按钮，有刷新脚本和运行设置两项，如图 9-30 所示。刷新以后再进入。如果还不行，可以先运行场景，然后马上停止，再进入。

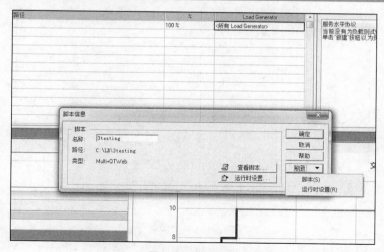

图 9-30　刷新脚本

集合点设置策略如图9-29所示，其中各个选项分别是：

● 表示所有的用户的X%达到该集合点就释放集合点，开始运行；
● 表示正在运行的用户的X%达到该集合点就释放集合点，开始运行；
● 表示指定数量的用户达到集合点，等待X秒后就主动释放进行运行。

8. 关联

如图9-31所示，当需要登录的时候，浏览器（相当于客户端）向服务器发送一个用户名及密码，然后当服务器登录成功后，会向客户端发送Session ID，接下来客户端向服务器发送请求的时候一直会携带着这个Session ID，服务器在保证收到的Session ID是原先收到的Session ID的前提下才会把返回信息返回给申请的客户端。由于每次产生的Session ID是不一样的，这就是为什么要使用关联技术的原因。

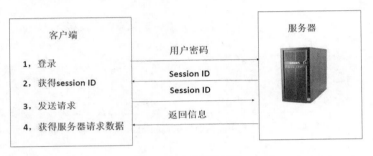

图9-31 一个登录请求

关联的建立有在录制中关联和录制后关联两种。录制中关联往往是内置关联。点击菜单"工具->录制选项->关联"，会看见如图9-32所示的窗口，显示所有的内置关联，也可以在里面添加一些关联信息。

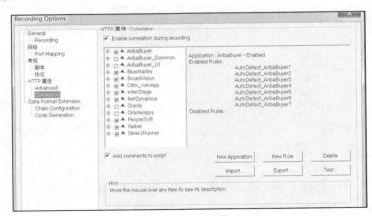

图9-32 内置关联

点【New Rule】可以新建立规则，里面的按钮信息如图9-33所示。

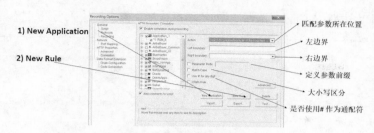

图 9-33　新建内置关联

在本书中关于这部分我们不做过多的介绍。

录制后建立关联是我们经常使用的办法，在场景录制完毕点菜单"虚拟用户->扫描代码中的关联"，如图 9-34 所示。

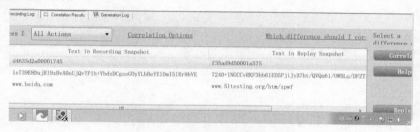

图 9-34　运行后关联

系统会显示出需要关联的地方，点击【关联】，在代码中自动加入关联信息。

9. 场景

场景的设置是用于模拟大量用户操作的一种技术手段，通过执行场景向服务器产生负载，验证系统各项性能指标是否达到用户要求的标准。

（1）启动

以管理员的身份运行 Windows 的开始菜单->HP LoadRunner->application->Controller，进去后选择录制的脚本。也可以单击鼠标右键，获取脚本所在的位置，如图 9-35 所示。

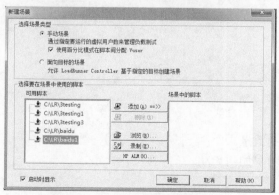

图 9-35　选择脚本设置场景

也可以在脚本生成器 VuGen 中选择 Tools，然后选择"确定"进入场景设置，如图 9-36 所示。

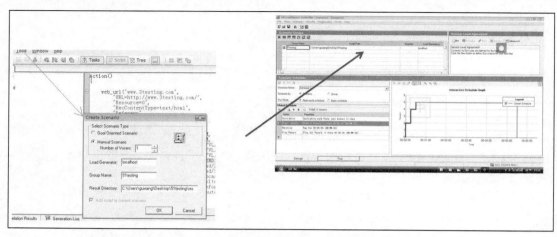

图 9-36　由脚本生成器 VuGen 进入场景设置

（2）初始化设置

初始化设置如图 9-37 所示。

其中，初始化可以：

● 同时初始化所有 Vuser；

● 每 HH:MM:SS 初始化 X 个 Vuser；

● 为每个 Vuser 运行之前初始化。

（3）启动 Vuser

启动 Vuser 如图 9-38 所示。

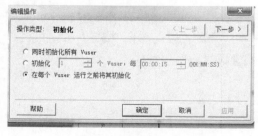

图 9-37　初始化设置

图 9-38　启动 Vuser

其中可以。

● 设置虚拟用户的数量。

● 设置这些虚拟用户如何启动：

　➢ 同时；

　➢ 每 HH:MM:SS 启动 X 个用户。

（4）持续时间设置

持续时间设置如图 9-39 所示。

其中可以：

● 在完成前一直运行；

● 运行 DD 天 HH:MM:SS。

（5）设置停止方式

停止方式设置如图 9-40 所示。

图 9-39　持续时间设置

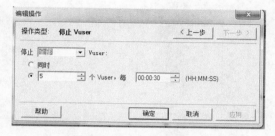

图 9-40　停止方式设置

其中可以。

停止 X 个（或者全部）Vuser：

➢ 同时停止；

➢ 每 HH:MM:SS 停止 X 个用户。

（6）设置 Delay 时间

在 Scenario Schedule 中单击图标设置 Delay 时间，如图 9-41 所示。

无延迟：表示单击 Start 后立刻开始执行。

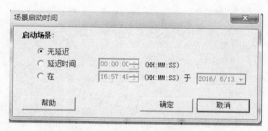

图 9-41　设置 Delay 时间

延迟时间：表示单击 Start 后，在设定的时间后开始执行。

在 YYYY/MM/DD HH:MM:SS 运行：表示在给定的时间点开始执行。

（7）设置多台虚拟机

Load Generator 是运行脚本的负载引擎，默认情况下使用本地的负载生成器来运行脚本，但是模拟用户行为也需要消耗一定的系统资源，所以在一台电脑上无法模拟大量的虚拟用户，这时可以通过多个 Load Generator 完成大规模的性能负载。

通过菜单："场景->load Generator"实现，如图 9-42 所示。

（8）添加度量元素

在这里比如需要添加 Apache 的监控指标，在运行状态中双击 Apache，然后在 Apache 窗口中单击鼠标右键->添加度量，单击上面的【添加】按钮，如图 9-42 所示进行设置 Apache 所在服务及其位置。

添加完毕，单击下面的【添加】按钮，如图 9-43 和图 9-44 所示，设置度量信息。

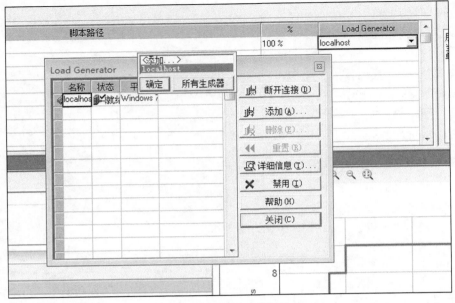

图 9-42 设置多台虚拟机

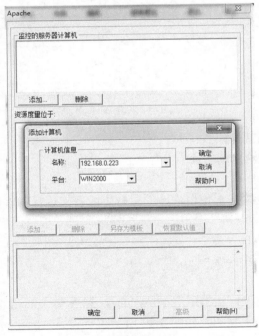

图 9-43 添加 Apache 指标（一）

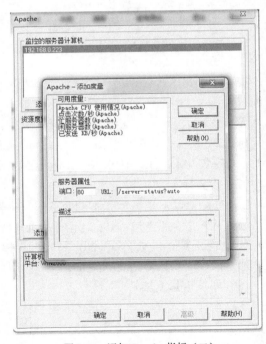

图 9-44 添加 Apache 指标（二）

所有这些设置完毕后，就可以按照设置好的场景运行性能测试。

10. IP 欺骗

下面来讨论一下为什么要使用 IP 欺骗技术。

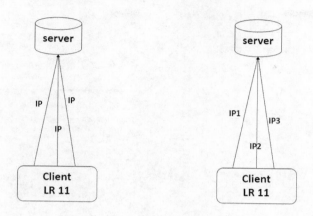

图 9-45   使用 IP 欺骗使用原因（一）

有一些软件不允许使用单个 IP 在比较短的时间内，重复执行多个操作，如图 9-45 左边所示，如果模拟多个 IP 操作后，这些操作就被允许了，如图 9-45 右边所示。

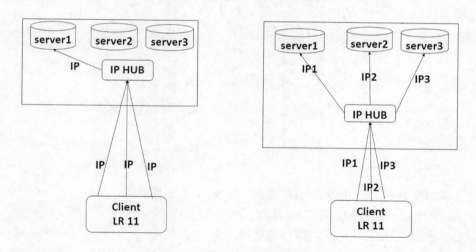

图 9-46   使用 IP 欺骗使用原因（二）

在分布式的软件体系中，对于来自同一 IP 的请求我们指定同一个服务器来运行，如图 9-46 左边所示，这样就测试不出分布式系统的性能。如果改用多 IP 方式，如图 9-46 右边所示，就可以把所有的服务器都用上。

使用 IP 欺骗技术，首先要把这台机器设置为固定的 IP 地址，如图 9-47 所示。

　　然后用管理员身份去运行"开始菜单->程序->HP LoadRunner->Tools->IP Wizard"，出现如图 9-48 所示界面。

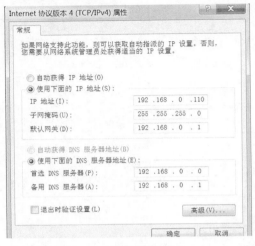

图 9-47　设置为固定的 IP

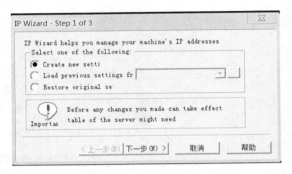

图 9-48　IP Wizard（一）

　　选择"Create new setting"，点【下一步】，如图 9-49 所示。

　　选择测试的服务器所在的位置，然后继续点【下一步】，如图 9-50 所示。

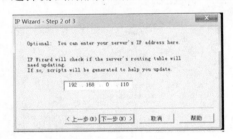

图 9-49　IP Wizard（二）

图 9-50　IP Wizard（三）

　　在这个窗口中我们点击【Add...】，进入如图 9-51 所示界面。

　　在这里，通常选用 Class C 或 Class B 方式来添加 IP 地址，注意服务器的 IP 地址也应该落在这个网段中。然后选择【OK】。如图 9-52 所示。

　　最后点击【完成】结束配置。结束上述配置以后，打开场景窗口，点击菜单"场景->激活 IP 欺骗"，在 Windows 工具栏中出现 IP Spoofer，如图 9-53 所示。

　　接下来，点击菜单"工具"，激活专家模式，如图 9-54 所示。

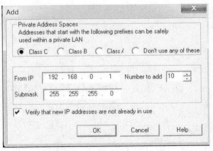

图 9-51　增加 IP

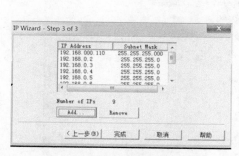

图 9-52 添加 IP 完毕

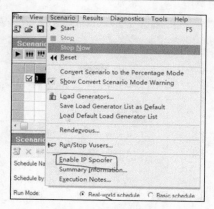

图 9-53 激活 IP 欺骗

然后，点击菜单"工具->选项"，出现如图 9-55 所示界面。

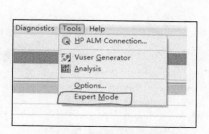

图 9-54 激活专家模式

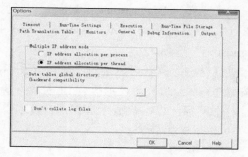

图 9-55 选择运行模式

IP 欺骗可以选择按线程或进程方式，如果选择按线程方式可以产生更多的 IP。在场景组中，右击鼠标，选择运行设置，出现图 9-56 所示界面，选用 Extended，然后点亮 Advanced trace。

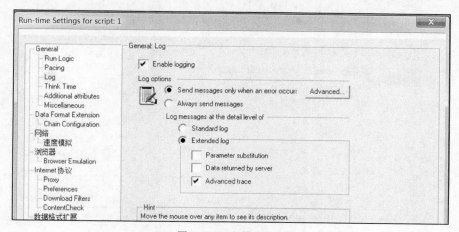

图 9-56 运行模式/Log

然后再选择 miscellaneous，如图 9-57，选择按线程或者进程方式运行。

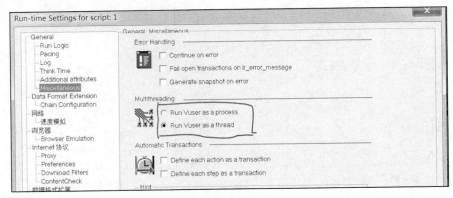

图 9-57　选择运行方式

点击菜单"Diagnostics->设置"，出现如图 9-58 IP 欺骗所示，启动 Enable "Web Page Diagnostics"选项。

进行这些配置就可以运行了。运行完毕，点击按键【Vusers...】会显示所有 IP 的运行情况，然后右击鼠标，点击"显示虚拟用户 Log"，如图 9-59 和图 9-60 所示。

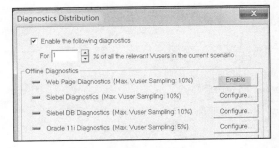

图 9-58　Diagnostics Distrbution

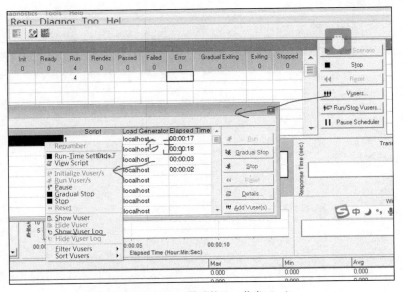

图 9-59　显示 IP 欺骗的 Log 信息（一）

图 9-60 显示 IP 欺骗的 Log 信息（二）

11. 软件测试数据监控

在测试过程中我们可以监控性能变化，从而定位性能瓶颈，如图 9-61 所示，在这个时候需要考虑性能计数器，请参看"性能计数器"的内容。

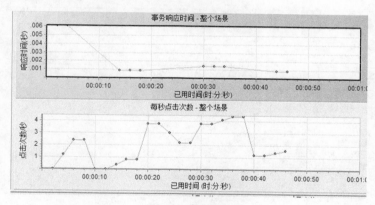

图 9-61 数据监控

12. 分析

LoadRunner 结果分析工具 Analysis 在设置场景运行后可以产生各种性能报表。

我们可以在点击结果分析工具 Analysis 中的菜单"工具->选项->结果集合"，设置测试报告，如图 9-62 所示。

如果在"数据聚合"中选择"应用用户定义的聚合"，可以点击【聚合配置】来进行设置，如图 9-63 所示。

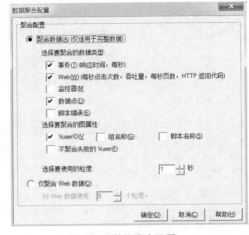

图 9-62　报告设置选项　　　　　　　　　图 9-63　数据聚合配置

我们还可以点击菜单栏中的 ▽ 图标设置报告过滤条件，如图 9-64 所示。

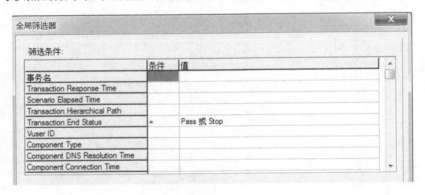

图 9-64　全局筛选器

主要的报表分为：

● 总体报表见图 9-65；

● 运行 Vuser 报表见图 9-66；

● 每秒点击次数见图 9-67；

● 吞吐量见图 9-68；

● 事务概要见图 9-69；

● 平均事务响应时间见图 9-70。

概要报告 | 运行 Vuser | 每秒点击次数 | 吞吐量 | 事务摘要 | 平均事务响应时间

分析概要

时间段: 2016/6/13 17:34 - 2016/6/13 17:41

场景名: Scenario1
会话中的结果数: C:\Users\kenny000\AppData\Local\Temp\res\res.lrr
持续时间: 6 分钟，31 秒.

统计信息概要表

运行 Vuser 的最大数目:		10
总吞吐量 (字节):	○	50,033,094
平均吞吐量 (字节/秒):	○	127,635
总点击次数:	○	585
平均每秒点击次数:	○	1.492 查看 HTTP 响应概要
错误总数:	○	18

您可以使用以下对象定义 SLA 数据 SLA 配置向导
您可以使用以下对象分析事务行为 分析事务机制

事务摘要

事务: 通过总数: 20 失败总数: 18 停止总数: 9   平均响应时间

事务名称	SLA Status	最小值	平均值	最大值	标准偏差	90 Percent	通过	失败	停止
Action Transaction	○	0	0	0	0	0	0	18	9
vuser_end Transaction	○	0	0	0	0	0	10	0	0
vuser_init Transaction	○	0	0.002	0.012	0.003	0.002	10	0	0

服务水平协议图例: ✔ Pass   ✗ Fail   ○ No Data

HTTP 响应概要

HTTP 响应	合计	每秒
HTTP 200	585	1.492

查看每秒重试次数图。

图 9-65　总体报表

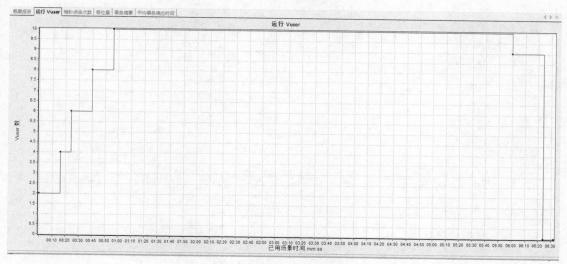

图 9-66　运行 Vuser 报表

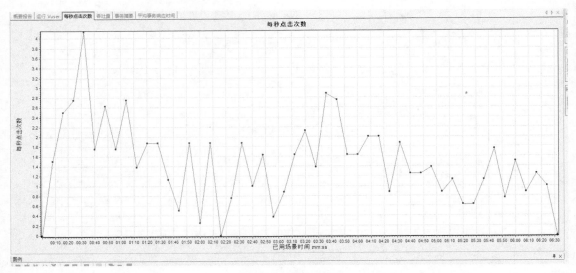

图 9-67　每秒单击次数

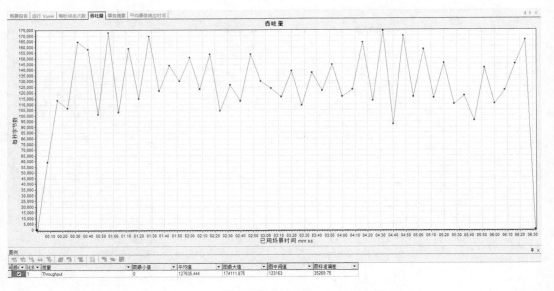

图 9-68　吞吐量

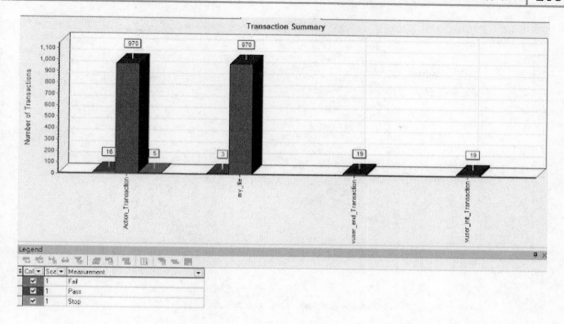

图 9-69　事务概要

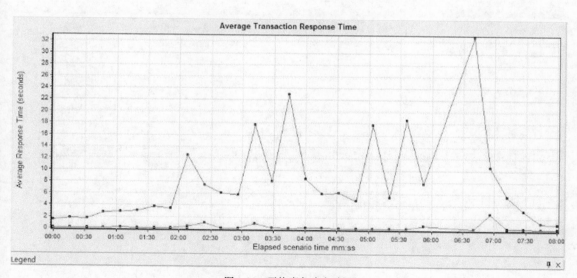

图 9-70　平均事务响应时间

我们还可以选择菜单"图->添加新图"来添加新的报告图，如图 9-71 所示。

图 9-71　添加新图

最后选择菜单"报表—>新建"生成各种格式的报表。如图 9-72 所示。

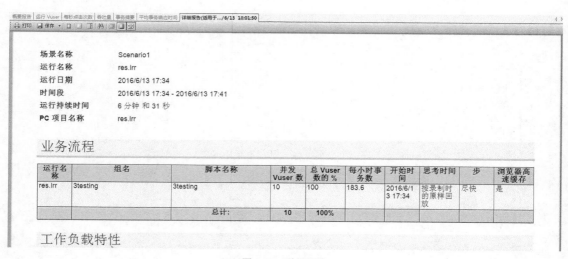

图 9-72　详细报告

选择保存，列出所有格式的报表列表，如图 9-73 所示。

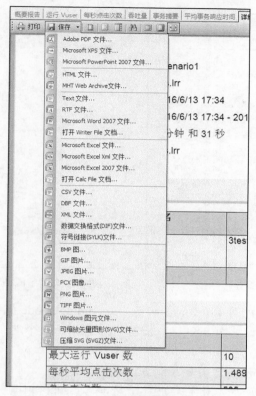

图 9-73 选择报表模板

9.1.4 用 LoadRunner 实现 APP 压力测试

随着手机 APP 用户量的增大，大量的手机 APP 一般都需要进行压力测试，LoadRunner 12 可以对手机 APP 进行压力测试，具体操作如下。

（1）在网上下载 LoadRunner 12 的安装包，如：HP_LoadRunner_12_Community_Edition_ T7177-15045.exe，这个文件的容量为 960MB（适宜于系统是 Win7 32 位+ IE8）。

（2）装好这个软件后，默认的 license 是长期的，但只有 50 人，建议用这个录制脚本，用 Loadrunner11 进行监控。因为手机 APP 实际上是监控手机对服务器发出的请求，LoadRunner12 捕获这些请求，压力测试是测试服务器的。

（3）手机连接互联网络，长按此网络，点击修改网络配置，显示高级选项，代理服务器设置为"手动"，代理主机名及代理服务器端口设置如图 9-74 所示，在 CMD 命令下运行 ipconfig 命令，可以查看到本机局域网 IP 地址，端口随便设置，比如 8899。如图 9-74 所示。

（4）启动 LoadRunner12 Virtual User Generator，点击 File–> New script. and solution，Single

Protocol 中选择 Web--> HTTP/HTML，点击【Create】。

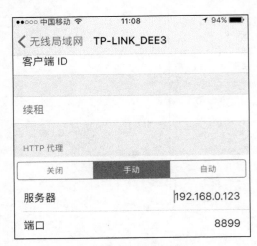

图 9-74　设置代理服务　　　　　图 9-75　设置手机连接的代理服务器端口

（5）点击工具栏中红色的【Record】按钮，Recording mode 选择 Remote Application via LoadRunner Proxy，端口设置为 8899，LoadRunner 会监听这个端口，此端口为手机连接的代理服务器端口。

（6）点击【Start Recording】开始录制。

（7）录制完成后会生成如下脚本，如图 9-76 所示，可以删掉不必要的脚本，然后剩下自己所要测试的程序。

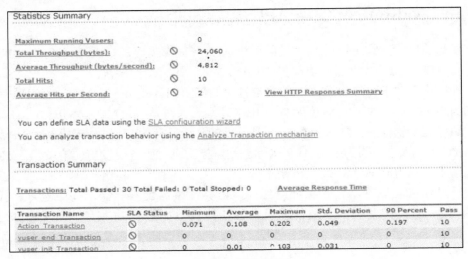

图 9-76　录制完毕

（8）回放脚本，脚本回放成功，并成功登录手机 APP，返回别名。

（9）从 Tools 点击 Create Controller Scenario，设置 Number of Vusers 为 10 人，可以设置更多，这里设置成 10，运行一下，在 Controller 里 Design 的 tab 下将 Scenario Schedule 的 Run Mode 设置为 Basic schedule，Controller-Results-Results Settings，窗口打开后选择第一个生成每个用户运行时日志，此窗口记录下日志保持的文件夹，运行场景。

（10）在 Controller 点击 Results-Analyze Results，查看运行结果，如图 9-77 所示。

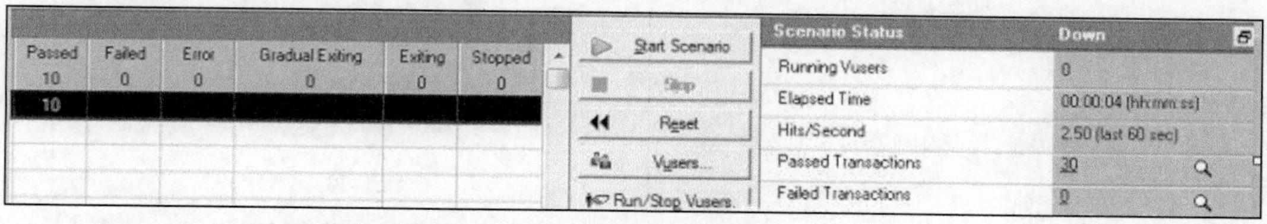

图 9-77　查看运行结果

（11）检查每个用户运行时的日志细节，如图 9-78 所示。

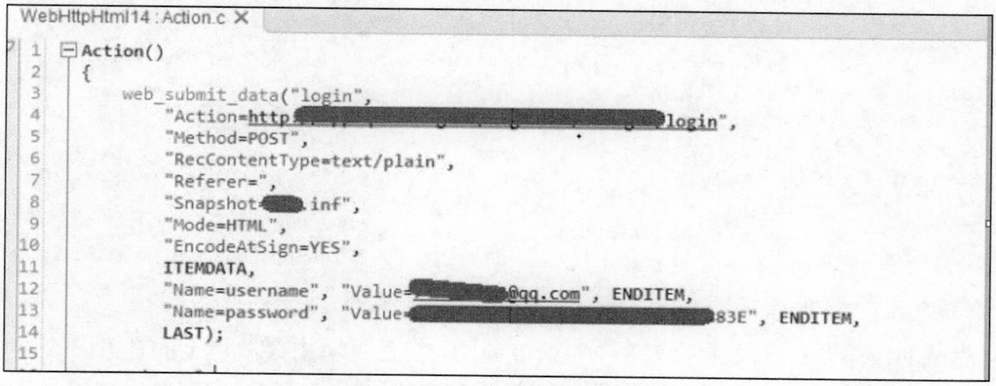

图 9-78　查看细节

（12）如果要测试的并发多于 50 个，可以把脚本代码用在 LoadRinner 11 patch4 版本进行测试。

更多关于 LoadRunner 的介绍，请参见参考文献【1】和【2】的第 11 章。

9.1.5　案例

案例 9-2：啄木鸟软件测试培训网。

啄木鸟软件测试培训网页面如图 9-79 所示。

图 9-79　啄木鸟软件测试培训网页面

其顶部的菜单采用 iframe 格式，其 HTML 代码如下：

```
…
<body>
    <iframe id="head" src="include/head.htm" width="100%" height="350" scrolling="no"
    frameborder="0"></iframe>
    <div class="Content">
    <div class="con">
        <div class="con01">
            <div class="left">
                <div class="title">
                    <img src="images/list02.jpg" alt="软件测试培训"/>软件测试培训课程<a
                    href="files/class.html">更多>></a>
…
```

要测试的场景是：进入啄木鸟软件测试培训网，在首页单击菜单栏上的任意一个非主页菜单到第二页，测试从单击到第二页显示的性能。在这里采用 HTTP、HTML_based，支持中文网页。录制脚本如图 9-80 所示。

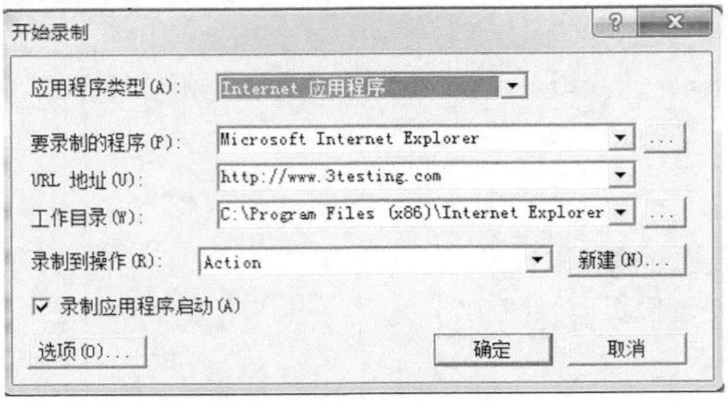

图 9-80　录制脚本

录制过程中，当主页完全出现后设置集合点：Click 和事务起点。myClick。单击某个菜单，等到第二个页面出来后，选择事务结束，停止录制。产生的代码如下：

```
Action()
{
    web_url("www.3testing.com",
        "URL=http://www.3testing.com/",
        "Resource=0",
        "RecContentType=text/html",
        "Referer=",
        "Snapshot=t36.inf",
        "Mode=HTML",
        EXTRARES,
        "Url=/images/bodybg.jpg", ENDITEM,
        "Url=/images/list03.jpg", ENDITEM,
        LAST);

    lr_rendezvous("Click");

    lr_start_transaction("myClick");

    lr_think_time(14);

    web_link("更多>>"),
        "Text=更多>>",
        "Ordinal=1",
        "Snapshot=t37.inf",
        EXTRARES,
        "Url=../images/list07.png", ENDITEM,
        "Url=../favicon.ico",  "Referer=", ENDITEM,
        LAST);

    lr_end_transaction("myClick", LR_AUTO);

    return 0;
}
```

由于菜单处于 iframe 里面，所以需要手工把 iframe 通过代码获取出来，否则代码是找不到的（比如点击的代码是“我的课程”，然而捕获的却是“更多>>”），在程序最前面手工增加如下代码。

```
    web_url("www.3testing.com",
        "URL=http://www.3testing.com/include/head.htm",
        "Resource=0",
        "RecContentType=text/html",
        "Referer=",
        "Snapshot=t36.inf",
        "Mode=HTML",
        EXTRARES,
        "Url=../images/bodybg.jpg", ENDITEM,
```

```
        "Url=../images/list03.jpg", ENDITEM,
        LAST);
```

然后把"更多>>"改为"我的课程"，运行一下观察是否有问题。确定没有问题后，接下来把菜单内容参数化，将代码如下改为：

```
web_link("{NewParam}",
        "Text={NewParam}",
        "Ordinal=1",
        "Snapshot=t37.inf",
        EXTRARES,
        "Url=../images/list07.png", ENDITEM,
        "Url=../favicon.ico",  "Referer=", ENDITEM,
        LAST);
```

参数设置如图 9-21，再运行一下确定没有问题。

现在设置一下 IP 欺骗，使用 10 个虚拟 IP 平均分配在以下两台测试机器上，接下来点击"视图->扫描代码中的关联"进行运行后关联设置。最后再运行一下确定没有问题。接下来设置运行场景，如图 9-81 所示。

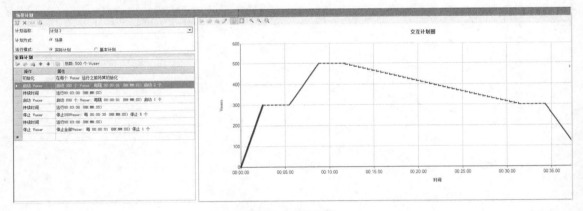

图 9-81 运行场景

添加两台监控器 192.168.0.1（本机 IP）与 192.168.0.2（这台机器仅需要安装压力调度和监控系统 Controller），如图 9-82 所示。

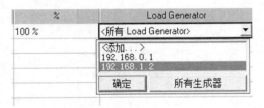

图 9-82 添加两台监控器

最后设置集合点策略，当 100%的运行 Vuser 达到集合点，就释放，如图 9-83 所示。

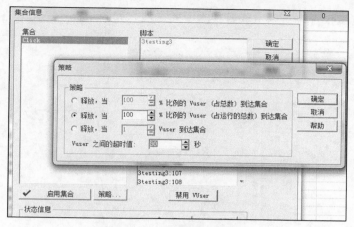

图 9-83 设置集合点策略

然后运行，运行时可以看到相应的运行情况，性能监控如图 9-84 所示。运行情况如图 9-85 所示。

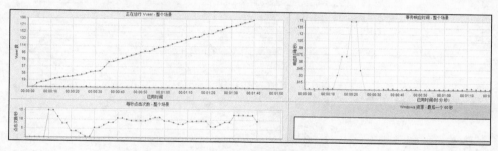

图 9-84 性能监控

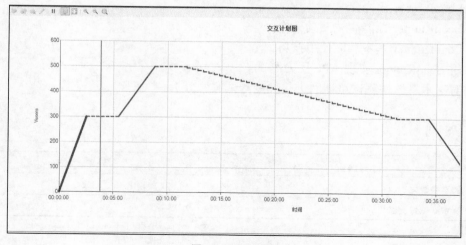

图 9-85 运行状态

运行完毕的测试报告，可以生成各种类型的文档。如图 9-86 为 Word 格式的运行报告。

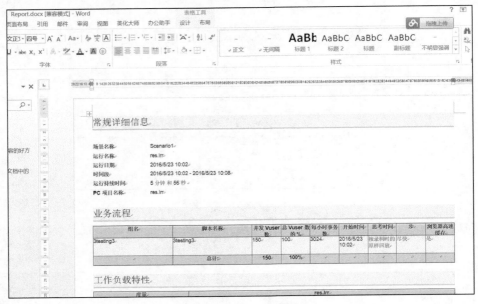

图 9-86　Word 格式的运行报告

9.2　本章总结

9.2.1　介绍内容

- LoadRunner 简介。
- LoadRunner 性能测试工具架构。
- LoadRunner 基本功能使用技巧。
- 用 LoadRunner 实现 APP 压力测试。
- 对啄木鸟软件测试培训网进行性能测试案例分析。

9.2.2　案例

案例	所在章节
案例 9-1：脚本参数化	9.1.3-4 参数化
案例 9-2：啄木鸟软件测试培训网	9.1.5 案例

第 10 章

缺陷管理工具

缺陷管理/软件缺陷管理（Defect Management）是在软件生命周期中识别、管理、沟通任何缺陷的过程（从缺陷的识别到缺陷的解决关闭），确保缺陷被跟踪管理而不丢失。一般的，需要跟踪管理工具来帮助进行缺陷全流程管理。缺陷管理工具 Bugzilla 和 JIRA 都是比较实用的，二者的区别在于 Bugzilla 是开源的，而 JIRA 是商用的。本章仅介绍 Bugzilla，关于 JIRA 如何使用，请参看参考文献【17】。

● 开源缺陷管理工具：Bugzilla。

10.1 Bugzilla 使用指南

10.1.1 什么是 Bugzilla

Bugzilla 是一个 Bug 跟踪系统，用于对软件产品开发过程的 Bug 跟踪。它的强大功能表现在以下几个方面。

（1）强大的检索功能。

（2）用户可通过简单的配置，以 Email 的方式公布 Bug 变更。

（3）记录历史变更。

（4）通过跟踪和描述处理 Bug。

（5）附件管理。

（6）完备的产品分类方案和细致的安全策略。

（7）安全的审核机制。

（8）强大的后端数据库支持。

（9）Web、XML、Email 和控制界面。

（10）友好的网络用户界面。

（11）丰富多样的配置设定。

（12）良好的版本向下兼容性。

10.1.2 为什么使用 Bugzilla

Bugzilla 是一个拥有强大功能的 Bug 跟踪系统。它可以更好地在软件开发过程中跟踪软件 Bug 的处理过程，为开发和测试工作以及产品质量的度量提供数据支持，从而有效保证软件产品的质量。

10.1.3 新建一个 Bugzilla 账号

（1）点击"Open a new Bugzilla account"链接，输入你的 Email 地址（如 bugzilla@126.com），然后点击"Create Account"。

（2）过一段时间，会收到一封邮件。邮件中包含登录账号（为设置的 Email）和口令，这个口令是 Bugzilla 系统随机生成的，登录后可以进行修改。

（3）在页面的黄色页角中点击"Log In"链接，然后输入账号和口令，最后点击"Log In"链接。

10.1.4　产品和结构

Bugzilla 由以下几部分构成。

- Administration。
- Bugzilla-General。
- Creating/Changing Bug。
- Documentation。
- Email。
- Installation。
- Query/Buglist。
- Reporting/Charting。
- User Accounts。
- Changing Passwords。
- User Interface。

10.1.5　Bug 报告状态分类和 Bug 处理意见

1. Bug 报告状态分类

- 待确认的（Unconfirmed）。
- 新提交的（New）。
- 已分配的（Assigned）。
- 问题未解决的（Reopened）。
- 待重测的（Resolved）。
- 待归档的（Verified）。
- 已归档的（Closed）。

2. Bug 处理意见

- 已修改的（Fixed）。
- 不是问题（Invalid）。
- 无法修改（Won'tfix）。
- 以后版本解决（Later）。
- 保留（Remind）。
- 重复（Duplicate）。
- 无法重现（Worksforme）。

10.1.6　指定处理人

- 指定一个 Bug 的处理人。
- 如不指定处理人，则系统指定管理员为默认处理人。

10.1.7　超链接

输入超链接地址，引导处理人找到与报告相关联的信息。

10.1.8　概述

概述部分的描述，应保证处理人在阅读时能够清楚提交者进行操作时发现了什么问题。

10.1.9　硬件平台和操作系统

软件测试应用的硬件平台（Platform），如"PC"。

软件测试应用的操作系统平台（OS），如"Windows"。

10.1.10　版本

产生 Bug 的软件版本。

10.1.11　Bug 报告优先级

分 5 个等级，即 P1～P5，P1 的优先级别最高，P5 的优先级别最低。

10.1.12　Bug 状态

Blocker：阻碍开发和/或软件测试工作。

Critical：死机，丢失数据，内存溢出。

Major：较大的功能缺陷。

Normal：普通的功能缺陷。

Minor：较轻的功能缺陷。

Trivial：产品外观上的问题或一些不影响使用的小毛病，如菜单或对话框中的文字拼写或字体问题等。

Enhancement：建议或意见。

10.1.13　报告人

Bug 报告提交者的账号。

10.1.14　邮件抄送列表

Bug 报告抄送对象，该项可以不填。

如需要抄送多人，可将邮件地址用"，"分隔。

10.1.15　从属关系

"Bug'ID'depends on"：如果该 Bug 必须在其他 Bug 修改后才能够修改，则在此项目后填写那个 Bug 编号。

"Bug'ID'blocks"：如果该 Bug 的存在影响了其他 Bug 的修改，则在此项目后填写被影响的 Bug 编号。

10.1.16　附加描述

在 Bug 跟踪过程中，测试工程师与软件开发工程师在附加描述进行沟通。

软件开发工程师可以在这里填写处理意见和处理记录。

软件测试工程师可以在这里填写重测意见和重测过程中发现的新问题描述。

10.1.17　Bug 查找

可以通过页脚中的"Query"链接进入查找界面。

根据查找的需要在界面中选择对象或输入关键字。

查找功能能够进行字符串的匹配查找。

查找功能具有布尔逻辑检索功能。

可以通过查找页面中选择"Remember this as my default query"保存当前检索页面中设定的项目保存，以后可以从页脚中的 My Bugs 直接调用这个项目检索。

也可以通过在"Remember this query,and name it："后面输入字符，将当前检索页面中设定的项目保存命名，同时选中"and put it in my page footer"，以后这个被命名的检索将出现在页脚中。

10.1.18　Bug 列表

如果运行了 Bug 检索功能，系统会根据你的需要列出相关的项目。

可以通过列表页脚附近的"Change Columns"设定在列表中显示的 Bug 记录中的字段名称。

如果拥有必要的权限，还可以通过"Change several bugs"修改列表中罗列出的 Bug 记录，如修改 bug 的所有者。

通过"Send mail to bug owners"，可以给列表中罗列的 Bug 记录的所有者发信。

如果对查找的结果不满意，希望重新调整检索设定。可以通过"Edit this query"实现。

通常情况下，检索结果中只显示最基本的信息。可以通过"Long Format"显示更详细的内容。

10.1.19　用户属性设置

1．账号设置
● 这里，可以改变账号的基本信息，如：口令、Email 地址、真实姓名等。
● 为了安全起见，在此页中进行任何更改前，都必须输入当前的口令。
● 当变更了 Email 地址，系统会给新旧 Email 地址分别发一封确认邮件，必须到邮件中指定的地址对更改进行确认。

2．Email 设置
可以在此选择希望在什么条件下收到相关的邮件。

3．页脚
设定"Preset Queries"是否在页脚中显示。

4．用户权限
可以在此查看账号现在的权限。

10.2　案例

案例 10-1：基于 Bugzilla 的缺陷及处理缺陷流程。

一个缺陷单在 Bugzilla 中描述如下。

缺陷标题：文本输入框中存在 XSS 注入隐患

发现模块：用户信息完善

概述：

（1）通过浏览器进入系统主页；

（2）登录系统；

（3）在左上角单击个人图标；

（4）单击"完善用户信息"；

（5）在地址栏中输入："javascript:alert(document.cookie)"；

（6）在信息显示页面弹出对话框，显示 cookie 信息；

（7）请开发工程师检查其他字段是否也存在这样的问题，如果存在，请改正。

硬件平台和操作系统：浏览器 IE11、Web 服务器（Apach Tomcat）、数据库（MySQL）

版本：V4.0.61

Bug 优先等级：P2

Bug 状态：Major

Bug 报告人：tomwang@mytesting.com

指定处理人：jerryzhang@mytesting.com

邮件抄送列表：

从属关系：

Bug 报告状态分类：New

Bug 处理意见：

附加描述：

超链接：

缺陷提交后，首先由测试部门经理 jerryzhang@mytesting.com 进行确认，如果是缺陷，则指定给相应的开发工程师，设置 Bug 处理意见为："已分配的（Assigned）"；否则返回给测试人员，设置 Bug 处理意见为："不是问题（Invalid）"，并且在附加描述中写入相应的信息。本例中，jerryzhang@mytesting.com 认为这是一个问题，并且分配给开发工程师 libo@mytesting.com（指定处理人改为 libo@mytesting.com），标记为已分配的。

开发工程师 libo@mytesting.com 修改完毕后，将状态改为"已修改的（Fixed）"，并返回给这个 Bug 的提出者 tomwang@mytesting.com。描述信息中标注了详细的修改过程。

Bug 提出者 tomwang@mytesting.com 复查了这条 Bug，发现问题已经解决，于是把这条信息的 Bug 状态设置为：已归档的（Closed）。最后这个 Bug 描述如下。

缺陷标题：文本输入框中存在 XSS 注入隐患

发现模块：用户信息完善

概述：

（1）通过浏览器进入系统主页；

（2）登录系统；

（3）在左上角单击个人图标；

（4）单击"完善用户信息"；

（5）在地址栏中输入"javascript:alert(document.cookie)"；

（6）在信息显示页面弹出对话框，显示 cookie 信息；

（7）请开发工程师检查其他字段是否也存在这样的问题，如果存在，请改正。

硬件平台和操作系统：浏览器 IE11、Web 服务器（Apach Tomcat）、数据库（MySQL）

版本：V4.0.62

Bug 优先等级：P2

Bug 状态：Major

Bug 报告人：tomwang@mytesting.com

指定处理人：libo@mytesting.com

邮件抄送列表：

从属关系：

Bug 报告状态分类：Closed

附加描述：

jerryzhang@mytesting.com

的确是个问题，请开发修改。

libo@mytesting.com

进行了修改，输入框中禁止使用"javascript:"敏感字符串，对 HTML 等特殊字符（比如<、>、"、空格、换行）进行过滤，并且一起修改了其他输入框中的相同问题。

tomwang@mytesting.com

重测没有发现问题。

超链接：

但是，测试工程师 tomwang@mytesting.com 测试 BBS 时模块还是发现了同样的 XSS 注入隐患的问题，于是他另外报告了一个缺陷：

缺陷标题：文本输入框中存在 XSS 注入隐患

发现模块：BBS

概述：

（1）通过浏览器进入系统主页；

（2）登录系统；

（3）进入 BBS 系统；

（4）单击"新建帖子"；

（5）在内容栏中输入"javascript:alert(document.cookie)"；

（6）在信息显示页面弹出对话框，显示 cookie 信息；

（7）请开发工程师检查其他字段是否也存在这样的问题，如果存在，请改正；

（8）这个缺陷请参看 1876 号缺陷。

硬件平台和操作系统：浏览器 IE11、Web 服务器（Apach Tomcat）、数据库（MySQL）

版本：V4.0.62
Bug 优先等级：P2
Bug 状态：Major
Bug 报告人：tomwang@mytesting.com
指定处理人：jerryzhang@mytesting.com
邮件抄送列表：
从属关系：1876
Bug 报告状态分类：New
附加描述：
超链接：

缺陷提交后，首先由测试部门经理 jerryzhang@mytesting.com 确认，他认为这是一个问题，并且分配给开发工程师 libo@mytesting.com，（指定处理人改为：libo@mytesting.com），标记为已分配的。

开发工程师 libo@mytesting.com 修改完毕，将状态改为"已修改的"，并返回给这个 Bug 的提出者 tomwang@mytesting.com。描述信息中标注了详细的修改过程。

Bug 提出者 tomwang@mytesting.com 复查了这条 Bug，发现在标题中仍旧存在 XSS 注入，于是他在描述信息中描述了复查结果，并且返回给开发工程师 libo@mytesting.com。Bug 报告状态分类标记为：问题未解决的（Reopened）。这个 Bug 描述如下：

缺陷标题：文本输入框中存在 XSS 注入隐患
发现模块：BBS
概述：
（1）通过浏览器进入系统主页；
（2）登录系统；
（3）进入 BBS 系统；
（4）单击"新建帖子"；
（5）在内容栏中输入"javascript:alert(document.cookie)"；
（6）在信息显示页面弹出对话框，显示 cookie 信息；
（7）请开发检查其他字段是否也存在这样的问题，如果存在，请改正；
（8）这个缺陷请参看 1876 号缺陷。
硬件平台和操作系统：浏览器 IE11、Web 服务器（Apach Tomcat）、数据库（MySQL）
版本：V4.0.63
Bug 优先等级：P2
Bug 状态：Major
Bug 报告人：tomwang@mytesting.com

指定处理人：jerryzhang@mytesting.com

邮件抄送列表：

从属关系：1876

Bug 报告状态分类：Reopen

附加描述：

jerryzhang@mytesting.com

的确是个问题，请开发修改。

libo@mytesting.com

进行了修改，输入框中禁止使用"javascript:"敏感字符串，对 HTML 等特殊字符（比如<、>、"、空格、换行）进行过滤，并且一同修改了其他输入框中的相同问题。

tomwang@mytesting.com

重测发现标题输入框仍旧存在 XSS 侵入的缺陷。

超链接：

开发工程师 libo@mytesting.com 修改完毕，再将状态改为"已修改的"返回给这个 Bug 提出者 tomwang@mytesting.com。描述信息中标注了详细的修改过程。

Bug 提出者 tomwang@mytesting.com 复查了这条 Bug，发现问题已经解决，于是把这条信息的 Bug 状态设置为已归档的。最后这个 Bug 描述如下：

缺陷标题：文本输入框中存在 XSS 注入隐患

发现模块：BBS

概述：

（1）通过浏览器进入系统主页；

（2）登录系统；

（3）进入 BBS 系统；

（4）单击"新建帖子"；

（5）在内容栏中输入"javascript:alert(document.cookie)"；

（6）在信息显示页面弹出对话框，显示 cookie 信息；

（7）请开发检查其他字段是否也存在这样的问题，如果存在，请改正；

（8）这个缺陷请参看 1876 号缺陷。

硬件平台和操作系统：浏览器 IE11、Web 服务器（Apach Tomcat）、数据库（MySQL）

版本：V4.0.64

Bug 优先等级：P2

Bug 状态：Major

Bug 报告人：tomwang@mytesting.com

指定处理人：jerryzhang@mytesting.com

邮件抄送列表：

从属关系： 1876

Bug 报告状态分类： Closed

附加描述：

jerryzhang@mytesting.com

的确是个问题，请开发修改。

libo@mytesting.com

进行了修改，输入框中禁止使用"javascript:"敏感字符串，对 HTML 等特殊字符（比如<、>、"、空格、换行）进行过滤，并且一同修改了其他输入框中的相同问题

tomwang@mytesting.com

重测发现标题输入框仍旧存在 XSS 侵入的缺陷。

libo@mytesting.com

经确认，是版本 Merage 的时候没有处理好

tomwang@mytesting.com

重测没有发现问题

超链接：

10.3　本章总结

10.3.1　介绍内容

- Bugzilla 使用指南：
  - ➢ 什么是 Bugzilla；
  - ➢ 为什么使用 Bugzilla；
  - ➢ 新建一个 Bugzilla 账号；
  - ➢ 产品和结构；
  - ➢ Bug 报告状态分类和 Bug 处理意见；
  - ➢ 指定处理人；
  - ➢ 超链接；
  - ➢ 概述；
  - ➢ 硬件平台和操作系统；
  - ➢ 版本；
  - ➢ Bug 报告优先级；
  - ➢ Bug 状态；
  - ➢ 报告人；

- ➢ 邮件抄送列表；
- ➢ 从属关系；
- ➢ 附加描述；
- ➢ Bug 查找；
- ➢ Bug 列表；
- ➢ 用户属性设置。
- ● Bugzilla 使用案例。

10.3.2　案例

案例	所在章节
案例 10-1：基于 Bugzilla 的缺陷及处理缺陷流程	10.2 案例

第 11 章

APP 软件测试工具

　　APP 软件随着智能手机和 PAD 的兴起而兴起，是移动互联网的重要产品。本章介绍 UiAutomator、Selenium 和 WebDriver、Monkey 和 ThreadingTest。

- UiAutomator 是原生态 APP 功能测试工具。
- Selenium 和 WebDriver 是 HTML5 的 APP 或网页功能测试工具。
- Monkey 是安卓操作系统自带的测试工具。
- ThreadingTest 是基于云的安卓和 iOS 的 APP 测试平台。

　　在这里先介绍一下功能测试工具的基本原理，可以概括为以下几个方面。

- 测试环境的复原。
- 测试环境的准备。
- 测试执行：
  - ➢ 获取对象；
  - ➢ 操作对象；
  - ➢ 检查结果；

▷　测试环境的复原。

环境复原操作的原因是保证这条用例测试完毕而不影响下一条测试用例的执行。环境准备是为这个测试用例搭建软件测试环境，比如参数的配置。用 Junit 框架做个比方：@before 可以看作"测试环境的准备"，而@after 可以看作"测试环境的复原"。

在开始与结尾都有测试环境的复原操作的原因是：如果执行测试时，遇到测试失败，程序就可能终止，环境复原操作就不能被执行，这种情况就需要在下一条测试用例执行前清理测试环境，当然采用自动化测试，往往把测试环境的复原封装成一个函数。

11.1　UiAutomator 工具介绍

UiAutomator 是测试原生态安卓 APP 的功能测试工具。Android 4.1 发布时包含了这种新的测试工具—UiAutomator。UiAutomator 用来做 UI 测试，也就是普通的手工测试，点击每个控件元素，看输出的结果是否符合预期。如登录界面，分别输入正确、错误的用户名、密码和验证码。然后单击登录按钮，看能否登录成功以及是否有错误提示等。

功能性或者黑盒 UI 测试不需要测试人员了解程序是如何实现，只验证各种操作的结果是否符合预期即可。

常用的 UI 测试方式是人工验证，就是测试人员使用各种类型的手机分别安装待测试的程序，然后看是否能正确完成各种预定的功能。但是，这种验证方式非常耗时间，每次回归都要全部验证一遍，并且还容易出现人为的错误。比较高效和可靠的 UI 测试方式是自动化测试。自动化 UI 测试通过创建测试代码来执行测试任务，各种测试任务分别覆盖不同的使用场景，然后使用测试框架运行这些测试任务。

扩展阅读：APP

英文全称 Application。手机软件，就是安装在手机上的软件，完善原始系统的不足与个性化。

随着科技的发展，现在手机的功能也越来越多，越来越强大。

不是像过去的那么简单死板，目前已经发展到了可以和电脑相媲美的程度。下载手机软件与下载电脑软件一样，下载手机软件时也需要考虑你所购买的手机所安装的系统型号，以便下载相对应的软件。

扩展阅读：Android 操作系统

Android 是一种基于 Linux 的自由及开放源代码的操作系统，主要应用于移动设备，如智能手机和平板电脑，由 Google 公司和开放手机联盟领导及开发。Android 操作系统最初由 Andy Rubin 开发，主要支持手机。2005 年 8 月由 Google 收购注资。2007 年 11 月，Google 与 84 家硬件制造商、软件开发商及电信营运商组建开放手机联盟共同研发改良 Android 系统。随后 Google 以 Apache 开源许可证的授权方式，发布了 Android 的源代码。

11.1.1 使用 UiAutomator 工具的优点

（1）编写灵活，使用方便；

（2）可快速学习；

（3）限制少；

（4）可模拟目前 90%以上的手工操作；

（5）扩展性好。

11.1.2 下载和配置

为运行 UiAutomator，需要下载 JDK、ATD 等相关软件：

（1）JDK:1.6 以上版本；

（2）Eclipse；

（3）Android SDK。

（2）和（3）有统一的开发包，叫 ADT（Android Development Tools）。

1. 下载 JDK

步骤如下。

（1）利用百度找到 JDK 官网，如图 11-1 所示。

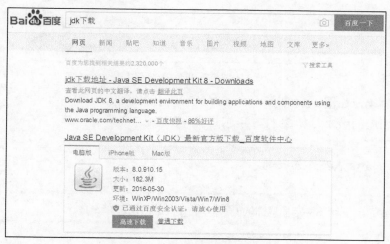

图 11-1 利用百度找到 JDK 官网

（2）进入 JDK 官网，如图 11-2 所示。

（3）选择 SE 7u71/72 版本，如图 11-3 所示。

图 11-2　进入 JDK 官网

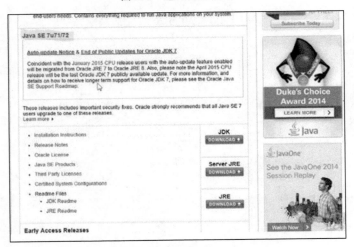

图 11-3　选择 SE 7u71/72 版本

（4）接受协议，如图 11-4 所示。

（5）选择相应的版本，如图 11-5 所示。

（6）下载 JDK 软件。

本节以 Windows 版本作为案例。

下载的 JDK 版本一定根据你的机器型号是选 32 位还是 64 位。

2. 下载 ADT

如图 11-6 所示，可以通过百度搜索下载。

下载的 ADT 版本一定根据你的机器型号是选 32 位或 64 位。

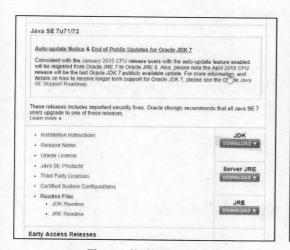

图 11-4　接受协议

Product / File Description	File Size	Download
Linux x86	119.44 MB	jdk-7u71-linux-i586.rpm
Linux x86	136.76 MB	jdk-7u71-linux-i586.tar.gz
Linux x64	120.81 MB	jdk-7u71-linux-x64.rpm
Linux x64	135.63 MB	jdk-7u71-linux-x64.tar.gz
Mac OS X x64	185.84 MB	jdk-7u71-macosx-x64.dmg
Solaris x86 (SVR4 package)	139.36 MB	jdk-7u71-solaris-i586.tar.Z
Solaris x86	95.48 MB	jdk-7u71-solaris-i586.tar.gz
Solaris x64 (SVR4 package)	24.68 MB	jdk-7u71-solaris-x64.tar.Z
Solaris x64	16.36 MB	jdk-7u71-solaris-x64.tar.gz
Solaris SPARC (SVR4 package)	138.74 MB	jdk-7u71-solaris-sparc.tar.Z
Solaris SPARC	98.62 MB	jdk-7u71-solaris-sparc.tar.gz
Solaris SPARC 64-bit (SVR4 package)	23.94 MB	jdk-7u71-solaris-sparcv9.tar.Z
Solaris SPARC 64-bit	18.35 MB	jdk-7u71-solaris-sparcv9.tar.gz
Windows x86	127.78 MB	jdk-7u71-windows-i586.exe
Windows x64	129.52 MB	jdk-7u71-windows-x64.exe

Java SE Development Kit 7u71 Demos and Samples Downloads

Java SE Development Kit 7u71 Demos and Samples Downloads are released under the Oracle BSD License

Product / File Description	File Size	Download
Linux x86	19.81 MB	jdk-7u71-linux-i586.demos.rpm
Linux x86	19.77 MB	jdk-7u71-linux-i586-demos.tar.gz
Linux x64	19.85 MB	jdk-7u71-linux-x64-demos.rpm
Linux x64	19.82 MB	jdk-7u71-linux-x64-demos.tar.gz
Mac OS X	18.5 MB	jdk-7u71-macosx-x86_64-demos.tar.gz
Solaris x86	22.85 MB	jdk-7u71-solaris-i586-demos.tar.Z
Solaris x86	16 MB	jdk-7u71-solaris-i586-demos.tar.gz
Solaris x64	1.23 MB	jdk-7u71-solaris-x64-demos.tar.Z
Solaris x64	0.83 MB	jdk-7u71-solaris-x64-demos.tar.gz
Solaris SPARC	22.9 MB	jdk-7u71-solaris-sparc-demos.tar.Z
Solaris SPARC	16.02 MB	jdk-7u71-solaris-sparc-demos.tar.gz
Solaris SPARC 64-bit	1.34 MB	jdk-7u71-solaris-sparcv9-demos.tar.Z

图 11-5　选择相应的版本

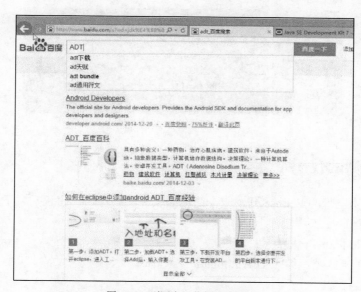

图 11-6　到网上下载相应的 ADT

3. Java 开发环境配置

（1）安装 JDK；

（2）配置环境变量；

（3）验证开发环境是否配置成功。

关于如何配置，参见参考文献【7】。Java 开发环境配置成功的标记是在命令行中输入：>java，如果有正确信息输出，则配置成功。

4. Android 环境配置

（1）配置 ANDROID_HOME 环境变量；

（2）配置 PATH 路径；

（3）验证环境是否配置成功。

关于如何配置，参见参考文献【8】。Android 环境配置成功的标记是在命令行中输入：>adb devices，如果有正确信息输出，则配置成功。

5. ANT 环境配置

（1）添加 ANT_HOME 环境变量；

（2）配置 PATH 路径；

（3）验证环境是否配置成功。

关于如何配置，参见参考文献【9】。Ant 环境配置成功的标记为在命令行中输入：>ant，如果有如图 11-7 所示，则配置成功。

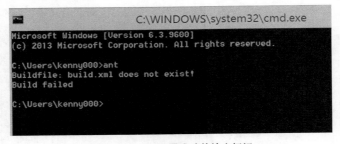

图 11-7　ADT 配置成功的输出标记

11.1.3　开发测试代码

下面用 ADT 里自带的 Eclipse 开发一个简单的软件测试代码。它包括以下几个步骤：

（1）新建一个 Java 工程包；

（2）增加 build path；

（3）新建软件测试类，继承 UiAutomatorTestCase；

（4）编译与运行。

1. 新建一个 Java 工程包

（1）建立一个 Java Project，如图 11-8 所示。

（2）为 Project 起一个名字，并且选择路径，如图 11-9 所示。

（3）确定 Project 信息，如图 11-10 所示。

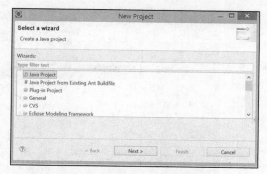

图 11-8　建立一个 Java Project

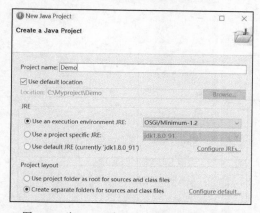

图 11-9　为 Project 起一个名字，并且选择路径

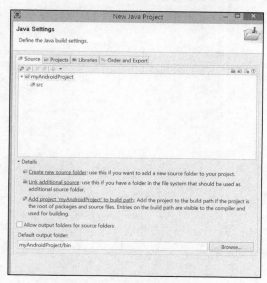

图 11-10　确定 Project 信息

（4）为 Project 建立一个包，如图 11-11 所示。

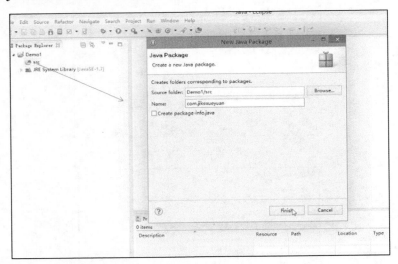

图 11-11　为 Project 建立一个包

右击 Project 名，建立 Package，Package 名称一般为××.××.××，并且具有一定的含义。比如：com.jerry，表示 Jerry 公司开发的 Java Package。

（5）建立临时文件目录，命名为 libs，如图 11-12 所示。

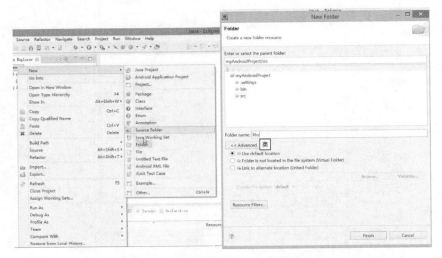

图 11-12　建立临时文件目录，命名为 libs

右击 Project 名，选择 new->folder，命名为 libs。

（6）寻找 android.jar 文件。

通过文件夹，寻找 android.jar，复制这个目录下的两个文件 android.jar 和 uiautomator.jar，

如图 11-13 所示。

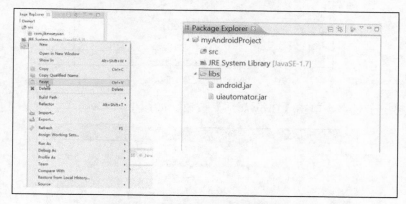

图 11-13　android.jar 和 uiautomator.jar 文件

（7）粘贴到第（5）步建立的 libs 目录下，如图 11-14 所示。

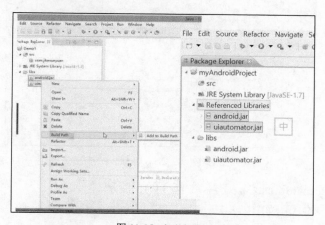

图 11-14　粘贴到第（5）步建立的 libs 目录下

（8）build path 这两个文件，如图 11-15 所示。

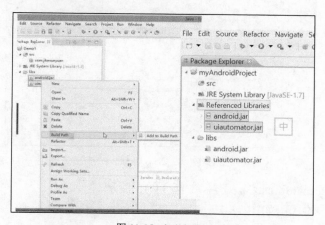

图 11-15　build path

选择这两个文件，点击鼠标右键，在弹出的菜单中选择"build path" -> "Add to Build Path"，这两个文件就添加到"Referenced Libraries"中了。

（9）在这个包下建立类（class）。

选中第（4）步创建的包，单击鼠标右键，在弹出的窗口中选择 New->Class，如图 11-16 所示。

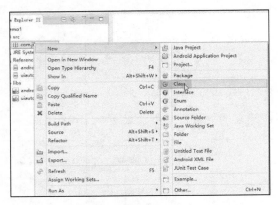

图 11-16　新建 Class

为 Class 起一个名字，单击【Browse...】按钮，如图 11-17 所示。

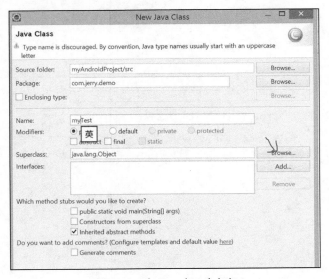

图 11-17　为 Class 起一个名字

使其继承 UiAutomatorTestCase 类，如图 11-18 所示。

完成后生成基本的代码如图 11-19 所示。

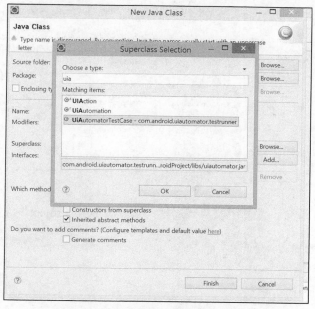

图 11-18　使其继承 UiAutomatorTestCase 类

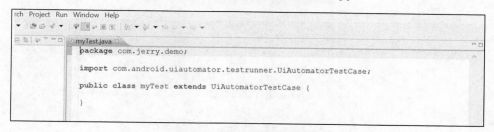

图 11-19　完成后生成基本的代码

2. 编译和运行

建立好测试代码，就可以运行了，编译和运行总体架构如图 11-20 所示。

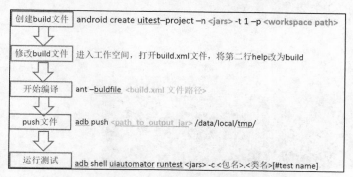

图 11-20　编译和运行总体架构

（1）输入如图 11-21 所示代码，这个代码的作用：按下手机上的 Home 键。

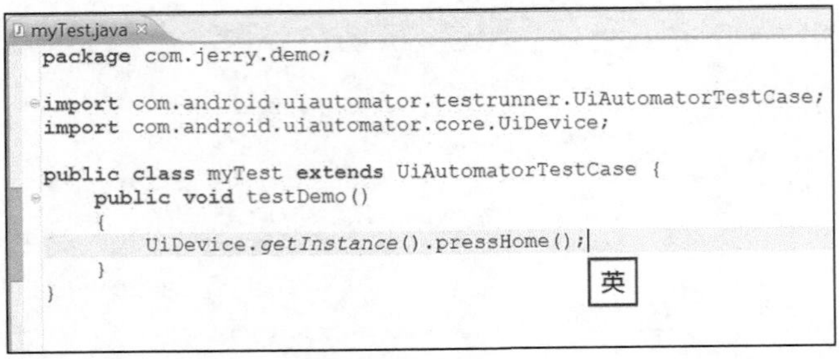

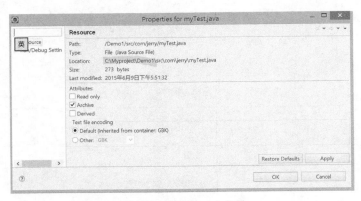

图 11-21　输入代码

（2）获得 Project 位置，选择"文件->属性"命令，获得 Project 位置，如图 11-22 所示。

图 11-22　获得 Project 位置

（3）打开命令行，通过 cd 命令进入类的路径，如图 11-23 所示。

（4）创建 build.xml 文件。

在命令行中输入"＞android create uitest-Project -n myTest -t 1–p C:\Myproject\Demo1"，获得如图 11-24 所示的 3 个文件。

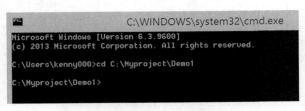

图 11-23　通过 cd 命令进入类的路径

图 11-24　获得的 3 个文件

在这个命令中。

-t：id 可以通过>android list 获得，一般为 1。

-n：类名。

-p：类所在的路径。

将新产生的 build.xml 中的 default="help"改为 default="build"，如图 11-25 所示。

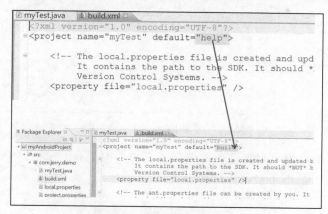

图 11-25　修改 build.xml 文件

（5）通过 ant 命令进行编译。

输入：>ant -buildfile build.xml，编译测试 jar 包，如图 11-26 所示。

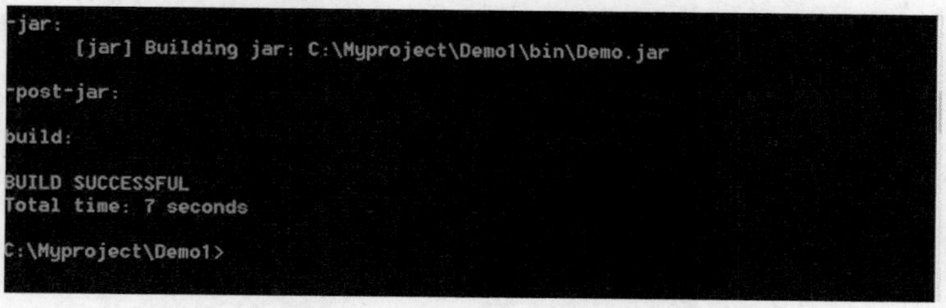

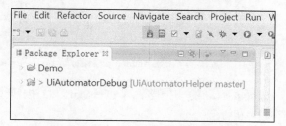

图 11-26　编译 build.xml 文件

（6）在 Eclipse 中启动模拟器。

如图 11-27 所示，在 Eclipse 中按标记的按键，启动安卓模拟器。

图 11-27　在 Eclipse 中启动安卓模拟器

在弹出的菜单中点【Tools】，如图 11-28 所示。

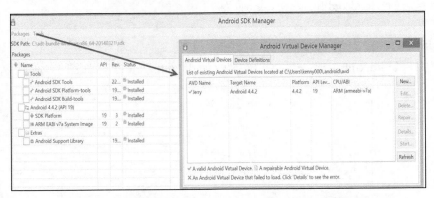

图 11-28　由 Android SDK Manager 进入 Android 虚拟设备管理器

　　然后点击【New】按键可以新建模拟器；或者在选中已有的模拟器中单击【Edit】按钮修改已有的模拟器设置，如图 11-29 所示。

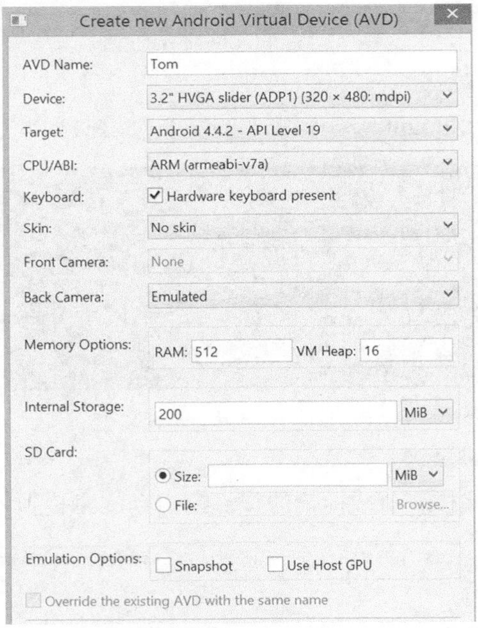

图 11-29　新建 Android 设备模拟器

　　新建或者修改完毕，选择要启动的模拟器，单击【Start...】按钮，然后单击【Launch】启动 Android 模拟器，如图 11-30 所示。

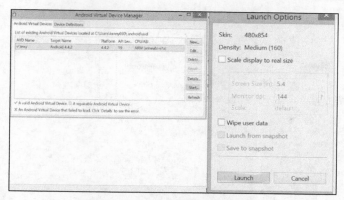

图 11-30　启动 Android 设备模拟器

（7）等待模拟器启动完毕，把文件 push 到 Android 虚拟机上。

输入：>adb push C:\Myproject\Demo\bin\Demo.jar /data/local/tmp，如图 11-31 所示（关于 adb 的命令，见参考文献【10】）。

 注

> 文件必须 push 到 Android 设备的/data/local/tmp 目录中。

```
C:\Myproject\Demo>adb push C:\Myproject\Demo\bin\Demo.jar data/local/tmt
10 KB/s (824 bytes in 0.075s)

C:\Myproject\Demo>
```

图 11-31　把文件 push 到 Android 虚拟机上

在虚拟机上运行测试程序。

运行：>adb shell uiautomator runtest Demo.jar -c com.jerry.myTest #mytest，如图 11-32 所示。其中。

```
INSTRUMENTATION_STATUS_CODE: -1

C:\Myproject\Demo>adb shell uiautomator runtest Demo.jar -c com.jerry.myTest #my
test
INSTRUMENTATION_STATUS: numtests=3
INSTRUMENTATION_STATUS: stream=
com.jerry.myTest:
INSTRUMENTATION_STATUS: id=UiAutomatorTestRunner
INSTRUMENTATION_STATUS: test=testDemo
```

图 11-32　在虚拟器上运行

Demo.jar：jar 包名。

com.jerry.myTest：类名。

#mytest：注释。

3. 运行命令与快速调试

显而易见，如果要修改这个测试脚本，就要重新生成文件、修改 build 文件、编译、push 到虚拟设备上，然后运行。这是非常麻烦的步骤，因此下面介绍一种简便的方法，用于快速运行 UiAutomator 测试脚本。

在介绍运行命令与快速调试之前，先把代码修改一下：

```
package com.jerry;
import android.os.RemoteException;
import com.android.uiautomator.testrunner.UiAutomatorTestCase;
import com.android.uiautomator.core.UiDevice;

public class myTest extends UiAutomatorTestCase {
    public void testDemo()
    {
    UiDevice.getInstance().pressHome();   //按 Home 键
    }

    public void testMenu(){
    UiDevice.getInstance().pressMenu(); //按菜单键
    }

    public void testRecent() throws RemoteException{
    UiDevice.getInstance().pressRecentApps(); //执行最近运行的程序
    }
}
```

其中。

UiDevice.getInstance().pressHome(); 为按下 Home 键。

UiDevice.getInstance().pressMenu(); 为点按菜单键。

UiDevice.getInstance().pressRecentApps(); 为执行最近运行的程序。

打开浏览器，输入 https://github.com，进入页面后，查询 uiautomatorhelper，如图 11-33 所示。

图 11-33　查询 uiautomatorhelper

找到后，点击链接：fan2597/UiAutomatorHelper，如图 11-34 所示。

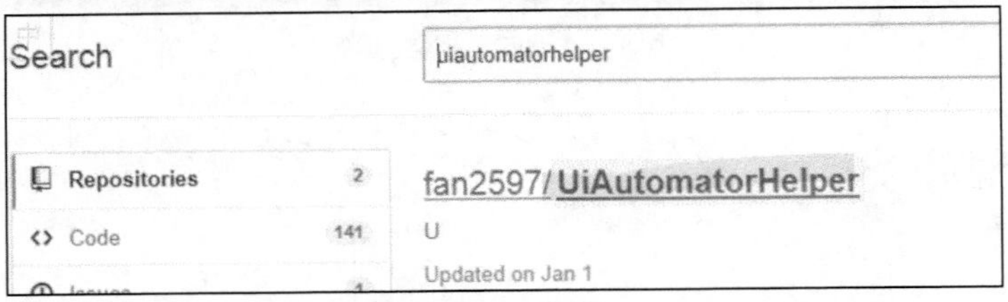

图 11-34　选择 fan2597/ UiAutomatorHelper

建议在下面的页面中使用 Copy，而不使用 Download，如图 11-35 所示。

图 11-35　Clone in Desktop

按照图 11-36 粘贴上一步 Copy 的地址到 Eclipse 中。

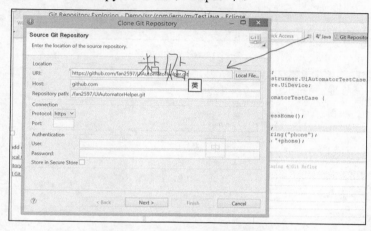

图 11-36　粘贴上一步 Copy 的地址

然后单击【Next】按钮。安装完毕后，如图 11-37 所示，导入 Import Git 到已有的 Project 中。

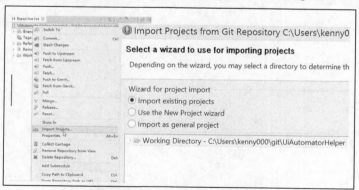

图 11-37　导入 Git 到已有的 Project 中

导入完毕后，单击【Finish】按钮，如图 11-38 所示。

接下来，如图 11-39 所示，单击【Java】图标按钮，确保 Git 已成功导入。

查看 UiAutomatorHelper.java，它把产生 build.xml、修改 build.xml、编译、传输、执行操作通过程序自动化起来了，如图 11-40 所示。

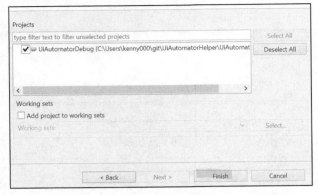

图 11-38 导入 Git 完毕

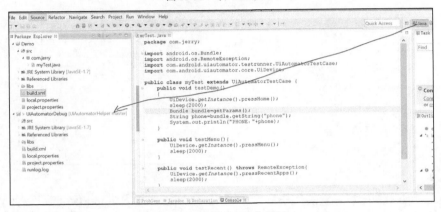

图 11-39 确保 Git 已成功导入

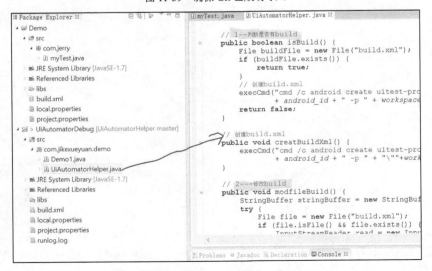

图 11-40 UiAutomatorHelper.java

下一步，把 UiAutomatorHelper.java 复制到自己建立的包下，如图 11-41 所示。

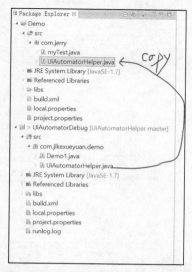

图 11-41 把 UiAutomatorHelper.java 复制到自己建立的包下

接下来，如图 11-42 所示，加入一个 main 函数。

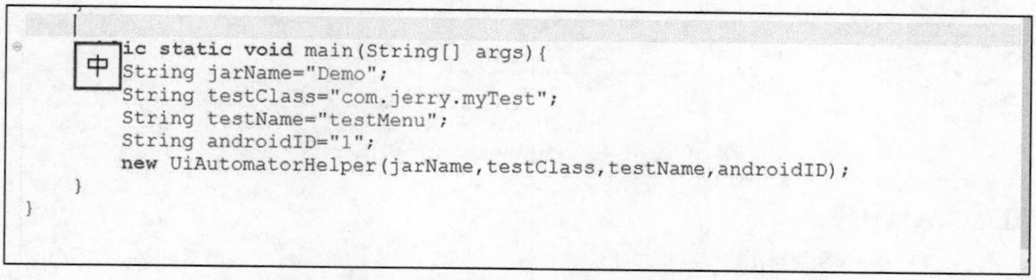

```
ic static void main(String[] args){
    String jarName="Demo";
    String testClass="com.jerry.myTest";
    String testName="testMenu";
    String androidID="1";
    new UiAutomatorHelper(jarName,testClass,testName,androidID);
}
```

图 11-42 加入一个 main 函数

main 函数中。

jarName：测试脚本的 jar 包名。

testClass：测试脚本的 Package 名称。

testName：测试脚本的函数名。

androidID：通过运行 android list 获得，一般为 1。

最后点击 Eclipse 上面的【运行】键，就可以在 Eclipse 里面运行了。如果需要修改测试脚本，修改完毕，保存后，直接点击【运行】键就可以再次在 Eclipse 中运行了。

11.1.4 UiAutomator API 详解

介绍完 UiAutomator 如何配置，接下来介绍 UiAutomator 的 API。图 11-43 是 UiAutomator

的类的调用图。

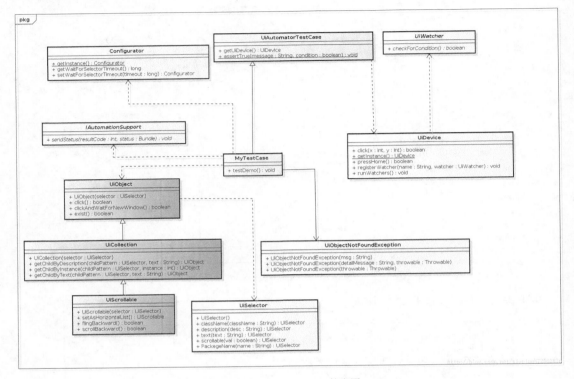

图 11-43 UiAutomator 的类图

1. UiDevice 类介绍

（1）获取 UiDevice 实例的方式：

- UiDevice.getInstance();
- getUiDevice()。

 注

> 第二种方式为获取 UiDevice 实例，当含有该实例的类被别的类调用时，会报空指针错误。所以一般仅用第一种方式。

案例 11-1：获取 UiDevice 实例的两种方式。

```
package com.uiautomatortest;

import android.os.Bundle;
import android.os.RemoteException;

import com.android.uiautomator.core.UiDevice;
import com.android.uiautomator.testrunner.UiAutomatorTestCase;
```

```
public class TestGetUiDevice2 extends UiAutomatorTestCase {
        public void testDevice(){
                TestGetUiDevice device1=new GetUiDevice();
        device1.press();
    }
public static void main(String[] args){
        String jarName,testClass,testName,androidId;
        jarName="DemoTest";
        testClass="com.uiautomatortest.Test";
        testName="testDevice";
        androidId="1";
        new UiAutomatorHelper(jarName, testClass, testName, androidId);
    }
}
```

类 TestGetUiDevice2 里调用类 TestGetUiDevice1 中包含 getUiDevice()的 press 方法时报空指针错误：java.lang.NullPointerException。

如果将 TestGetUiDevice1.java 中的 getUiDevice()换成 UiDevice.getInstance()，则可以正常运行。修改后的 TestGetUiDevice1.java 如下：

```
package com.uiautomatortest;

import com.android.uiautomator.core.UiDevice;
import com.android.uiautomator.testrunner.UiAutomatorTestCase;

public class TestGetUiDevice1 extends UiAutomatorTestCase {
    public void press(){
//          getUiDevice().pressMenu();
//          getUiDevice().pressHome();

        UiDevice.getInstance().pressMenu();
        UiDevice.getInstance().pressHome();
            }
}
```

所以，都是采用 UiDevice.getInstance()方式获取 UiDevice 实例。

（2）UiDevice 功能。

获取设备信息：屏幕分辨率、旋转状态、亮灭屏幕状态等。

操作：按键、坐标操作、滑动、拖曳、灭屏唤醒屏幕、截图等。

监听功能。

手机常见按键如下。

HOME：主屏幕键。

MENU：菜单键。

BACK：返回键。

VOLUME_UP：音量加键。

VOLUME_DOWN：音量减键。

RecentApps：最近使用 APP。

POWER：电源键。

Dpad：上下左右。

UiDevice 按键 API 说明见表 11-1。

表 11-1　　　　　　　　　　　UiDevice 按键 API 说明

返回值	方法名	描述
boolean	pressBack()	模拟短按返回 back 键
boolean	pressDPadCenter()	模拟轨迹球中点按键
boolean	pressDPadDown()	模拟轨迹球向下按键
boolean	pressDPadLeft()	模拟轨迹球向左按键
boolean	pressDPadRight()	模拟轨迹球向右按键
Boolean	pressDPadUp()	模拟轨迹球向上按键
boolean	pressDelete()	模拟按删除 delete 键
boolean	pressEnter()	模拟按回车键
boolean	pressHome()	模拟按 home 键
boolean	pressKeyCode(int keyCode,int metaState)	模拟按键盘代码 keyCode
boolean	pressKeyCode(int keyCode)	模拟按键盘代码 keyCode
boolean	pressMenu()	模拟按 menu 键
boolean	pressRecentApps()	模拟按最近使用程序
boolean	pressSearch()	模拟按搜索键

案例 11-2：UiDevice 按键 API。

```
package com.uiautomatortest;

import android.os.Bundle;
import android.os.RemoteException;

import com.android.uiautomator.core.UiDevice;
import com.android.uiautomator.testrunner.UiAutomatorTestCase;

public class Test extends UiAutomatorTestCase {

    public void testHome (){

        UiDevice.getInstance().pressHome();
        Sleep(2000);
    }

    public void testMenu(){
```

```
        UiDevice.getInstance().pressMenu();
        Sleep(2000);
    }
    public void testRecent() throws RemoteException{

        UiDevice.getInstance().pressRecentApps();
        Sleep(2000);
    }

}
```

（3）KEYCODE 键盘映射码，包括如下。

KeyEvent：按键事件。

META KEY。

辅助功能键：ALT、SHIFT、CAPS_LOCK。

KEYCODE 键盘映射码见表 11-2。

表 11-2   KEYCODE 键盘映射码

列	激活状态	metaState
base	META_key 未被激活	0
caps	Shift 或 Caps Lock 被激活	1
fn	Alt 被激活	2
caps_fn	Alt、Shift 或 Caps Lock 同时被激活	3

案例 11-3：KEYCODE 键盘映射码。

```
public void testKeyCode(){

        UiDevice.getInstance().pressKeyCode(KeyEvent.KEYCODE_A); //小写 a
        UiDevice.getInstance().pressKeyCode(KeyEvent.KEYCODE_B); //小写 b
        UiDevice.getInstance().pressKeyCode(KeyEvent.KEYCODE_C); //小写 c

        UiDevice.getInstance().pressKeyCode(KeyEvent.KEYCODE_A, 1); //大写 A
        UiDevice.getInstance().pressKeyCode(KeyEvent.KEYCODE_B, 1); //大写 B
        UiDevice.getInstance().pressKeyCode(KeyEvent.KEYCODE_C, 1); //大写 C

    }
```

（4）在 Eclipse 中如何查看一个 Android 模拟器的内部文件。

需要进行 UiAutomator 测试，往往需要知道系统中含有哪些应用程序包以及包的名称，可以在 Eclipse 中添加 DDMS 工具来查看，如图 11-44 所示。

2. 坐标相关的知识

手机屏幕坐标：左上角开始到右下角结束。

DP：设备独立像素，如 320 像素显示到 640 像素上要拉伸一倍。

Point：代表一个点(x，y)，左上角的坐标永远为(0，0)。

（1）坐标相关 API 见表 11-3。

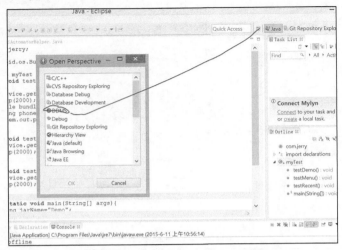

图 11-44　在 Eclipse 中添加 DDMS 工具

表 11-3　　　　　　　　　　　　　　　　坐标相关 API

返回值	方法名	描述
boolean	Click(int x,int y)	使用坐标点击屏幕
int	getDisplayHeight()	获取屏幕高度
Point	getDisplaySizeDP()	获取显示尺寸，返回显示大小（设备独立像素） 屏幕旋转返回的显示大小调整
int	getDisplayWidth()	获取屏幕宽度

（2）使用 UiAutomator Viewer 获取屏幕快照。

进入 android SDK 的 tools 目录下找到 uiautomatorviewer.bat，双击打开这个工具，就可以使用了，如图 11-45 所示。

图 11-45　UiAutomator Viewer

案例 11-4：关于坐标的 API。

```java
package com.uiautomatortest;

import android.graphics.Point;
import android.os.Bundle;
import android.os.RemoteException;
import android.view.KeyEvent;
import com.android.uiautomator.core.UiDevice;
import com.android.uiautomator.testrunner.UiAutomatorTestCase;

public class Test extends UiAutomatorTestCase {
public void testClick(){
        //get the display height and width
        int h=UiDevice.getInstance().getDisplayHeight();
        int w=UiDevice.getInstance().getDisplayWidth();
        Point p=UiDevice.getInstance().getDisplaySizeDp();
        System.out.println("The display width is: "+w);
        System.out.println("The display height is: "+h);
        System.out.println(p);
        //click the clock
        UiDevice.getInstance().click(159,223);
    }
}
```

3. 拖曳与滑动

（1）概念介绍。

● 拖曳：将组件从一个坐标移动到另一个坐标。

● 移动：从一个坐标点移动到另一个坐标点。

● 步长：从一点滑动到另一点使用的时间。

（2）拖曳与滑动的相关 API（表 11-4）。

表 11-4　　　　　　　　　　　　　　拖曳与滑动的相关 API

返回值	方法名	描述
boolean	drag（int startX,int startY,int endX,int endY,int steps）	把对象从一个坐标拖动到另一个坐标
boolean	swipe（Point[] segment,int segmentSteps）	在点阵列中滑动，5ms 一步
boolean	swipe（int startX,int startY,int endX, int endY, int steps）	通过坐标滑动屏幕

案例 11-5：关于拖曳与滑动的 API。

```java
package com.uiautomatortest;

import android.graphics.Point;
import android.os.Bundle;
import android.os.RemoteException;
import android.view.KeyEvent;
```

```
import com.android.uiautomator.core.UiDevice;
import com.android.uiautomator.testrunner.UiAutomatorTestCase;

public class Test extends UiAutomatorTestCase {

    public void testDragAndSwipe(){
//[64,577][128,640]
        int startX,startY,endX,endY,steps;
        startX=(128-64)/2+64;
        startY=(640-577)/2+577;
        endX=startX;
        endY=startY-200;
        steps=100;
        UiDevice.getInstance().drag(startX,startY,endX,endY,steps);

        Point p1=new Point();
        Point p2=new Point();
        Point p3=new Point();
        Point p4=new Point();
        p1.x=78;p1.y=30;
        p2.x=235;p2.y=309;
        p3.x=224;p3.y=414;
        p4.x=76;p4.y=409;
Point[] ps={p1,p2,p3,p4,p1};
        UiDevice.getInstance().swipe(ps,50);

        //(278,374),(69,373)
        int startX=278;
        int startY=374;
        int endX=69;
        int endY=373;
        int steps=100;
        UiDevice.getInstance().swipe(startX,startY,endX,endY,steps);
    }
}
```

4. 屏幕旋转

（1）屏幕旋转相关知识。

旋转方向：0°、90°（向左转）、180°、270°（向右转）。

重力感应器：重力感应器是旋转所依靠的。

固定位置：指将屏幕方向固定在 0°、90° 或者 180° 等。

物理旋转：物理旋转与重力感应器关联在一块，关闭物理旋转就是关闭了重力感应器，反之亦然）。

（2）旋转屏幕相关 API（表 11-5）。

表 11-5 旋转屏幕相关 API

返回值	方法名	描述
void	setOrientationLeft()	通过禁用传感器，然后模拟设备向左转，并且固定位置
void	setOrientationNatural()	通过禁用传感器，然后模拟设备转到其自然默认的方向，并且固定位置
void	setOrientationRight()	通过禁用传感器，然后模拟设备向右转，并且固定位置
void	unfreezeRotation()	重新启动传感器和允许物理旋转
boolean	isNaturalOrientation()	检测设备是否处于默认旋转状态
int	getDisplayRotation()	返回当前的显示旋转，0°、90°、180°、270°值分别为 0、1、2、3
void	freezeRotation()	禁用传感器和冻结装置物理旋转在其当前旋转状态

案例 11-6：关于屏幕旋转的 API。

```java
package com.UiAutomator;

import java.io.File;

import android.os.Bundle;
import android.os.RemoteException;
import android.view.KeyEvent;

import com.android.uiautomator.core.UiDevice;
import com.android.uiautomator.testrunner.UiAutomatorTestCase;

public class Test1 extends UiAutomatorTestCase {

public void testOrientation() throws RemoteException{
        int r=UiDevice.getInstance().getDisplayRotation();
        if(r==0){
            System.out.println("r="+r);
            UiDevice.getInstance().setOrientationLeft();
        }
        If(r==1){
            UiDevice.getInstance().setOrientationNatural();
            Sleep(1000);
            UiDevice.getInstance().setOrientationLeft();
        }
        If(r==2){
            UiDevice.getInstance().setOrientationNatural();
            sleep(1000);
            UiDevice.getInstance().setOrientationLeft();
        }
        If(r==3){
            UiDevice.getInstance().setOrientationNatural();
        }
}
    }    int r=UiDevice.getInstance().getDisplayRotation();
        If(r==0){
            System.out.println("r="+r);
```

```
                     UiDevice.getInstance().setOrientationLeft();
        }
        If(r==1){
                     UiDevice.getInstance().setOrientationNatural();
                     Sleep(1000);
                     UiDevice.getInstance().setOrientationLeft();
        }
        If(r==2){
                     UiDevice.getInstance().setOrientationNatural();
                     Sleep(1000);
                     UiDevice.getInstance().setOrientationLeft();
        }
        If(r==3){
                     UiDevice.getInstance().setOrientationNatural();
        }
}
  }
```

5. UiSelector 对象

这个对象可以理解为一种条件对象，描述的是一种条件，经常配合 UiObject 使用，可以得到某个（某些）符合条件的控件对象。

- Checked(boolean val)

描述一种 check 状态为 val 的关系。

- className(className)

描述一种类名为 className 的对象关系。

- clickable(boolean val)

与 checked 类似，描述 clickable 状态为 val 的关系。

- description(desc)

介绍。

- descriptionContains(desc)

与 description 类似。

- focusable(boolean val)

与 checked 类似。

- index(index)

当前对象在父对象集中的索引作为描述。

- packageName(String name)

用包名作为条件描述。

- selected(val)

描述一种选择关系。

- text(text)

最常用的一种关系，用控件上的文本即可找到当前控件。需要注意，所有使用 text 属性找到的控件，必须是英文的。也就是说，不支持通过中文查找控件。

- textContains(text)

与 text 类似。

- textStartsWith(text)

与 text 类似。

6. UiObject 对象

这个对象可以理解为控件的对象。一般地，UiObject 对象可以通过以下形式得到：

```
UiObject mItem = new UiObject(new UiSelector().text("English"));
```

也就是配合一个 UiSelector，就可以得到一个控件，具体见下面的案例分享。

- click()

点击控件。

- clickAndWaitForNewWindow()

点击某个控件，并等待窗口刷新。

- longClick()

长按。

- clearTextField()

清除文本，主要针对编辑框。

- getChildCount()

这个方法可以看出，其实 UiObject 也可以是一个控件的集合。

- getPackageName()

得到控件的包名。

- getSelector()

得到当前控件的选择条件。

- getText()

得到控件上的 Text。

- isCheckable()
- isChecked()
- isClickable()
- isLongClickable()
- isScrollable()
- isScrollable()
- isSelected()

判断是否具备某个属性。

7. UiCollection 对象

这个对象可以理解为一个对象的集合。因为 UiSelector 描述后得到的有可能是多个满足条件的控件集合，因此可以用来生成 UiCollection。

```
UiCollection mUiCollection = new UiCollection(new UiSelector().text("Settings"));
getChild(selector);
```

从集合中再次通过 UiSelector 选择一个 UiObject 对象。

● getChildByDescription(childPattern,text)

从一个匹配模式中再次以 text 为条件选择 UiObject。

getChild(selector)	从集合中再次通过 UiSelector 选择一个 UiObject 对象
getChildByDescription(childPattern, text)	从一个匹配模式中再次以 text 为条件选择 UiObject

8．API 详解

对于功能测试用例，第一步获取对象，第二步进行操作，第三步进行判断。

（1）获取对象。

根据笔者经验获取对象最好用的方法是：

```
UiSelector button=new UiSelector().resourceId("com.example.demo4:id/button1");
obj = new UiObject(button);
Obj.click();
```

其中 com.example.demo4 安卓 APP 的类名，button1 为 R.java 中对应元素的 id 名。

```
public static final class id {
public static final int action_settings=0x7f08000c;
public static final int button1=0x7f080005;
…
```

另外还可以通过以下方法来定位。

案例 11-7：构建一个以‘微’开头的 UiSelector。

```
UiSelector wx=new UiSelector().textStratWith("微") ;
UiObject obj = new UiObject(wx);
Obj.click();
```

案例 11-8：构建一个有‘微’的 UiSelector。

```
UiSelector wx=new UiSelector().textContains("微") ;
UiObject obj = new UiObject(wx) ;
obj.click ();
```

案例 11-9：构建一个 class 属性为 android.widget.TextView，text 属性为微信的 UiSelector。

```
UiSelector wx=new UiSelector().className("android.widget.TextView").text("微信");
UiObject obj = new UiObject(wx);
obj.click();
```

案例 11-10：构建一个聚焦的 className 为 android.widget.CheckBox 聚焦的控件。

```
UiSelector x=new UiSelector().fousable(true).className("android.widget.CheckBox");
UiObject obj = new UiObject(x);
obj.click();
```

（2）操作。

案例 11-11：点 QQ APP。

```
UiSelector qq=new UiSelector().text("QQ");
UiObject obj = new UiObject(qq);
```

```
obj.click();
```

案例 11-12：长按 QQ APP。

```
UiSelector qq=new UiSelector().text("QQ");
UiObject obj = new UiObject(qq);
obj.longClick();
```

案例 11-13：把 QQ 移动到【560,600】坐标处，40 为 step。

```
UiSelector qq=new UiSelector().text("QQ");
UiObject obj = new UiObject(qq);
obj.dragTo(560,600,40);
```

案例 11-14：交换 QQ 与计算器的位置。

```
UiSelector qq=new UiSelector().text("QQ");
UiObject obj = new UiObject(qq);
UiSelector calc=new UiSelector().text("计算器");
UiObject obj1 = new UiObject(calc);
obj.drapTo(obj1,40);
```

案例 11-15：按第 3 个 APP 向左划屏。

因为 instance 的编号从 0 开始，所以这里为 2。

```
UiSelector View=new UiSelector().className("android.view.View").instance(2);
UiObject obj = new UiObject(View);
obj.SwipeLeft(10);
```

案例 11-16：模拟短信输入。

```
UiSelector edit=new UiSelector().className("android.view.EditText").instance(0);
UiObject obj = new UiObject(edit);
obj.setText("13681732596");
UiSelector edit1=new UiSelector().className("android.view.EditText").instance(1);
UiObject obj1 = new UiObject(edit1);
obj1.setText("hi");
obj1.clearTextField();   //重新输入
obj1.setText("hello");
```

案例 11-17：获得屏幕下方的文本信息。

```
UiSelector View=new UiSelector().className("android.view.View").instance(4);
UiObject obj = new UiObject(View);
int count = obj.getChildCount();
for(int j=0;j<count;j++){
    UiObject child = obj.getChild(new UiSelector().index(j));
    System.out.println(child.getText());
}
```

案例 11-18：判断对象是否存在。

```
UiSelector View=new UiSelector().className("android.view.View").instance(2);
UiObject obj = new UiObject(View);
If (obj.exists ())
{
    System.out.println("Object exists!");
}else{
    System.out.println("Object is not exist!");
}
```

当然可以用 assertEquals、assertTrue、assertFalse、assertNull、assertNotNull、assertSame 和 assertNotSame，参见 8.1.5 节介绍。

11.1.5　案例分析

案例 11-19：图片切换 APP。

图片切换 APP 的功能：打开图片切换 APP，名字为 Demo5，页面上存在图片 A 和图片 B。图片 A 是显示的，图片 B 是隐藏的。点击手机屏幕，图片 A 变为隐藏的，图片 B 变为显示的。再点击手机屏幕，图片 A 变为显示的，图片 B 变为隐藏的，如此循环。APP 代码如下（这里仅给出 MainActivety.java）。

```
package com.example.demo5;

import android.app.Activity;
import android.os.Bundle;
import android.view.Menu;
import android.view.MenuItem;
import android.view.View;
import android.widget.FrameLayout;
import android.widget.ImageView;

public class MainActivity extends Activity {
private FrameLayout root;
private ImageView ivA,ivB;

    @Override
    protected void onCreate(Bundle savedInstanceState) {
        super.onCreate(savedInstanceState);
        setContentView(R.layout.activity_main);
        root =(FrameLayout)findViewById(R.id.root);
        ivA =(ImageView)findViewById(R.id.imageView1);
        ivB =(ImageView)findViewById(R.id.imageView2);
        showA();
    }


    public void rootClick(View view){
        if (ivA.getVisibility()==View.VISIBLE){
            showB();
        }else{
            showA();
        }
    }

    private void showA(){
        ivA.setVisibility(View.VISIBLE);
        ivB.setVisibility(View.INVISIBLE);
```

```
    }

    private void showB(){
        ivA.setVisibility(View.INVISIBLE);
        ivB.setVisibility(View.VISIBLE);
    }

    @Override
    public boolean onCreateOptionsMenu(Menu menu) {
        // Inflate the menu; this adds items to the action bar if it is present.
        getMenuInflater().inflate(R.menu.main,menu);
        return true;
    }

    @Override
    public boolean onOptionsItemSelected(MenuItem item) {
        // Handle action bar item clicks here. The action bar will
        // automatically handle clicks on the Home/Up button, so long
        // as you specify a parent activity in AndroidManifest.xml.
        int id = item.getItemId();
        if (id == R.id.action_settings) {
            return true;
        }
        return super.onOptionsItemSelected(item);
    }
}
```

测试用例的步骤是：

（1）显示所有 APP；

（2）找到需要测试的 APP，Demo5；

（3）进入 Demo5，向左旋转屏幕；

（4）点击屏幕，图片 A 消失，图片 B 显示；

（5）再次点击屏幕，使得图片 A 显示，图片 B 消失；

（6）测试结束。

测试代码如下。

```
package com.jerry;

import android.os.RemoteException;
import android.widget.ListView;
import android.widget.Switch;

import com.android.uiautomator.testrunner.UiAutomatorTestCase;
import com.android.uiautomator.core.UiDevice;
import com.android.uiautomator.core.UiObject;
import com.android.uiautomator.core.UiObjectNotFoundException;
import com.android.uiautomator.core.UiScrollable;
import com.android.uiautomator.core.UiSelector;
```

```java
public void myDemo() throws UiObjectNotFoundException {

    // 模拟 HOME 键点击事件
    getUiDevice().pressHome();

    // 现在打开了主屏应用，模拟点击所有应用按钮操作，来启动所有应用界面
    // 如果使用了 uiautomatorviewer 查看主屏，则可以发现"所有应用"按钮的
    // content-description 属性为"Apps"。可以使用该属性找到该按钮
    UiObject allAppsButton = new UiObject(new UiSelector().description("Apps"));

    // 模拟点击所有应用按钮，并等待所有应用界面起来
    allAppsButton.clickAndWaitForNewWindow();

    // 在所有应用界面，时钟应用位于 Apps tab 界面中。下面模拟用户点击 Apps tab 操作
    // 找到 appstab 按钮
    UiObject appsTab = new UiObject(new UiSelector().text("Apps"));

    // 模拟点击 appstab
    appsTab.click();

    // 然后在 appstab 界面模拟用户滑动到 Demo5 应用的操作
    // 由于 Apps 界面是可以滚动的，所以用 UiScrollable 对象
    UiScrollable appViews = new UiScrollable(new UiSelector().scrollable(true));

    // 设置滚动模式为水平滚动(默认为垂直滚动)
    appViews.setAsHorizontalList();

    if (allAppsButton.exists() && allAppsButton.isEnabled()) {
        // allAppsButton 在当前界面已经不可见了 所以这里不会执行
        allAppsButton.click();
    }
    // 查找应用，并点击
    UiObject settingsApp = appViews.getChildByText(
    new UiSelector().className(android.widget.TextView.class.getName()),"Demo5");
    settingsApp.clickAndWaitForNewWindow();

//向左转
    try {
        UiDevice.getInstance().setOrientationLeft();
    } catch (RemoteException e) {
        // TODO Auto-generated catch block
        e.printStackTrace();
    }
    // 模拟点击 Demo5
UiObject myroot=new UiObject(new UiSelector().className("android.view.View").instance(0));

myroot.click();
sleep(3000);
myroot.click();
```

```
            sleep(3000);
            getUiDevice().pressHome();
    }

        public static void main(String[] args){
            String jarName="myTest";
            String testClass="com.jerry.myTest";
            String testName="myDemo";
            String androidID="1";
            new UiAutomatorHelper(jarName, testClass, testName, androidID);
        }

}
```

这段代码的头部可以通用，所以可以封装一个类，建立代码 Enter.java。

```
package com.jerry;

import com.android.uiautomator.testrunner.UiAutomatorTestCase;
import com.android.uiautomator.core.UiObject;
import com.android.uiautomator.core.UiObjectNotFoundException;
import com.android.uiautomator.core.UiScrollable;
import com.android.uiautomator.core.UiSelector;

public class Enter extends UiAutomatorTestCase {
    public static String App=null;

    public Enter(String App){
        this.App=App;
    }

    public void comming() throws UiObjectNotFoundException{
        // 现在打开了主屏应用，模拟点击所有应用按钮操作来启动所有应用界面。
        // 如果你使用了 uiautomatorviewer 来查看主屏，则可以发现"所有应用"按钮的
        // content-description 属性为"Apps"。可以使用该属性来找到该按钮。
        UiObject allAppsButton = new UiObject(new UiSelector().description("Apps"));

        // 模拟点击所有应用按钮，并等待所有应用界面起来
        allAppsButton.clickAndWaitForNewWindow();

        // 在所有应用界面，App 应用位于 Apps tab 界面中。下面模拟用户点击 Apps tab 操作。
        // 找到 Apps tab 按钮
        UiObject appsTab = new UiObject(new UiSelector().text("Apps"));

        // 模拟点击 Apps tab.
        appsTab.click();

        // 然后在 Apps tab 界面，模拟用户滑动到时钟应用的操作。
        // 由于 Apps 界面是可以滚动的，所以用
        // UiScrollable 对象.
```

```
            UiScrollable appViews = new UiScrollable(new UiSelector().scrollable(true));

            // 设置滚动模式为水平滚动(默认为垂直滚动)
            appViews.setAsHorizontalList();

            if (allAppsButton.exists() && allAppsButton.isEnabled()) {
                // allAppsButton 在当前界面已经不可见了 所以这里不会执行
                allAppsButton.click();
            }
            // 查找 this.App 应用并点击
            UiObject settingsApp = appViews.getChildByText(
            new UiSelector().className(android.widget.TextView.class.getName()), this.App);
            settingsApp.clickAndWaitForNewWindow();
        }
    }
```

我们如果要测试一个 APP，在开始只要建立 Enter 类的构建，构建参数为显示在 Android 手机屏幕菜单上的名字。这样我们的代码将变为。

```
public void myDemo() throws UiObjectNotFoundException {
        // 模拟 HOME 键点击事件
        getUiDevice().pressHome();
        Enter enter=new Enter("Demo5");
        enter.comming();

        // 左转
        try {
            UiDevice.getInstance().setOrientationLeft();
        } catch (RemoteException e) {
            e.printStackTrace();
        }
        UiObject myroot=new UiObject(new UiSelector().className("android.view.View").instance(0));
        myroot.click();
        sleep(8000);
        myroot.click();
        sleep(8000);
        UiDevice.getInstance().pressHome();
}
```

在这里屏幕菜单显示的 APP 为 Demo5，所以只要在构建的时候使用 Enter enter=new Enter("Demo5")即可。

案例 11-20：注册登录 APP。

进入注册登录 APP，显示如图 11-46 所示，如果是注册用户，可以在这里输入用户名和密码，然后点击【登录】按键进行登录。否则点击【进行注册】按钮，进入注册页面，如图 11-47 所示。登录成功显示登录成功信息，如图 11-48 所示。为了测试方便，临时在首页加了一个按键【清除】，功能是清除所有注册的用户信息。

测试步骤为。

（1）调用案例 11-19 中的 Enter 类找到测试程序 Demo4。

图 11-46 登录页面   图 11-47 注册页面   图 11-48 登录成功页面

（2）进入注册页面，输入注册信息。

（3）返回登录页面进行登录。

（4）通过判断登录成功页面的元素是否存在来判断登录是否成功。

（5）退出登录。

（6）清空数据库。

测试代码如下。

```
public void CheckDemo4() throws UiObjectNotFoundException {
    String username = "jerry";
    String password = "123456";
    // 模拟 HOME 键点击事件
    getUiDevice().pressHome();
    Enter enter=new Enter("Demo4");
    enter.comming();

    //注册
    UiSelector buton=new UiSelector().resourceId("com.example.demo4:id/button2");
    UiObject obj = new UiObject(buton);
    obj.click();

    // 输入注册信息
    UiSelector enusername=new UiSelector().resourceId("com.example.demo4:id/username1");
    obj = new UiObject(enusername);
    obj.clearTextField();
    obj.setText(username);

    UiSelector enpassword=new UiSelector().resourceId("com.example.demo4:id/password1");
    obj = new UiObject(enpassword);
    obj.clearTextField();
    obj.setText(password);

    UiSelector button=new UiSelector().resourceId("com.example.demo4:id/button11");
    obj = new UiObject(button);
    obj.click();

    //输入登录信息
    enusername=new UiSelector().resourceId("com.example.demo4:id/username");
    obj = new UiObject(enusername);
    obj.clearTextField();
    obj.setText(username);
```

```
enpassword=new UiSelector().resourceId("com.example.demo4:id/password");
obj = new UiObject(enpassword);
obj.clearTextField();
obj.setText(password);

button=new UiSelector().resourceId("com.example.demo4:id/button1");
UiObject obj4 = new UiObject(button);
obj4.click();

UiSelector welcomeinfo=new UiSelector().resourceId("com.example.demo4:id/welcomeinfo");
UiObject obj1 = new UiObject(welcomeinfo);
//通过判断登录成功页面的元素是否存在来判断登录是否成功
if (obj1.exists ())
{
    System.out.println("Object exists!");
}else{
    System.out.println("Object is not exist!");
}


//退出
button=new UiSelector().resourceId("com.example.demo4:id/logout");
obj = new UiObject(button);
obj.click();
//清空数据库
button=new UiSelector().resourceId("com.example.demo4:id/exit");
obj = new UiObject(button);
obj.click();

UiDevice.getInstance().pressHome();
}
```

更多关于 UiAutomator 的知识，见参考文献【11】。

11.2 Selenium 和 WebDriver 工具入门介绍

Selenium 和 WebDriver 用于测试基于 Web 的应用，也可以测试基于 HTML5 的手机 APP 应用。

Selenium 与 Webdriver 整合后，形成的新的测试工具 Selenium2.x。在 Selenium1 的时候，Selenium 使用 JavaScript 达到测试自动化的目标。

1. Selenium RC

早期的 Selenium 使用的是 JavaScript 注入技术与浏览器打交道，需要 Selenium RC 启动一个 Server，将操作 Web 元素的 API 调用转化为一段段 JavaScript，在 Selenium 内核启动浏览器后注入这段 JavaScript。开发过 Web 应用的人都知道，JavaScript 可以获取并调用页面的任何元素，自如地进行操作，由此才实现了 Selenium 的目的：自动化 Web 操作。这种 JavaScript 注入技术的缺点是：速度不理想，而且稳定性大大依赖于 Selenium 内核对 API 翻译成的 JavaScript 质量高低。

2. WebDriver

当 Selenium2.x 提出了 WebDriver 的概念后，它提供了另外一种方式与浏览器交互。那就是利用浏览器原生的 API，封装成一套更加面向对象的 Selenium WebDriver API，直接操作浏览器页面里的元素，甚至操作浏览器本身（截屏、窗口大小、启动、关闭、安装插件、配置证书之类的）。由于使用的是浏览器原生的 API，所以速度大大提高，而且调用的稳定性交给了浏览器厂商本身，显然更加科学。然而，带来的一些副作用是，不同的浏览器厂商对 Web 元素的操作和呈现多少会有一些差异，这就直接导致 Selenium WebDriver 要分浏览器厂商不同，而提供不同的实现。例如，Firefox 就有专门的 FirefoxDriver，Chrome 就有专门的 ChromeDriver 等（甚至包括了 AndroidDriver 和 iOS WebDriver）。

WebDriver Wire 协议是通用的。也就是说，不管是 FirefoxDriver，还是 ChromeDriver，启动之后都会在某一端口启动基于这套协议的 Web Service。例如，FirefoxDriver 初始化成功后，默认会从 http://localhost:7055 开始，而 ChromeDriver 则大概是 http://localhost:46350 之类的。接下来，调用 WebDriver 的任何 API，都需要借助一个 CommandExecutor 发送一个命令，实际上是一个 HTTP request 给监听端口上的 Web Service。在 HTTP request 的 body 中，会以 WebDriver Wire 协议规定的 JSON 格式的字符串告诉 Selenium 希望浏览器接下来做什么事情。

在新建一个 WebDriver 的过程中，Selenium 首先会确认浏览器的 native component 是否存在并可用，以及版本是否匹配。接着就在目标浏览器里启动一整套 Web Service，这套 Web Service 使用了 Selenium 自己设计定义的协议，名字叫做 The WebDriver Wire Protocol。这套协议非常强大，几乎可以操作浏览器做任何事情，包括打开、关闭、最大化、最小化、元素定位、元素点击、上传文件等。

WebDriver 可以运行在电脑上，也可以运行在手机上。

11.2.1 环境安装

到网上下载，解压 selenium-2.33.0 或 selenium-2.47.1 后存在本地。在写本书的时候如果开发运行在 Android 上的应用使用 selenium-2.33.0，开发运行在电脑上的应用则使用 selenium-2.47.0。

在 Eclipse 上建立 Project、Package 和 Class，然后右击 Project，在弹出的菜单中点属性，进入 JavaBuild，如图 11-49 所示。

单击【Add External JARs...】，加入 selenium-2.XX.X 和 selenium-java-2.XX.X（开发在电脑上运行的测试包 XX.X 为 47.1，开发在安卓手机上运行的测试包 XX.X 为 33.0），如图 11-50 所示。

再次单击【Add External JARs...】，进入 libs 目录，加入所有 jar 包，如图 11-51 所示。

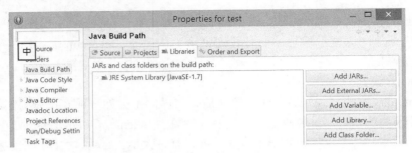

图 11-49 Java Build Path

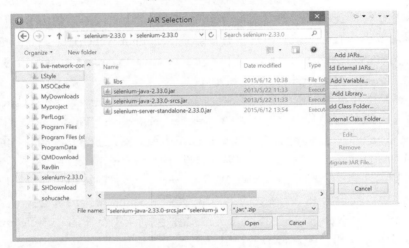

图 11-50 加入 selenium-2.××.0.jar 和 selenium-java-2.××.0-srcs.jar

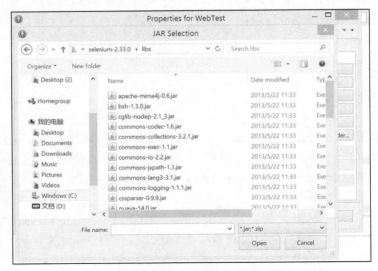

图 11-51 加入 libs 目录下的所有 jar 包

接下来，单击【Add Libarary...】，选择 JUnit 4，如图 11-52 所示。

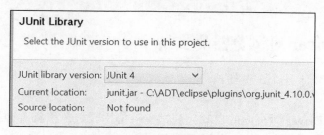

图 11-52　选择 JUnit 4

填加完毕后的 Java Build Path 如图 11-53 所示。

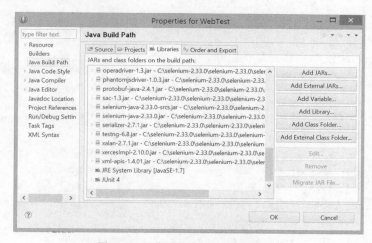

图 11-53　添加完毕后的 Java Build Path

如果要在安卓中安装，还要进行以下设置。

（1）在命令行中输入 ">adb devices" 命令，确保有安卓设备连接在电脑上。

（2）到网站 http://code.google.com/p/selenium/downloads/list 中下载 AndroidDriver APK，文件名为 android-server-2.9.apk。当然，也可以通过百度搜索获得。

（3）安装下载的 APK 到设备中去，运行：

```
>adb -s emulator-5554 -e install -r c:\android-server-2.9.apk
```

这里 android-server-2.9.apk 存储在 C 盘根目录下。安装完毕在安卓手机中会看到如图 11-54 所示的 APP。

这个就是嵌入在安卓中的浏览器。千万记住每次运行需要执行以下两条命令。

图 11-54　Android WebDriver APP

● 启动安卓 WebDriver：

```
>adb -s emulator-5554 shell am start -a android.intent.action.MAIN -n
org.openqa.selenium.android.app/.MainActivity
```

● 设置主机到模拟器的端口通道：

```
>adb -s emulator-5554 forward tcp:8080 tcp:8080
```

11.2.2 WebDriver 对浏览器的支持

WebDriver 支持以下几个浏览器：

1. FireFox

优点：FireFox Driver 对页面的自动化测试支持得比较好，很直观地模拟页面的操作，对 JavaScript 的支持也非常完善，基本上页面上做的所有操作 FireFox Driver 都可以模拟。

缺点：启动很慢，运行也比较慢，不过，启动之后 WebDriver 的操作速度虽然不快，但还是可以接受的，建议不要频繁启停 FireFox Driver。

调用：

```
driver = new FirefoxDriver();
```

如果你的 FireFox 没有安装在默认目录，那么必须在程序中设置：

```
System.setProperty("webdriver.firefox.bin","D:\\Program Files\\Mozilla Firefox\\firefox.
exe");
WebDriver driver = new FirefoxDriver();
```

Firefox profile 的属性值是可以改变的，比如平时使用得非常频繁的改变 useragent 的功能，可以这样修改：

```
FirefoxProfile profile = new FirefoxProfile();
profile.setPreference("general.useragent.override","some UAstring");
WebDriver driver = new FirefoxDriver(profile);
```

到写本书为止，WebDriver 仅支持到 FireFox 33。

2. IE

优点：直观地模拟用户的实际操作，对 JavaScript 提供完善的支持。

缺点：是所有浏览器中运行速度最慢的，并且只能在 Windows 下运行，对 CSS 以及 XPATH 的支持也不够好。

调用：

```
System.setProperty("webdriver.ie.driver", "C:\\Program Files\\Internet Explorer\\IEDrive
rServer.exe");
driver = new InternetExplorerDriver();
```

 注

如果要求在 IE 下使用，必须下载 IEDriverServer.exe（支持 32 位 IE）或者 IEDriverServer.64.exe（支持 64 位 IE）放在相应的目录下。本案例中使用 32 位 IE，放在 C:\Program Files\Internet Explorer\目录下。

3. Chrome

调用：

```
System.setProperty("webdriver.chrome.driver", "E:\\SeleniumWebDriver\\chromedriver_win_23
.0.1240.0\\chromedriver.exe");
    WebDriver driver = new ChromeDriver();
```

同样，这里必须下载 chromedriver.exe。在本案例中，放在 E:\SeleniumWebDriver\chromedriver_win_23.0.1240.0\目录下。

　　4.　HtmlUnit Driver

优点：HtmlUnit Driver 不会真正打开浏览器，运行速度很快。对于用 FireFox 等浏览器做测试的自动化测试用例，运行速度通常很慢，HtmlUnit Driver 无疑可以很好地解决这个问题。

缺点：它对 JavaScript 的支持不够好，当页面上有复杂 JavaScript 时，经常会捕获不到页面元素。

调用：

```
WebDriver driver = new HtmlUnitDriver();
```

　　5.　安卓的支持

调用：

```
WebDriver driver = new AndroidDriver();
```

WebDriver 除了在浏览器方面调用的方法是不一样的，在其他方法使用上都一样。

11.2.3　操作指南

　　1.　如何使用定位

正如本章开始所说，测试执行包括获取对象、操作对象和检查结果。定位就是获取对象，这里，定位方法有以下几种：

案例 11-21：通过对 By.id，By.name，By.xpath 定位。

HTML 脚本：

```
<input type="text" name="passwd" id="passwd-id" />
```

定位方式：

```
WebElement element = driver.findElement(By.id("passwd-id"));
WebElement element = driver.findElement(By.name("passwd"));
WebElement element =driver.findElement(By.xpath("//input[@id='passwd-id']"));
```

案例 11-22：通过对 By.className 定位。

HTML 脚本：

```
<div class="cheese"><span>Cheddar</span></div><div class="cheese"><span>Gouda</span>
</div>
```

定位方式：

```
WebElement cheeses = driver.findElements(By.className("cheese"));
```

案例 11-23：通过对 By.linkText 定位。

HTML 脚本：

```
<a href="http://www.google.com/search?q=cheese">cheese</a>
```

定位方式：

```
WebElement cheese =driver.findElement(By.linkText("cheese"));
```

2. 如何对页面元素进行操作

案例 11-24：通过对输入框（text field or textarea）的操作。

```
//找到输入框元素
WebElement element = driver.findElement(By.id("passwd-id"));
//在输入框中输入内容
element.sendKeys("test");
//将输入框清空
element.clear();
//获取输入框中的文本内容
element.getText();
```

案例 11-25：通过对下拉选择框(Select)的操作。

```
//找到下拉选择框的元素
Select select = new Select(driver.findElement(By.id("select")));
//选择对应的选择项
select.selectByVisibleText("mediaAgencyA");
select.selectByValue("MA_ID_001");
//不选择对应的选择项
select.deselectAll();
select.deselectByValue("MA_ID_001");
select.deselectByVisibleText("mediaAgencyA");
//或者获取选择项的值
select.getAllSelectedOptions();
select.getFirstSelectedOption();
```

案例 11-26：通过对单选项(Radio Button)的操作。

```
//找到单选框元素
WebElement bookMode =driver.findElement(By.id("BookMode"));
//选择某个单选项
bookMode.click();
//清空某个单选项
bookMode.clear();
//判断某个单选项是否已经被选择
bookMode.isSelected();
```

案例 11-27：通过对多选项(checkbox)的操作。

多选项的操作和单选项的操作差不多。

```
WebElement checkbox = driver.findElement (By.id ("myCheckbox."));
checkbox.click();
checkbox.clear();
checkbox.isSelected();
checkbox.isEnabled();
```

案例 11-28：通过对按钮(button)的操作。

```
//找到按钮元素
WebElement saveButton = driver.findElement(By.id("save"));
//单击按钮
saveButton.click();
//判断按钮是否 enable
saveButton.isEnabled ();
```

案例 11-29：通过对左右选择框的操作。

也就是左边是可供选择项，选择后移动到右边的框中，反之亦然。

```
Select lang = new Select(driver.findElement(By.id("languages")));
lang.selectByVisibleText("English");

WebElement addLanguage =driver.findElement(By.id("addButton"));
addLanguage.click();
```

案例 11-30：通过对弹出对话框(Popup dialogs)的操作。

```
Alert alert = driver.switchTo().alert();
alert.accept();
alert.dismiss();
alert.getText();
```

案例 11-31：通过对表单(Form)的操作。

Form 中的元素操作和其他的元素操作一样，对元素操作完成后对表单的提交可以。

```
WebElement approve = driver.findElement(By.id("approve"));
approve.click();
approve.submit();
```

案例 11-32：通过对上传文件(Upload File)的操作。

```
WebElement adFileUpload = driver.findElement(By.id("WAP-upload"));
String filePath = "C:\\test\\uploadfile\\media_ads\\test.jpg";
adFileUpload.sendKeys(filePath);
```

案例 11-33：通过对 Windows 和 Frames 之间的切换的操作。

```
//一般来说，登录后建议是先进入默认 frame
driver.switchTo().defaultContent();
//切换到某个 Frames
driver.switchTo().frame("leftFrame");
//从一个 Frames 切换到另一个 Frames
driver.switchTo().frame("mainFrame");
//切换到某个 Window
driver.switchTo().window("windowName");
```

案例 11-34：通过对拖拉(Drag and Drop)的操作。

```
WebElement element =driver.findElement(By.name("source"));
WebElement target = driver.findElement(By.name("target"));
(new Actions(driver)).dragAndDrop(element,target).perform();
```

案例 11-35：通过对导航(Navigationand History)的操作。

```
//打开一个新的页面
driver.navigate().to("http://www.example.com");
//通过历史导航返回原页面
driver.navigate().forward();
driver.navigate().back();
```

案例 11-36：改变 user agent。

User Agent 的设置是平时使用得比较多的操作。

```
FirefoxProfile profile = new FirefoxProfile();
profile.addAdditionalPreference("general.useragent.override","some UA string");
WebDriver driver = new FirefoxDriver(profile);
```

案例 11-37：读取 cookie。

```
// Now set the cookie. This one's valid for the entire domain
Cookie cookie = new Cookie("key","value");
driver.manage().addCookie(cookie);
```

案例 11-38：获取 cookie 的值。

```
// And now output all the available cookies for the current URL
Set<Cookie> allCookies = driver.manage().getCookies();
for (Cookie loadedCookie : allCookies) {
    System.out.println(String.format("%s -> %s",loadedCookie.getName(), loadedCookie.
getValue()));
}
```

案例 11-39：根据某个 cookie 的 name 获取 cookie 的值。

```
driver.manage().getCookieNamed("mmsid");
```

案例 11-40：删除 cookie。

```
// You can delete cookies in 3 ways
// By name
driver.manage().deleteCookieNamed("CookieName");
// By Cookie
driver.manage().deleteCookie(loadedCookie);
// Or all of them
driver.manage().deleteAllCookies();
```

案例 11-41：Web 截图。

```
driver = webdriver.Firefox();
driver.save_screenshot("C:\error.jpg")
```

案例 11-42：页面等待。

WebDriver 提供两种方法：一种是显性等待；另一种是隐性等待。

➢ 显性等待：

```
WebDriver driver =new FirefoxDriver();
driver.get("http://somedomain/url_that_delays_loading");
WebElementmyDynamicElement = (new WebDriverWait(driver,10))
  .until(newExpectedCondition<WebElement>(){
  @Override
  public WebElementapply(WebDriver d) {
    returnd.findElement(By.id("myDynamicElement"));
  }});
```

➢ 隐性等待：

```
WebDriver driver = new FirefoxDriver();
driver.manage().timeouts().implicitlyWait(10,TimeUnit.SECONDS);
driver.get("http://somedomain/url_that_delays_loading");
WebElement myDynamicElement =driver.findElement(By.id("myDynamicElement"));
```

11.2.4   案例分析

案例 11-43：基于电脑的 Web 测试。

代码如下。

```
package com.jerry;

import java.util.NoSuchElementException;
import java.util.Set;
import java.util.concurrent.TimeUnit;
import javax.swing.text.html.HTMLDocument.Iterator;

import org.openqa.selenium.Alert;
import org.openqa.selenium.By;
import org.openqa.selenium.WebDriver;
import org.openqa.selenium.WebElement;
import org.openqa.selenium.firefox.FirefoxDriver;
import org.openqa.selenium.htmlunit.HtmlUnitDriver;
import org.openqa.selenium.ie.InternetExplorerDriver;

public class myWebTest {
        public static WebDriver driver=null;
        //主函数
        public static void main(String[] args) {
            driver=checkBrower("Firefox");
            driver.manage().timeouts().implicitlyWait(50,TimeUnit.SECONDS);
            if (checkBaidu("软件测试")){
                System.out.println("The test case checkBaidu is passing");
            }else{
                System.out.println("The test case checkBaidu is not passing");
            }
            if (check3testing("我的介绍","顾翔")){
                System.out.println("The test case check3testing is passing");
            }else{
                System.out.println("The test case check3testing is not passing");
            }
            if (checktaobao()){
                System.out.println("The test case checktaobao is passing");
            }else{
                System.out.println("The test case checktaobao is not passing");
            }

        }

        //判断元素是否存在
        protected static Boolean isWebElementExist(By selector) {
            try {
                driver.findElement(selector);
                return true;
            } catch(NoSuchElementException e) {
                e.printStackTrace();
                driver.quit();
                return false;
            }
        }
```

```java
//判断采用什么 WebBrowse
public static WebDriver checkBrower(String s)
{
    WebDriver driver = null;
    if (s.equals("Firefox")){
        driver = new FirefoxDriver();
    }else if(s.equals("HTML")){
        driver = new HtmlUnitDriver();
    }else if(s.equals("IE")){
        System.setProperty("webdriver.ie.driver","C:\\Program Files\\Internet Ex
        plorer\\IEDriverServer.exe");
        driver = new InternetExplorerDriver();
    }
    driver.manage().timeouts().implicitlyWait(30,TimeUnit.SECONDS);
    return driver;
}


//判断 body 里面的文字是否存在
public static  boolean isTextPresent(String what) {
    try{
        return driver.findElement(By.tagName("body")).getText().contains(what);
    }
    catch (Exception e){
        e.printStackTrace();
        return false;// 返回 False
    }
    }


//测试百度搜索
public static boolean checkBaidu(String inputString)
{
    // 进入 Baidu
    driver.get("https://www.baidu.com");
    // 用下面代码也可以实现
    // driver.navigate().to("http://www.baidu.com");//也可以采用这个方法进入网站
     // 打印 title
    if(!(driver.getTitle().equals("百度一下，你就知道"))){
        System.out.println("The First Title is error");
        driver.quit();
        return false;
    }
    // 通过 id 找到 input 的 DOM
    if(!(isWebElementExist(By.id("kw")))){
        System.out.println("can't find"+By.id("kw"));
        driver.quit();
        return false;
    }else{
        WebElement element = driver.findElement(By.id("kw"));
```

```
            element.clear();
            // 输入关键字
            element.sendKeys(inputString);
            //提交 input 所在的 form
            element.submit();
        }
        //显示搜索结果页面的 title
        if(driver.getTitle().equals(inputString+"_百度搜索")){
            System.out.println("The Result page Title is error");
            driver.quit();
            return false;
        }
        //关闭浏览器
        driver.quit();
        return true;
    }


//测试啄木鸟软件测试培训网
public static Boolean check3testing(String menu,String checktext){
        driver.get("http://www.3testing.com");
        driver.switchTo().defaultContent();
        driver.switchTo().frame("head");
        if(!(isWebElementExist(By.linkText(menu)))){
            System.out.println("can't find menue of "+menu);
            driver.quit();
            return false;
        }else{
            WebElement myinfomation =driver.findElement(By.linkText(menu));
            myinfomation.click();
            driver.switchTo().defaultContent();
            if(!(isTextPresent(checktext))){
                System.out.println("Can't Find "+checktext+"in the body");
                driver.quit();
                return false;
            }
            driver.quit();
            return true;
        }
    }


//淘宝
public static Boolean checktaobao(){
        driver.get("https://www.taobao.com");
        if(!(isWebElementExist(By.id("q")))){
            System.out.println("can't find" +By.id("q"));
            driver.quit();
            return false;
        }else{
            WebElement element = driver.findElement(By.id("q"));
            element.sendKeys("巧克力");
```

```
        }

    if(!(isWebElementExist(By.className("btn-search"))){
        System.out.println("can't find" +By.className("btn-search"));
        driver.quit();
        return false;
    }else{
        WebElement element1 = driver.findElement(By.className("btn-search"));
        element1.submit();
    }

    if(!(isWebElementExist(By.id("J_Itemlist_TLink_539093229138")))){
        System.out.println("can't find" +By.id("J_Itemlist_TLink_539093229138"));
        driver.quit();
        return false;
    }else{
        WebElement element3 =driver.findElement(By.id("J_Itemlist_TLink_539093229138"));
        element3.click();
    }

    //Store the current window handle
    String winHandleBefore = driver.getWindowHandle();

    //Switch to new window opened
    for(String winHandle : driver.getWindowHandles()){
        if (winHandle != winHandleBefore){
            driver.switchTo().window(winHandle);
            break;
        }
    }
    // Close the original window
    driver.switchTo().window(winHandleBefore);
        for(String winHandle : driver.getWindowHandles()){
            if (winHandle == winHandleBefore){
                driver.switchTo().window(winHandle);
                driver.close();
                break;
            }
        }

    //Switch to new window opened
    for(String winHandle : driver.getWindowHandles()){
        if (winHandle != winHandleBefore){
            driver.switchTo().window(winHandle);
            break;
        }
    }
    if(!(mycheck.isTextPresent(driver,checktext))){
```

```
                    System.out.println("Can't Find "+checktext+"in the body");
                    return false;
                }
                    return true;
                }
        }
```

　　下面我们来对上面的程序进行优化。由于 Selenium 和 WebDriver 除了针对不同的浏览器类型有不同的测试方法以外，其他地方都一样，所以对识别浏览器类型封装了一个函数。

```
public static WebDriver checkBrower(String s)
        {
            WebDriver driver = null;
            if (s.equals("Firefox")){
                driver = new FirefoxDriver();
            }else if(s.equals("HTML")){
                driver = new HtmlUnitDriver();
            }else if(s.equals("IE")){
                System.setProperty("webdriver.ie.driver","C:\\Program Files\\Internet Ex
                plorer\\IEDriverServer.exe");
                driver = new InternetExplorerDriver();
            }
            driver.manage().timeouts().implicitlyWait(30,TimeUnit.SECONDS);
            return driver;
        }
```

在这个函数中，通过传进来的参数 String s，选择使用什么浏览器进行测试。

Firefox：用 Firefox 进行测试。

IE：用 IE 进行测试。

HTML：用 HtmlUnit Driver 进行测试。

这里没有考虑用 Chrome 进行测试。另外还封装了两个函数。

```
//判断元素是否存在
        protected static Boolean isWebElementExist(By selector) {
            try {
                driver.findElement(selector);
                return true;
            } catch(NoSuchElementException e) {
                e.printStackTrace();
                driver.quit();
                return false;
            }
        }
```

函数 isWebElementExist 用来判断元素是否存在。

```
//判断 body 里面的文字是否存在
        public static  boolean isTextPresent(String what) {
            try{
                return driver.findElement(By.tagName("body")).getText().contains(what);
            }
            catch (Exception e){
```

```
                    e.printStackTrace();
                    return false;// 返回 False
            }
        }
```

函数 isTextPresent 判断 body 里面某个文字（what）是否存在。

```
public static boolean checkBaidu(String inputString)
        {
            // 进入 Baidu
            driver.get("https://www.baidu.com");
            // 用下面代码也可以实现
            // driver.navigate().to("http://www.baidu.com");
             // 打印 title
            if(!(driver.getTitle().equals("百度一下，你就知道"))){
                System.out.println("The First Title is error");
                driver.quit();
                return false;
            }
            // 通过 id 找到 input 的 DOM
            if(!(isWebElementExist(By.id("kw")))){
                System.out.println("can't find"+By.id("kw"));
                driver.quit();
                return false;
            }else{
                WebElement element = driver.findElement(By.id("kw"));
                element.clear();
                // 输入关键字
                element.sendKeys(inputString);
                //提交 input 所在的 form
                element.submit();
            }
            //显示搜索结果页面的 title
            if(driver.getTitle().equals(inputString+"_百度搜索")){
                System.out.println("The Result page Title is error");
                driver.quit();
                return false;
            }
            //关闭浏览器
            driver.quit();
            return true;
        }
```

函数 checkBaidu 是用来测试百度搜索的。函数输入的是查询内容，通过页面的 title 来判断搜索是否成功。不管测试用例是否正确通过，在所有测试结束之前都调用了 driver.quit()，用来关闭浏览器，起到测试结束时把数据清空的作用。

```
//测试啄木鸟软件测试培训网
        public static Boolean check3testing(String menu, String checktext){
            driver.get("http://www.3testing.com");
            driver.switchTo().defaultContent();
            driver.switchTo().frame("head");
```

```
                    if(!(isWebElementExist(By.linkText(menu)))){
                        System.out.println("can't find menue of "+menu);
                        driver.quit();
                        return false;
                    }else{
                        WebElement myinfomation =driver.findElement(By.linkText(menu));
                        myinfomation.click();
                        driver.switchTo().defaultContent();
                        if(!(isTextPresent(checktext))){
                            System.out.println("Can't Find "+checktext+"in the body");
                            driver.quit();
                            return false;
                        }
                        driver.quit();
                        return true;
                    }
            }
```

函数 check3testing 是用于测试啄木鸟测试培训网的测试用例，有两个参数，分别如下。

String menu：检查所要测试的菜单名。

String checktext：测试进入第二级菜单所要检查的字符串。

由于菜单在 iframe 中，检查的内容在主页面中，所以在操作菜单前必须执行 driver.switchTo().frame("head")，进入第二个页面结束后必须通过代码 driver.switchTo(). Default Content() 返回主 frame。

```
//淘宝
    public static Boolean checktaobao(){
        driver.get("https://www.taobao.com");
        if(!(isWebElementExist(By.id("q")))){
            System.out.println("can't find" +By.id("q"));
            driver.quit();
            return false;
        }else{
            WebElement element = driver.findElement(By.id("q"));
            element.sendKeys("巧克力");
        }
        if(!(isWebElementExist(By.className("btn-search")))){
            System.out.println("can't find" +By.className("btn-search"));
            driver.quit();
            return false;
        }else{
            WebElement element1 = driver.findElement(By.className("btn-search"));
            element1.submit();
        }
        if(!(isWebElementExist(By.id("J_Itemlist_PLink_42466907059")))){
            System.out.println("can't find" +By.id("J_Itemlist_PLink_42466907059"));
            driver.quit();
            return false;
        }else{
```

```
                WebElement element3 =driver.findElement(By.id("J_Itemlist_PLink_42466907059"));
                element3.click();
        }
    //Store the current window handle
    String winHandleBefore = driver.getWindowHandle();

    //Switch to new window opened
    for(String winHandle : driver.getWindowHandles()){
        if (winHandle != winHandleBefore){
            driver.switchTo().window(winHandle);
            break;
        }
    }
    // Close the original window
    driver.switchTo().window(winHandleBefore);
        for(String winHandle : driver.getWindowHandles()){
            if (winHandle == winHandleBefore){
                driver.switchTo().window(winHandle);
                driver.close();
                break;
            }
        }

    //Switch to new window opened
    for(String winHandle : driver.getWindowHandles()){
        if (winHandle != winHandleBefore){
            driver.switchTo().window(winHandle);
            break;
        }
    }
    if(!(isTextPreSent("巧克力"))){
        System.out.println("在 boody 中不能找到巧克力");
        driver.quit();
        return false;
    }
    driver.quit();
    return true;
}
```

函数 checktaobao() 的功能如下。

（1）进入淘宝网站的首页，输入查询“巧克力”。

（2）选择编号为“J_Itemlist_TLink_539093229138”的巧克力。

（3）进入上一步选择的巧克力。

（4）检查页面是否存在巧克力。

由于第二步点击选择的巧克力，显示该巧克力详情会弹出一个新的窗口显示该巧克力详情，所以，设计了如下代码来处理弹出的窗口。

```
//Store the current window handle
        String winHandleBefore = driver.getWindowHandle();
```

```
//Switch to new window opened
for(String winHandle : driver.getWindowHandles()){
    if (winHandle != winHandleBefore){
        driver.switchTo().window(winHandle);
        break;
    }
}
// Close the original window
driver.switchTo().window(winHandleBefore);
    for(String winHandle : driver.getWindowHandles()){
        if (winHandle == winHandleBefore){
            driver.switchTo().window(winHandle);
            driver.close();
            break;
        }
    }

//Switch to new window opened
for(String winHandle : driver.getWindowHandles()){
    if (winHandle != winHandleBefore){
        driver.switchTo().window(winHandle);
        break;
    }
}
```

在本书第 8 章我们介绍了 JUnit，对于这些代码我们也可以使用 JUnit 框架来进行测试，具体如下。

首先我们把一些通用方法建立一个专门类，命名为 check.java。

```
package com.jerry;

import org.openqa.selenium.By;
import org.openqa.selenium.WebDriver;
import org.openqa.selenium.firefox.FirefoxDriver;
import org.openqa.selenium.htmlunit.HtmlUnitDriver;
import org.openqa.selenium.ie.InternetExplorerDriver;
public class check {
        //构造函数
        check(){

        }
        //判断元素是否存在
        public Boolean isWebElementExist(WebDriver driver,By selector) {
          try {
            driver.findElement(selector);
             return true;
          } catch(Exception e) {
            e.printStackTrace();
            driver.quit();
```

```
                    return false;
        }
    }

    //判断采用什么 WebBrowse
    public WebDriver checkBrower(String s)
    {
        WebDriver driver = null;
        if (s.equals("Firefox")){
            driver = new FirefoxDriver();
        }else if(s.equals("HTML")){
            driver = new HtmlUnitDriver();
        }else if(s.equals("IE")){
            System.setProperty("webdriver.ie.driver","C:\\Program Files\\Internet
            Explorer\\IEDriverServer.exe");
            driver = new InternetExplorerDriver();
        }
        return driver;
    }

    //判断 body 里面文字是否存在
    public boolean isTextPresent(WebDriver driver,String what) {
        try{
            return driver.findElement(By.tagName("body")).getText().contains(what);
        }
        catch (Exception e){
            e.printStackTrace();
            return false;// 返回 false
        }
    }
}
```

然后我们建立一个 JUnit 类，myWebTestUnit.java。

```
public class myWebTestUnit {
public static WebDriver driver=null;
public static check mycheck=new check();
public static String browser="Firefox";
@Before
public void setUp() throws Exception {
    driver=mycheck.checkBrower(browser);
}

@Test
public void testBaidu() {
    String inputString="软件测试";
    // 进入 Baidu
    driver.get("https://www.baidu.com");
    // 通过 id 找到 input 的 DOM
    WebElement element = driver.findElement(By.id("kw"));
    element.clear();
```

```
        // 输入关键字
        element.sendKeys(inputString);
        //提交 input 所在的  form
        element.submit();
        //显示搜索结果页面的 title
        try {
        Thread.sleep(2000);
        } catch (InterruptedException e) {
          e.printStackTrace();
        }
          assertEquals(inputString+"_百度搜索",driver.getTitle());
}

@Test
public void test3testing() {
        String menu="我的介绍";
        String checktext="顾翔";
        driver=mycheck.checkBrower(browser);
        driver.get("http://www.3testing.com");
        driver.switchTo().defaultContent();
        driver.switchTo().frame("head");
        WebElement myinfomation =driver.findElement(By.linkText(menu));
        myinfomation.click();
        driver.switchTo().defaultContent();
        assertEquals(true,mycheck.isTextPresent(driver,checktext));
        }

@Test
public void testTaobao() {
…
        }

@After
public void teardown() throws Exception {
        driver.close();
}
}
```

最后，我们可以建立一个 testsuit 类 MyTestSuite.java。

```
package com.jerry;

import org.junit.runner.RunWith;
import org.junit.runners.Suite;

@RunWith(Suite. class )
@Suite.SuiteClasses( {
 myWebTestUnit.class,
        } )

public class MyTestSuite  {
}
```

案例 11-44：基于安卓的 Web 测试。

运行测试前，首先要确认安卓设备中是否安装了 android-server-2.9.apk，然后千万不要忘记执行以下两条命令。

```
>adb -s emulator-5554 shell am start -a android.intent.action.MAIN -n org.openqa.selenium.android.app/.MainActivity
>adb -s emulator-5554 forward tcp:8080 tcp:8080
```

接下来看一下测试代码。

```
package com.jerry;

import java.util.NoSuchElementException;
import java.util.concurrent.TimeUnit;

import junit.framework.TestCase;
import org.openqa.selenium.By;
import org.openqa.selenium.WebDriver;
import org.openqa.selenium.WebElement;
import org.openqa.selenium.android.AndroidDriver;

public class myAndroidTest extends TestCase{
    public static WebDriver driver = new AndroidDriver();

    public static void main(String[] args) {
        driver.manage().timeouts().implicitlyWait(200,TimeUnit.SECONDS);
        String inputString="Software testing";
        /*if (checkBaidu(inputString)){
            System.out.println("The test case checkBaidu is passing");
        }else{
            System.out.println("The test case checkBaidu is not passing");
        }*/
        if (check3testing()){
            System.out.println("The test case check3testing is passing");
        }else{
            System.out.println("The test case check3testing is not passing");
        }
    }

    public static  boolean isTextPresent(WebDriver driver, String what) {
        try{
        return driver.findElement(By.tagName("body")).getText().contains(what);
        }
        catch (Exception e){
        return false;
        }
    }

        //判断元素是否存在
        protected static Boolean isWebElementExist(By selector) {
            try {
```

```
            driver.findElement(selector);
            return true;
        } catch(NoSuchElementException e) {
            e.printStackTrace();
            driver.quit();
            return false;
        }
    }


public static boolean checkBaidu(String inputString)
{
    driver.get("https://m.baidu.com/? from=844b&vit=fps");
    if(!(driver.getTitle().equals("百度一下"))){
        System.out.println("The First Title is error");
        driver.quit();
        return false;
    }

    if(!(isWebElementExist(By.id("index-kw")))){
        System.out.println("can't find "+By.id("index-kw"));
        driver.quit();
        return false;
    }else{
        WebElement element = driver.findElement(By.id("index-kw"));
        element.clear();
        element.sendKeys(inputString);
    }

    if(!(isWebElementExist(By.id("index-kw")))){
        System.out.println("can't find "+By.id("index-bn"));
        driver.quit();
        return false;
    }else{
        WebElement element = driver.findElement(By.id("index-kw"));
        WebElement mybutton = driver.findElement(By.id("index-bn"));
        mybutton.click();
    }

    if(driver.getTitle().equals(inputString+"_百度搜索")){
        System.out.println("The Result page Title is error");
        driver.quit();
        return false;
    }
    driver.quit();
    return true;
}

public static boolean check3testing()
```

```
{
    driver.get("http://www.3testing.com/phone/index.html");
    if(!(isWebElementExist(By.name("my")))){
        System.out.println("can't find "+By.name("my"));
        driver.quit();
        return false;
    }else{
        WebElement myinfomation =driver.findElement(By.name("my"));
        myinfomation.click();
    }
    try {
        Thread.sleep(5000);
    } catch (InterruptedException e) {
        e.printStackTrace();
    }
    if(!(isTextPresent(driver,"顾翔"))){
        System.out.println("文字没找到了");
        driver.quit();
        return false;
    }
    driver.quit();
    return true;
}
}
```

在这里实现方法基本上与在电脑上相同，只需要注意以下两点。

```
public static WebDriver driver = new AndroidDriver()
```

- 安卓 WebDriver 采用调用 new AndroidDriver()。
- 手机的网页与电脑的网页不一样，比如，百度在电脑上的网址是：https://www.baidu.com，而在手机上的网址是：https://m.baidu.com/?from=844b&vit=fps。同样，啄木鸟测试培训网在电脑上的网址是：http://www.3testing.com，而在手机上的网址是：http://www.3testing.com/phone/，千万不要搞错了。除了这两点外，其他地方都一样。

案例 11-45：用 python、unittest 来实现 Selenium 和 WebDriver。

Selenium 除了可以支持 Java 语言，也可以支持 Python、Ruby、JavaScript 等多种语言，在这里我们来看一下如何用目前比较火爆的 Python 语言来实现，Python 语言相对于的 xUnit 语言是 unittest，所以在这里通过 Python+unittest 来实现 Selenium 和 WebDriver。通过上面的介绍，如果你有基本的 Python 语言基础，下面的代码是很容易读懂的，在这里不做详细介绍。（本文是基于 Python 2.7 开发的）。但是需要指出的是，在运行以下程序前你需要做以下 3 项配置。

（1）设置 Python 环境变量，PYTHON_HOME，把"%PYTHON_HOME%\Scripts;"设置在 PATH 变量中。

（2）安装 Selenium 插件。

>pip3 install selenium（在联网条件下运行）。

（3）下载 HTMLTestRunner.py 放在%PYTHON_HOME%\Lib 目录下。

在这里我们使用数据驱动的方法，用 xml 文件作为数据驱动文件。

config.xml

```xml
<config>
 <base>
      <browser>firefox</browser>
 </base>
 <baidu>
      <words>软件测试</words>
      <words>大数据</words>
      <words>软件工程</words>
      <words>云计算</words>
 </baidu>
 <testing>
      <menu>introduce</menu>
      <title>顾翔介绍</title>
      <menu>class</menu>
      <title>课程介绍</title>
      <menu>paper</menu>
      <title>我的文章</title>
      <menu>pictures</menu>
      <title>上课图片</title>
      <menu>video</menu>
      <title>讲课视频</title>
 </testing>
 <taobao>
      <food>糖</food>
      <food>花生</food>
      <food>巧克力</food>
 </taobao>
</config>
```

定义所使用的浏览器。

```xml
<browser>firefox</browser>
```

测试百度所需要查询的关键字。

```xml
<baidu>
      <words>软件测试</words>
      <words>大数据</words>
      <words>软件工程</words>
      <words>云计算</words>
</baidu>
```

测试啄木鸟测试培训网所需要进入的菜单名称。

```xml
<testing>
      <menu>introduce</menu>
      <title>顾翔介绍</title>
```

```
    <menu>class</menu>
    <title>课程介绍</title>
    <menu>paper</menu>
    <title>我的文章</title>
    <menu>pictures</menu>
    <title>上课图片</title>
    <menu>video</menu>
    <title>讲课视频</title>
</testing>
```

 注

在这里标签不能为数字开头，比如<3testing>、</3testing>。

测试淘宝所需要输入查询食品的关键字。

```
<taobao>
    <food>糖</food>
    <food>花生</food>
    <food>巧克力</food>
</taobao>
```

测试脚本。

Check3testing.py

```python
#!/usr/bin/env python
#coding:utf-8
from selenium import webdriver
from selenium.webdriver.support.ui import WebDriverWait
from selenium.webdriver.common.by import By
from selenium.webdriver.common.keys import Keys
from selenium.webdriver.support.ui import Select
from selenium.common.exceptions import NoSuchElementException
from selenium.webdriver.common.desired_capabilities import DesiredCapabilities
from selenium.webdriver.support import expected_conditions as EC
import unittest
from mydriver import drivers
from xml.dom import minidom


class Check3testing(unittest.TestCase):
    def setUp(self):
            d = drivers()
            self.driver=d.driver
            self.driver.implicitly_wait(20)

    def test_check3testing(self):
            dom = minidom.parse('config.xml')
            root = dom.documentElement
            menus = root.getElementsByTagName('menu')
            titles = root.getElementsByTagName('title')
            i=0
```

```python
            for title in titles:
                    self.driver.get("http://www.3testing.com")
                    menu = menus[i].firstChild.data
                    title = titles[i].firstChild.data
                    time.sleep(5)
                    self.driver.switch_to.default_content()
                    self.driver.switch_to.frame("head")
                    time.sleep(5)
                    self.driver.find_element_by_id(menu).click()
                    time.sleep(5)
                    self.driver.switch_to.default_content()
                    time.sleep(5)
                    self.assertEqual(self.driver.title.encode('utf-8'),"啄木鸟软件测试咨询
网-"+title.encode('utf-8'),msg="Title is not right")
                    i=i+1


        def tearDown(self):
                self.driver.quit()


if __name__=="__main__":
        unittest.main()
```

checkbaidu.py。

```python
#!/usr/bin/env python
#coding:utf-8
from selenium import webdriver
from selenium.webdriver.support.ui import WebDriverWait
from selenium.webdriver.common.by import By
from selenium.webdriver.common.keys import Keys
from selenium.webdriver.support.ui import Select
from selenium.common.exceptions import NoSuchElementException
from selenium.webdriver.common.desired_capabilities import DesiredCapabilities
from selenium.webdriver.support import expected_conditions as EC
import unittest,time
from mydriver import drivers
from xml.dom import minidom


class checkbaidu(unittest.TestCase):
        def setUp(self):
                d = drivers()
                self.driver=d.driver
                self.driver.implicitly_wait(10)


        def test_CheckBaidu(self):
                dom = minidom.parse('config.xml')
                root = dom.documentElement
                words = root.getElementsByTagName('words')
                i=0
                for word in words:
```

```
                      self.driver.get("https://www.baidu.com")
                      inputstring=words[i].firstChild.data
                      self.driver.find_element_by_id("kw").clear()
                      time.sleep(5)
                      self.driver.find_element_by_id("kw").send_keys(inputstring)
                      time.sleep(5)
                      self.driver.find_element_by_id("su").click()
                      time.sleep(5)
                      self.assertEqual(self.driver.title.encode('utf-8'),inputstring.enco
                      de('utf-8')+"_百度搜索",msg="Title is not right")
                      i=i+1

        def tearDown(self):
                self.driver.quit()


if __name__=="__main__":
        unittest.main()
```

Checktaobao.py。

```
#!/usr/bin/env python
#coding:utf-8
from selenium import webdriver
from selenium.webdriver.support.ui import WebDriverWait
from selenium.webdriver.common.by import By
from selenium.webdriver.common.keys import Keys
from selenium.webdriver.support.ui import Select
from selenium.common.exceptions import NoSuchElementException
from selenium.webdriver.common.desired_capabilities import DesiredCapabilities
from selenium.webdriver.support import expected_conditions as EC
import unittest,time
from mydriver import drivers
from xml.dom import minidom

class Checktaobao(unittest.TestCase):
        def setUp(self):
                d = drivers()
                self.driver=d.driver
                self.driver.implicitly_wait(10)


        def test_Checktaobao(self):
                dom = minidom.parse('config.xml')
                root = dom.documentElement
                foods = root.getElementsByTagName('food')
                i=0
                for food in foods:
                        self.driver.get("https://www.taobao.com")
                        inputstring=foods[i].firstChild.data
                        self.driver.find_element_by_id("q").send_keys(inputstring)
                        self.driver.find_element_by_class_name("btn-search").click()
                        time.sleep(5)
```

```python
                    #当前窗口
        current_windows=self.driver.current_window_handle
        self.driver.find_element_by_class_name('J_ClickStat').click()
        time.sleep(5)
        all_handles = self.driver.window_handles
        for handle in all_handles:
            if handle != current_windows:
                self.driver.switch_to.window(handle)
                break
                time.sleep(5)
        for handle in all_handles:
            if handle == current_windows:
                self.driver.switch_to.window(handle)
                self.driver.close()
                break
                time.sleep(5)
        for handle in all_handles:
            if handle != current_windows:
                self.driver.switch_to.window(handle)
                break
                time.sleep(5)
        element = WebDriverWait(self.driver,5,0.5).until(
        EC.presence_of_element_located((By.ID,"J_LinkBasket"))
        )
        time.sleep(5)
self.assertIn(inputstring.encode('utf-8'),self.driver.title.encode('utf-8'),msg="没有找到")
                        i=i+1
    def tearDown(self):
            self.driver.quit()
if __name__=="__main__":
            unittest.main()
```

使用 Python 建立 HTML 格式的测试报告是非常容易的。

runtest.py。

```python
#!/usr/bin/env python
#coding:utf-8
import unittest
from HTMLTestRunner import HTMLTestRunner

test_dir='./'
discover=unittest.defaultTestLoader.discover(test_dir,pattern="Check*.py")

if __name__=='__main__':
 runner=unittest.TextTestRunner()
 #以下用于生成测试报告
 fp=open("result.html","wb")
 runner=HTMLTestRunner(stream=fp,title=unicode('测试报告
',encoding='utf-8'),description=unicode('测试用例执行报告',encoding='utf-8'))
```

```
runner.run(discover)
fp.close()
```

（1）fp=open("result.html","wb")。

打开测试报告文件。

（2）runner=HTMLTestRunner(stream=fp,title=unicode('测试报告',encoding='utf-8'), description=unicode('测试用例执行报告',encoding='utf-8'))。

定义测试报告格式、标题和简介。

（3）runner.run(discover)。

运行并且生成 HTML 报告文件。

（4）fp.close()。

关闭测试报告。

测试报告建立成功，我们就可以把这份测试报告作为附件进行发送了，具体代码如下。

SendMail.py。

```python
#!/usr/bin/env python
#coding:utf-8
import smtplib
from email.mime.text import MIMEText
from email.mime.multipart import MIMEMultipart

#发送邮箱服务器
smtpserver = 'smtp.126.com'
#发送邮箱
sender = 'xianggu625@126.com'
#接受邮箱
receiver = 'xianggu625@126.com'
#发送邮箱用户名、密码
username = 'xianggu625@126.com'
password = '123456'
#邮件主题
subject = 'Python send email'
#发送的附件
sendfile = open('C:\\Users\\Jerry\\Desktop\\python\\WebDriver\\DataDriver\\result.html').read()

att = MIMEText(sendfile,'base64','utf-8')
att["content-Type"] = 'application/octest-stream'
att["content-Disposition"] = 'attachment; filename="result.html"'

msgRoot = MIMEMultipart('related')
msgRoot['Subject'] = subject
msgRoot.attach(att)

smtp = smtplib.SMTP()
smtp.connect(smtpserver)
smtp.login(username,password)
```

```
smtp.sendmail(sender,receiver,msgRoot.as_string())
smtp.quit()
```

在这里也可以对"发送邮箱服务器""发送邮箱""接受邮箱""发送邮箱用户名、密码""邮件主题"和"发送的附件"进行数据参数化。有兴趣的读者可以自行完成。对于更多 Selenium 和 WebDriver 工具的介绍，请读者参见参考文献【3】和【19】。

11.3　Monkey 工具介绍

Monkey 是 Android 中的一个命令行工具，可以运行在模拟器里或真实设备中。它向系统发送伪随机的用户事件流（如按键输入、触摸屏输入、手势输入等），实现对正在开发的待测应用程序进行压力测试。利用 Monkey 工具测试是一种为了测试软件的稳定性、健壮性的快速有效的方法。

11.3.1　Monkey 的特征

Monkey 工具具有以下 3 个特征：
- 测试的对象仅为应用程序包，有一定的局限性；
- Monkey 测试使用的事件流、数据流是随机的，不能进行自定义；
- 可对 Monkey Test 的对象、事件数量、类型、频率等进行设置。

11.3.2　基本语法

```
> adb shell monkey [options]
```

如果不指定 options，Monkey 将以无反馈模式启动，并把事件任意发送到安装在目标环境中的全部包。下面是一个更典型的命令行示例，它启动指定的应用程序，并向其发送 500 个伪随机事件。

```
> adb shell monkey -p your.package.name -v 500
```

11.3.3　检查安卓设备中有什么包

（1）通过 eclipse 启动一个 Android 的 emulator 或者把安卓手机插入到电脑上。
（2）在命令行中输入：adb devices 查看设备连接情况。

```
C:\Documents and Settings\Administrator>adb devices
List of devices attached
emulator-5554   device
```

在这里我们检测到了设备 emulator-5554 存在。
（3）在有设备连接的前提下，在命令行中输入：adb shell，进入 shell 界面。

```
C:\Documents and Settings\Administrator>adb shell
#
```

（4）查看 data/data 文件夹下的应用程序包。

注

待测试的应用程序包都在这个目录下面。

```
C:\Documents and Settings\Administrator>adb shell
# ls data/data
ls data/data
com.google.android.btrouter
com.android.providers.telephony
...
```

这个设备中主要有如下几个包文件：

- com.android.camera；
- com.android.email；
- com.android.clock；
- com.android.calculator2。

运行命令：

```
>adb shell monkey -p com.android.calculator2 100
```

随即向 com.android.calculator2 发出 100 个按键消息，大家会发现没有请求，这是因为 mokey 默认在安静模式下运行。要查看详细信息，用-v（普通信息）或者-v-v（详细信息）。

11.3.4 Monkey 的参数列表

Monkey 参数列表见表 11-6 进行了详细的描述，对于每个参数都给出了案例。

表 11-6   Monkey 参数列表

参数	基本功能	案例

-p	参数-p 用于约束限制，用此参数指定一个或多个包（Package，即 APP）指定包后，Monkey 将只允许系统启动指定的 APP。如果不指定包，Monkey 将允许系统启动设备中的所有 APP	● 指定一个包：adb shell monkey -p com.htc. Weather 100
		说明：com.htc.Weather 为包名，100 是事件计数（即让 Monkey 程序模拟 100 次随机用户事件）。
		● 指定多个包：adb shell monkey -p com.htc. Weather–p com.htc.pdfreader -p com.htc.photo. widgets 100
		● 不指定包：adb shell monkey 100
		说明：Monkey 随机启动 APP 并发送 100 个随机事件。
		● 要查看设备中所有的包，在 CMD 窗口中执行以下命令：
		  >adb shell
		  #cd data/data
		  #ls

续表

参数	基本功能	案例
-v	用于指定反馈信息级别（信息级别就是日志的详细程度），总共分 3 个级别：level 0-2	● 　　日志级别 Level 0 示例 adb shell monkey -p com.htc.Weather–v 100 说明 缺省值，仅提供启动提示、软件测试完成和最终结果等少量信息 ● 　　日志级别 Level 1 示例 adb shell monkey -p com.htc.Weather–v -v 100 说明 提供较为详细的日志，包括每个发送到 Activity 的事件信息 ● 　　日志级别 Level 2 示例 adb shell monkey -p com.htc.Weather–v -v–v 100 说明 最详细的日志，包括了软件测试中选中/未选中的 Activity 信息
-S	用于指定伪随机数生成器的 seed 值，如果 seed 相同，则两次 Monkey 测试产生的事件序列也相同	● 　　Monkey 测试 1： adb shell monkey -p com.htc.Weather–s 10 100 ● 　　Monkey 测试 2： adb shell monkey -p com.htc.Weather–s 10 100 两次软件测试的效果相同，因为模拟的用户操作序列（每次操作按照一定的先后顺序所组成的一系列操作，即一个序列）一样。操作序列虽然是随机生成的，但是只要指定了相同的 Seed 值，就可以保证两次软件测试产生的随机操作序列完全相同，所以这个操作序列是伪随机的
-throttle <ms>	用于指定用户操作（即事件）间的时延，单位是毫秒	● 　　adb shell monkey -p com.htc.Weather– throttle 3000 100
--ignore-crashes	用于指定当应用程序崩溃时（Force & Close 错误），Monkey 是否停止运行。如果使用此参数，即使应用程序崩溃，Monkey 依然会发送事件，直到事件计数完成	● 　　示例 1：adb shell monkey -p com.htc.Weather --ignore-crashes 1000 软件测试过程中即使 Weather 程序崩溃，Monkey 依然会继续发送事件，直到事件数目达到 1000 为止。 ● 　　示例 2：adb shell monkey -p com.htc.Weather 1000 软件测试过程中，如果 Weather 程序崩溃，Monkey 将会停止运行

参数	基本功能	案例
--ignore-timeouts	用于指定当应用程序发生 ANR（Application No Responding）错误时，Monkey 是否停止运行。如果使用此参数，即使应用程序发生 ANR 错误，Monkey 依然会发送事件，直到事件计数完成	示例同上
--ignore-security-exceptions	用于指定当应用程序发生许可错误时（如证书许可、网络许可等），Monkey 是否停止运行。如果使用此参数，即使应用程序发生许可错误，Monkey 依然会发送事件，直到事件计数完成	示例同上
--kill-process-after-error	用于指定当应用程序发生错误时，是否停止其运行。如果指定此参数，当应用程序发生错误时，应用程序停止运行，并保持在当前状态（注意：应用程序仅是静止在发生错误时的状态，系统并不会结束该应用程序的进程）	示例同上
--monitor-native-crashes	用于指定是否监视并报告应用程序发生崩溃的本地代码	示例同上
--pct-{+事件类别}｛+事件类别百分比}	用于指定每种类别事件的数目百分比（在 Monkey 事件序列中，该类事件数目占总事件数目的百分比）	详情见下列具体参数
--pct-touch {+百分比}	调整触摸事件的百分比（触摸事件是一个 down-up 事件，它发生在屏幕上的某单一位置）	adb shell monkey -p com.htc.Weather --pct-touch 10 1000
--pct-motion {+百分比}	调整动作事件的百分比（动作事件由屏幕上某处的一个 down 事件、一系列的伪随机事件和一个 up 事件组成）	adb shell monkey -p com.htc.Weather --pct-motion 20 1000
--pct-trackball {+百分比}	调整轨迹事件的百分比（轨迹事件由一个或几个随机的移动组成，有时还伴有点击）	adb shell monkey -p com.htc.Weather --pct-trackball 30 1000
--pct-nav {+百分比}	调整"基本"导航事件的百分比（导航事件由来自方向输入设备 up/down/left/right 组成）	adb shell monkey -p com.htc.Weather --pct-nav 40 1000

续表

参数	基本功能	案例
--pct-majornav {+百分比}	调整"主要"导航事件的百分比（这些导航事件通常引发图形界面中的动作，如：5-way 键盘的中间按键、回退按键、菜单按键）	adb shell monkey -p com.htc.Weather --pct-majornav 50 1000
--pct-syskeys {+百分比}	调整"系统"按键事件的百分比（这些按键通常被保留，由系统使用，如Home、Back、Start Call、End Call 及音量控制键）	adb shell monkey -p com.htc.Weather --pct-syskeys 60 1000
--pct-appswitch {+百分比}	调整启动 Activity 的百分比。在随机间隔里，Monkey 将执行一个 startActivity() 调用，作为最大程度覆盖包中全部 Activity 的一种方法	adb shell monkey -p com.htc.Weather --pct-appswitch 70 1000
--pct-anyevent {+百分比}	调整其他类型事件的百分比。它包罗了所有其他类型的事件，如按键、其他不常用的设备按钮等	● 指定单个类型事件的百分比： adb shell monkey -p com.htc.Weather --pct -anyevent 100 1000 ● 指定多个类型事件的百分比： adb shell monkey -p com.htc.Weather --pct-anyevent 50 --pct-appswitch 50 1000 注意：各事件类型的百分比总数不能超过 100%

11.3.5 利用 Monkey 进行稳定性测试

利用 Monkey 命令，可以根据输出信息查看安卓 APP 是否存在性能问题，为了看起来方便，利用 '>' 重定向的方法。比如：

```
adb shell monkey -p com.xy.android.junit -s 500 --ignore-crashes --ignore-timeouts --mon
itor-native-crashes -v -v 10000 > E:\monkey_log\java_monkey_log.txt
```

然后分析 E:\monkey_log\java_monkey_log.txt

文件 java_monkey_log.txt 中如果存在以下信息：

```
...
//CRUSH: com.myapppliction.mygame（pid 557）
//short Mse: andriod.util.AndroidRuntimeException
...
```

这就说明在 com.xy.android.junit 这个 APP 中是否存在稳定性问题，因为日志文件中存在 CRUSH 信息。

11.3.6　Monkey 脚本

Monkey 脚本由于不经常使用，在本书不进行详细介绍，有兴趣的读者可以参阅参考文献【18】。

11.4　精准测试工具——星云测试平台

11.4.1　精准测试理念

企业测试遇到的瓶颈有以下几个方面。
- 对于产品型应用，传统的黑盒测试方法在测试后期检测效率极低，无法高效检出缺陷，除非投入大量人力，否则难以避免带着缺陷上线。
- 测试过程、结果输出基本以人工判定为主，难以保证精准可信。常规的测试管理属于测试的 MIS 系统，无法确保测试数据输入的精确性，很难具备互联网模式。
- 测试采用的方法主要围绕业务的经验性方法，对人员经验的依赖程度高，各个团队的能力差异性很大，企业组建专业测试团队的成本较高。整个过程无法量化控制。

开发团队和测试团队协同工作难点包括以下几个方面。

开发团队
- 花费大量时间复现和 Debug 缺陷，无法精确把握缺陷现场的详细信息。
- 开发团队不清楚用例的执行逻辑，无法有效帮助测试进行用例审核和完善用例。

测试团队
- 通常开发团队给测试的需求是非常模糊的，造成测试的隐患。
- 依照开发团队变更的解释以及业务经验，从功能层面去判断和执行回归测试存在很大风险。
- 无法获取测试充分度的精确数据。

精准测试采用专业的测试软件，对软件测试执行全过程的原生数据进行自动采集、存储、运算、可视化展示，它依靠一系列的分析算法，可对软件测试的效率、质量进行分析、改进和优化。

精准测试的核心特性包括以下几个方面。

（1）不改变传统的软件测试方法，在黑盒测试过程中，由计算机软件去采集程序执行逻辑以及其他测试数据。测试过程不需要直接面对程序代码进行。

（2）所有数据由系统自动、原生录入，不可人工直接修改，保证数据精准和不可篡改。精准的测试数据可直接用于测试的过程管理和实效分析。

（3）支持测试数据的精准度量以及全面的、多维度的测试分析算法。将白盒测试的视角从覆盖率扩展到测试分析。

（4）基于测试用例和代码的映射关系，支持回归测试用例的自动选取。

目前，星云测试工具可以支持对安卓、J2EE 以及苹果 iOS/OSX 平台的应用进行测试，这里仅以安卓版本为例作介绍。

11.4.2 星云测试工具客户端下载与配置

1. 星云在线免费测试

星云在线免费测试为单用户测试，如需多人多设备同时对单个项目进行测试，需要联系星云客服与商务。网站：http://www.teststars.cc/。

星云在线免费测试账号获取如图 11-55 所示。

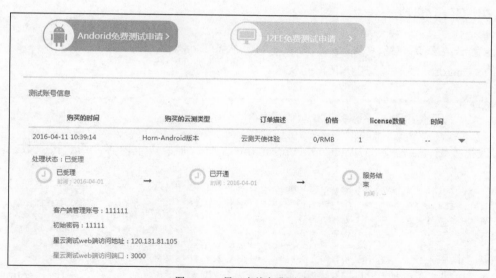

图 11-55　星云在线免费测试账号获取

申请完星云在线免费测试后，会在 24 小时内得到相应的测试账号。

2. 星云在线测试客户端下载

使用星云在线测试客户端连接星云平台，需要下载星云在线测试客户端，如图 11-56 所示。

3. 星云在线测试客户端配置

参见本篇 11.1.2 节中的 Java 开发环境配置和 Android 环境配置。

图 11-56　星云在线测试客户端下载

11.4.3　项目编译

1. 星云在线测试客户端-项目编译使用前准备

（1）为 android 项目添加获取数据权限。

必须添加权限，不然会引发 APK 闪退等问题。

修改需要编译工程下的 **AndroidManifest.xml** 文件，加入以下内容，用于接收数据时获得权限。

```
<uses-permission android:name="android.permission.READ_PHONE_STATE"></uses-permission>
<uses-permission android:name="android.permission.WRITE_EXTERNAL_STORAGE" />
<uses-permission android:name="android.permission.ACCESS_WIFI_STATE"></uses-permission>
<uses-permission android:name="android.permission.CHANGE_WIFI_STATE"></uses-permission>
<uses-permission android:name="android.permission.WAKE_LOCK"></uses-permission>
<uses-permission android:name="android.permission.INTERNET"></uses-permission>
```

（2）android 项目使用星云在线测试客户端进行编译、插装时，请在本机上用 eclipse 或者其他编译工具先编译生成.class 和 APK，确保环境无错和代码结构正确。

2. 建立项目以及版本

账号登录

星云在线客户端连接平台需要访问 17262、17263 端口。请检查网络连接限制是否存在。

打开星云在线客户端，选择文件中的登录，输入星云在线测试地址 IP（星云平台发放的

IP)、用户名（星云平台发放的帐号）、密码（星云平台发放的密码）进入。登录后，星云客户端界面如图 11-57 所示。

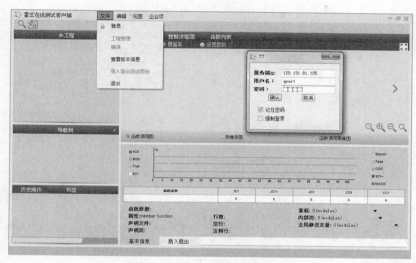

图 11-57 星云客户端界面

3. 新建工程和版本

运行星云在线测试客户端程序，在"文件"下点击"版本管理"，在弹出的窗口中可进行"添加""修改""删除""查看"操作，单击"添加"后，在弹出的窗口中先添加一个工程，再在工程下创建版本，如图 11-58～图 11-61 所示。

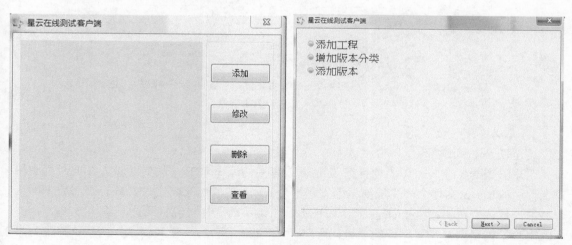

图 11-58 创建工程和版本

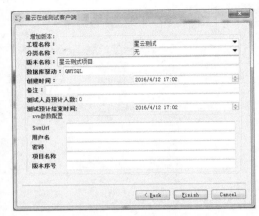

图 11-59   添加工程图   图 11-60   添加版本

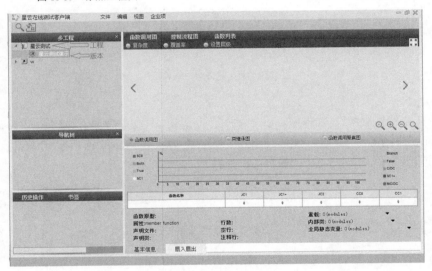

图 11-61   工程版本结构显示

4．版本编译

这里以 Eclipse 为例：

用户只需要保证要编译的项目在 eclipse 或者别的编译 IDE 中编译通过。在此过程中待编译工程中的*.java 文件会产生成要编译工程中*.java 对应的*.class 文件，该目录对应下面第二个参数，默认会在工程./bin/class 下。如果不是，请手动选择对应目录。

用户只需要选择需要编译的项目代码路径，*.class 路径。"星云测试"的默认路径为：工程路径\bin\class，在客户端选择"文件->编译"，如图 11-62 所示。

扫描代码违规采用静态 PMD 扫描方式，可以检测出代码中的违规和重复项，但是插装时间会相应地加上，如不需要，可以不选。

单击编译"星云测试"，会有图 11-63 提示编译成功，并生成项目静态结构关系，如图 11-64
所示。

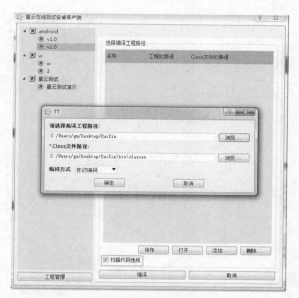

图 11-62 选择需要编译的项目代码路径

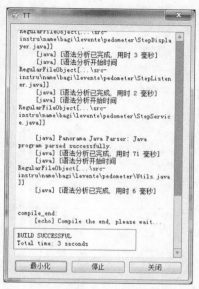

图 11-63 编译成功

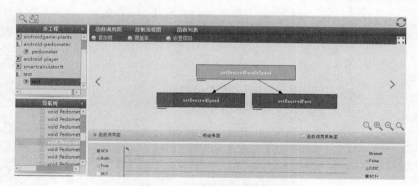

图 11-64 生成项目静态结构关系

对应"星云测试"处理后的代码路径为编译项目路径/src-instru 文件夹下，用户需要结合
自己的工程配置使用 src-instru 下的代码。使用 src-instru 下的代码进行打包如图 11-65 所示。

注

此时 src-instru 下是 utf-8 编码格式，请在相应 IDE 中调整相应的源码文件的格式设置，生成的
APK 和"星云测试"打包出来一样，之后即可测试（图 11-66）。

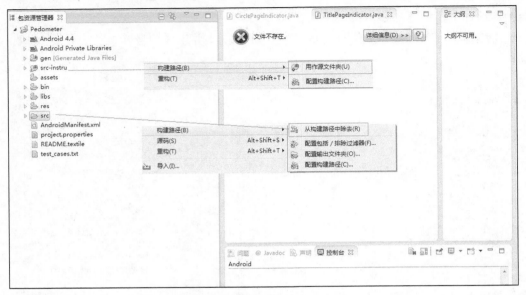

图 11-65　进行打包

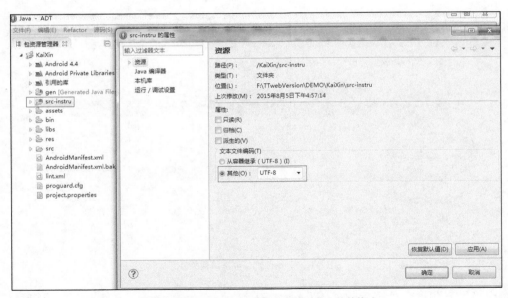

图 11-66　在相应 IDE 中调整相应的源码文件的格式

  TTwebClient\MQ 下的 JavaParser-android.jar 和 jeromq-0.3.0-SNAPSHOT.jar，jar 包会在"星云测试"编译过程中自动加到项目的 libs 中（注意：有些开发软件不会主动加入，需手动加依赖包）。如图 11-67 所示。

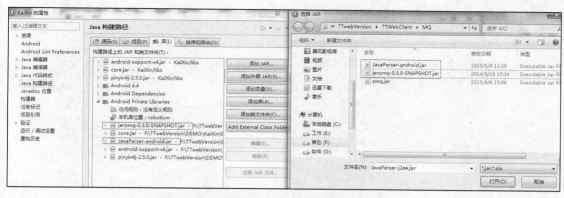

图 11-67　星云 jar 包自动加到项目的 libs 中

　　如果有多个子工程的项目，可以逐个添加，添加完毕后保存，下次编译直接打开上次保存的配置即可读取。

11.4.4　执行测试

　　（1）安装星云在线编译后生成的专属 APK 进入测试手机。

　　（2）整个测试如更换了电脑设备，则无需重新配置环境，直接打开星云在线测试客户端进行测试即可。

　　进入实时监控界面，单击菜单栏中的"视图"，选择数据传输监控图，进入实时监控界面，如图 11-68 所示。

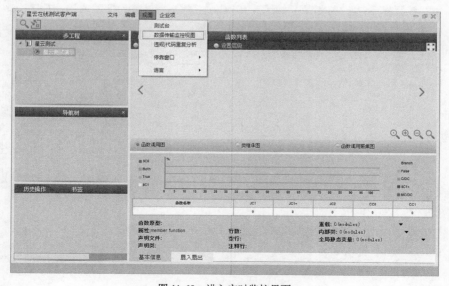

图 11-68　进入实时监控界面

实时监控界面如图 11-69 所示。

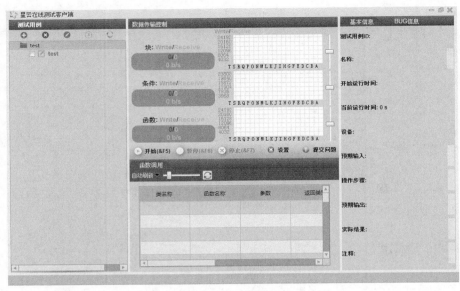

图 11-69　实时监控界面

测试用例操作说明如下描述：

（1）在左上角的 ⊕ 按键操作，进行功能分类的添加，如图 11-70 所示。

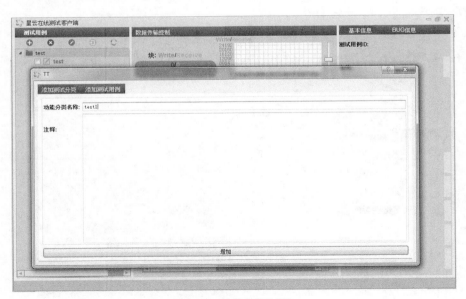

图 11-70　功能分类的添加

（2）在功能分类下添加测试用例如图 11-71 所示。

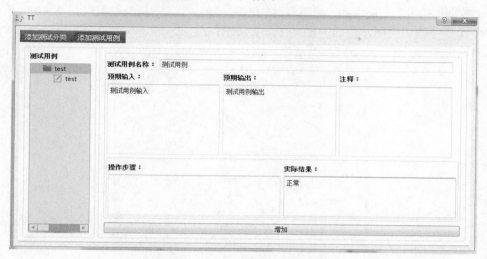

图 11-71　在功能分类下添加测试用例

（3）选中新建立的测试用例，将焦点放在该测试用例上，运行插桩后的源代码编译生成的程序，如图 11-72 所示。

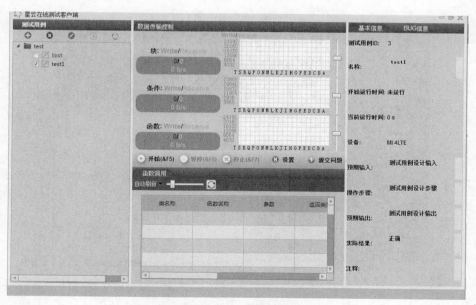

图 11-72　选中测试用例

数据接收方式有以下几种：USB、WiFi、蓝牙等。

1. WiFi 连接方式

单击数据传输控制页面中的"设置",在 IP 输入框中输入手机当前连接的 WiFi 的 IP 地址,单击"确认"按钮后关闭小窗口,如图 11-73 所示。

图 11-73　设置手机 IP

2. USB 连接方式

USB 模式默认 IP 为 127.0.0.1,选择 ADT 设置运行 adb-android.bat 脚本,如图 11-74 所示。

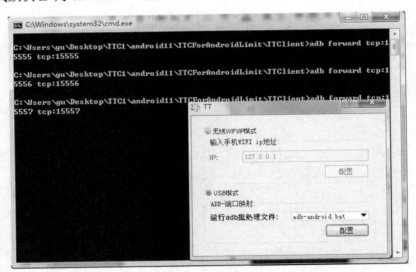

图 11-74　USB 运行脚本

设置连接完毕后单击 ▶开始 键,手机同时开始执行当前选择的用例,数据接收会显示波形图分为"块""条件""函数"3 部分,数据传输速度还有执行过的块、函数、条件,显示如图 11-75 所示。

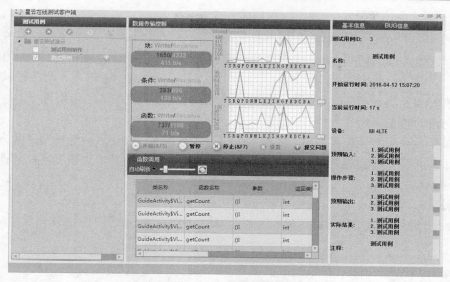

图 11-75 单击开始接收信息

监控界面操作说明。

（1）在程序运行操作中，监控界面会实时记录接收到的数据，并记录到数据库中，左边部分的数据为写入数据库的数据内容，右边部分为接收到的数据内容。

（2）在程序操作过程中可以暂停接收数据，单击数据实时监控中的暂停按钮，按钮会变成继续，这时进行程序上的操作，数据实时监控界面将不会接收和记录数据，如想要继续接收，单击［继续］按钮，切换成暂停按钮，就能继续接收数据了。接收到的函数数据如图 11-76 所示。

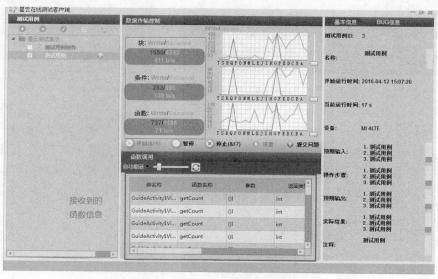

图 11-76 接收到的函数数据

　　程序运行完毕后，单击数据实时监控中的【停止】按钮，如果数据未全部写入数据库，就提示数据未全部记录到数据库，是否强制停止。如果强制停止，剩余未写入数据库和还未接收到的数据将被丢弃。如果接收到的数据已全部写入数据库，则立即停止接收后续记录数据。

　　关闭实时监控界面后，进入双向追溯界面，就能对刚刚生成的新的用例进行上述的正向追溯、反向追溯、覆盖率统计等操作。

　　如果关闭数据实时监控界面时，数据未全部写入数据库，会在后台继续写入数据库，此时无法切换工程和编译新的程序，如需要停止写入数据，需重新打开实时数据监控界面，强制停止接收数据。

　　Bug 提交：

　　执行完用例后，如发现 Bug，单击提交问题，则可对 Bug 进行描述并记录，如图 11-77 所示。

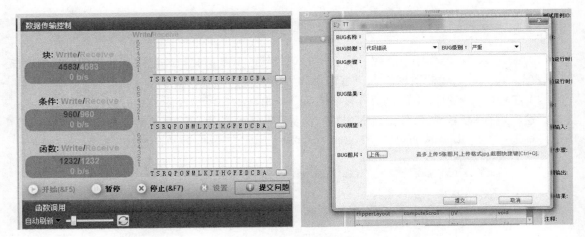

图 11-77　用例执行 Bug 提交

　　提交完测试用例后，单击 Bug 信息，就可以查看该测试用例对应的 Bug。星云在线测试的 Bug 和测试用例对应，在该测试用例中只会反应出该测试用例相关的 Bug 和历史 Bug，当提交完 Bug 后，该测试用例会出现一个！的状态，如出现崩溃，则会自动捕获出现 X 的状态，单击详细按钮，就能对 Bug 进行各类操作。当 Bug 解决后状态变灰，如图 11-78 所示。

　　更多关于星云测试的资料，参看本篇附录 A 和附录 B。

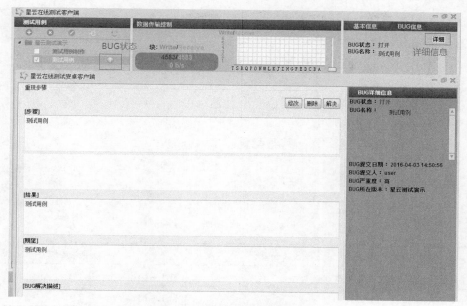

图 11-78   Bug 解决后状态！消失

11.5   本章总结

11.5.1   介绍内容

- UiAutomator 工具介绍及使用：
    - 使用 UiAutomator 工具的优点；
    - 下载和配置；
    - 开发测试代码；
    - UIAutomator API 详解；
    - 案例分析。
- Selenium 和 WebDriver 工具介绍及使用：
    - 环境安装；
    - WebDriver 对浏览器的支持；
    - 操作指南；
    - 案例分析。
- Monkey 工具介绍及使用：
    - Monkey 的特征；
    - 基本语法；

> ➤ 检查安卓设备中有什么包；
> ➤ Monkey 的参数列表；
> ➤ 利用 Monkey 进行性能测试；
> ➤ Monkey 脚本。

● 精准测试工具——星云测试平台介绍及使用：

> ➤ 精准测试理念；
> ➤ 星云测试工具客户端下载与配置；
> ➤ 项目编译；
> ➤ 执行测试。

11.5.2　案例

案例	所在章节
案例 11-1：获取 UiDevice 实例的两种方式	11.1.4-1 UiDevice 类介绍
案例 11-2：UiDevice 按键 API	11.1.4-1 UiDevice 类介绍
案例 11-3：KEYCODE 键盘映射码	11.1.4-1 UiDevice 类介绍
案例 11-4：关于坐标的 API	11.1.4-2 坐标相关的知识
案例 11-5：关于拖曳与滑动的 API	11.1.4-3 拖曳与滑动
案例 11-6：关于屏幕旋转的 API	11.1.4-4 屏幕旋转
案例 11-7：构建一个以'微'开头的 UiSelector	11.1.4-8 API 详解
案例 11-8：构建一个有'微'的 UiSelector	11.1.4-8 API 详解
案例 11-9：构建一个 class 属性为 android.widget.TextView，text 属性为微信的 UiSelector	11.1.4-8 API 详解
案例 11-10：构建一个聚焦的 className 为 android.widget.CheckBox 聚焦的控件	11.1.4-8 API 详解
案例 11-11：点 QQ APP	11.1.4-8 API 详解
案例 11-12：长按 QQ APP	11.1.4-8 API 详解
案例 11-13：把 QQ 移动到【560,600】坐标处，40 为 step	11.1.4-8 API 详解
案例 11-14：交换 QQ 与计算器的位置	11.1.4-8 API 详解
案例 11-15：按第 3 个 APP 向左划屏	11.1.4-8 API 详解
案例 11-16：模拟短信输入	11.1.4-8 API 详解
案例 11-17：获得屏幕下方的文本信息	11.1.4-8 API 详解
案例 11-18：判断对象是否存在	11.1.4-8 API 详解
案例 11-19：图片切换 APP	11.1.5 案例分析

续表

案例	所在章节
案例 11-20：注册登录 APP	11.1.5 案例分析
案例 11-21：通过 By.id，By.name，By.xpath 定位	11.2.3 操作指南
案例 11-22：通过 By.className 定位	11.2.3 操作指南
案例 11-23：通过 By.className 定位	11.2.3 操作指南
案例 11-24：通过对输入框（text field or textarea)的操作	11.2.3 操作指南
案例 11-25：通过对下拉选择框(Select)的操作	11.2.3 操作指南
案例 11-26：通过对单选项(Radio Button)的操作	11.2.3 操作指南
案例 11-27：通过对多选项(checkbox)的操作	11.2.3 操作指南
案例 11-28：通过对按钮(button)的操作	11.2.3 操作指南
案例 11-29：通过对左右选择框的操作	11.2.3 操作指南
案例 11-30：通过对弹出对话框(Popup dialogs)的操作	11.2.3 操作指南
案例 11-31：通过对表单(Form)的操作	11.2.3 操作指南
案例 11-32：通过对上传文件(Upload File)的操作	11.2.3 操作指南
案例 11-33：通过对 Windows 和 Frames 之间的切换的操作	11.2.3 操作指南
案例 11-34：通过对拖拉(Drag and Drop)的操作	11.2.3 操作指南
案例 11-35：通过对导航 (Navigationand History)的操作	11.2.3 操作指南
案例 11-36：改变 user agent	11.2.3 操作指南
案例 11-37：读取 cookie	11.2.3 操作指南
案例 11-38：获取 cookie 的值	11.2.3 操作指南
案例 11-39：根据某个 cookie 的 name 获取 cookie 的值	11.2.3 操作指南
案例 11-40：删除 cookie	11.2.3 操作指南
案例 11-41：Web 截图	11.2.3 操作指南
案例 11-42：页面等待	11.2.3 操作指南
案例 11-43：基于电脑的 Web 测试	11.2.4 案例
案例 11-44：基于安卓的 Web 测试	11.2.4 案例
案例 11-45：用 Python，unittest 来实现 Selenium & WebDriver	11.2.4 案例

参考文献

【1】《性能测试从零开始——LoadRunner 入门》，51testing 软件测试网组编 柳胜编著，电子工业出版社，2008 年 7 月。

【2】《软件性能测试过程详解与案例解析》（第二版）　段念著，清华分大学出版社，2012年 6 月。

【3】《selenium webdriver 实战宝典》，吴晓华著，电子工业出版社，2015 年 9 月。

【4】《探索式软件测试》，James A Whittaker 等著，钟颂东等译，清华大学出版社，2010年 4 月。

【5】百度百科：http://baike.baidu.com。

【6】百度文库：http://wenku.baidu.com。

【7】JAVA 开发环境：http://jingyan.baidu.com/article/48a42057cca4c3a9242504b8.html。

【8】如何配置安卓开发环境：http://jingyan.baidu.com/article/bea41d437a41b6b4c51be6c1.html。

【9】如何配置 ANT：http://jingyan.baidu.com/article/90808022c5eed8fd91c80f90.html。

【10】adb 命令：http://blog.csdn.net/janronehoo/article/details/6863772。

【11】UiAutomator 教学视频：http://www.jikexueyuan.com/path/android/#stage9。

【12】51testing：http://www.51testing.com。

【13】领测国际：http://www.ltesting.net。

【14】啄木鸟软件测试培训网：http://www.3testing.com。

【15】Loadrunner11 之 VuGen 录制选项 Recording Options：http://wenku.baidu.com/l ink?url=lDFzzdQZSBHgzbKxhsOQh8KJ5EA-mAqROAXECMGFhK6t-AinFJDLgbAtFOd8ZEfoiqOE0pp3Vdad73Ak9LJtOYjpayjleksgr9OAC32K2ju。

【16】QTP 教程：http://wenku.baidu.com/link?url=GJAJY19X0UhMNzPHtVCt4Dij89L65voeH708OZtTrdIoCcerjFu6Ry9cXZTedDczJwBCwqI86PtSzAAYFmTp5Pwa7YH1bTjXihw_T8TfL03。

【17】JIRA 使用：http://bbs.csdn.net/topics/390646787。

【18】《精通移动 APP 测试实战：技术、工具和案例》，于涌　王磊　曹向志编著，人民邮电出版社，2016 年 4 月。

【19】《Selenium 2 自动化测试实战　基于 Python 语言》，虫师编著，电子工业出版社，2016年 1 月。

【20】辛庆，基于 Selenium 的 Web UI 自动化软件测试【D】2012。

【21】郝炜，性能测试工具 LoadRunner 介绍【J】，《电脑知识与技术》2008（17）：36-40。

【22】邱祥庆，浅谈基于 WinRunner 的软件自动化软件测试【J】，《大众硬件》2008（12）：16-18。

【23】杜丽洁，基于 QTP 自动化软件测试框架的开发与应用 【D】，2012。

【24】秦芳，深入解析 TestDirector 工具在软件测试工作中的应用【J】，2007（28）45-48。

【25】费娟，基于 Silktest 的软件测试自动化【J】，《广东通信技术》2006（2）：35-36。

第3篇 软件测试管理

作为一名软件测试工程师，工作几年后你也许已经逐步走入软件测试的正轨，这时候你就可以考虑往更高的岗位上转了。如果你仍旧对技术感兴趣，可以转为高级软件测试工程师或者高级软件测试架构师，否则可以考虑成为软件测试经理。本篇主要探讨软件测试管理方面的知识。

文档在软件测试管理中起到非常重要的作用。如何设计一份适合本公司的测试文档，如何指导组员去书写软件测试文档，是软件测试经理的一项重要工作。本篇第 12 章介绍一些软件测试文档的知识。

如何管理一个团队，如何看待软件测试，也是软件测试经理需要考虑的问题，第 13 章介绍软件测试管理中的一些问题。

作为一名从业多年的测试工作者，培养后继人才是应该担负的责任，在第 14 章，提供了一些素材，供年轻的测试经理参考。

本篇共分以下 3 章。

- 第 12 章，软件测试与质量文档：介绍 7 篇软件测试与质量文档。
- 第 13 章，软件测试管理：介绍软件测试管理中的一些问题。
- 第 14 章，软件测试工程师的职业素质：帮助软件测试新人建立良好的职业素质。

Chapter

12

第 12 章
软件测试与质量文档

  软件测试文档在软件测试和质量管理中起到相当重要的作用。本章中介绍 7 篇软件测试和质量相关的文档。

  质量可以分为产品质量和过程质量。其中产品质量可以通过测试来提高，一般由公司软件测试部门（Test Department）负责；过程质量主要靠公司内部的质量监控部门（SQA）负责。而在一些中小型企业中，软件测试和质量监控往往是一个部门，所以作为一个软件测试工程师若具有过程质量的知识，将对职业发展很有帮助。本章首先介绍过程质量的文档：《研发过程管理工作规范》。

  软件测试是通过软件测试报告来体现出软件产品的质量的，本章将给大家介绍两个"测试报告"：《飞天 e-购网软件测试报告》和《BBS 软件测试报告》。

  在软件测试领域里，其中《软件测试计划》是比较重要，也是相对难写的一份文档，所以本章用较多内容来指导读者书写"软件测试计划书"。这些内容分别是《数字电视机顶盒中间件集成测试计划书》《BBS 系统主测试计划》和《BBS 系统级别测试计划》。

测试缺陷应该如何进行管理，是每一个测试经理都很头疼的问题。这里给大家介绍一个《测试缺陷管理流程》的文档。

综上所述，本章将介绍的 7 篇文档，分别是。

- 《研发过程管理工作规范》。
- 《飞天 e-购网软件测试报告》。
- 《BBS 软件测试报告》。
- 《数字电视机顶盒中间件集成测试计划书》。
- 《BBS 系统主测试计划》。
- 《BBS 系统级别测试计划》。
- 《测试缺陷管理流程》。

12.1　研发过程管理工作规范

案例 12-1：研发过程管理工作规范。

这是一份完整的《研发过程管理工作规范》，适合于比较大的软件研发团队，供读者参考。

1. 文档说明

1.1　编制说明

本文档为××××科技有限公司研发过程管理规范规划及实施阶段对总体项目进行技术、管理和控制方面的总体指导性文件。

1.2　适用范围

本规范适用于××××科技有限公司研发过程。

1.3　起草单位

××××科技有限公司研发部 SEPG 小组。

1.4　解释权

本规范的解释权属于××××科技有限公司研发部 SEPG 小组。

1.5　版权

本规范的版权属于××××科技有限公司。

1.6　参考资料

- 2002.5"The Rational Unified Process An Introduction（Second Edition）"Philippe Kruchten1。
- 2001.12"The Capability Maturity Model Guidelines for improving the Software Process"SEI。
- 2003.10"Six Sigma Software Development"Christine B. Tayntor。

1.7 缩写说明

PM：Project Manager（项目经理）。

RUP：Rational Unified Process（统一过程）。

CMM：Capability Maturity Model（过程能力模型）。

ISO：International Standards Organize（国际标准化组织）。

QA：Quality Administer（质量管理）。

QC：Quality Control（质量控制）。

CCB：Change Control Board（变更控制委员会）。

CM：Configuration Management（配置管理）。

SEPG：Software Engineering Process Group（软件过程管理小组）。

SDP：Software Development Plan（软件开发计划）。

CR：Change Require（变更需求）。

KPA：Key Practice Area（关键过程域）。

RM：Requirement Manager（需求管理）。

2. 概述

大家都知道一个项目的主要内容是："成本、进度、时间"，良好的项目管理就是综合好这3个方面的因素，平衡好这3个方面的目标，最终依照目标完成任务。项目的这3个方面是相互制约和影响的，有时对这3方面的平衡策略甚至成为一个企业级的要求，决定了企业的行为。影响软件项目成本、进度、时间的因素主要是"人、过程、技术"。

在当今日益激烈竞争的社会中，客户的满意程度已经成为许多软件机构生存和兴旺发达的准则，软件产品质量也被定义为满足客户隐性或者显性需求的产品为高质量的软件产品。但是，不科学、不合理的软件开发过程，对软件只重视开发不重视需求分析、设计、测试等种种弊端在许多软件公司中仍旧存在。随着中国进入 WTO 以及软件在我们生活中的日益　普及，持续了二三十年的软件危机变得更突出，这些都已经严重影响软件公司的生存和发展。

所以，建立一套比较规范的、适合于本公司软件过程管理规范，对于软件公司的生存至关重要。目前国际上比较流行的软件工程产品和思想有国际标准组织的 ISO9000：2000，卡纳吉梅隆大学美国软件工程研究所（SEI）制定的 CMMI，Rational 公司创建的 RUP 以及摩托罗拉公司提出的 6SIGMA 等。各标准化组织都建议企业应该结合本公司特点，以质量标准化方案作为指南，建立一套适合本公司的软件质量管理体系，这是加强本企业软件质量工作的关键。

附：软件危机的种种表现。

- 需求变更频繁，软件公司陷于困境。据报道，全球所有以取消且结束的软件项目 90% 需求都得不到很好的管理，造成项目无限制拖延，最终项目取消。

- 人员变更频繁，公司产品无法得到延续。由于目前 IT 公司人员流动现象十分普遍，没有良好的软件过程作为后盾，人员流失就意味着资源和知识的流失，从而不断延长软件开发时间。

● 没有合理的质量流程，产品 Bug 无法得到有效控制。

3. 软件质量控制原则

3.1 以预防为中心

质量控制，方法上通常为检测和预防，而人们大多数都比较重视检测工作，成立测试部门在产品开发完毕进行测试。不可否认，测试是整个软件工程中一个非常重要的环节，但是预防从某种意义上来讲，比测试更重要。用造一座大楼打个比方，如果在大楼设计后对大楼设计图纸进行检测发现问题，要比大楼施工完毕发现问题再去解决问题，在资金、人力的开销上都少得多，何况大楼建好以后有些问题是没有办法修正的，除非推翻重来。让我们来看一个数据，美国软件质量安全中心 2000 年对美国一百家知名的软件厂商统计，得出这样一个结论：在开发前期发现软件缺陷所花费的资金和人力，比在开发后期发现软件缺陷所花费的资金和人力要节约 90%；在推向市场前发现软件缺陷比在推向市场后发现软件缺陷后，在花费的资金和人力上要节约 90%。并且约 63% 的错误都发生在编码前。所以，软件的缺陷应该尽早提出，在整个公司软件开发工程中，每个阶段都有相应的对产品的质量控制（QC）和对过程的质量保障（QA）体系。

3.2 降低偏差

换句话说就是增加一致性。一致性是非常重要的，因为一致性是可以预防的，可以预防就可以纠正。这里以打靶作为一个比方，选手 A 的六个镖平均分布在靶心的四周，有一个击中靶心；选手 B 六个镖都没有击中靶心，但是都集中在靶心的左上方。一般人认为，选手 A 比选手 B 打得好，但是对于改进来说，选手 B 比选手 A 更好控制，因为选手 B 的偏差是可控的，只要检查一下手握镖的位置，或者考虑风等其他因素影响，就很容易提高命中率。所以，一致性是公司的质量奋斗目标。

3.3 以客户为中心

一个好的质量产品是这样定义的：它能够最大限度地满足客户的需求。不管技术人员是否认为存在哪些不合理的地方，只要客户认为好的，就是一个高质量的产品。以客户为中心是所有质量体系都遵循的原则，不论是 ISO，还是 CMM。道理很简单，没有客户，公司就没有存在的必要。对公司来说，提高质量，就需要整个软件开发过程中严把需求关。

3.4 协同工作

先进的软件公司是一个走出软件作坊式的公司，项目的成败不在于某几个人的努力（又称个人英雄主义），即 CMM1 级。现阶段的软件公司需要各位协同工作、共同努力、互相协调、互为补充，从而共同提高公司软件产品的质量。

4. 工作定位

研发过程管理工作按照著名的 PDCA 循环工作，如图 12-1 所示。首先定义出一些工作模版、工作流程、评审工作以及角色定义。研发部员工在使用过程中必须严格按照规定执行，但希望各位及时提出自己的观点和建议，随时进行调整并发布，以便越来越适用于公司研发的需求。

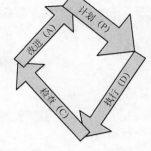

计划阶段：按照用户需求（以及上一轮的经验和问题）制定计划过程、角色和文档。

执行阶段：由定义的角色在工作中按照定义的流程执行相应的工作，产出相应的文档。

检查阶段：在实施过程中遇到问题随时提出，对文档、过程、角色进行检查。

改进阶段：按照各位提出的合理化建议和意见，对文档、过程、角色进行修正和修改。

图 12-1 PDCA 循环

然后进入下一轮循环，以便使过程越来越适合公司，从而提高公司的质量水平。

5. 流程工作

5.1 流程

5.1.1 产品生命周期

图 12-2 是产品生命周期的总体流程。

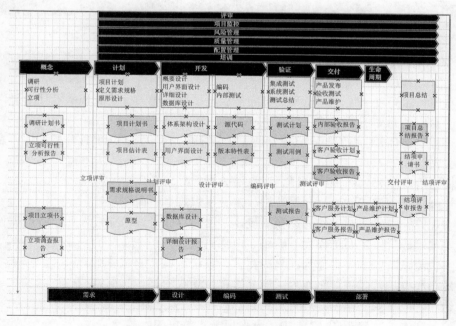

图 12-2 总体流程

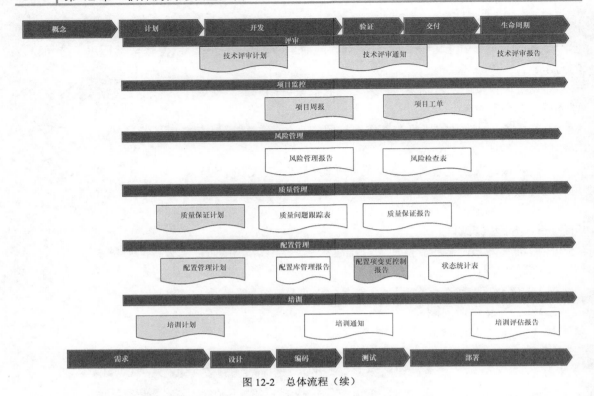

图 12-2　总体流程（续）

- 按照产品生命周期角度来说，整个流程分为概念、计划、实现、发布、维护和结项几个工作阶段。
- 按照技术角度来说，整个流程分为需求、设计、编码、测试和部署几个工作阶段。

它们的对应关系如图 12-2 所示。

整个过程受培训、质量管理、配置管理、需求管理、风险管理、项目监控和评审全程控制。过程中的工作阶段如下。

- 概念阶段主要工作为：调研、可行性分析、立项。
- 计划阶段主要工作为：项目计划、定义需求规格、原型设计。
- 实现设计阶段主要工作为：概要设计、用户界面设计、详细设计、数据库设计。
- 实现编码阶段主要工作为：编码、内部测试。
- 实现测试阶段主要工作为：集成测试、系统测试、测试总结。
- 发布和维护阶段主要工作为：产品发布、验收测试、产品维护。
- 结项阶段主要工作为：项目总结。

每个阶段产生的文档在图 12-2 中已表现出来，黄色的为第一阶段必须提交的文档，绿色的为第二阶段必须提交的文档。这里不是很全面，具体可以参见本篇第 5.2.1 节中的技术文档模版。

每个阶段有其子流程，主要分为：立项管理、启动、需求与需求管理、项目管理、分析设计、编码、测试发布、测试、配置和变更管理、产品验收、风险管理。每一个子过程基本上都是按照 RUP 的流程制定的。这里每一个阶段又定义了子阶段，子阶段为这个阶段的内部里程碑，具体如下。

- 立项管理阶段中的子里程碑为"立项调查"和"立项评审"。
- 启动阶段中的子里程碑为"启动计划"和"启动审批"。
- 项目管理中的子里程碑为"项目计划""项目监督"和"项目结项"。
- 项目监控中的子里程碑为"下派工单"和"填写周报"。
- 需求与需求管理中的子里程碑为"确认需求""定义需求"和"管理变更"。
- 分析设计中的子里程碑为"概要设计"和"详细设计"。
- 编码中的子里程碑为"开发"和"集成"。
- 测试发布阶段中的子里程碑为"送测"和"冒烟测试"。
- 测试阶段中的子里程碑为"测试计划""测试设计""测试开发""测试执行"和"测试报告与评估"。
- 配置和变更管理中的子里程碑分为"配置计划""审批""变更后活动"。
- 产品验收中的子里程碑分"验收准备""验收活动"和"产品发布"。
- 风险管理中的子里程碑分为"风险识别与评价""风险分类""制定控制方案"以及"控制方案评价"。

从图 12-2 可以看出，一共包括"立项""计划""设计""编码""测试""交付"和"结项"七大评审。每一个大的阶段（里程碑）完成，必须通过相关的评审才可以进入下一个阶段；项目中的内部里程碑也同样需要相应的评审工作，才可以进入下一个阶段。

5.1.2 研发过程管理的工作

1. 制定整体项目实施计划

（1）制定整体项目的组织架构和沟通机制。

（2）分析各子项目的实施计划，并确定关联性，制定整体项目的进度基准。

（3）制定整体项目的人力资源配置计划。

（4）制定整体项目的成本基准。

（5）制定整体项目的质量管理及风险管理计划。

（6）形成整体项目的实施计划。

2. 执行整体项目实施

（1）监控各子项目的实施进程。

（2）检测并报告整体项目的实施进程。

（3）协调解决子项目间的争议。

（4）管理整体项目的实施质量。

（5）管理整体项目的实施成本。

（6）管理整体项目的实施风险。

（7）组织项目相关的培训和知识转移。

5.1.3 立项流程

图 12-3 是项目立项流程。

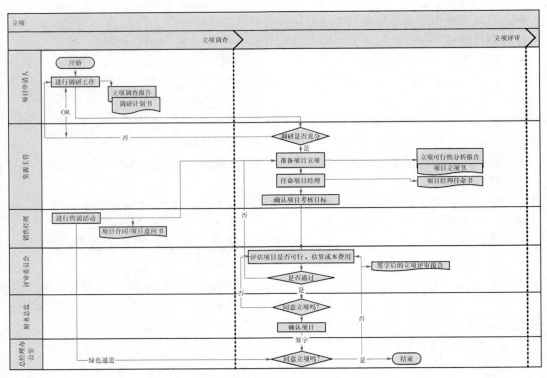

图 12-3 项目立项流程

1．控制目标

（1）确保立项要素齐备。

（2）确保立项准确、及时，实现项目研发过程中资源调动有据、有序。

（3）防止未签合同的项目立项带来的风险。

2．控制点

（1）项目申请人负责出具《业务方案书》，由售前总监评审签字，并交给产品研发部分管立项的事务专员。

（2）产品研发部事务专员应催促市场销售经理出具《××合同》或《项目意向单》，并配合填写项目立项书。

（3）各职能部门经理负责评估方案可行性和对人力、风险、预算等，并出具评估意见。

（4）技术研发部门以已签字的《项目立项书》作为项目启动标志。

3. 备注

（1）项目立项由市场销售经理发起，已签订合同的可将项目售前资料直接提交给技术研发部立项专员处理后续立项事宜，未签订合同的则需严格按照此流程处理。

（2）原则上，立项一定要市场销售经理出具合同，若没有合同，则需要提供用户方的项目权力人签字的项目意向书，并承诺在项目开始实施后一个月内签订合同。

（3）从售前部门提供评估报告后到立项完成的整个流程原则上必须在两天内完成，如果遇到流程中涉及的人员不在岗，则由其指定的代理人负责签字。

（4）项目分类和管控部门。

4. 研发类

（1）产品研发

解释：公司依据市场环境决定开发，以适应未来市场的新产品。技术研发部门单独立项，由各个部门经理审批通过。技术应用部门只负责立项流程管理，进度、质量监控由开发部负责，但可以申请技术应用部门委派项目经理或提供项目管理知识培训；行业咨询部对业务方案负责；技术开发部全程进行研发管理。

（2）开发类项目

解释：有明确的签约客户，需求由用户主动提出的新项目。例如：上海电信实业工程管理系统项目、海南联通资产管理系统项目。由技术开发部全程进行研发管理。

5. 服务类

（1）软课题

解释：有明确的签约客户，成果要求主要是咨询报告。例如：网通集团公司企业级分析数据模型；中国网通集团固定资产目录修改办法等。由技术开发部全程进行研发管理。

（2）工具类开发和实施

解释：集团或省公司的一些事务性工作。如中国电信、中国网通上市开账工具、北方电信转制开账工具等。通过对售前项目评估报告评审，确定立项的，由技术应用部管控；否则不予立项。

（3）项目实施过程中的工具开发

解释：为了提高实施的质量和效果，技术应用部门提交开发部完成的工具，如一些数据转换工具。不予立项，项目经理以任务书的形式指定。

6. 接口开发类

（1）项目本身含有接口

解释：项目实施上线前，客户提出与其他系统需要进行数据集成。例如：安徽电信 FA 与资源系统的接口；湖南电信 AMS 与账务、工程决算的接口。由市场推进部出具方案，其中技术细节可以让开发部/技术应用部协助，进入立项流程，并由技术应用部管控。

（2）纯粹的接口开发

解释：实施、验收完成，客户提出与其他系统需要进行数据集成或在项目范围之外单独签订合同的接口开发项目，如山东 ERP 接口。由行业咨询部出具方案，其中技术细节可以让开发部/技术应用部协助，进入立项流程，并由技术应用部管控。

（3）基础产品类

例如：WFS7.0、GFS80 等。不予立项，由客户服务部独立监督、实施。

7. 其他类

除以上描述外的项目或服务工作。

8. 流程

（1）项目申请人进行调研工作，产生《调研计划书》及《立项调查报告》。

（2）或者销售经理在售前活动产生《项目合同书》或客户承认的《项目意向单》。

（3）如果是绿色通道项目，进入到步骤（14）；如果是销售经理发起的项目，进入步骤 6。

（4）否则资源主管确定调研是否充分。

（5）如果不充分，返回步骤（1）。

（6）否则资源主管准备项目立项，产生《项目立项书》以及《立项可行性分析报告》。

（7）资源主管任命项目经理。

（8）资源主管与任命的项目经理确定考核目标。

（9）评审委员会评审项目是否可行，估计成本费用。

（10）如果不可行，返回步骤（6）。

（11）否则进入财务总监确认。

（12）财务总监确认不通过，返回步骤（9）。

（13）否则财务总监确认签字，进入总经理办公室确认。

（14）如果总经理办公室确认通过，流程结束。

（15）否则返回步骤（9）。

5.1.4　项目启动流程

图 12-4 是项目启动流程。

1. 控制目标

（1）确保项目经理在启动阶段获得充分的资料和信息。

（2）为项目经理制定项目计划、确定项目范围等工作提供依据。

（3）确保项目及时、有序地开始，实现项目实施过程中启动阶段的顺利进行。

2. 控制点

（1）检查售前业务方案书、项目售前评估报告等售前资料是否齐备。

（2）根据售前资料和用户的时间要求制定相应计划等，确定人力和其他资源要求。

（3）根据项目经理的方案和计划，评估所需人力，综合考虑部门项目情况调配资源，并与项目经理沟通确定。

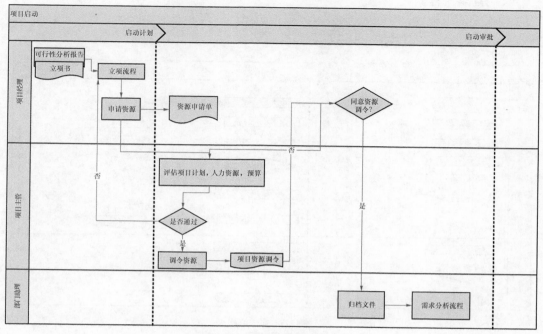

图 12-4　项目启动流程

3．备注

（1）原则上，项目启动一定要在项目立项之后进行，如遇紧急项目，可由事务专员向部门经理申请走绿色通道直接进入下一阶段。

（2）项目资源调令包括人员、软硬件、资金等资源。

（3）项目经理可以组建项目组成员、其他资源。

（4）项目经理有权对项目资源配备提出意见。

4．流程

（1）项目立项流程完毕，项目经理拿到《可行性分析报告》和《项目立项书》，申请资源，产生《资源申请单》。

（2）项目主管确认。

（3）如果项目主管不确认，返回步骤（1）。

（4）否则项目主管进行资源调令，生成《项目资源调令》。

（5）项目经理审核资源调令。

（6）如果不确认，返回步骤（2）。

（7）否则部门助理将立项文档归档。

（8）流程结束。

5.1.5　需求流程

图 12-5 是需求流程。

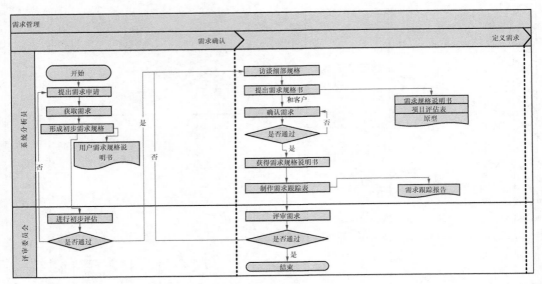

图 12-5　需求流程

1. 控制目标

（1）确保项目需求有序进行。

（2）规定系统分析员与客户建立需求流程。

2. 控制点

（1）系统分析员与客户决定需求，最后由评审委员会进行需求评审，讨论是否通过。

（2）需求完毕由评审委员会进行需求评审，最终决定需求是否完毕。

3. 备注

（1）对于新建立的研发开发类项目，必须建立《原型》，给客户展示；对于其他项目，《原型》不做硬性规定。

（2）项目经理需对需求做风险等级评估，确定解决的先后顺序。

（3）《项目估算表》由系统分析员协助项目经理辅助完成。

（4）需求来源除了客户提出的需求，还包括。

● 历史经验。

● 公司资深员工历年来的行业工作经验。

● 市场反馈信息。

● 项目经理市场实施获得信息。

● 文件制度的改变。

4. 流程

（1）系统分析员提出需求申请。

（2）系统分析员获取需求信息。

（3）系统分析员书写初步需求规格，完成《用户需求规格说明书》。

（4）评审委员会初步评审。

（5）如果没通过，返回步骤（1）。

（6）否则进行细部规格访谈（使用工具绘制系统关联图、创建用户接口模型、分析需求可行性、确定需求优先级别、为需求建立模型、创建数字字典、使用质量功能调配……）。

（7）系统分析员提出《产品需求规格说明书》。

（8）系统分析员与客户进行确认。

（9）如果没有通过，返回步骤（7）。

（10）否则确认《产品需求规格说明书》。

（11）系统分析师制作需求跟踪表，形成《需求跟踪报告》。

（12）评审委员会进行需求评审。

（13）如果没有通过，返回步骤（6）。

（14）否则流程结束。

5.1.6 需求变更流程

图 12-6 是需求变更流程。

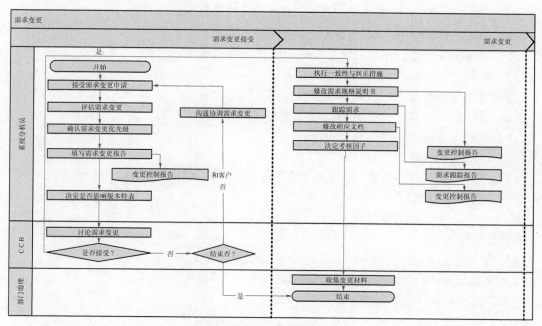

图 12-6 需求变更流程

1. 控制目标

（1）确保项目需求变更有序进行。

（2）规定当需求发生变更时，如何处理变更，如何与 CCB 决定是否接受变更。

2. 控制点

（1）当需求发生变更后，首先由系统分析员分析变更带来的影响，然后由 CCB 确认。

（2）CCB 确认完毕，才允许做变更后的相应活动。

（3）需求变更活动必须在需求确认后执行。

3. 备注

系统分析员须对需求变更根据风险等级做优先级分类，确定修改先后顺序。

4. 流程

（1）系统分析员获得变更申请。

（2）系统分析员进行需求变更评估。

（3）系统分析员确认需求变更优先级。

（4）系统分析员填写《变更控制报告》有关需求描述部分。

（5）系统分析员决定是否影响版本的特性表。

（6）CCB 委员会讨论需求变更。

（7）CCB 委员会决定是否接受变更。

（8）如果不接受变更，决定是否结束。

（9）如果不结束，系统分析员与客户沟通协调，返回步骤（1）。

（10）如果不接受变更，决定结束，结束流程。

（11）如果接受变更，系统分析员进行一致性与纠错措施。

（12）系统分析员修改《需求规格说明书》。

（13）系统分析员跟踪项目需求，填写《需求跟踪报告》。

（14）系统分析员修改相应文档，填写《变更控制报告》。

（15）决定考核因子，是否影响考评。

（16）部门助理收集变更材料。

（17）流程结束。具体变更引起的配置控制细节步骤，参见第 5.1.12 节配置变更流程。

5.1.7　项目阶段流程

图 12-7 是项目阶段流程。

1. 控制目标

（1）规定项目计划的流程规范。

（2）规定项目在执行当中项目监控的流程规范。

（3）规定项目结束的流程规范。

2. 控制点

（1）项目计划与需求分析同时进行。项目计划负责人为项目经理；需求分析的负责人为系统分析员，二者紧密沟通，做好工作。

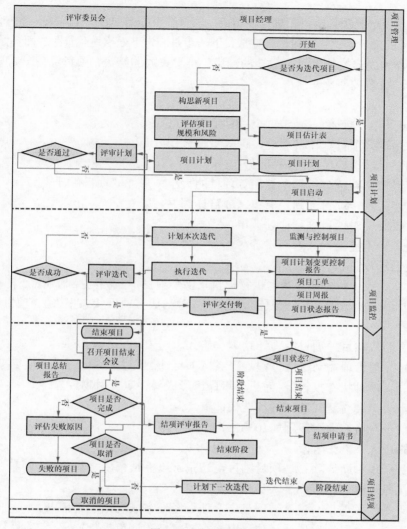

图 12-7　项目阶段流程

（2）第一次项目计划必须通过计划评审后，才可以进入执行计划。

（3）迭代项目必须在结束前期做一次评审，决定项目迭代是否成功。

（4）项目结项阶段必须做会议总结工作，除了阶段性成功项目以外的所有项目都需要提交《项目总结报告》。

3. 备注

（1）项目分为迭代和第一次项目。迭代的项目是指在原来的项目基础上进行下一次迭代，本流程为一次迭代的流程；第一次项目为首次开发此项目或者在用户使用的项目基础上开始升级的项目。

（2）项目结束分为项目结束和阶段性结束。项目结束是指项目完全结束，下一步交给客户使用；阶段性结束的项目为这一阶段已经完成，下一步是制定下一次迭代计划，而不是给客户使用。

（3）结束分为失败的结束以及成功的结束。对于失败的结束，项目经理一定要和项目组员认真仔细地讨论失败的原因。

4. 流程

（1）项目开始，项目经理确定这个项目是否为迭代项目。

（2）如果是迭代项目，项目启动，进入步骤（10）。

（3）否则项目经理构思新的项目。

（4）项目经理和系统分析员一起估算项目的大小，形成《项目估计表》。

（5）项目经理制定项目计划，书写《项目计划书》。

（6）评审委员会对项目进行计划评审。

（7）如果项目不能进行，返回步骤（5）。

（8）否则启动项目。

（9）对于非迭代项目，项目经理执行项目，整个项目中监测与控制项目，随时形成《项目计划变更控制报告》《项目工单》《项目周报》，同时形成《项目状态报告》。项目结束后，进入步骤（15）。

（10）对于迭代项目，项目经理计划本次迭代。

（11）项目经理管理控制迭代过程，形成《项目计划变更控制报告》《项目工单》《项目周报》，同时形成《项目状态报告》，为下一步评审形成《评审交付物》。

（12）评审委员会对迭代项目进行迭代评审。

（13）评估不合格，返回步骤（10）。

（14）否则进入下一个阶段。

（15）项目经理判断该项目是项目结束，还是阶段性结束。

（16）如果是阶段性结束，进入步骤（23）。

（17）如果是结束项目，进入结项工作，项目经理完成《结项申请书》。

（18）评审委员会对项目进行结项评审，完成《结项评审报告》，决定项目是否成功。

（19）如果成功，召开项目总结报告，形成《项目总结报告》。

（20）标记项目为"结束的项目"，流程结束。

（21）如果失败，则承认失败，形成《项目总结报告》，评估失败原因。

（22）标记项目为"失败的项目"，流程结束。

（23）对于阶段性结束的项目，进入结项阶段。

（24）评审委员会对项目进行结束评审，形成《结项评审报告》，决定项目是否取消。

（25）如果决定项目取消，标记为"失败的项目"，形成《项目总结报告》，流程结束。

（26）否则计划下一次迭代。

（27）标记为"阶段结束的项目"，流程结束。

具体细节请参考第 5.2.2 节中的《项目管理过程》。

本流程参照第 5.1.23 节"结项流程"，若有冲突，遵循第 5.1.23 节。

5.1.8　项目进度计划流程

图 12-8 是项目进度计划流程。

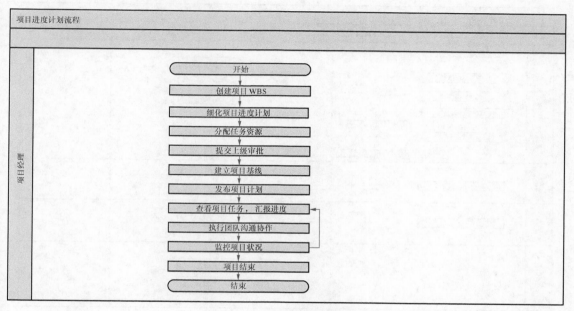

图 12-8　项目进度计划流程

1. 控制目标

给出项目管理的细化详细步骤。

2. 控制点

属于项目管理计划的一个子流程。

3. 流程

（1）创建项目 WBS。

（2）细化项目进度计划。

（3）给任务分配资源。

（4）项目计划提交上级领导审批。

（5）建立项目基线。

（6）发布项目计划。

（7）项目团队成员查看任务安排、汇报项目进度。

（8）团队成员之间的沟通、协作。

（9）项目经理/上级领导监控项目状况。

（10）如果项目未结束，返回步骤（7）。

（11）关闭项目。

5.1.9 项目监控流程

图 12-9 是项目监控流程。

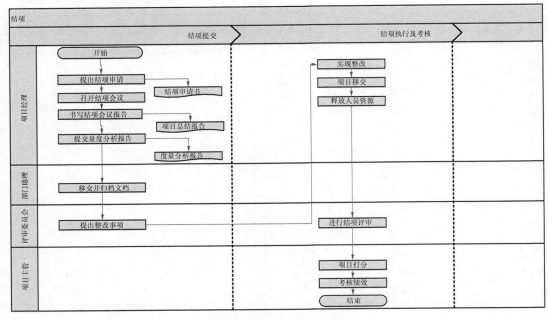

图 12-9　项目监控流程

1．控制目标

规定项目在项目开发、测试、实施阶段的项目控制流程。

2．控制点

（1）流程周期为一个工作周。

（2）功能经理有工作内容，完成《工单》上相应的内容。

3．备注

《项目周报》工程师分工见表 12-1。

表 12-1　　　　　　　　　　　《项目周报》工程师分工

表单名称	负责人
汇报明细汇总	开发、测试、实施
整体汇报-内部订单	开发、测试、实施

表单名称	负责人
整体汇报-人力	开发、测试、实施
项目形象进度	开发、测试、实施
项目工单明细汇总表	开发、测试、实施
每周版本完成情况	测试
版本特性基线表	开发、测试、实施
过程质量管理	开发、测试、实施
产品质量管理	测试
风险条目检查表	开发、测试、实施

4. 流程

（1）功能经理根据 WBS 制作《工单》，分配任务。

（2）工程师接受任务。

（3）工程师完成任务。

（4）工程师填写《工单》中实际工作时间。

（5）完成工作任务后告知功能经理。

（6）功能经理填写《工单》，并给工程师打分。

（7）功能经理完成《项目周报》中相应的部分。

（8）功能经理每周五中午之前提交《工单》给项目经理。

（9）项目经理每周一上班前完成《项目周报》填写。

（10）部门助理收集《项目周报》。

（11）部门经理和主管查看《项目周报》。

（12）流程结束。

5.1.10 分析设计流程

图 12-10 是分析设计流程。

1. 控制目标

（1）规定概要（架构）设计的流程规范。

（2）规定详细设计的流程规范。

2. 控制点

（1）架构设计必须通过评审后才可以进入详细流程。

（2）详细设计必须通过详细设计评审才可以结束。

（3）对于没有架构的项目，不要求进行架构设计，只需要选择已有的架构。

（4）在详细设计阶段，对于简单的，只在原有架构上进行一些改进，就可以完成设计。

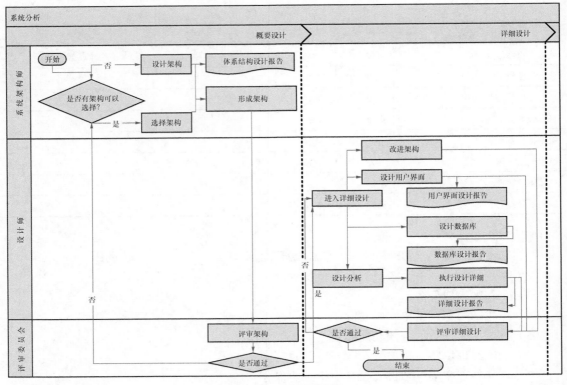

图 12-10 分析设计流程

3. 备注

用户界面设计由设计师配合美工设计师来完成。

4. 流程

（1）系统架构师对所要做的项目选择架构。

（2）如果有已有的架构设计，系统架构师选择已有的架构，进入步骤（4）。

（3）否则系统架构师设计架构，书写《体系架构设计报告》。

（4）形成体系架构。

（5）进行体系架构设计评审。

（6）如果没通过，返回步骤（1）。

（7）否则进入详细设计阶段。

（8）如果详细设计比较简单，设计师只要对详细架构进行相应的修改，就可以完成设计工作，进入步骤（12）。

（9）否则由设计师进行设计分析，包括详细设计和数据库设计，书写《详细设计报告》和《数据库设计报告》。

（10）同时由美工设计师配合设计产品界面，书写《用户界面设计报告》。

（11）进行详细设计评审。

（12）如果没有通过，返回步骤（8）。

（13）否则分析设计工作结束。

5.1.11　编码流程

图 12-11 是编码流程。

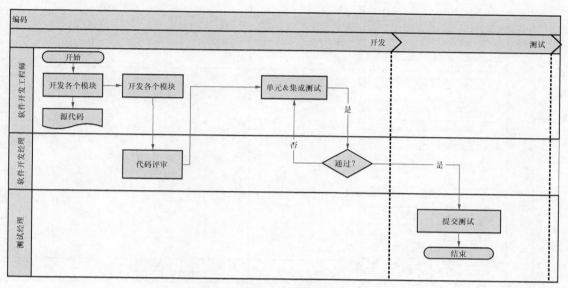

图 12-11　编码流程

1. 控制目标

（1）保证代码编写阶段流程有序地进行。

（2）保证项目集成阶段有序地进行。

2. 控制点

（1）软件开发工程师完成代码后，进入代码评审阶段。

（2）代码评审后，软件开发工程师一定要在开发经理的指导下进行单元测试和集成测试。

（3）代码没有进行过充足的单元测试和集成测试，没有通过冒烟测试，测试工程师有权利退回测试，详细见第 5.1.12 节和第 5.1.13 节"测试拒绝条件"。

3. 流程

（1）软件开发工程师按照《编码规范》和《详细设计书》开发每个模块，形成开发《源代码》。

（2）进入代码阶段。

（3）软件开发工程师在开发经理指导下进行单元测试和集成测试。

（4）单元测试和集成测试结束，由开发经理决定是否可以送测。

5.1.12　送测流程

图 12-12 是送测流程图。

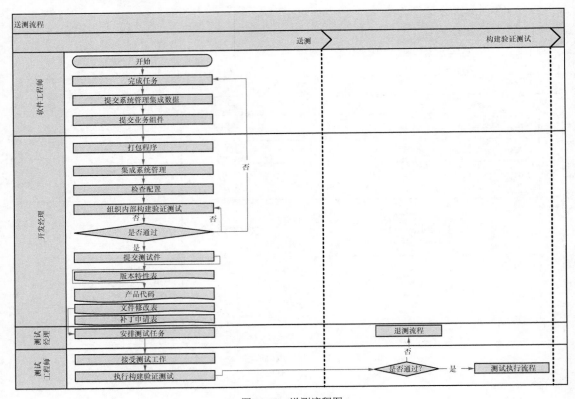

图 12-12　送测流程图

1．控制目标

（1）规定开发部门送测产品给测试部门的流程规范。

（2）规定测试部门进行冒烟测试，检查是否符合流程规范。

（3）防止没有进行过内部认真测试的代码进入测试阶段。

2．控制点

开发部门送测必须包含《版本特性表》《文件修改表》《补丁修改表》《版本特性表》，统一在《项目周报》里。

3．备注

（1）测试拒绝条件。

一轮冒烟测试内发现。

> 致命错误 1 个以上（含 1 个）。

> 中断错误 2 个以上（含 2 个）。

➢ 其他原因导致测试无法正常运行。

目前先不考虑一般和轻微的错误。

PCM 表单的退测标准。

➢ 打开、提交、关闭表单报错导致 IE 异常关闭，甚至退出操作系统。

➢ 打开表单后点击表单界面上的所有功能按钮，有 5 处以上（含 5 处）报错。

➢ 提交表单过程中发生不可绕行的错误。

➢ 打开表单、提交表单超时，经确认是由程序引起。

（2）冒烟测试：按照冒烟测试用例和部分基于经验的测试完成冒烟测试。

4. 流程

（1）软件开发工程师完成任务。

（2）软件开发工程师提交系统管理数据。

（3）软件开发工程师提交业务组件，并告诉开发经理。

（4）开发经理打包程序。

（5）开发经理集成系统管理。

（6）开发经理检查测试配置环境。

（7）开发经理组织内部冒烟测试。

（8）测试是否通过。

（9）没有通过，返回步骤（1）。

（10）否则开发经理提交测试件，以《项目周报》形式书写《版本特性表》《产品代码》《文件修改表》《补丁修改表》。

（11）测试经理接受测试活动，安排测试任务。

（12）测试工程师接受测试工作。

（13）测试工程师进行冒烟测试。

（14）冒烟测试是否通过。

（15）如果通过，进入测试执行流程，流程结束。

（16）否则进入退测流程，流程结束。

5.1.13 退测流程

图 12-13 是退测流程。

1. 控制目标

（1）提高开发工程师内部测试质量。

（2）防止没有进行过内部认真测试的代码进入测试阶段。

2. 控制点

测试经理发出退测信息，同时需要 Email 给测试开发部门所有员工退测信息。

3. 流程

（1）执行送测流程，如果需要退测，进入退测流程。

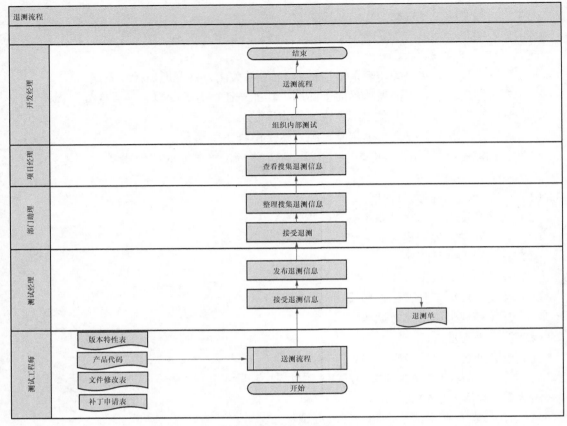

图 12-13 退测流程

（2）测试经理提交退测信息，形成《退测单》。

（3）测试经理发出退测信息。

（4）部门助理接受退测。

（5）部门助理整理收集退测信息。

（6）项目经理查看收集的退测信息。

（7）开发经理组织内部测试。

（8）内部测试完毕，重新进入送测流程。

（9）流程结束。

5.1.14 测试流程

图 12-14 是测试流程。

1. 控制目标

（1）对项目的测试进行流程规范。

（2）确保测试部门按照规定的流程操作，从而保证产品的质量规范。

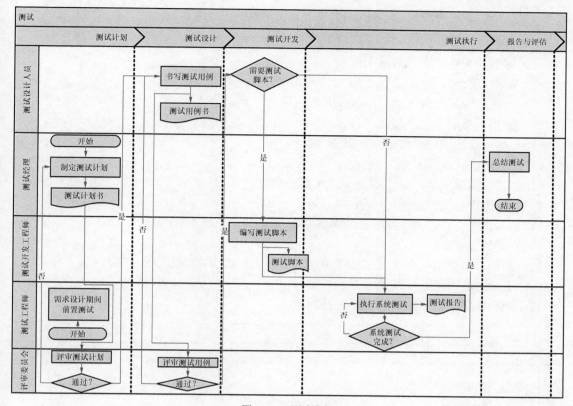

图 12-14 测试流程

2. 控制点

（1）项目在需求分析、设计期间，测试就应该介入，进行前置测试，将测试结果写入测试报告中，提交给系统分析员、项目经理、设计人员或者其他相关人员。

（2）测试用例的书写阶段与软件工程师编码阶段同时进行。

（3）测试脚本对于有必要的项目才执行。

（4）集成测试和系统测试都需要书写测试报告。

（5）测试结束后一定要进行测试总结活动。

3. 备注

系统测试是对整个系统作为一个整体进行测试的过程。非功能性测试可以在该阶段中的任何时候介入。

4. 流程

（1）在需求分析阶段，测试工程师进入前置测试。

（2）在设计后期，测试经理书写《测试计划书》。

（3）评审委员会评审《测试计划书》。

（4）如果没有确认，返回步骤（2）。

（5）否则测试设计人员书写《测试用例》。

（6）评审委员会评审《测试用例》。

（7）如果不合格，返回步骤（5）。

（8）否则由测试设计人员判断测试是否需要写《测试脚本》。

（9）如果不需要，进入步骤（11）。

（10）测试开发工程师书写《测试脚本》。

（11）否则进入系统测试。

（12）系统测试完毕，评审委员会评审系统测试。

（13）如果没有通过，返回步骤（11）。

（14）否则测试经理召集测试工程师组织测试总结。

（15）流程完毕。

对于测试过程中 Bug 的处理，参看第 5.2.2 节指南文档中测试栏的《TD 迁移方案》。

5.1.15　配置和变更管理流程

图 12-15 是配置和变更管理流程。

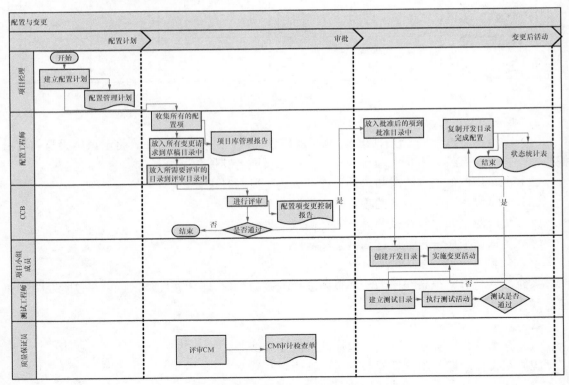

图 12-15　配置和变更管理流程

1．控制目标

（1）确保项目经理在项目开始阶段进行项目配置管理计划工作。

（2）确保配置工程师在项目过程中发生变更时进行项目配置管理。

（3）规划项目变更后的开发和测试活动。

2．控制点

（1）变更只有在 CCB 决定后才可以生效。

（2）变更后的开发和测试活动只有在变更生效后才可以执行。

3．备注

（1）质量保证员，每周对项目的评审活动进行检查活动。

（2）配置与变更紧密联系，当变更发生，配置也随之变化；配置变化一定有变更发生。

（3）变更包括计划变更、需求变更等内容。

4．流程

（1）项目经理制定 SCM 计划。

（2）配置工程师收集所有的配置项（当它们产生时），并将它们置于配置库中。

（3）配置工程师收集所有的变更请求，并将其保存在草稿目录中。对于已基线化的配置项，仅当收到正式的、经过评审和批准的变更请求后，才可以从配置库中检出。

（4）配置工程师将配置项的草稿正式化，并且定稿。定稿后，创建评审目录，并将定稿后的草案存储在此目录中。

（5）变更控制委员会评审目录中的内容，讨论、确定和批准。

（6）创建批准后的目录，配置工程师将批准后的变更转移到此目录，包括与此变更有关的一些细节信息，如所需的工作量和时间等。

（7）项目组的成员可以查看批准后的目录的内容，创建开发目录，并开始实施批准后的变更。

（8）当产品完成开发后，创建测试目录，配置工程师将测试计划和将要测试的内容存储到此目录。

（9）测试工程师完成测试，并创建复制目录，将开发目录中的内容复制到此目录中。

（10）配置工程师复制代码，并创建发布目录。收集与发布有关的细节信息，如发布号、版本号、发布的日期、客户等。

（11）配置工程师交付产品。

（12）质量保证员每周对配置项目进行监控管理。

5.1.16　产品发布流程

图 12-16 是产品发布流程。

1．控制目标

（1）按照规定确保产品内部验收通过，交给客户验收。

（2）按照规定确保产品在客户处验收测试有序地进行。

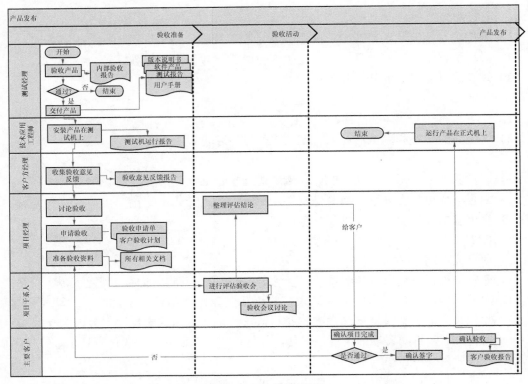

图 12-16 产品发布流程

2．控制点

（1）测试经理组织产品的内部验收活动。

（2）客户验收测试由技术应用部负责完成产品在客户处安装与运行。

（3）只有经客户验收签字的项目，才可以真正交给客户使用。

（4）客户在使用过程中发现问题，公司有权进行维护活动。

（5）对于有客户的项目，完全按照本流程执行；对于没有客户的产品，在内部验收以后进行知识移交，培训相关人员如何使用等技能，不按照本流程实施。

3．备注

（1）交给客户的文档中要包括产品的《安装指南》、常见问题解决方法。

（2）验收测试机器的软硬件配置一定要和实际运行机器保持一致。

（3）验收过程中发现问题，技术研发部门一定要以最高优先级别的方式给与解决。

（4）发布验收的下一步为项目结项，参见第 5.1.23 节"结项流程"。

4．流程

（1）测试经理组织验收测试，产生《内部验收报告》。

（2）如果验收测试未通过，流程结束。

（3）否则测试过程完毕，由测试经理向技术应用工程师提交《版本说明书》《测试报告》、《用户手册》以及软件产品。

（4）技术应用工程师在客户测试机上安装软件产品。

（5）客户方经理负责收集检测意见反馈，形成《验收意见反馈报告》。

（6）客户方经理和项目经理讨论验收。

（7）项目经理提出验收申请，形成《验收申请单》以及《客户验收计划》。

（8）项目经理准备验收资料。

（9）客户干系人进行产品验收，形成《验收会议讨论》。

（10）项目经理整理评估结论。

（11）客户进行确认。

（12）如果没通过，返回步骤（8）。

（13）否则由客户确认签字。

（14）确认验收，产生《客户验收报告》。

（15）由技术应用工程师将软件安装在客户真实的运行环境上。

（16）流程结束。

5.1.17 风险管理流程

图 12-17 是风险管理流程。

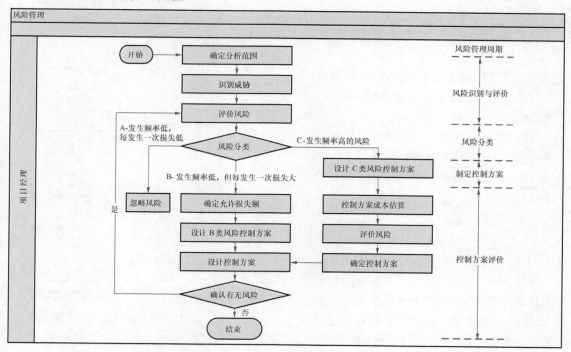

图 12-17 风险管理流程

1. 控制目标

（1）确保项目开始阶段对项目风险有一个估计和避险计划，以减少实施过程中风险转为问题的频率。

（2）确保项目在项目过程中遇到的风险，有序地进行处理。

2. 控制点

（1）项目的风险级别为危害程度×发生概率。危害程度为 1～3，发生概率为 1～3。

（2）A 类风险（风险级别：1～3）可以忽略；对 B 类（风险级别：4～6）、C 类（风险级别：7～9）风险，一定采取相应避险手段，严格加以控制。

3. 备注

项目经理平时要多积累风险类型，采取有效的避险措施。

4. 流程

（1）项目经理确定分析范围。

（2）项目经理识别风险的危险。

（3）项目经理对风险进行评价。

（4）项目经理对风险进行分类。

（5）如果属于发生频率较低，每发生一次损失低的风险，项目经理忽略这类风险不管。

（6）如果属于发生频率较低，但发生一次损失很大的风险，项目经理确定允许损失金额。

（7）项目经理设计 B 类风险控制方案，进入步骤（13）。

（8）如果风险发生频率较高。

（9）项目经理设计 C 类风险控制方案。

（10）项目经理控制方案成本估算。

（11）项目经理评价风险。

（12）项目经理确定控制方案。

（13）项目经理设计控制方案。

（14）项目经理确认是否还有风险。

（15）如果有，返回步骤（3）。

（16）否则流程结束。

5.1.18 评审流程

图 12-18 是评审流程。

评审为"立项阶段评审""计划阶段评审""设计阶段评审""编码阶段评审""测试阶段评审""交付阶段评审"以及"结项阶段评审"。任何一个阶段的完成以阶段评审通过为标志。评审分为正式评审和非正式评审两种方式，具体参见第 5.2.2 节指南文档"评审"行。

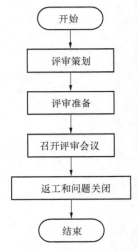

图 12-18 评审流程

注

在外部开发的业务如果用户签字确认，则视为评审通过。

5.1.19 代码评审流程

图 12-19 是代码评审流程。

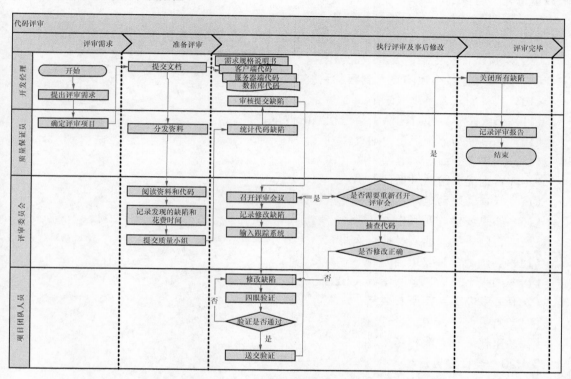

图 12-19 代码评审流程

1. 控制过程

（1）规定代码评审流程规范。

（2）确保代码流程评审会议的正常运行。

2. 控制点

开发经理提出代码评审需求，最后由质量保证人员决定采用哪个项目。

3. 备注

本流程是评审流程的子集，按照评审流程进行实施。

4. 流程

（1）开发经理提出需求评审。

（2）周五质量保证员确认下周评审哪个项目。

（3）周一 12：00 前：待查项目的开发经理准备好本周检查模块的《需求规格说明书》《客户端代码》《服务器端代码》《数据库代码》，提交质量小组。

（4）周一 15：00，质量保证员分发资料。

（5）周三 17：00，参审人员预先阅读资料和代码，记录发现的缺陷，提交质量小组。缺陷数量每人不得少于 5 个。

（6）周四 12：00，质量保证员统计代码缺陷。

（7）周四 13：30～15：00，召开代码评审会议，确认缺陷和确定修改方式。

（8）质量保证员记录需要修改的缺陷。

（9）质量保证员将缺陷输入到跟踪系统。

（10）项目团队人员修改缺陷。

（11）修改完毕，项目团队人员进行四眼评审。

（12）评审完毕，验证是否通过。

（13）如果没有通过，返回步骤（10）。

（14）否则提交给质量保证人员。

（15）开发经理确定是否需要召开重新评审会议。

（16）如果需要，返回步骤（7）。

（17）否则质量保证人员抽查代码。

（18）确认是否修改正确。

（19）如果不正确，返回步骤（10）。

（20）开发经理关闭所有缺陷。

（21）质量保证人员记录评审报告。

（22）审核成功，流程结束。

5.1.20 设计变更流程

图 12-20 是设计变更流程。

1. 控制过程

规定设计变更流程规范。

2. 控制点

（1）建议变更在 10% 以内（含 10%），不提交 CCB。

（2）变更内容将影响绩效考核。

3. 流程

（1）项目干系人提出设计变更，形成《变更控制报告》。

（2）系统架构师或者设计师接受设计变更。

（3）系统架构师或者设计师分析变更影响。

（4）项目经理评估设计变更。

（5）项目经理决定是否提交 CCB。

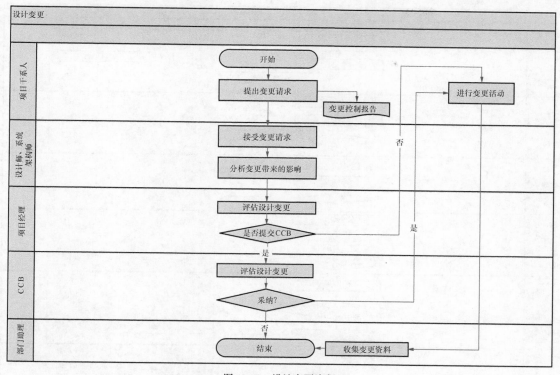

图 12-20　设计变更流程

（6）如果不提交，转入步骤（11）。

（7）否则提交 CCB。

（8）CCB 评估设计变更。

（9）CCB 决定是否采纳。

（10）如果不决定，流程结束。

（11）否则项目干系人进行设计变更活动。

（12）部门助理收集变更信息。

（13）流程结束。

5.1.21　计划变更流程

图 12-21 是计划变更流程。

1．控制过程

规定计划变更流程规范。

2．控制点

（1）开发经理提出计划变更，直接提交项目经理。

（2）变更内容将影响绩效考核。

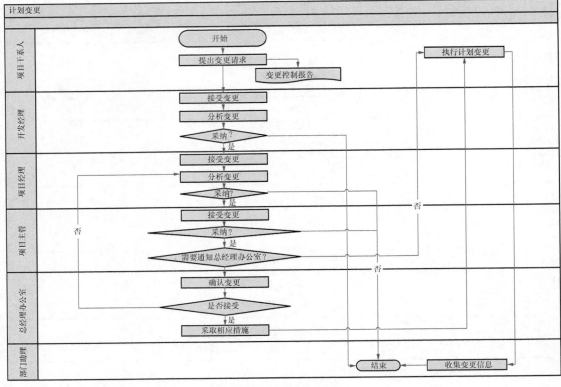

图 12-21　计划变更流程

3. 流程

（1）项目干系人提出计划变更，形成《变更控制报告》。

（2）开发经理接受变更。

（3）开发经理分析变更。

（4）如果不采纳，流程结束。

（5）否则发给项目经理，项目经理接受变更请求。

（6）项目经理分析变更。

（7）如果不采纳，流程结束。

（8）否则发给项目主管，项目主管接受变更请求。

（9）项目主管分析变更。

（10）如果不采纳，流程结束。

（11）否则考虑是否需要通知总经理办公室。

（12）如果不考虑，进入步骤（17）。

（13）否则总经理办公室确认变更。

（14）总经理办公室是否确认。

（15）如果总经理办公室不确认，返回步骤（6）。

（16）否则总经理办公室采取相应措施。

（17）项目干系人执行变更任务。

（18）部门助理收集变更信息。

（19）流程结束。

5.1.22 成本预算变更

图 12-22 是成本预算变更。

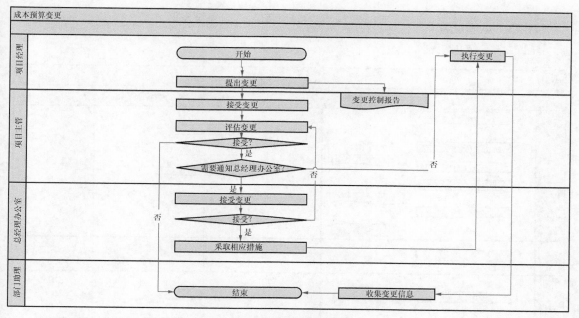

图 12-22 成本预算变更

1. 控制过程

规定成本预算变更流程规范。

2. 控制点

（1）变更内容将影响绩效考核。

（2）该变更只有项目经理可以提出。

3. 流程

（1）项目经理提出预算变更请求，形成变更控制报告。

（2）项目主管接受预算变更。

（3）项目主管评估预算变更。

（4）如果未通过，流程结束。

（5）否则讨论是否提交总经理办公室。

（6）如果不提交总经理办公室，进入步骤（11）。

（7）否则提交总经理办公室。

（8）总经理办公室决定是否接受。

（9）如果不接受，返回步骤（3）。

（10）否则采取相应措施。

（11）项目经理执行变更活动。

（12）部门助理收集变更信息。

（13）流程结束。

5.1.23　结项流程

图 12-23 是结项流程。

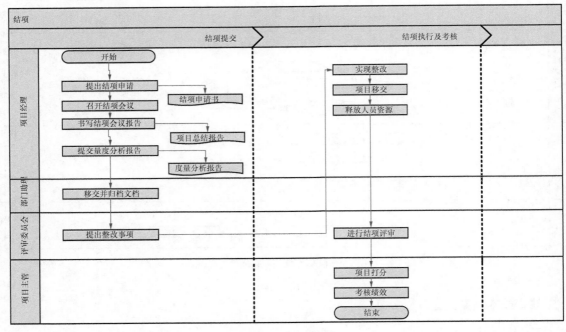

图 12-23　结项流程

1．控制过程

规定项目结束流程规范。

2．控制点

（1）项目完成必须执行结项流程。

（2）项目会议的参与人是项目经理、需求设计、开发、测试、维护实施人员以及公司领导、客户代表和相应干系人。

（3）项目会议的主要目的为总结经验和教训，为以后的项目打好坚实有力的基础。

（4）在项目会议结束后期，评审（结项）委员会有权对项目提出整改建议，项目经理在事后有责任按照整改建议组织实施整改活动。

（5）项目结束必须进行项目人员和资源的移交。

3．流程

（1）项目经理提出项目结项申请，书写《结项申请书》。

（2）项目经理主持召开结项会议。

（3）会后书写《项目总结报告》。

（4）项目经理提交《度量分析报告》。

（5）项目经理移交项目文档给项目助理，项目助理收集相关文档。

（6）评审委员会对项目提出整改方案。

（7）项目经理组织实施整改活动。

（8）项目经理进行项目移交。

（9）项目经理释放人员和资源。

（10）评审委员会进行结项评审。

（11）项目主管根据评审委员会结果给项目打分。

（12）项目主管考核项目绩效。

（13）流程结束。

5.2 文档

文档按照不同阶段分为技术、指南和评审文档。由于考虑到每个项目的复杂性不同，设立通用模板供各位使用。各位在要求的文档前提下，可以自己按照项目的需求来设计所需的具体文档。

5.2.1 技术文档模板

技术文档模板见表 12-2。

表 12-2　　　　　　　　　　　　技术文档

阶段	名称	缩写
立项	调研计划书	RAP
	调研作业指导书	RAG
	立项可行性分析报告	FRS
	××简单立项书	CA
	××立项建议书	CA
	资源申请单	RA
	立项调查报告	CR
项目计划	项目计划变更控制报告	PDP
	项目状态报告	PSR

阶段	名称	缩写
项目计划	××项目计划书 ××项目计划附件	PP
	项目估计表	PET
项目监控	××项目工单	PW
	××项目周报	PR
需求及需求管理	××产品需求规格说明书 ××需求设计说明书	SRS
	需求变更控制报告	RCCP
	需求跟踪报告	RTR
设计	体系结构设计报告	PDR
	系统接口规范	SIS
	用户界面设计	UID
	设计变更控制报告	DCCR
	××数据库设计报告	DBR
	××详细设计报告	DDR
技术预研	技术预研计划	TBP
	技术预研报告	TBR
编码	××源代码	CODE
	××发布版本文件更新表	RVFCT
	××版本特性表	PCT
测试	×Bug 曲线图	BL
	×退测单	CTR
	×测试计划书	TP
	××测试用例书	TC
	××测试报告	TR
客户验收	客户验收计划	PAP
	××客户验收报告	PAR
	××内部测试报告	ITR
产品维护计划	客户服务计划	CSP
	客户服务报告	CSR
	产品维护计划	MP
	产品维护报告	MQ

阶段	名称	缩写
结项	××项目总结报告	PDSP
	结项申请书	FPR
	结项评审报告	FPRR
软件配置	××配置管理计划	CMP
	×配置库管理报告	CMR
	配置项变更控制报告	CCCR
	×状态统计表	SST
风险管理	×风险检查表	RC
	×风险管理报告	RMP
评审	××技术评审计划	TRP
	×技术评审通知	TRI
	×技术评审报告	TRR
外包与采购管理	外包开发竞标邀请书	EPCI
	外包开发合同	EEC
	外包开发过程监控报告	EEPIR
	采购竞标邀请书	SCI
	承包商评估报告	CEP
	外包开发成果验收报告	EEPCAR
	供应商评估报告	SEP
	采购合同	SC
	采购物品验收报告	SGCAR
培训	××培训计划	TP
	×培训通知	TI
	×培训评估报告	TRP
质量保证	××质量保证计划	SQAP
	质量保证检查表	SQACT
	质量保证报告	SQAR
	质量问题跟踪表	SQQTT

××的为第一阶段必须提交的文档，×的为第二阶段必须提交的文档。

5.2.2 指南文档

指南文档见表 12-3。

表 12-3   指南文档

阶段	名称
过程与度量	度量方法
项目计划	软件项目职责表
	软件开发生命周期指南
	估计的方法和指南
项目监控	项目管理过程
需求及需求管理	需求管理过程
风险管理	软件项目常见风险及其预防措施
编码	C 语言编码规范
	JAVA 语言编码规范
	DELPHI 语言编码规范
	语言编码规范
评审	同行评审过程
测试	TD 迁移方案（含内部反馈流程和前端反馈流程）
软件配置	软件配置管理过程
	软件配置管理指南
	软件配置介绍

5.2.3   评审检查文档

评审检查文档见表 12-4。

表 12-4   评审检查文档

阶段	名称	缩写
过程与度量	过程依从性检查单	PCC
立项	立项评审报告	CRR
结项	结项评审检查单	KRR
项目计划	项目计划评审检查单	PPRR
需求及需求管理	需求规格说明书评审检查单	SRSRR
设计	设计管理检查单	DMR
编码	编码评审检查单	CDRR
测试	测试管理检查单	TMRR
	测试用例评审检查单	TCRR
软件配置	CM 审计检查单	CMC
产品维护计划	交付评审检查单	DRR

5.2.4 文件编号规范

根据公司规定的《文档编写规范》对文件编号。

5.2.5 文档命名规范

项目名称+"_"+文档名称+"V"(+版本号)(+日期)+"."+后缀名

如：

"电信集团 2015 新会计准则变更项目_管理制度 V20151116.doc";

"电信集团 2014 新会计准则变更项目_进度计划 V2.020141117.mpp"。

5.2.6 版本规范

对于技术文档，X.YY：X 为主版本号、YY 为次版本号。

对于程序文档，编码规范为 X.YY.ZZZZ：X 为主版本号、YY 为次版本号、ZZZZ 为 3 级版本号（X、Y、Z 都为 0～9 的数字）。

5.3 角色

根据公司目前状况，角色主要分为。

- 岗位级别：部门经理、项目执行主管、资源主管、项目经理、测试经理、开发经理、客户经理、客户方经理、销售经理、财务总监、项目实施顾问部门助理。
- 角色级别：系统分析员、系统架构师、设计师、美工设计师、软件开发工程师、集成工程师、数据库管理员、系统管理员、质量保证员、技术应用工程师、测试设计人员、测试开发工程师、测试工程师、项目申请人、客户。他们的职责见表 12-5。

表 12-5 角色

名称	职责
部门经理	负责分配部门资源，确定优先级，协调与客户和用户之间的沟通。尽量使项目团队一直集中于正确的目标。部门经理还要建立一套工作方法，以确保部门工件的完整性和质量
项目执行主管	部门级别的专门负责项目执行的负责人
项目经理	负责分配资源，确定优先级，协调与客户和用户之间的沟通。总而言之，就是尽量使项目团队一直集中于正确的目标。项目经理还要建立一套工作方法，以确保项目工件的完整性和质量
客户经理	代表客户对项目进行评审、验收等工作，是项目组与最终客户之间的接口
销售经理	负责与客户签订合同或者项目意向工作
资源主管	负责项目的可行性分析，项目经理的任命
财务总监	负责财务方面的监督工作
测试经理	负责测试工作的组织与管理，各项目测试计划的编写，测试任务的调度与安排等。具体包括：制定与实施测试管理方案、获取适当的资源，管理测试资源、控制测试进度、测试活动评审、提供管理报告
开发经理	负责管理产品开发活动

名称	职责
客户方经理	客户方负责与该项目负责主要领导人
项目实施顾问	负责项目前期的蓝图设计
部门助理	协助部门经理完成工作的人员
系统分析员	系统分析员通过概括系统的功能和界定系统来领导和协调需求获取及用例建模。例如，确定存在哪些主角和用例，以及他们之间如何交互
系统架构师	设计系统整体框架
设计师	设计系统细节
美工设计师	制作可作为产品包装一部分的产品标识图案，设计用户界面
软件开发工程师	制订公司的编程手册和编程规范；严格按照设计任务书的要求和编程规范在规定时间内完成程序的编写和内部测试工作；负责完成程序修改
集成工程师	集成软件产品
项目申请人	负责产品的项目调研等工作
数据库管理员	负责数据库的维护、性能调优等
系统管理员	负责维护支持开发环境、硬件和软件、系统管理、备份等
质量保证员	保证产品项目中的过程质量的人员
测试设计人员	测试设计员是测试中的主要角色。该角色负责对测试进行计划、设计、实施和评估，包括：生成测试计划和测试模型、执行测试过程、评估测试范围和测试结果，以及测试的有效性、生成测试评估摘要
测试开发工程师	开发测试代码
测试工程师	测试工程师负责执行测试，其职责包括：设置和执行测试、评估测试执行过程，并修改错误
技术应用工程师	负责产品在客户处的第一次安装和协助客户进行验收测试
客户	软件产品的最终使用者

5.4　过程组织

● 过程组织主要有：总经理办公室、变更控制委员会 CCB、评审委员会和项目干系人。目前，CCB 由项目计划时有项目经理确定；评审委员会委员由质量/培训小组以及相关人员承担；项目干系人指项目有关的人员，角色中的多个角色的组合。过程组织见表 12-6。

表 12-6　　　　　　　　　　　　　　　过程组织

名称	职责
总经理办公室	公司最高的权力机构
变更控制委员会 CCB	一旦项目中发生变更项，如需求的变更或者项目计划的变更，都要提交到 CCB，由 CCB 决定是否接受变更，考虑变更会引起何种相依赖项的变更。 一般包括项目经理、配置管理员、SQA、测试工程师、客户代表以及小组成员

续表

名称	职责
评审委员会	主要在各个阶段，每个阶段的里程碑处进行评审工作，讨论是否可以进入下一阶段
项目干系人	与项目有关的人员组织， 一般包括组员、客户代表、公司领导层、其他部门成员

6. 公司结构图

公司结构图如图 12-24 所示。

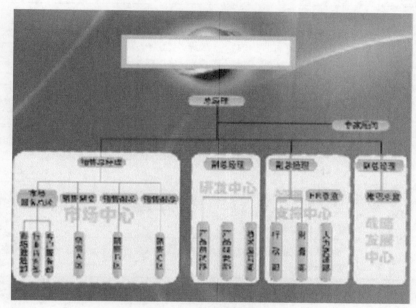

图 12-24 公司结构图

7. SEPG 人员工作素质

- 真正相信过程改进：只有发自内心相信，才能感染别人。
- 自我激励：即便身处逆境，也可以克服不良情绪振作起来。
- 不畏惧失败：任何工作开始几次做，是不可能完美的。
- 引导和激励其他人：几个人的改变，不代表整个组织的成功。
- 分清工作轻重缓急，层次清晰：平衡工作的长期目标和短期利益。
- 不断充电：不断学习、思考、实践、再学习。
- 开心工作。

扩展阅读：CMM

CMM 是指"能力成熟度模型"，其英文全称为 Capability Maturity Model for Software，英文缩写为 SW-CMM，简称 CMM。它是对软件组织在定义、实施、度量、控制和改善其软件过程的实践中各个发展阶段的描述。CMM 的核心是把软件开发视为一个过程，并根据这一原则对软件开发和维护进行过程监控和研究，以使其更加科学化、标准化、使企业能够更好地实现商业目标。

CMM 等级

能力等级	特点	关键过程
第一级 初始级（最低级）	软件工程管理制度缺乏，过程缺乏定义、混乱无序。成功依靠的是个人的才能和经验，经常由于缺乏管理和计划导致时间、费用超支。管理方式属于反应式，主要用来应付危机。过程不可预测，难以重复	
第二级 可重复级	基于类似项目中的经验，建立了基本的项目管理制度，采取了一定的措施控制费用和时间。管理人员可及时发现问题，采取措施。一定程度上可重复类似项目的软件开发	需求管理、项目计划、项目跟踪和监控、软件子合同管理、软件配置管理和软件质量保障
第三级 已定义级	已将软件过程文档化、标准化，可按需要改进开发过程，采用评审方法保证软件质量。可借助 CASE 工具提高质量和效率	组织过程定义、组织过程焦点、培训大纲、软件集成管理、软件产品工程、组织协调和专家审评
第四级 已管理级	制定质量、效率目标，并收集、测量相应指标。利用统计工具分析并采取改进措施。对软件过程和产品质量有定量的理解和控制	定量的软件过程管理和产品质量管理
第五级 优化级（最高级）	基于统计质量和过程控制工具，持续改进软件过程。质量和效率稳步改进	缺陷预防、过程变更管理和技术变更管理

12.2 飞天 e-购网软件测试报告

案例 12-2：飞天 e-购网软件测试报告。

1. 简介

1.1 编写目的

本软件测试报告为"飞天 e-购网"V1.98 版本的测试报告书，其目的在于总结软件测试阶段的软件测试执行以及分析软件测试结果，描述系统软件产品是否符合用户的需求以及软件产品当前质量的文档。为 V2.0 版发布做最后验收。

预期读者包括"飞天 e-购网"使用商、软件测试工程师、软件开发工程师、项目经理、质量管理人员以及其他需要阅读本报告的公司高层领导。建议如下。

- 客户重点查看第 9、12、13、14 节。
- 公司领导重点查看第 9、11、12、13、14 节。
- 质量管理人员重点查看第 6、7、8、9、10 节。
- 软件开发工程师重点查看第 3、4、9、10、11、12、13 节。

1.2　项目背景

请参看《飞天e-购网项目招标书》中相关章节

1.3　系统简介

本次测试包括以下模块。

1 用户管理模块

　1.1 系统管理员模块

　　1.1.1 系统管理员登录模块

　　1.1.2 系统管理员权限设置模块

　　1.1.3 系统管理员管理模块

　1.2 注册模块

　　1.2.1 卖家注册模块

　　1.2.2 买家注册模块

　1.3 卖/买家登录模块

　1.4 修改用户信息模块

　　1.4.1 卖家修改用户信息模块

　　1.4.2 买家卖家修改用户信息模块

　1.5 修改密码模块

　1.6 找回密码模块

　1.7 找回用户名模块

2 卖家发布产品模块

　2.1 发布产品模块

　2.2 修改产品模块

　2.3 删除产品模块

　2.4 修改订单模块

3 购物模块

　3.1 搜索模块

　3.2 查看列表模块

　3.3 查看详情模块

　3.4 购物车模块

　　3.4.1 放入购物车

　　3.4.2 查看/修改购物车内容

1.4　术语和缩写词

- SEM：（Search Engine Marketing）意即搜索引擎营销。
- EDM：（Electronic Direct Marketing）就是电子邮件营销。
- AdWords：Google 的关键词竞价广告。
- CPS：（Cost Per Sales）即销售分成。
- CPA：（Cost Per Action）每次动作成本，即根据每个访问者对网络广告所采取的行动收费的定价模式。对于用户行动有特别的定义，包括形成一次交易、获得一个注册用户、或者对网络广告的一次点击等。
- CPM：（Cost Per Mille、Cost Per Thousand、Cost Per Impressions）每千人成本。
- CPC：（Cost Per Click；Cost Per Thousand Click-Through）每点击成本。
- ROI：（Return On Investment）投资报酬率。
- SEO：（Search Engine Optimization）搜索引擎优化。
- 转化率：（Conversion Rate）是指访问某一网站访客中，转化的访客占全部访客的比例。
- UV：（Unique Vister）独立访客。
- Alexa 排名：Alexa.com 是专门发布网站世界排名的网站，网站排名有两种：综合排名和分类排名。
- 二跳率：二跳率，由 99click 最先提出，网站页面展开后，用户在页面上产生的首次点击被称为"二跳"，二跳的次数即为"二跳量"。二跳量与浏览量的比值称为页面的二跳率。
- 跳出率：跳出率是指浏览了一个页面就离开的用户占一组页面或一个页面访问次数的百分比。
- 人均访问页面：PV 总和除以 IP，即可获得每个人平均访问的页面数量。至少人均访问页面需要超过 10 个以上，才算是优质的用户。
- CNNIC：中国互联网络信息中心。
- EDI：（Electronic Data Interchange）中文可译为"电子数据交换"。它是一种在公司之间传输订单等作业文件的电子化手段。

- FAQ：（Frequently Asked Questions）中文意思就是"经常问到的问题"。
- IMAP：（INTERNET MESSAGE ACCESS PROTOCOL）是由美国华盛顿大学所研发的一种邮件获取协议。它的主要作用是邮件客户端（例如 MS Outlook Express)可以通过这种协议从邮件服务器上获取邮件的信息，下载邮件等。
- B/S 结构：Browser/Server，浏览器/服务器模式，是 Web 兴起后的一种网络结构模式，Web 浏览器是客户端最主要的应用软件。这种模式统一了客户端，将系统功能实现的核心部分集中到服务器上，简化了系统的开发、维护和使用。
- ISP：（Internet Service Provider）翻译为互联网服务提供商，即向广大用户综合提供互联网接入业务、信息业务、和增值业务的电信运营商。ISP 是经国家主管部门批准的正式运营企业，享受国家法律保护。
- PKI：（Public Key Infrastructure）即"公开密钥体系"，是一种遵循既定标准的密钥管理平台，它能够为所有网络应用提供加密和数字签名等密码服务及所必需的密钥和证书管理体系。
- SSL：（Secure Socket Layer）为 Netscape 所研发，用以保障在 Internet 上数据传输之安全，利用数据加密（Encryption）技术，可确保数据在网络上之传输过程中不会被截取及窃听。
- CA：（Certification Authority）是认证机构的国际通称，它是对数字证书的申请者发放、管理、取消数字证书的机构。CA 的作用是检查证书持有者身份的合法性，并签发证书（用数学方法在证书上签字），以防证书被伪造或篡改。
- ERP：（Enterprise Resource Planning）企业资源计划的简写。是指建立在信息技术基础上，以系统化的管理思想，为企业决策层及员工提供决策运行手段的管理平台。ERP 系统集中信息技术与先进的管理思想於一身，成为现代企业的运行模式，反映时代对企业合理调配资源，最大化地创造社会财富的要求，成为企业在信息时代生存、发展的基石。
- CRM：（Customer Relationship Management）即客户关系管理。这个概念最初由 Gartner Group 提出来，而在最近开始在企业电子商务中流行。CRM 的主要含义就是通过对客户详细资料的深入分析，来提高客户满意程度，从而提高企业的竞争力的一种手段。
- PR 值：全称为 PageRank，是 Google 搜索排名算法中的一个组成部分，级别从 1 到 10 级，10 级为满分，PR 值越高说明该网页在搜索排名中的地位越重要，也就是说，在其他条件相同的情况下，PR 值高的网站在 Google 搜索结果的排名中有优先权。
- C2A：消费者对行政机构（Consumer-to-administrations）的电子商务，指的是政府对个人的电子商务活动。

- B2A：商业机构对行政机构（Business-to-administrations）的电子商务指的是企业与政府机构之间进行的电子商务活动
- SKU：（Stock Keeping Unit）库存量单位即库存进出计量的单位；以服装为例可以是以件为单位。
- KPI：关键绩效指标法（Key Performance Indicator），它把对绩效的评估简化为对几个关键指标的考核，将关键指标当作评估标准，把员工的绩效与关键指标做出比较地评估方法。
- VMD：我们一般把它叫做"视觉营销"或者"商品计划视觉化"。VMD 不仅仅涉及到陈列、装饰、展示、销售的卖场问题，还涉及企业理念以及经营体系等重要"战略"，需要跨部门的专业知识和技能，并不是通常意义上我们狭义理解的"展示、陈列"，而实际它应该是广义上"包含环境以及商品的店铺整体表现"。
- VP 视觉陈列：作用—表达店铺卖场的整体印象，引导顾客进入店内卖场，注重情景氛围营造，强调主题。VP 是吸引顾客第一视线的重要演示空间。地点是橱窗、卖场入口、中岛展台、平面展桌等。由设计师、陈列师负责。
- PP 售点陈列：作用—表达区域卖场的印象，引导顾客进入各专柜卖场深处，展示商品的特征和搭配，展示与实际销售商品的关联性。PP 是顾客进入店铺后视线主要集中的区域，是商品卖点的主要展示区域。地点是展柜、展架、模特、卖场柱体等。由导购员负责。
- IP 单品陈列：作用—将实际销售商品的分类、整理，以商品摆放为主。清晰、易接触、易选择、易销售的陈列。IP 是主要的储存空间，是顾客最后形成消费的必要触及的空间，也叫做容量区。地点是展柜、展架等，由导购员负责。
- 增长率
- 销售增长率：等于（一周期内）销售金额或数量/（上一周期）销售金额或数量-1。
- 环比增长率：等于（报告期-基期）/基期×100%
- 毛利率
- 销售毛利率：等于实现毛利额/实现销售额×100%。
- 老顾客贡献率：如果一家店铺一年有 50 万元毛利，其中老客户消费产生毛利 40 万元；新客户产生毛利 10 万元；那么这家店铺的老客户贡献率是 80%；新客户贡献率是 20%。
- 品类支持率：等于某品类销售数或金额/全品类销售数或金额×100%
- 动销比：即动销率。公式为：（一个周期内）库存/周期内日均销量。存销比的设置是否科学合理，一是决定了订单供货是否能够真正实现向订单生产延伸；二是企业是否能够真正做到适应市场、尊重市场、响应订单；三是在管理时库存企业能否真正做到满足市场、不积压、不断档。
- 动销率：公式为：动销品项数/库存品项数×100%。动销品项：为本月实现销售的所有商品（去除不计毛利商品）数量。库存金额：为月度每天总库有库存的所有商品销售金额的平均值（吊牌零售额）。

- 库销比：等于（一个周期内）本期进货量/期末库存。是一个检测库存量是否合理的指标，如月库销比、年平均库销比等，计算方法：月库销比，月平均库存量/月销售额年平均库销比，年平均库存量/年销售额，比率高说明库存量过大，销售不畅，过低则可能是生产跟不上。

- 存销比：是指在一个周期内，商品库存与周期内日均销量的比值，是用天数来反映商品即时库存状况的相对数。而更为精确的法则是使用日均库存和日均销售的数据来计算，从而反映当前的库存销售比例。越是畅销的商品，我们需要设置的存销比越小，这就能更好地加快商品的周转效率；越是滞销的商品，存销比就越大。

- 存销比：一般按照月份来计算，计算公式是：月末库存/月总销售。计算单位可以是数量，也可以是金额，目前企业多用数量来计算。比如这个月末的库存是 900 件，而这个月总计销售了 300 件，则本月的存销比为 900/300=3。个人以为，以金额来计算比较合理，毕竟库存在财务报表上是以金额的形式存在的。

- 售罄率：（一个周期内）销售件数/进货件数，畅销的产品是不需促销的，只有滞销的产品才需要促销。滞销产品可通过售罄率来确定。一般而言，服装的销售生命周期为 3 个月；如果在 3 个月内，不是因为季节、天气等原因，衣服的售罄率低于 60%，则大致可判断此产品的销售是有问题的，当然也不必等到 3 个月后才可以确定，一般而言，3 个月内，第一个月尺码、配色齐全，售罄率会为 40%～50%，第二个月为 20%～25%，第三个月因为断码等原因，售罄率只会有 5%～10%。当第一个月的售罄率大大低于 40%时，且无其他原因时，就有必要特别关注，加强陈列或进行推广了。

- 盈亏平衡点：盈亏平衡点（简称 BEP）又称零利润点、保本点、盈亏临界点、损益分歧点、收益转折点。通常是指全部销售收入等于全部成本时（销售收入线与总成本线的交点）的产量。以盈亏平衡点的界限，当销售收入高于盈亏平衡点时企业盈利，反之，企业就亏损。盈亏平衡点可以用销售量来表示，即盈亏平衡点的销售量；也可以用销售额来表示，即盈亏平衡点的销售额。

- 按实物单位计算：盈亏平衡点=固定成本/（单位产品销售收入–单位产品变动成本）

- 按金额计算：盈亏平衡点=固定成本/（1–变动成本/销售收入）=固定成本/贡献毛利率

- 波段：服装企业在店铺上新货的批次，一般人会认为，春、夏、秋、冬四个季节就是天然的上货波段，如果品牌在全国各地有多家店，就要结合当地的气温变化上货。

- 库存周转率：等于（一个周期内）销售货品成本/存货成本。库存天数=365 天/商品周转率。侧重于反映企业存货销售的速度，它对于研判特定企业流动资金的运用及流转状况很有帮助。其经济含义是反映企业存货在一年之内周转的次数。从理论上说，存货周转次数越高，企业的流动资产管理水平及产品销售情况也就越好。

- 平效：就是指终端卖场 1 平米的效率，一般是作为评估卖场实力的一个重要标准。平效 = 销售业绩/店铺面积。
- 交叉比率：交叉比率通常以每季为计算周期，交叉比率低的优先淘汰商品。交叉比率数值越大越好，因它同时兼顾商品的毛利率及周转率，其数值越大，表示毛利率高且周转又快。交叉比率=毛利率×周转率
- 季节指数法：是以时间序列含有季节性周期变动的特征，计算描述该变动的季节变动指数的方法。统计中的季节指数预测法就是根据时间序列中的数据资料所呈现的季节变动规律性，对预测目标未来状况做出预测的方法。掌握了季节变动规律，就可以利用它来对季节性的商品进行市场需求量的预测。利用季节指数预测法进行预测，时间序列的时间单位或是季，或是月，变动循环周期为 4 季或是 12 个月。服装中计算公式是：（每月实际业绩/同期累计业绩）×100%。
- 连带率：销售总数量除以销售小票数量得出的比值称作连带率。连带率 = 销售总数量 /销售小票数量（低于 1.3 说明整体附加存在严重问题）个人销售连带率= 个人销售总数量 /个人小票总量（低于 1.3 说明个人附加存在问题）
- 客单价：是指店铺每一个顾客平均购买商品的金额，也即是平均交易金额。客单价的计算公式是：销售金额/成交笔数。

1.5　参考资料

- 《飞天 e-购网项目招标书》
- 《飞天 e-购网需求规格说明书》
- 《飞天 e-购网概要设计说明书》
- 《飞天 e-购网详细设计说明书》
- 《飞天 e-购网软件测试计划》
- 《飞天 e-购网软件测试总体设计》
- 《飞天 e-购网软件测试用例》
- 《飞天 e-购网各阶段测试报告》
- 《祥瑞公司软件测试策略》

2.　软件测试概要

软件测试范围：如 1.3 描述模块中的功能测试、性能测试、用户友好性测试以及安全性测试。

本次软件测试目的是为在 2016 年 9 月 1 日正式发布 V2.0 版本进行的最后一轮正规化的测试，该版本修正了 V1.0 版本发布以来发现的 98%的缺陷以及 P1、P3、P4、P5、P7、P8、P10 七个补丁。

3.　测试用例设计

本轮测试用到的测试用例设计方法包括。

等价类/边界值：这个方法在本次测试中被广泛地使用，特别是在表单输入/修改中使用的

频率最高。

状态转换图：在用户购物流程中，测试用例采用了状态转换图的方法，保证各个节点之间的流程都起码覆盖到一次。

决策表法：在用户登录，积分商城中用到了决策表。

决策树法：在用户信息修改模块中，对于多种条件输入组合，采用了决策树法。

用况测试法：本次测试对于全部业务模型都采用用况测试法。

正交测试法：本次测试浏览器支持 IE9、IE10、IE11、Firefox51 以上、Chrome40 以上。操作系统 Windows 7、8、9、10。支付方式支持微信、支付宝、工商银行，建设银行、招商银行、中国银行和农业银行。

错误推测法：结合其他方法一起使用。

探索式测试：本次测试共配置了两名专职的探索式测试工程师以及后期使用四名兼职的探索式测试工程师，采用基于测程的方法。

性能测试：在用户登录、用户注册、产品搜索、删除时使用 LoadRunner 进行了性能测试。

安全性测试：在用户管理模块、订单、支付模块进行了系统界别的安全测试。用户信息修改、用户登录、多出 URL 进行 XSS 和 SQL 注入测试。并且从第二小组派来了公司安全专家进行了为期一周的全职安全测试。

用户友好性测试：采用 A/B 测试法。

另外需要之处，为了防止缺陷杀虫剂现象，保证每个功能有 3 名工程师进行测试。

4. 软件测试环境与配置

4.1 数据库服务器配置

➢ CPU：3.0GHZ inter CPU。

➢ 内存：32G。

➢ 可用硬盘空间：20T。

➢ 操作系统：SUSE Linux Enterprise 12。

➢ 应用软件：MySQL 5.7 Generally Available (GA) Release。

➢ 机器网络名：DB1、DB2、DB3。

➢ 局域网地址：192.168.1.1、192.168.1.2、192.168.1.3。

4.2 应用服务器配置

➢ CPU：3.0GHZ inter CPU。

➢ 内存：32G。

➢ 可用硬盘空间：5T。

➢ 操作系统：SUSE Linux Enterprise 12。

➢ 应用软件：WebLogic Server 12c (12.2.1)。

➢ 机器网络名：APP1、APP2、APP3。

➢ 局域网地址：192.168.2.1、192.168.2.2、192.168.2.3。

4.3　客户端配置

- ➢　CPU：1.2 GHZ inter CPU。
- ➢　内存：4G。
- ➢　可用硬盘空间：200G。
- ➢　操作系统：Windows 7、8、9、10。
- ➢　应用软件：IE9、IE10、IE11、Firefox 51.0.1、Chrome V50.0.2652.2。

网络拓扑结构如图 12-25 所示。

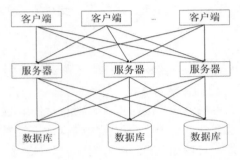

图 12-25　网络拓扑结构

5.　软件测试方法和工具

- ●　**功能测试**：所有的冒烟测试都是用 Selenium 和 WebDriver 脚本化自动化测试。
- ●　**性能测试**：使用 LoadRunner 12。
- ●　**用户友好性测试**：Google Analytics。

6.　软件测试组织

- ●　软件测试组架构。
- ●　测试设计架构工程师：1 人。
- ●　软件测试开发工程师：2 人。
- ●　软件测试工程师：7 人（包括两名软件测试开发工程师）。
- ●　探索式软件测试工程师（6 人，四位兼职，两位专职）。
- ●　软件测试经理：1 人。
- ●　主要软件测试工程师：11 人（两名测试设计架构工程师+五名软件测试工程师+一名软件测试经理+两名专职探索式软件测试工程师）。
- ●　参与软件测试工程师：7 人（四位兼职探索式软件测试工程师+三名软件测试工程师）。

7.　软件测试成本和时间

 注

按 10000 元/人/月，则 10000/22 元/人/日，≈450 元/人/日。

软件测试类型	人员成本	工具设备	其他费用
需求评审	2 人日 450 元/人/日=900 元		
概要设计评审	4 人日 450 元/人/日=1800 元		
详细设计评审	8 人日 450 元/人/日=3600 元		
制定测试计划	3 人日 450 元/人/日=1300 元		
测试概要设计	5 人日 450 元/人/日=2250 元		
设计测试用例	100 人日 450 元/人/日=45000 元		
测试用例评审	5 人日 450 元/人/日=2250 元	20000 元	培训：20000 元 其他：50000 元
开发测试脚本	15 人日 450 元/人/日=6750 元		
评审测试脚本	4 人日 450 元/人/日=1800 元		
运行调试测试脚本	5 人日 450 元/人/日=2250 元		
执行测试用例	200 人日 450 元/人/日=90000 元		
随机测试	100 人日 450 元/人/日=45000 元		
探索式测试	75 人日 450 元/人/日=33750 元		
测试结项工作	5 人日 450 元/人/日=2250 元		

总计：238900+20000+70000=328900 元，约 33 万元。

8. 软件测试版本

总体版本：V1.98 回归次数指 V1.0 版本到 V2.0 版本回归次数。

功能	回归测试次数	版本号
1. 用户管理模块	10	V1.98
2. 卖家发布产品模块	8	V1.92
3. 购物模块	8	V1.90
4. 推荐产品模块	7	V1.84
5. 在线聊天模块	7	V1.88
6. 积分商城	7	V1.82

9. 覆盖分析
9.1 需求覆盖

需求/功能及编号	测试用例编号	需求覆盖率
1. 用户管理模块	eBussiness__Account__001-011	100%
2. 卖家发布产品模块	eBussiness__Vendor__001-004	100%
3. 购物模块	eBussiness__Shopping__001-011	99.9%

需求/功能及编号	测试用例编号	需求覆盖率
4. 推荐产品模块	eBussiness__Product__001	100%
5. 在线聊天模块	eBussiness__Chat__001	100%
6. 积分商城	eBussiness__ Accumulate __001	100%

9.2　软件测试覆盖

需求/功能及编号	用例个数	执行总数	未执行个数	未执行原因分析
1. 用户管理模块	457	457	0	/
2. 卖家发布产品模块	694	694	0	/
3. 购物模块	1321	1319	3	与工商银行，建设银行，农业银行接口没有办法测试
4. 推荐产品模块	45	43	2	牵扯到大数据功能正在讨论测试方法
5. 在线聊天模块	30	30	0	/
6. 积分商城	36	36	0	/
合计	2583	2578	5	/

软件测试覆盖率计算：99.8%。

9.3　风险覆盖

风险类型	用例个数	执行总数	未执行个数	风险覆盖率	未执行原因分析
5	214	214	0	100%	/
4	856	854	2	99.8%	牵扯到大数据功能正在讨论测试方法
3	1267	1264	3	99.8%	与工商银行，建设银行，农业银行接口没有办法测试
2	54	54	0	100%	/
1	192	192	0	100%	/

软件测试风险覆盖率计算：99.8%。

9.4　缺陷的统计与分析

缺陷汇总

9.4.1　按软件测试阶段

文档评审	代码评审	单元测试	集成测试	系统测试	验收测试
30	534	1221	543	2045	32

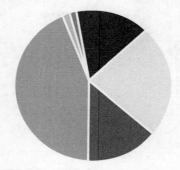

文档评审　　代码评审　　单元测试　　集成测试　　系统测试　　验收测试

9.4.2　按严重程度

严重	一般	微小
78	4006	321

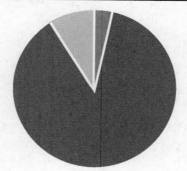

严重　　一般　　微小

9.4.3　按缺陷类型

需求	设计	用户界面	功能	性能	算法	接口	文档
134	754	1054	1431	23	323	243	443

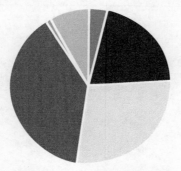

需求　　设计　　用户界面　　功能　　性能　　算法

9.4.4　按功能分布

功能	缺陷
1．用户管理模块	1065
2．卖家发布产品模块	888
3．购物模块	1142
4．推荐产品模块	711
5．在线聊天模块	198
6．积分商城	401

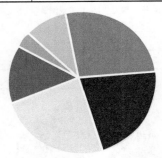

■用户管理模块　■卖家发布产品模块　购物模块
■推荐产品模块　■在线聊天模块　积分商城

9.4.5　剩余缺陷分析

模块	严重	一般	微小
1．用户管理模块	0	1	4
2．卖家发布产品模块	0	2	5
3．购物模块	0	5	8
4．推荐产品模块	0	1	3
5．在线聊天模块	0	0	0
6．积分商城	0	0	1

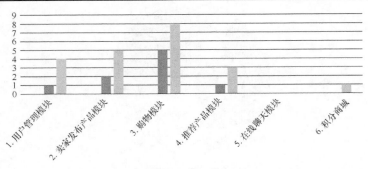

■严重　■一般　微小

10. 缺陷分析

在 V1.0 到现在发现缺陷共 4405 个，修复并且得到回归测试验证 4375 个，剩余 30 个缺陷没有修复，修复率为 99.31%。从软件测试阶段上来看，缺陷主要发现在系统测试阶段，这仍旧需要我们加强在前期发现问题的能力，做好单元与集成测试。从缺陷严重度的角度来看，主要还是一般的缺陷占主导地位（约为 90%）。从缺陷类型的角度来看，主要还是为功能（32%）和用户界面（24%）两方面出现的问题，说明我们产品在功能实现和用户体验性上还需要提高。从功能模块分布上来说主要集中在用户管理（24%）和购物两个模块（26%）。

11. 软件测试曲线图

周	1	2	3	4	5	6	7	8	9	10	11	12
发现缺陷	43	145	345	567	867	1044	1323	1456	1678	1879	2013	2456
修复缺陷	5	20	98	234	654	805	1006	1134	1364	1688	1994	2054

周	13	14	15	16	17	18	19	20	21	22	23	24
发现缺陷	2706	3003	3345	3788	3804	3856	3901	3957	3981	4134	4304	4405
修复缺陷	2466	2854	3054	3453	3562	3645	3807	3819	3856	4075	4276	4375

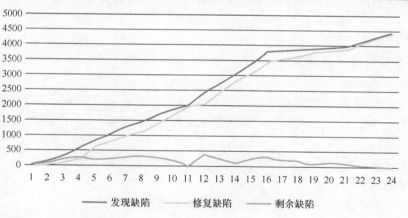

发现缺陷　　　修复缺陷　　　剩余缺陷

12. 重要缺陷摘要

缺陷编号	简要描述	分析结果	备注
23、56、176、645、1287	存在 XSS 注入	开发把 HTML 特殊字符进行转化。禁止输入类似于 "javascript" "alert" 等字符串	
453、1543、256、678	存在 SQL 注入	453，用户可以匿名登录，在登录用户名中屏蔽 or，=等 SQL 敏感字符 1543，256，678 存在 Drop 表明的嫌疑，禁止输入类似于 "***';drop table customer;-- ';" 格式的字符	

缺陷编号	简要描述	分析结果	备注
3343	交易进行中，中断网络，发现交易无法继续	修复代码，经过 3 次回归测试没有发现问题重复	
2456	买家可以拷贝卖家的 URL 进入卖家页面	在卖家页面做了条件判断	
1323	整个系统后台没有对输入数据进行校验	增加所有后台需要进行输入数据校验的代码，加强了系统安全性	

13. 残留缺陷与未解决问题

编号：3564。

缺陷概要：某些推荐商品不够准确。

原因分析：对于大数据分析不够到位。

预防和改进措施：把"推荐商品"暂时修改为"也许你需要这些商品"。

编号：2543。

缺陷概要：与工商银行，建设银行，农业银行接口没有办法测试。

原因分析：无法联系到银行交易接口。

预防和改进措施：在 V2.0 中暂时不支持对这三家银行的付款。

……

【对于 30 个不一一列出。】

14. 软件测试结论与建议

14.1 软件测试结论

● 本次软件测试是相对充分的，虽然发现了许多缺陷，但是在开发与测试的协助下 99.31% 的缺陷得到了修复，系统在安全性、可靠性、可维护性和功能性上得到了有效的保证。

● 本次软件测试目标完成，基于风险和需求的覆盖率都达到了 100%。

● 测试通过。

● 系统可以作为 V2.0 在客户处作为验收测试的版本。

● 待客户验收测试完毕就可以发布运行。

14.2 建议

● 由于系统与工商银行，建设银行，农业银行接口没有办法测试，建议在 V2.0 中暂时不支持对这三家银行的付款。

● 某些推荐商品不够准确，建议把"推荐商品"暂时修改为"也许你需要这些商品"。

提交人签字　：张同　　　　　　　　　　　　　　日期：2016-4-11

项目经理签字：李亚男　　　　　　　　　　　　　日期：2016-4-13

部门经理签字：湖光照　　　　　　　　　　　　　日期：2016-4-15

12.3　BBS 软件测试报告

案例 12-3：BBS 软件测试报告。

1. 介绍

电子公告牌系统（Bulletin Board System，BBS）是通过在计算机上运行的服务软件，允许用户使用 Internet 进行连接，执行下载数据或程序、上传数据、阅读新闻、与其他用户交换消息等。许多 BBS 由站长（通常被称为 SYSP）业余维护，而另一些则提供收费服务。目前，有时 BBS 也泛指网络论坛或网络社群。

BBS 1.0 主要提供以下功能。

后台

001：超级管理员可以建立 BBS 分论坛。

002：超级管理员可以建立，修改、删除每个 BBS 分论坛版主信息，包括登录名与密码，每个 BBS 分论坛可以有一到多个版主。

003：版主登录后可以修改用户名及密码。

004：版主查看本分论坛未审批的帖子进行审批或退回。对于其他分论坛信息，本论坛版主权限与普通用户相同。

前台

005：普通用户注册用户信息。

006：普通用户登录后可以修改自己的用户信息。

007：普通用户登录后可以建立、修改、删除自己书写的帖子。

008：普通用户登录后可以查询，查看别人发表的审核通过的帖子。

009：普通用户登录后可以对其他人已经发表的审核通过的帖子进行回帖。

010：普通用户登录后可以根据发的帖子及回复的帖子数量获得积分，根据积分参与网站内的活动。

本系统采用敏捷研发模式，共经过 7 个 Sprint。测试策略采用基于用户需求的策略、反应式策略以及基于专家的策略。

2. 软件测试时间，地点和人员

本系统采用敏捷研发模式，开发与测试并行进行，测试从 2015-5-20 到 2015-9-15。

地点：啄木鸟软件公司内部。

人员。

- 软件测试经理：1 名。
- 软件测试系统分析师：1 名（兼软件测试经理）。
- 软件测试技术分析师：1 名。
- 软件测试自动化人员：2 名（一名为软件测试技术分析师）。

- 软件测试环境管理员：1 名（兼软件测试执行人员）。
- 软件测试执行人员：3 名。

3. 软件测试环境描述

- Web 服务器：1 台。IIS Server 20128.0、Windows Server 2012。
- DB 服务器：1 台。MySQL 5.5.29。
- 客户端：5 台。
- 浏览器：若干台：IE9、IE10、IE11、Firefox 51.0.1、Chrome V50.0.2652.2。

4. 软件测试度量

4.1　测试用例执行度量

被测对象	用例总数	执行总数	OK 项	POK 项	NG 项	NT 项	发现错误数
001	20	20	19	1	0	0	1
002	30	30	27	3	0	0	3
003	10	10	9	1	0	0	2
004	25	24	23	1	0	1	1
005	15	15	14.	1	0	0	2
006	5	5	5	0	0	0	0
007	30	28	26	1	1	2	6
008	15	15	13	2	0	0	4
009	14	14	12	1	0	0	2
010	5	5	5	0	0	0	0
合计	169	166	153	11	1	3	21

OK：测试结果全部正确。

POK：测试结果大部分正确。

NG：测试结果有较大的错误。

NT：由于各种原因，本次无法测试。

4.2　软件测试时间和工作量度量

4.2.1　进度度量

任务项	计划开始时间	计划结束时间	实际开始时间	实际结束时间
Sprint1	2015-5-20	2015-6-1	2015-5-20	2015-6-6
Sprint2	2015-6-2	2015-6-13	2015-6-7	2015-6-20
Sprint3	2015-6-14	2015-6-27	2015-6-21	2015-7-8
Sprint4	2015-6-28	2015-7-11	2015-7-11	2015-7-25
Sprint5	2015-7-12	2015-7-25	2015-7-26	2015-8-8

续表

任务项	计划开始时间	计划结束时间	实际开始时间	实际结束时间
Sprint6	2015-7-26	2015-8-15	2015-8-9	2015-8-25
系统测试	2015-8-16	2015-8-29	2015-8-26	2015-9-15

4.2.2 工作量度量

任务项	开始时间	结束时间	工作量（人时）
Sprint1	2015-5-20	2015-6-6	480
Sprint2	2015-6-7	2015-6-20	400
Sprint3	2015-6-21	2015-7-8	560
Sprint4	2015-7-11	2015-7-25	440
Sprint5	2015-7-26	2015-8-8	400
Sprint6	2015-8-9	2015-8-25	520
系统测试	2015-8-26	2015-9-15	600
合计	2015-5-20	2015-9-15	3400

4.3 软件测试缺陷度量

总数	致命	严重	一般	提示
103	0	1	95	7

总数	设计错误	赋值错误	算法错误	接口错误	功能错误	其他
103	23	9	8	5	52	6

4.4 覆盖率度量

表示符	名称	PPP
RERE	需求覆盖率	100%
CASERRE	测试用例覆盖率	1.7%
BUGRE	缺陷修改率	97.36%
CONRE	信心覆盖率	1%

4.5 综合数据分析

- 计划进度偏差=（实际进度-计划进度）/计划进度×100%=(85-72)/85=15%。
- 用例执行效率=执行用例总数/执行总时间（小时）=166/(50×8)=41.5%。
- 用例密度=用例总数/接口规模×100%=169/721×100%=23.44%。
- 缺陷密度=缺陷总数/接口规模×100%=1052/721×100%=145.91%。
- 用例质量=缺陷总数/用例总数=1052/169=6.22。

缺陷严重程度分布饼图如图 12-26 所示。

缺陷类型分布饼图如图 12-27 所示。

 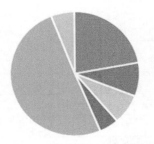

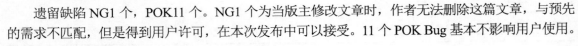

图 12-26　缺陷严重程度分布饼图　　　　　　图 12-27　缺陷类型分布饼图

5. 软件测试评估

5.1 软件测试任务评估

测试任务基本完成。

5.2 软件测试对象评估

测试对象基本完成。

5.3 遗留缺陷分析

遗留缺陷 NG1 个，POK11 个。NG1 个为当版主修改文章时，作者无法删除这篇文章，与预先的需求不匹配，但是得到用户许可，在本次发布中可以接受。11 个 POK Bug 基本不影响用户使用。

6. 审批报告

提交人签字　　：Jerry Wang　　　　　　　　日期：2016-6-1

项目经理签字：Peter Li　　　　　　　　　　日期：2016-6-3

部门经理签字：Linda Zhu　　　　　　　　　日期：2016-6-5

12.4　数字电视机顶盒中间件集成测试计划书

案例 12-4：数字电视机顶盒中间件集成测试计划书。

1. 引言

1.1 编写目的

本文是描述数字电视机顶盒中间件嵌入式软件系统集成测试计划书，主要描述如何进行集成测试活动，如何控制集成测试活动，集成测试活动的流程以及集成测试活动的工作安排。本文的主要读者对象是项目经理、开发经理、测试设计师、测试工程师以及开发工程师。

1.2 背景

项目名称：数字电视机顶盒中间件。

项目相关对象：××××机顶盒裸机。

1.3　定义

- DVB：Digital Video Broadcasting。
- ADSL：Asymmetric Digital Subscriber Line。
- DVB-T：Digital Video Broadcasting-Terrestrial。
- QPSK：Quadrature Phase Shift Keying。

1.4　参考资料

- 《数字电视机顶盒中间件系统项目计划》
- 《数字电视机顶盒中间件系统后端系统需求说明书》
- 《数字电视机顶盒中间件系统前端系统需求说明书》
- 《数字电视机顶盒中间件系统后端系统设计书》
- 《数字电视机顶盒中间件系统前端系统设计书》
- 《数字电视机顶盒中间件集成设计方案》
- 《数字电视机顶盒中间件测试用例模板》
- 《数字电视机顶盒中间件测试策略》
- 《数字电视机顶盒中间件缺陷管理流程》
- 《数字电视机顶盒中间件缺陷书写规范守则》

2.　软件测试项目

本次测试主要为数字电视机顶盒中间件嵌入式软件系统的前后端的集成测试，目前该产品的版本号是 V2.017，测试后的版本是 V2.100。本次测试是建立在前端系统测试以及后端系统测试完毕的基础上的。

2.1　被测特性

2.1.1　操作性测试

主要测试操作是否正确，有无差错，具体包括如下。

1.　返回测试

由主界面逐级进入最终界面，按【EXIT】键逐级返回，检查返回时屏幕聚焦是否正确，具体如下。

（1）进入"系统设置"。

（2）进入"频道搜索"。

（3）进入"自动频道搜索"。

（4）按【EXIT】键返回，检查当前聚焦是否为"频道搜索"。

（5）按【EXIT】键返回，检查当前聚焦是否为"系统设置"。

2.　进入测试

由主界面逐级进入最终界面，按【MENU】键返回主界面，再次进入，检查是否聚焦正确，具体如下。

（1）进入"系统设置"。

（2）进入"频道搜索"。

（3）进入"自动频道搜索"。

（4）按【MENU】键返回主界面。

（5）当前聚焦是否为"系统设置"。

（6）进入"系统设置"，当前聚焦是否为"频道搜索"。

2.2 功能测试

● 根据前端发射的数据流测试机顶盒（后端）中每个应用功能是否正确，参见《数字电视机顶盒中间件嵌入式软件系统前端系统设计书》《数字电视机顶盒中间件嵌入式软件系统后端系统设计书》。

2.3 性能测试

2.3.1 大容量数据软件测试

● 对 News 数据库表逐步注入数据，测试新闻模块功能所能承受的最大极限数据量。

● 对 Stock 数据库表逐步注入数据，测试股票模块功能所能承受的最大极限数据量。

2.3.2 疲劳性软件测试

向 News 数据库表和 Stock 数据库表逐步同时注入 50%的最大数据，测试新闻模块和股票模块连续开机 48 小时不关机器的情况下工作是否正常，用监测器跟踪被测系统（应用服务器，数据库服务器，机顶盒中嵌入式数据库的 CPU，内存信息。

2.4 不被测特性

电视频道大数据容量测试。

3. 软件测试流程

（1）书写《数字电视机顶盒中间件集成测试计划》，即本文。

（2）审核《数字电视机顶盒中间件集成测试计划》，未通过，返回第（1）步。

（3）设计《数字电视机顶盒中间件集成测试用例》。

（4）审核《数字电视机顶盒中间件集成测试用例》，未通过，返回第（3）步。

（5）对开发提交的测试版本进行冒烟测试，冒烟测试如果没有达到公司制定的《数字电视机顶盒中间件测试策略》中的"入口准则"，那么返回开发重新发布测试版本。

（6）软件测试工程师按照测试用例逐项进行软件测试活动，并且将软件测试结果填写在软件测试报告上。注意，软件测试报告必须覆盖所有测试用例。

（7）缺陷提交按照公司制定的《数字电视机顶盒中间件缺陷管理流程》。

（8）在这个测试过程中如果遇到 4.1 节涉及的"挂起条件"，则测试挂起，直到达到"恢复条件"。

（9）经过本轮测试，达到公司制定的《数字电视机顶盒中间件测试策略》中的"出口准则"，书写测试总结报告，进入"软件测试结束申请"（第 5.1.2 节）。

（10）否则进入"软件测试回归结束申请"（第 5.1.1 节）。

（11）正规测试结束进入非正规测试。首先是 ALPHA 测试，请公司里的其他非技术人员以用户角色使用系统。如果发现 Bug，就通知软件测试工程师，软件测试工程师以正规流程处理 Bug 事件。

（12）然后是 BETA 软件测试。请用户代表进行软件测试。如果发现 Bug，就通知软件测试工程师，软件测试工程师以正规流程处理 Bug 事件。

说明。

- 一个版本计划进行 3 次回归测试。
- 缺陷书写应该符合公司制定的《数字电视机顶盒中间件缺陷书写规范守则》，尽可能书写详尽，否则作为 INVALID（无效）处理。
- 软件测试工程师有义务根据测试情况，随时完善和健全测试用例。对于一些关键性或者重要的缺陷需要反向转换为测试用例。
- 测试报告与测试用例分开，测试报告标明测试用例序号以及是否通过。

4. 软件测试挂起和恢复条件

4.1　挂起条件

- 遇到更高优先级的测试任务。
- 测试环境不到位。
- 在测试过程中发现产品由于缺陷阻碍其他功能无法继续测试。
- 测试资源，比如人员、工具或设备不足。

4.2　恢复条件

- 更高优先级的测试任务完成。
- 测试环境到位。
- 阻碍其他功能的缺陷得到解决。
- 测试资源，比如人员、工具或设备到位。

5. 软件测试通过标准

软件测试结果与测试用例中期望的结果一致，则软件测试通过，否则标明软件测试未通过。

5.1　软件测试结果审批过程

5.1.1　软件测试回归结束申请

（1）软件测试工程师申请这轮软件测试结束，提交测试经理。

（2）测试经理召集本组人员开会讨论。

（3）如果发现这轮软件测试任务没有解决，召集开发和测试工程师以及相关人员讨论后续工作。

（4）否则部署下一轮的测试环境、工具、人员和时间等内容，进入下一轮测试（进入软件测试流程第（5）步）。

5.1.2　软件测试结束申请

（1）软件测试经理提出申请软件测试结束，提交项目经理。

（2）项目经理召集相关人员开会讨论。

（3）讨论通过，结束软件测试任务，进入软件测试流程第 11 步。

（4）否则延期软件测试结束时间，召集开发和测试工程师以及相关人员讨论后续工作。

6. 软件测试结束应提供的软件测试文件

- 《数字电视机顶盒中间件集成测试计划书》
- 《数字电视机顶盒中间件集成测试用例》
- 《数字电视机顶盒中间件集成功能测试报告》
- 《数字电视机顶盒中间件集成性能测试报告》
- 《数字电视机顶盒中间件集成测试总结》

7. 软件测试环境需求

7.1　硬件需求

- XXXG345 数字电视机顶盒。
- 数字电视机顶盒前端播放系统。
- 电视机及遥控器。
- 网线。

7.2　软件需求

- Red Hat Linux。
- 数字电视机顶盒嵌入式软件系统仿真器。

7.3　软件测试工具

- Bugzilla。
- BenderRBT。
- 性能监测工具。
- QA C/C++。

8. 软件测试需要的条件

8.1　需要的文档

- 《数字电视机顶盒中间件系统用户手册》
- 《数字电视机顶盒中间件应用手册》
- 《数字电视机顶盒中间件系统安装说明》

8.2　需要完成的任务

- 软件开发工程师完成并且通过单元和集成测试。
- 软件测试工程师完成前端及后端系统测试。

9. 角色和职责

- 测试经理：控制并完成软件测试任务和软件测试过程，决定软件测试工程师提交上来的 Bug 是否需要修改。
- 测试设计人员：制定系统集成测试用例（可兼职）。
- 测试工程师：按照测试用例进行软件测试执行活动。
- 开发工程师：对 Bug 进行修改。
- 项目经理：负责整个数字电视机顶盒中间件系统项目。

- 用户代表：进行 BETA 测试。

10.　人员和培训

- 测试经理有责任对测试工程师进行软件测试流程、规章制度的培训。
- 软件测试设计人员有责任对软件测试工程师进行软件测试操作及测试工具使用的培训。

11.　项目风险及应急计划

- 设备不到位：加紧设备的购买。
- 人员不到位：向项目经理调配人员。
- 人员请假：请假人员回来加班或延期/向项目经理调配人员。
- 人员离职：向项目经理调配人员/应聘新人。
- 人员调配到其他部门或项目：向项目经理调配人员。
- 开发工程师开发频频出错：通知开发部门，商量策略，进行必要的培训或者直接取消劳动合同。
- 其他原因导致的软件测试工作频频被挂起或者挂起后迟迟恢复不了：加班或延期。

12.　审批

集成经理

姓名：李晓三

日期：2015-8-1

项目经理

姓名：张晓

日期：2015-8-5

日期	版本号	备注	作者
2015-7-25	1.0	初稿	李晓三

12.5　BBS 主测试计划

本文按照 IEEE Std 829—2008 模板《主软件测试计划》书写，具体 IEEE Std 829—2008 模板请参见附录 A。

案例 12-5：BBS 主测试计划。

1.　介绍

1.1　文档标识

BBS RV 1.0 主软件测试计划。

1.2　范围

本文针对 BBS RV 1.0 项目制定主软件测试计划，用于指导 BBS RV 1.0 软件测试活动。针对 BBS RV 1.0 项目，软件测试包括单元测试、集成测试、系统测试和验收测试 4 个级别，涉及软件测试计划与控制、软件测试分析与设计、软件测试实现和执行、软件测试出口评估报告和软件测试结束活动。由于项目采取敏捷开发模式，每个 Sprint 开发一到多个用户故事，所以软件测试级别分布在每个 Sprint 中。总体测试计划在项目开始时制定。Sprint 测试分析，测试控制，测试设计，测试实现和执行，评估 Sprint 测试结束活动分布在每个 Sprint 中。总体测试出口评估报告和测试结束活动处于项目后期执行。非功能性测试在每个 Sprint 期间都要执行。

测试类型分为功能性、准确性、安全性、互操作性、易用性、可靠性、性能、维护性，都基于风险的测试基础。此外，还包括 40% 的反应式测试。

不测试特性包括可移植性测试。由于 BBS 安装比较简单，并且为仅提供一家公司使用，所以可移植性测试不作为本次测试重点。

1.3　参考资料

- 《×××软件公司软件测试方针》
- 《×××软件公司软件测试策略》
- 《BBS RV 1.0 项目计划》
- 《BBS RV 1.0 需求规格说明》
- 《BBS RV 1.0 系统规格说明》
- 《×××软件公司配置管理计划》
- 《×××软件公司质量保证计划》
- 《×××软件公司编码规范》

1.4　系统概述和主要功能

电子公告牌系统（Bulletin Board System，BBS）通过在计算机上运行服务软件，允许用户使用 Internet 连接，执行下载数据或程序、上传数据、阅读新闻、与其他用户交换消息等功能。许多 BBS 由站长（通常被称为 SYSP）业余维护，而另一些则提供收费服务。目前，有时 BBS 也泛指网络论坛或网络社群。

BBS 1.0 主要提供以下功能：

后台

001：超级管理员可以建立 BBS 分论坛。

002：超级管理员可以建立、修改、删除每个 BBS 分论坛版主信息，包括登录名与密码，每个 BBS 分论坛可以有一到多个版主。

003：版主登录后可以修改用户名及密码。

004：版主查看本分论坛未审批的帖子进行审批或退回。对于其他分论坛信息，本论坛版主权限与普通用户相同。

前台

005：普通用户注册用户信息。

006：普通用户登录后可以修改自己的用户信息。

007：普通用户登录后可以建立、修改、删除自己书写的帖子。

008：普通用户登录后可以查询，查看别人发表的审核通过的帖子。

009：普通用户登录后可以对其他人已经发表的审核通过的帖子进行回帖。

010：普通用户登录后可以根据发的帖子及回复的帖子数量获得积分，根据积分参与网站内的活动。

1.5 软件测试概述

1.5.1 组织结构

业务团队

（1）负责收集需求。

（2）在整个开发期间充当用户代表。

（3）联系真正用户。

（4）组织验收测试。

SCRUM 团队

（1）配合软件测试经理和开发经理管理研发团队。

（2）组织每日例会。

（3）每个 Sprint 开始组织计划。

（4）每个 Sprint 期间汇报进度给软件测试经理和开发经理。

（5）每个 Sprint 结束组织会议回顾。

配置管理团队

（1）配置代码管理。

（2）配置文档管理。

研发团队

（1）开发工程师负责产品任务。

（2）软件测试工程师负责软件测试任务。

1.5.2 主软件测试进度

Sprint	软件测试任务	最后日期
Sprint1	001、002、003 软件测试任务结束	2015-6-1
Sprint2	005、006、007 软件测试任务结束	2015-6-12
Sprint3	004、008、009、010 软件测试任务结束	2015-6-26
Sprint4	支持安卓平台	2015-7-10
Sprint5	支持苹果平台	2015-7-24
Sprint6	探索式软件测试	2015-8-14

每个 Sprint 软件测试包括：Sprint 测试分析、测试控制、测试设计、测试实现和执行、评估 Sprint 测试结束活动，具体详细程度参考每个 Sprint 级别软件测试计划。

1.5.3 完整性级别

根据 BBS 项目的实际情况，本项目完整性定义为 3 级（次高级），具体参见《×××软件公司软件测试策略》。

1.5.4 角色和职责

软件测试团队涉及的角色包括：软件测试经理、软件测试系统分析师、软件测试技术分析师、软件测试自动化人员、软件测试环境管理员和软件测试执行人员。各个角色具体的职责参见《啄木鸟软件公司软件测试策略》。

序号	角色	人数
1	软件测试经理	1
2	软件测试系统分析师	1
3	软件测试技术分析师	1（由软件测试系统分析师兼）
4	软件测试自动化人员	2（由 2 名软件测试执行人员兼）
5	软件测试环境管理员	1（由 1 名软件测试执行人员兼）
6	软件测试执行人员	4

合计：6 人

1.5.5 工具、技术、方法和度量

1. 硬件需求

序号	描述	数量
1	应用服务器	1
2	数据库服务器	1
3	客户端	5
4	安卓设备	1
5	苹果设备	1

2. 软件需求

序号	描述	数量
1	Clear Case	1
2	OFFICE 2013	7
3	SUSE Linux	7
4	Apache Tomcat	1
5	MySQL	1
6	Ration Test Manager	1
7	Load Runner	1
8	JIRA	1
9	Eclipse with ADT	7

3. 度量

- 时间进度偏移。
- 工作量偏移。
- 发布前缺陷发现密度。
- 各个文档发现的缺陷率。

● 　各个 Sprint 软件测试活动发现缺陷率。

2. 　详细内容

2.1　软件测试过程定义

● 　项目前期进行总体的项目计划工作，产生《软件测试方针》《软件测试策略》和《主软件测试计划》。整个开发过程采用敏捷的方法，定义 6 个 Sprint。每个 Sprint 开始定义 Sprint 计划，软件测试系统分析师和软件测试技术分析师书写《级别软件测试计划》、《级别软件测试设计规格说明书》《级别测试用例规格说明书》和《级别软件测试规程规格说明书》。Sprint 测试分析，测试控制，测试设计，测试实现和执行，评估 Sprint 测试结束活动分别在每个 Sprint 中进行。每天早晨 Scrum Master 组织人员召开研发小组例会，项目成员依次汇报工作情况，然后 Scrum Master 总结汇报给软件测试经理、开发经理，便于项目监控（包括开发监控和软件测试监控）。每个 Sprint 接近结束时，软件测试经理汇总阶段软件测试报告，决定是否可以结束本次 Sprint 软件测试活动。

● 　执行过程中需要书写《软件测试日志》，若发现问题，就上报 JIRA。

● 　单元测试、集成测试由开发工程师完成，系统测试由软件测试工程师完成，验收测试由软件测试工程师配合运维工程师和/或业务团队人员进行。

● 　每个 Sprint 正式开始系统测试由《级别软件测试计划》中描述的入口条件决定。

● 　非第一个 Sprint 期间要随时对老功能进行回归测试。冒烟测试用例由软件测试自动化人员通过 Selenium 书写测试代码，建立自动化测试。其余基于手工测试。

● 　所有 Sprint 结束，测试所有测试用例，最后安排两天的探索式测试时间，依据《级别软件测试计划》中描述的出口标准决定是否结束本次 Sprint 软件测试活动。

● 　软件测试结束需要进行软件测试结束活动，具体参见《×××软件公司软件测试策略》。

2.1.1　项目风险列表

项目风险描述	可能性	影响	级别	应急措施
技能不足	3	4	12	采取相应办法，提高技能
培训不足	2	4	8	组织员工进行培训，以及加强对新员工培训
人员不足	2	3	6	从其他优先级比较低的组调配人员 招聘员工
个人问题	3	3	9	发动员工潜力，力所能及解决员工后顾之忧
与开发工程师沟通问题	3	4	12	加强与开发工程师进行沟通，适当时候进行培训
评审没有通过的条目没有及时得到复审	3	3	9	改善评审流程，确保评审没有通过部分一定要进行正式/非正式复审
对软件测试中看到的问题没有引起足够重视	3	4	12	总结经验，聘请高级专家进行评定问题

续表

项目风险描述	可能性	影响	级别	应急措施
不能充分了解需求	3	4	12	充分了解需求，做到软件测试在需求阶段就要参与
软件测试环境没有及时准备好	3	3	9	尽可能早地建立软件测试环境
……				

2.1.2 质量风险列表

编号	质量风险描述	可能性	影响	级别	软件测试方法	需求
1. 功能						
1.1	超级管理员可以建立 BBS 分论坛	2	5	10	广泛的软件测试	001
1.2	超级管理员可以建立、修改、删除每个 BBS 分论坛版主信息，包括登录名与密码，每个 BBS 分论坛可以有一到多个版主	2	5	10	广泛的软件测试	002
1.3	版主登录后可以修改用户名及密码	1	4	4	粗略的软件测试	003
1.4	版主查看本分论坛未审批的帖子进行审批或退回。对于其他分论坛信息，本论坛版主权限与普通用户相同	3	4	12	详尽的软件测试	004
1.5	普通用户注册用户信息	3	5	15	详尽的软件测试	005
1.6	普通用户登录后可以修改自己的用户信息	3	3	9	广泛的软件测试	006
1.7	普通用户登录后可以建立、修改、删除自己书写的帖子	3	3	9	广泛的软件测试	007
1.8	普通用户登录后可以查询，查看别人发表的审核通过的帖子	2	2	4	粗略的软件测试	008
1.9	普通用户登录后可以对其他人已经发表的审核通过的帖子进行回帖	2	1	2	粗略的软件测试	009
1.10	普通用户登录后可以根据发的帖子及回复的帖子数量获得积分，根据积分参与网站内的活动	3	4	12	详尽的软件测试	010
2. 可靠性						
2.1	系统容易发生严重的问题	3	5	15	详尽的软件测试	
2.2	系统发生问题后备份机制不完善	3	4	12	详尽的软件测试	

续表

编号	质量风险描述	可能性	影响	级别	软件测试方法	需求
2.3	系统整体抗压能力好	3	5	15	详尽的软件测试	
3. 性能						
3.1	系统整体性能表现不佳	2	4	8	广泛的软件测试	
3.2	系统整体负载表现不佳	2	5	10	广泛的软件测试	
3.3	系统整体抗压能力不佳	3	5	15	详尽的软件测试	
4. 易用性						
4.1	系统易用性差	2	4	8	广泛的软件测试	
4.2	系统提示不友好	2	3	6	广泛的软件测试	
4.3	系统不能指引用户使用	3	4	12	详尽的软件测试	
4.4	产品不吸引人	3	3	9	广泛的软件测试	
4.5	使用这个产品的人很少	3	4	12	详尽的软件测试	
5. 可维护性						
5.1	产品代码不利于维护	3	3	9	广泛的软件测试	
5.2	产品可测试性差	3	3	9	广泛的软件测试	
5.3	产品稳定性差	2	4	8	广泛的软件测试	
6. 准确性						
6.1	积分计算不准确	2	4	8	广泛的软件测试	
7. 安全性						
7.1	版主有超级管理员的权限	2	5	10	广泛的软件测试	
7.2	普通用户有超级管理员的权限	2	5	10	广泛的软件测试	
7.3	普通用户具有版主的权限	2	4	8	广泛的软件测试	
7.4	超级管理员的权限不满足	2	5	10	广泛的软件测试	
7.5	版主的权限不满足	2	4	8	广泛的软件测试	
7.6	登录存在安全漏洞	3	5	15	详尽的软件测试	
7.7	发帖子存在安全问题，如 XSS、SQL 注入	3	5	15	详尽的软件测试	
8. 互操作性						
	无					

解释如下。

1-5：粗略的软件测试，标记为 1 级。

6-10：广泛的软件测试，标记为 2 级。

11-15：详尽的软件测试，标记为 3 级。

16-20：详细的软件测试，标记为 4 级。

21-25：重要的软件测试，标记为 5 级。

软件测试系统分析师、软件测试技术分析师设计《Sprint 软件测试计划》《Sprint 软件测试设计规格说明书》《Sprint 测试用例规格说明书》《Sprint 软件测试规程规格说明书》。根据风险等级进行深度优先的软件测试。

2.2　软件测试文档需求

- 《软件测试方针》。
- 《软件测试策略》。
- 《主软件测试计划》。
- 《Sprint 软件测试计划》。
- 《Sprint 软件测试设计规格说明书》。
- 《Sprint 测试用例规格说明书》。
- 《Sprint 软件测试规程规格说明书》。
- 《软件测试日志》。
- 《Sprint 软件测试报告》。
- 《软件测试报告》。

2.3　软件测试管理需求

通过 Rational TestManager 管理软件测试。

2.4　软件测试报告需求

- 软件测试需求覆盖率。
- 测试用例覆盖率。
- 测试用例执行通过/失败的数目。
- 提交的缺陷，根据缺陷的严重度和优先级进行分类。
- 提交的缺陷，接受的缺陷和拒绝的缺陷的比例。
- 计划支出成本与实际支出成本偏差。
- 计划花费时间与实际花费时间偏差。
- 软件测试中识别的风险和处理的风险数目。
- 由于事件制约因素浪费的时间。

3.　其他

3.1　术语与缩略语

- BBS：Bulletin Board System。
- 测试依据：能够从中推断出组件/系统需求的所有文档。测试用例是基于这些文档的。只有通过正式的修正过程修正的文档才称为固定软件测试依据。
- 测试条件：组件/系统中能被一个或多个测试用例验证的条目或事件，如功能、事务、特性、质量属性或者结构化元素。

- 用例：为特定目标或软件测试条件（例如，执行特定的程序路径，或验证与特定需求的一致性）制定的一组输入值、执行入口条件、预期结果和执行出口条件。

- 概念测试用例：（High level test case）没有具体的（实现级别）输入数据和预期结果的测试用例。实际值没有定义或是可变的，而用逻辑概念代替。

- 详细测试用例：（low level test case）具有具体的（实现级别）输入数据和预期结果的测试用例。将抽象测试用例中使用的逻辑运算符替换为相对应的逻辑运算符的实际值。

- 测试说明：由软件测试设计说明、测试用例说明和/或软件测试规程说明组成的文档。

- 测试设计说明：为一个软件测试项指定软件测试条件（覆盖项）、具体软件测试方法，并识别相关高层测试用例的文档。

- 测试用例说明：对于一个软件测试项，用来指定一组测试用例（目标、输入、软件测试动作、期望结果、执行预置条件）的文档。

- 测试规程说明/软件测试规程：规定了执行软件测试的一系列行为的文档，也称为软件测试脚本或手工软件测试脚本。

- 准入准则：进入下一个任务（如软件测试阶段）必须满足的条件。准入条件的目的是防止执行不能满足准入条件的活动而浪费资源。

- 出口准则：和利益相关者达成一致的系列通用和专门的条件，来正式定义一个过程的结束点。出口准则的目的可以防止将没有完成的任务错误地看成任务已经完成。软件测试中使用的出口准则可以报告和计划什么时候可以停止软件测试。

- 测试策划：制定或更新软件测试计划的活动。

- 测试计划：描述预期软件测试活动的范围、方法、资源和进度的文档。它标识了软件测试项、软件测试的特性、软件测试任务、任务负责人、软件测试工程师的独立程度、软件测试环境、软件测试设计技术、软件测试的进入/退出准则和选择的合理性、需要紧急预案的风险，是软件测试策划过程的一份记录。

- 测试监控：处理与定时检查软件测试项目状态等活动相关的软件测试管理工作。用软件测试报告来比较实际结果和期望结果。

- 测试控制：当监测到的情况与预期情况背离时，制定和应用一组修正动作，以使软件测试项目保持正常进行的软件测试管理工作。

- 测试实现：开发、排序软件测试规程，创建软件测试数据，若需要，还包括准备软件测试用具和编写自动化软件测试脚本的过程。

- 测试结束：从已完成的软件测试活动中收集数据，总结基于软件测试件及相关事实和数据的软件测试结束阶段，包括对软件测试件的最终处理和归档，以及软件测试过程评估（包含软件测试评估报告的准备）。

- 风险：将会导致负面结果的因素，通常表达成可能的（负面）影响。
- 产品风险：与软件测试对象有直接关系的风险。
- 项目风险：与（软件测试）项目的管理与控制相关的风险。例如，缺乏配备人员，严格的限期，需求的变更等。
- 风险分析：评估识别出的风险，以估计其影响和发生的可能性的过程。
- 风险控制：为降低风险或控制风险在指定级别而达成的决议和实施防范（度量）措施的过程。
- 风险识别：使用技术手段（如头脑风暴、检查表和失败历史记录）标识风险的过程。
- 风险级别：风险的重要性，由风险的影响和可能性定义。风险级别能用于决定软件测试的强度。风险级别既能用定性的词（如高、中、低）表示，又能用定量的词表示。
- 风险管理：对风险进行标识、分析、优先级划分和控制所应用的系统化过程和实践。
- 风险类型：通过一个或多个公共因子对风险分组，如质量属性、原因、位置或风险的潜在影响等。用特定类型的软件测试能降低特定类型的风险。例如，易用性测试能降低因用户错误操作而引起的风险。
- 主测试计划：通常针对多个软件测试级别的软件测试计划。
- 级别测试计划：通常用于一个软件测试级别的软件测试计划。
- 测试估算：对（如花费的工作量、完成时间、涉及的成本、测试用例的数目等）可用的，即使可能不完整、不确定或嘈杂的输入数据近似计算的结果。

3.2　文档修改记录

日期	版本号	备注	作者
2015-5-05	1.0	初稿	XXX

每个 Sprint 对应一个级别测试计划。下一节为 Sprint2 级别测试计划。

12.6　BBS 级别测试计划

本节按照 IEEE Std 829-2008 模板《级别软件测试计划》书写，具体 IEEE Std 829-2008 模板请参见附录 A。

案例 12-6：BBS 级别测试计划。

需求

后台

- 001：超级管理员可以建立 BBS 分论坛。
- 002：超级管理员可以建立、修改、删除每个 BBS 分论坛版主信息，包括登录名与密码，每个 BBS 分论坛可以有一到多个版主。

- 003：版主登录后可以修改用户名及密码。
- 004：版主查看本分论坛未审批的帖子进行审批或退回。对于其他分论坛信息，本论坛版主权限与普通用户相同。

前台

- 005：普通用户注册用户信息。
- 006：普通用户登录后可以修改自己的用户信息。
- 007：普通用户登录后可以建立、修改、删除自己书写的帖子。
- 008：普通用户登录后可以查询，查看别人发表的审核通过的帖子。
- 009：普通用户登录后可以对其他人已经发表的审核通过的帖子进行回帖。
- 010：普通用户登录后可以根据发的帖子及回复的帖子数量获得积分，根据积分参与网站内的活动。

BBS RV1.0 Sprint2 级别软件测试计划

1. 介绍

1.1 文档标识

BBS RV1.0 Sprint 2 级别软件测试计划

1.2 范围

本节针对 BBS RV1.0 项目 Sprint2 制定级别软件测试计划，用于指导 BBS RV1.0 Sprint2 软件测试活动。针对 BBS RV1.0 Sprint2 项目，软件测试包括单元测试、集成测试、系统测试和验收测试 4 个级别。单元测试、集成测试由开发工程师负责；系统测试由软件测试工程师负责；验收测试由软件测试工程师配合运维工程师和/或业务团队人员进行。整个 Sprint 期间包括软件测试计划与控制、软件测试分析与设计、软件测试实现和执行、评估 Sprint 软件测试结束活动。非功能性在 Sprint 期间进行。

1.3 参考资料

同《BBS 主测试计划》。

1.4 软件测试级别

系统测试。

1.5 软件测试分类和软件测试条件

- 功能测试。
- 准确性。
- 安全性测试。
- 互操作性测试。
- 易用性测试。
- 可靠性测试。
- 性能测试：包括压力测试和负载测试。
- 维护性测试。

2. 详细内容

2.1 软件测试项标识

软件测试项标识	软件测试内容
001	功能测试：005 普通用户注册信息
002	功能测试：006 普通用户登录后可以修改自己的用户信息
003	功能测试：007 普通用户登录后可以建立帖子
004	功能测试：007 普通用户登录后可以修改自己写的帖子
005	功能测试：007 普通用户登录后可以删除自己写的帖子
006	安全性测试：登录存在安全性问题
007	安全性测试：试图删除别人发表的帖子
008	互操作性软件测试
009	适合性软件测试
010	准确性软件测试
011	易用性测试
012	可靠性测试
013	负载测试
014	压力测试
015	可维护性测试

2.2 软件测试跟踪矩阵

	005	006	007
001	1	0	0
002	0	1	0
003	0	0	1
004	0	0	1
005	0	0	1
006	0	1	0
007	0	0	0
008	1	1	1
009	1	1	1
010	1	1	1
011	1	1	1
012	1	1	1
013	1	1	1
014	1	1	1
015	1	1	1

2.3　不软件测试项

004、008、009、010涉及的软件测试内容。

单元测试、集成测试由开发工程师进行。

2.4　测试项

005、006、007涉及的各种测试，001、002、003所有测试用例的回归测试，回归至少进行3次，最后一次在新功能测试全部结束后进行。

2.5　入口/出口准则

2.5.1　入口准则

- 《软件测试设计规格说明》和《测试用例规格说明》已经编写完毕，并且通过评审。
- 自动化测试用例验证通过。
- 软件测试资源准备到位。
- 软件测试环境准备到位。
- 软件测试数据可以使用。
- 开发工程师提交的软件测试版本通过冒烟测试可以正式使用。
- 开发工程师提交的版本说明齐备。

2.5.2　出口准则

- 优先级别高的测试用例全部得到软件测试和完全回归测试。
- 优先级别高的测试用例软件测试中发现的所有缺陷均已修复。
- 优先级别中的测试用例全部得到软件测试和95%以上得到回归测试。
- 优先级别中的测试用例软件测试中发现的所有缺陷严重度为高和中的均已修复。
- 优先级别低的测试用例95%得到软件测试和90%以上得到回归测试。
- 优先级别低的测试用例软件测试中发现的所有缺陷严重度为高的缺陷均已修复。

2.6　挂起/恢复准则

2.6.1　挂起准则

- 软件测试过程中发现有些软件测试环境没有到位。
- 软件测试过程中发现软件测试工具有问题。
- 软件测试过程中发现版本存在问题。
- 软件测试过程中发现大量的、严重的问题，导致继续软件测试意义不大。

2.6.2　恢复准则

- 所有挂起准则问题得到解决。

2.7　软件测试交付物

- 《软件测试日志》。
- 《Sprint 2 软件测试报告》。

3. 软件测试管理
3.1　计划的活动、任务和进度
3.1.1　活动与进度

编号	任务	进度（人日）
1	书写《Sprint2 软件测试设计规格说明书》	2
2	书写《Sprint2 测试用例规格说明书》	3
3	书写《Sprint2 软件测试规程规格说明书》	4
4	搭建软件测试环境	1
5	书写软件测试脚本	12
6	执行测试用例	10
7	回归测试	20
8	书写《软件测试日志》	1
9	书写《软件测试报告》	3
10	探索式软件测试	4

3.1.2　软件测试执行顺序

根据《主软件测试计划》，软件测试顺序按照质量风险列表依次为。

1.7：普通用户登录后可以建立、修改、删除自己书写的帖子。

1.8：普通用户登录后可以查询，查看别人发表的审核通过的帖子。

1.9：普通用户登录后可以对其他人已经发表的审核通过的帖子进行回帖。

2.1：可靠性，系统容易发生严重的问题。

2.3：可靠性，系统整体抗压能力好。

7.6：安全性，登录存在安全漏洞。

7.7：安全性，发帖子存在安全问题，如 XSS、SQL 注入。

3.1：性能，系统整体性能表现不佳。

2.2：可靠性，系统发生问题后备份机制不完善。

4.3：易用性，系统不能指引用户使用。

4.5：易用性，使用这个产品的人很少。

3.2：性能，系统整体负载表现不佳。

4.4：易用性，产品不吸引人。

5.1：可维护性，产品代码不利于维护。

5.2：可维护性，产品可测试性差。

4.1：易用性，系统易用性差。

5.3：可维护性，产品稳定性差。

3.3：性能，系统整体抗压能力不佳。

6.1：准确性，积分计算不准确。

4.2：易用性，系统提示不友好。

（其中，标号为《BBS 主测试计划》中的质量风险编号）

3.2 软件测试环境

数据库服务器、应用服务器、客户端机器通过局域网 TCP/IP 连接。

3.3 角色和职责

软件测试团队涉及角色包括：软件测试经理、软件测试系统分析师、软件测试技术分析师、软件测试自动化人员、软件测试环境管理员和软件测试执行人员。各个角色具体的职责参见《啄木鸟软件公司软件测试策略》。

3.4 资源分配

客户端机器一人一台、应用服务器两台、数据库服务器两台，开发与软件测试独立使用，软件测试在比较稳定的版本上进行软件测试。

3.5 培训

- 业务人员介绍功能 005、006、007 需求用户故事（User Story）。
- 验证码自动化软件测试方法培训。
- 如何通过手机、Email 找回用户名、密码自动化软件测试培训。

3.6 进度、估算和成本

- 人力成本：按照人力资源部相关文档。
- 设备折旧成本：按照相关标准。
- 时间成本：60 人/日。
- 其他成本：按照相关标准。

3.7 风险和意外

参见《BBS 主测试计划》。

4. 其他

4.1 质量保障规程

参见《质量保证方针》。

4.2 度量

- 风险的度量。
- 缺陷的度量。
- 测试用例的度量。
- 信心的度量。

度量指标反应在《软件测试总结报告》中。

4.3 软件测试覆盖率

- 测试用例对需求的覆盖率。
- 测试用例执行程度对测试用例的度量。
- 软件测试对风险的覆盖率。

- 代码的覆盖率。

软件测试覆盖率反应在《软件测试总结报告》中。

4.4　术语表

同《BBS 主测试计划》。

4.5　文档修改记录

日期	版本号	备注	作者
2016-6-19	1.0	初稿	×××

12.7　软件缺陷管理流程

案例 12-7：软件缺陷管理流程。

1.　定义

1.1　问题类型

Bug	测试过程以及维护过程中发现影响系统运行的缺陷
New Feature	对系统提出新功能
Task	需要完成的任务
Improvement	对现有问题的改进

1.2　目的

把缺陷分成不同等级的目的是为了方便错误的确认、控制以及避免将来不再发生错误，也为以后对缺陷分布密度进行统计提供依据。

1.3　适用范围

适用于所有软件产品的内部测试和外部测试。

1.4　软件缺陷分级

1.4.1　Bug 分类

Blocker： （危急）	阻碍其他工作正常进行，如系统无法登录
	系统无法编译
Critical： （严重）	基本功能没有完全实现，不能完全满足系统要求。系统崩溃或挂起导致系统不能继续运行，如普通用户登录后，菜单无法操作
	操作造成严重影响，如操作造成系统死机、被测程序挂起、不响应、进程没有关闭等
	操作造成数据库死锁
	操作造成程序中发现死循环
	操作造成重大安全隐患情况（如机密性数据的泄密）
	某一模块功能没有实现或者实现错误，影响系统使用，而这一模块又正是系统中的关键模块
	操作造成系统性能慢，大多数用户对此无法接受

续表

Critical: （严重）	程序运行过程中造成内存泄漏或者指针溢出
	操作造成现有数据错误、丢失，且不可恢复的，或者系统宕机的危机
	操作造成数据通信错误
Major: （一般）	功能基本实现，但在特定情况下导致功能失败。如打印功能，在多用户同时打印时，功能发生错误
	在经常使用的系统中运行正常，但是在特殊的操作系统、网卡等情况下无法使用
	导致输出的数据错误（如数据内容出错、格式错误、无法打开等），如导出的面板图片无法打开
	导致其他功能模块无法正常执行，如 A、B 两个模块，单独执行都可以，但是执行完 A 后，再执行 B 运行就发生错误
	功能不完整或者功能实现不正确如功能要求增加、修改、删除，只有增加、删除功能，没有修改功能
	导致数据最终操作结果错误，如由于运算错误，造成最后的结果不正确
	界面错误对用户使用造成误导
	界面链接错误或者链接到一个不存在的界面
	实现的功能不符合需求或有遗漏
	业务流程不正确
	报表格式以及打印内容错误（行列不完整，数据显示不在所对应的行列等导致数据显示结果不正确的错误）
Minor: （次要）	功能部分失败，对整体功能的实现基本不造成影响，如输入过长的字符串系统没有报错，但没有导致系统死机
	系统出错，提示不正确或没有捕获系统出错信息，如邮编输入非数字字符，系统提示为输入系统调用接口错误
	删除操作没有提示，所有的删除操作必须有提示
	系统风格不一致，如必须填写字段，有的地方是红色的*，有的地方是黑色的*
Minor: （次要）	提示窗口文字未采用行业术语
	打印内容、格式错误（只影响报表的格式或外观，不影响数据显示结果的错误）
	可输入区域和只读区域没有明显的区分标志
	滚动条无效
	键盘支持不好，如在可输入多行的字段中，不支持回车换行；或对相同字段，在不同界面支持不同的快捷方式
	界面不能及时刷新，影响功能实现
Trivial: （轻微）	产品外观上的问题或一些不影响使用的小毛病，如菜单或对话框中的文字拼写或字体问题等
	软件测试工程师的建议

1.4.2 缺陷分级打分标准

Blocker：5。

Critical：4。

Major：3。

Minor：2。

Trivial：1。

1.5　状态与解决

状态：

Open	问题提交有待确认
In progress	问题在处理过程中，还没有确认
Resolved	问题已经解决，但是没有经过问题提出者复测
Reopen	问题复测失败，问题仍旧存在
Closed	问题复测成功，问题被关闭

解决：

Unresolved	没有解决的问题
Fixed	问题已经解决
Won't fix	没有办法解决的问题
Duplicate	重复的问题
Incomplete	问题描述不够完全（建议不使用，遇到这样的问题，开发工程师及时与软件测试工程师联系，软件测试工程师把问题书写清楚）
Cannot Reproduce	问题重现失败，没有足够的信息重现
Suspend	目前版本不处理的缺陷
Temporarily Solution	临时解决的缺陷
Reject	非缺陷

2.　送测与退测流程

如图 12-28 所示。

2.1　步骤描述

2.1.1　流程启动条件

（1）开发部门认为自己修改完毕，可以提交测试。

（2）软件测试部门认为产品可以进行软件测试（达到复测标准：Open、Reopen 个数≈缺陷级别≤50），参见缺陷分级打分标准。

2.1.2　步骤

（1）如果是开发工程师提出软件测试申请，就转到步骤（6）。

（2）如果是软件测试工程师提出软件测试申请，就交给开发部门。

（3）开发部门考虑是否可以提交测试。

（4）如果不可以，流程结束。

（5）否则接受申请。

（6）开发工程师将代码 check in（签入）到 SVN 中。

（7）软件测试工程师建立安装程序，在 SVN 中打上 Tag（标记）。

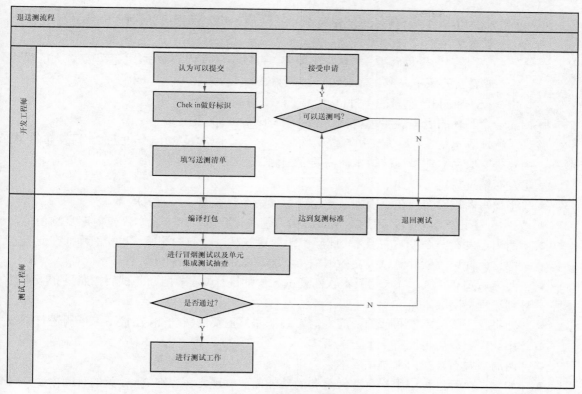

图 12-28　送测与退测流程

（8）软件测试工程师对新版本程序按照冒烟测试用例进行冒烟测试工作。

（9）软件测试工程师进行软件测试评估。

（10）如果符合退测标准，退回软件测试，流程结束。参见本文第 2.2 节退测标准。

（11）否则进行软件测试工作。

> 先对上次软件测试的 fixed 的缺陷进行复测。

> 然后重点测试本版本的新功能。

> 最后根据版本号进行回归测试（如果不是里程碑版本，这步不可作）。

2.2　退测标准

● 10%以上（含 10%）的冒烟测试用例没有通过。

● 新发现有 5 个以上（含 5 个）Blocker 或 Critical 级别的缺陷。

版本发布的命名规则：

【"V"+X+"."+Y+". "+Z+ Name+"V"+X+". "+N+". "O+"-"+yyyymmdd】

> X：大版本号。

> Y.Z：小版本号。

> Name：Build/ Final/…参见第 7.3 节定义，目前采用 Build。

> ➤ N：0/1 版本是否送交用户，0 表示不送交客户，仅供内部软件测试组使用；1 表示送交客户。
> ➤ O：是否为里程碑版本，0 非里程碑，可以不进行回归测试；1 里程碑，大的模块或者新的版本完成，需要进行回归测试。
> ➤ yyyymmdd：发布的年月日。

比如，一个具体的版本说明：V5.1.2 Build V5.1.1-20150925。

含义：软件版本是 5.1.2（V5 版本的升级版本），这个版本是 2015 年 9 月 25 日发布的 V5 版本，需要提交给用户的里程碑版本，需要回归测试。

版本发布情况规定一般如下。

- 平均每两周发布一个小版本，一个半月到两个月发布一个正式版本。
- 发布一个正式版本后，两周后发布一个内部测试版本（这个版本仅作内部复测使用）。
- 两周后发布一个准发布版本（此版本需要对产品进行回归测试，开发工程师在此版本中只允许修改软件测试提交的缺陷，不允许添加任何新的功能）。
- 两周后发布正式版本（此版本软件测试工程师进行复测，回归测试后按照发布版本控制流程提交版本）。
- 如果在正式版本发布前的两周内需要添加非常重要的新功能，在接下来一周进行修改添加，一周后再发布一个正式版本。
- 两周后发布一次内部测试版本。
- 如果在执行过程中用户有非常重要的功能需要实现，可以在 2～4 天的时间内建立分支完成，但是不主张建立过多的分支，建立分支需要得到开发经理的同意。临时给客户一个版本，但要在正常流程中把分支流程合并进来。
- 版本发布一般放在周五，周五 12 点后开发工程师停止提交代码，等到软件测试工程师编译成功，打上 Tag（标记）后，开发工程师才可以往 SVN 中提交新的代码。

3．软件测试缺陷提交流程

如图 12-29 所示。

3.1　步骤描述

3.1.1　流程启动条件

软件测试工程师在软件测试过程中发现一个新问题。

3.1.2　步骤

（1）软件测试工程师发现新问题，提交到 JIRA，书写格式参考第 7.2 节。

（2）软件测试经理对提交的缺陷进行抽查。

（3）软件测试经理如果认为提交的缺陷有问题，就与软件测试工程师进行讨论。

（4）否则保留软件测试工程师的记录。

（5）开发工程师处理缺陷（软件测试工程师提交上的缺陷都要进行处理，处理没有解决的标记状态 In progress）。

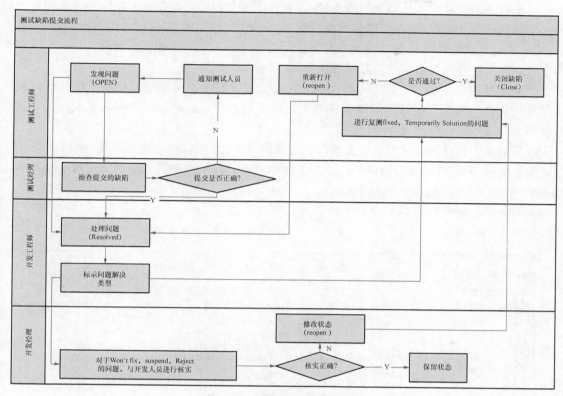

图 12-29　软件测试缺陷提交流程

（6）对处理后的缺陷标示已处理类型。

（7）开发经理对开发工程师设置为 Won't fix、Suspend、Reject 的问题进行核实。

（8）核实通过，保留开发工程师提交的状态，流程结束。

（9）否则修改状态为 Reopen。

（10）软件测试工程师对 fixed、Temporarily Solution 的问题进行复测。

（11）如果 fixed 的问题已经解决，关闭缺陷，流程结束。

（12）如果 Temporarily Solution 的问题已经解决，保持不变。

（13）如果 fixed、Temporarily Solution 的问题还存在，reopen 这个缺陷，回到步骤（2）。

注意

所有的新添加的任务也放在 JIRA 中统一管理（Issue Type 为 New Feature 或者 Task），开发工程师接受缺陷或任务时，应该选择每一个缺陷或任务的 fix version 版本，表明这个问题在以后哪个版本解决，如果过程中没有及时完成，提交版本前请及时修改，否则软件测试工程师认为这个版本中的这个问题已经解决。

如果同一个问题有 5 处以上（含 5 处），软件测试工程师可以在这一轮中不进行相关问题的软件测试，问题由开发经理安排时间统一解决；如果同一个问题在同一个人身上发现 2 处（含 2 处），不是普遍存在的问题，交由开发工程师进行解决，软件测试工程师可以在这一轮中不进行对该开发工程师提交相关问题的软件测试。

如果软件测试工程师发现随机性错误，立即在 JIRA 中记录下来，以后发现第一时间内找开发工程师查看。如果随机问题半年没有出现，视为问题已解决，软件测试工程师关闭这个缺陷。

软件测试工程师应该经常检查需求文档与实际情况的差别，一旦发现问题，就记录到 JIRA 中（Bug Type 为"需求文档错误"），开发工程师对这一类问题解决状态不允许为 Won't fix、Reject、Suspend、Temporarily Solution。

4. 技术支持部问题提交流程

如图 12-30 所示。

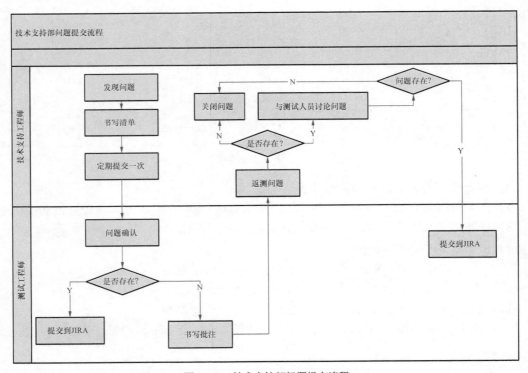

图 12-30　技术支持部问题提交流程

4.1　步骤描述

4.1.1　流程启动条件

当软件测试技术支持工程师在使用过程中发现一个新问题时流程启动。

4.1.2　步骤

（1）技术支持工程师发现问题，把问题记录下来。

（2）技术支持工程师书写问题提交单，书写格式参考第 7.2 节。

（3）技术部统一提交给研发部。

（4）软件测试工程师复测问题。

（5）如果问题存在，提交到 JIRA 中，按照软件测试缺陷提交流程进行。

（6）否则书写批注。

（7）技术支持工程师返测问题。

（8）如果问题不存在，关闭问题。

（9）否则与软件测试工程师讨论。

> ➢　首先可以考虑提交截图、log 日志等。
> ➢　如果仍旧解决不了，则提供错误视频文件。
> ➢　还是解决不了，通过视频会议系统。
> ➢　最后可以考虑软件测试工程师到现场进行测试。

（10）如果问题不存在，关闭系统。

（11）否则由软件测试工程师提交到 JIRA 中。

注意
- 技术支持人员在客户现场发现的问题应该在第一时间解决。
- 每周软件测试经理把 JIRA 上的 Open、Reopen 的问题发给技术支持经理。

5.　用户版本发布控制流程

如图 12-31 所示。

5.1　步骤描述

5.1.1　流程启动条件

当技术总监要求向客户发布一个新的版本时流程启动。

5.1.2　步骤

（1）技术总监要求向客户发布一个新的版本。

（2）软件测试工程师进行打包。

（3）软件测试工程师进行冒烟测试。

（4）冒烟测试如果不通过，取消发布。

（5）否则软件测试工程师对此版本已经 Fixed、Temporarily Solution 的问题进行复测。

（6）软件测试经理书写软件测试报告。

（7）测试经理确定用户版本是否可以发布。

（8）如果可以，发布正式版本。

（9）否则交技术总监讨论。

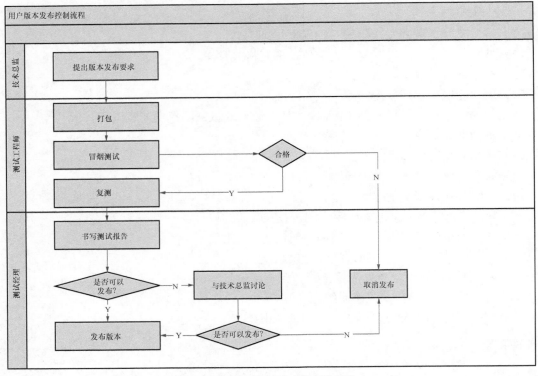

图 12-31   用户版本发布控制流程图

（10）确定是否可以发布。

（11）如果可以，发布正式版本。

（12）否则取消发布。

> **注意**
> ● 在用户版本发布的同时给技术支持部人员 JIRA 的导出 Excel 文件。

6. 软件测试简单报告

版本号：

提交日期：

提交人：

6.1   对于 Open、Reopen 的 Issue 进行分析

Bug	个
New Feature	个
Task	个
Improvement	个

6.2 目前 Bug 分析

状态：

Open	个
In progress	个
Resolved	个
Reopen	个
Closed	个

解决：

Unresolved	个
Fixed	个
Won't fix	个
Duplicate	个
Incomplete	个
Cannot Reproduce	个
Suspend	个
Temporarily Solution	个
Reject	个

总结：

是否可以发布：　　　　签名：

7. 参考

7.1 软件发行版本

（1）Alpha：内测版。Alpha 是希腊字母的第一位的英文谐音，就是 α，用在软件版本中表示最初级的版本。通常情况下，Alpha 是内部软件测试版，一般不向外部发布，会有很多 Bug。

（2）Beta：公测版。Beta 是希腊字母的第二位的英文谐音，就是 β，是一个比 Alpha 稍高的版本。Beta 也是一个软件测试版本，在正式版推出前发布，主要用于面向公众进行软件测试及 Bug 收集，这个阶段的版本 Bug 可能较多，并且可能会加入一些新的功能。

（3）Delux：豪华版。Plus 版和 Delux 版区别不大，比普通版本多了一些附加功能。

（4）EVAL：体验版或评估版。功能和正式版没有区别，但存在一些时间或空间上的限制。

（5）Final：正式版。软件的正式版本，修正了 Alpha 版和 Beta 版的 Bug。

（6）Free：免费版。

（7）Full：完全版。

（8）OEM：是给计算机厂商随着计算机贩卖的，也就是随机版。只能随机器出货，不能零售。如果买笔记本电脑，或品牌计算机，就会有随机版软件。包装不像零售版精美，通常只有一面 CD 和说明书（授权书）。

（9）Plus：加强版。

（10）Pro：专业版；需要注册后，才能解除限制，否则为评估版本。

（11）RC（Release Candidate）：Candidate 是候选人的意思，用在软件上就是候选版本，而 Release Candidate 是发行候选版本，也就是说，这还不能算是正式的发布版。和 Beta 版的最大差别在于，Beta 阶段会一直加入新的功能，但是到了 RC 版本，几乎就不会加入新的功能了，主要着重于除错。

（12）RTL（Retail）：零售版。正式上架零售版。

（13）RTM（Release To Manufacture）：程序代码开发完成后，要将母片送到工厂大量压片，这个版本叫作 RTM 版。所以，RTM 版的程序码一定和正式版一样。

（14）SR：修正版或更新版。修正了正式版推出后发现的 Bug。

（15）Trial：试用版。软件在功能或时间上有所限制，如果想解除限制，需要购买正式版。

（16）Build：内部版。

7.2　缺陷书写规则

> **缺陷编号：**【一般缺陷管理工具自动生成】
>
> **缺陷简要描述：**【一句话描述】
>
> **发现者：**【一般从下拉框中选择】
>
> **修改者：**【一般从下拉框中选择】
>
> **最早发现所在版本号：**【一般从下拉框中选择】
>
> **最早发现日期：**【一般由日期框选择】
>
> **最早修改日期：**【一般由日期框选择】
>
> **缺陷当前所在模块：**【一般从下拉框中选择】
>
> **缺陷当前状态：**【一般从下拉框中选择】
>
> **缺陷发现时系统环境：**【文本框输入或者下拉框选择】
>
> **缺陷重现步骤：**【由缺陷发现者填写】
>
> **实际得到结果：**【由缺陷发现者填写】
>
> **期望得到结果：**【由缺陷发现者填写】
>
> **修复描述：**【由缺陷修改者填写】
>
> **相关缺陷：**【由缺陷发现者填写】
>
> **延迟/不修改/修复/回退原因说明：**【由缺陷负责人填写】
>
> **历史信息：**【由缺陷管理系统自动生成，包括状态迁移，所经过的人，各阶段描述等信息】
>
> **附件：**【由缺陷发现者上传文件】

12.8 本章总结

1. 介绍内容

本章介绍了 7 个软件测试与质量文档，分别如下。

- 《研发过程管理工作规范》。
- 《飞天 e-购网软件测试报告》。
- 《BBS 软件测试报告》。
- 《数字电视机顶盒中间件集成测试计划书》。
- 《BBS 主测试计划》。
- 《BBS 级别测试计划》。
- 《软件缺陷管理流程》。

2. 案例

案例	所在章节
案例 12-1：研发过程管理工作规范	12.1 研发过程管理工作规范
案例 12-2：飞天 e-购网软件测试报告	12.2 飞天 e-购网软件测试报告
案例 12-3：BBS 软件测试报告	12.3 BBS 软件测试报告
案例 12-4：数字电视机顶盒中间件集成测试计划书	12.4 数字电视机顶盒中间件集成测试计划书
案例 12-5：BBS 主测试计划	12.5 BBS 主测试计划
案例 12-6：BBS 级别测试计划	12.6 BBS 级别测试计划
案例 12-7：软件缺陷管理流程	12.7 软件缺陷管理流程

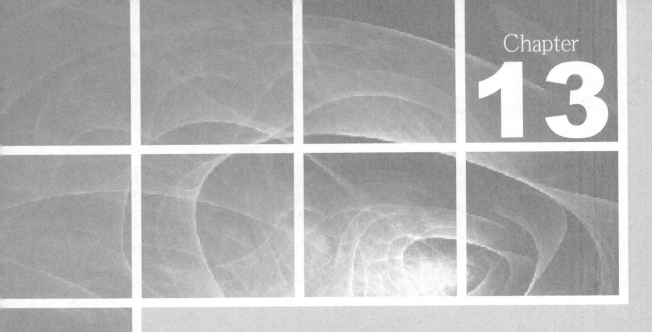

第 13 章

软件测试管理

本章主要介绍软件测试管理方面的一些知识和观点，包括以下内容。

- 软件测试团队组成结构分析。
- 软件测试过程。
- 如何有效地进行研发工作。
- 软件测试的独立性。
- 谈谈软件测试高手。
- 从微软裁员首裁软件测试工程师谈起。
- 软件测试的本质。
- 对敏捷开发的一些思考。
- 精益创业与探索式软件测试。

13.1 软件测试团队组成结构分析

软件测试工程师是软件行业中一个不可缺少的职位，随着社会的发展，软件越来越成为每个人、每个家庭、每个企业不可缺少的产品。特别是近几年，随着移动互联网的兴起，给日常生活带来了很大便利，这就促使从事这项职业的人也越来越多。随着软件企业的发展，软件测试部门在企业中的地位也越来越重要。组建一个软件测试队伍时如何进行人员分配，进而使得公司软件测试工作水平得到提高呢？这是测试经理比较关注的问题。

一个软件公司的测试部门应该包含哪些成员呢？可能各个公司有不同的策略，这里介绍两种方案。

13.1.1 方案一

案例 13-1：软件测试团队组成结构分析方案一。

1. 软件测试经理

软件测试经理主要负责软件测试队伍的内部管理以及与其他各部门人员和客户等的交流，包括进度管理、风险管理、资金管理、人力资源管理、沟通管理等。软件测试经理需要具有一定的管理知识和技能。同时，软件测试工作开始前，软件测试经理要书写《软件测试计划书》，软件测试结束后需要书写《软件测试总结报告》。

2. 文档审核师

文档审核师主要对在需求与设计期间产生的文档进行审核，如《业务建模书》《需求规格说明书》《概要设计说明书》《详细设计说明书》等。文档审核师需要在审核结束后书写审核报告。文档最终确定后，需要整理文档，并且给软件测试相关人员。

3. 软件测试设计师

软件测试设计师主要根据需求期与设计期间产生的文档设计测试用例，包括功能测试用例、性能测试用例、安全性测试用例、可靠性测试用例、稳定性测试用例等。

4. 软件测试工程师

软件测试工程师负责搭建软件测试环境、准备软件测试数据、编写自动化测试代码，并且按照测试用例执行软件测试活动。软件测试工程师应该具有哪些技能要求呢？

（1）需要具有一定计算机专业的人员

由于具有一定计算机经验的专业人员，他们既懂得计算机的基本理论，又有一定的开发经验。所以，对于软件中哪些地方容易出错，哪些地方不容易出错，他们都了如指掌；他们可以分析程序的性能，如软件性能差是由于存在内存溢出，还是因为占用 CPU 时间太长，或者是因为频繁读取硬盘，还是其他原因引起？他们往往是软件技术方面的专家，尤其是进行非功能测试时。如果需要编写自动化软件测试代码，只有这类人员才可以做到，所以这类人员在软件测试队伍的比例应该是三分之二到四分之三。

（2）需要具有本软件业务经验的人

软件测试队伍中需要有这样人员的目的在于：这些人员对业务非常熟悉，软件质量的前提又是满足用户的需求，因而这种人员对于成为需求文档审核师，也是非常重要的。俗话说，隔行如隔山，专业业务知识的熟练掌握是计算机专业人员很难达到的，所以这方面的人才可以利用他们的业务知识，参与系统需求期间的文档审核，这样，他们可以发现软件中存在的一些业务性的缺陷，如专业用语不准确、业务流程不规范等，他们对于专业性比较强的软件测试工作尤为重要，如税务、法律、金融和财务等。

（3）只需要会操作计算机的普通人员

由于软件一旦卖出去后，使用软件的人各种各样，这些人使用各种各样的操作。因而请一些这样的人员在软件测试工作后期进行软件测试工作是十分重要的（如 Beta 测试期间）。他们往往能发现专业测试工程师测试不出的问题和一些稀奇古怪的错误，这就是软件测试学中所谓的猴子测试法。记得在笔者工作过的一家公司中，有一个 IT 部门的刚毕业的非计算机专业的同事，经常让他来做兼职测试，他总是可以发现一些非常奇怪的问题。

对于一个软件公司来说，并不是说所有的软件测试队伍都需要这 3 种人员，实际中，可以一组人代替多个角色，但是要遵循以下原则。

- 对于业务不是很专业的软件，具有一定开发经验的计算机专业人员与具有本软件业务经验的人员可以合并。
- 软件测试文档审核师可以由软件测试设计、软件测试工程师来完成。
- 只需要会操作计算机的人员，可以由公司非研发部门的人员充当。

13.1.2 方案二

案例 13-2：软件测试团队组成结构分析方案二。

1. 软件测试经理

职责。

- 了解软件测试需求。
- 书写软件测试计划。
- 把握软件测试范围。
- 制定软件测试策略。
- 选取软件测试工具。
- 评估软件测试风险。
- 帮助软件测试系统分析师分析测试用例。
- 监控软件测试进度。
- 评判缺陷严重等级。

- 度量软件测试指标，从而决定软件测试是否可以退出。
- 书写软件测试总结报告。
- 组织软件测试结束活动。

2. 软件测试分析师

职责。

- 设计软件测试用例。
- 选择软件测试环境。
- 准备软件测试数据。
- 选择并培训软件测试工具。
- 选择软件测试开发代码，书写基本框架。
- 进行探索式软件测试。

3. 软件测试环境工程师

职责。

- 搭建软件测试环境。
- 培训软件测试环境使用。

4. 软件测试开发工程师

职责。

- 书写软件测试代码。
- 开发内部软件测试工具。

5. 软件测试工程师

职责。

- 执行测试用例。
- 书写缺陷报告。
- 回归测试。
- 重测试。

如本节开始所述，这里仅介绍两种情形。各企业可根据自身情况设置软件测试工程师结构。比如，用友集团的软件测试工程师分为普通软件测试工程师、高级软件测试工程师。高级软件测试工程师可以发展为专家级软件测试工程师或软件测试经理。而专家级软件测试工程师又可发展为高级专家级软件测试工程师。而 Google 公司的软件测试工程师仅分为软件测试开发工程师和软件测试工程师两种类型。

13.2　软件测试过程

案例 13-3：软件测试过程。

大概许多人都认为，软件的质量是完全依靠软件测试团队测试出来的，其实这是一个非常错误的观点，著名的日本质量专家田口玄一说得好，"质量是设计出来的，而不是被测试出来的"。软件质量的好坏，包含在软件生命周期的各个环节：客户调研、立项、需求调研、概要设计、详细设计、编码、测试、安装和售后服务等。也正如本书第一篇开始提及的软件测试过程应该包括"软件测试计划""软件测试分析""软件测试设计""软件测试实施""软件测试执行""评估出口标准和报告"以及"软件测试结束活动"几个阶段。

软件测试团队应该趁早介入到软件研发工作中去，这种全程化软件测试的思想已经越来越被各个软件企业所接受。

在软件需求阶段开始，如果有条件，可以让一名测试工程师与需求分析师一起与客户了解用户的需求。当需求分析师完成《用户需求说明书》后，这名软件测试工程师应该作为副手，一起帮助审查，然后还应该把说明书提交客户进行多次确认。当《用户需求说明书》得到最终确认后，需求分析师要把它转化为《需求规格说明书》（SRS）。在《需求规格说明书》评审会议上，软件测试工程师也应该全程参与。软件测试工程师在需求阶段参与需求评审的主要职责有两个：第一、在第一时间内掌握系统的需求；第二，检查需求中是否存在问题。另外在这个阶段的后期，软件测试经理也应该协同项目经理和开发经理制定《软件测试计划》。

软件设计期间，软件测试工程师的主要职责是评审《概要设计说明书》与《详细设计说明书》。主要审核点是：设计是否完全包含用户的需求、设计是否在现行技术上可以实现、设计是否具有可测性和可维护性，以及设计是否具有用户友好性等。同时，软件测试系统设计师或软件技术设计师也应该在这个时期规划软件的测试策略、测试方法和测试环境等软件测试的早期设计。

在软件编码阶段，软件测试工程师主要编写《软件测试用例》。同样《软件测试用例》设计完毕也需要进行评审，评审时应该让相应的软件开发工程师参加，其目的是让软件开发工程师在通过《软件测试用例》评审后，在开发代码中对软件的各种操作，特别是异常的操作进行处理，如找不到数据库服务器，操作过程中突然断网等情况。而不是等测试工程师在测试阶段发现缺陷后再进行修改，也就是说测试用例应该百分之百地向软件开发工程师公开。

下面进入到软件测试实施阶段。在软件测试实施阶段，软件测试工程师的主要工作是整理软件测试数据、搭建测试环境以及书写自动化测试脚本。在条件允许的情况下，软件测试工程师应该邀请开发工程师对这些数据和环境进行审核。

接下来进入软件测试执行阶段。一般来说，单元测试以及集成测试应该由开发工程师在开发完毕后进行实施，或者待开发完毕后集成测试由软件测试工程师与开发工程师共同完成。这个期间要重视代码审核（Code Review）。

开发经理认为开发的产品可以送交软件测试部门进行测试，软件配置工程师在配置版本控制软件上打好 Tag，编译并且安装好测试软件。首先需要进行冒烟测试，一般为几个小时到半天。如果冒烟测试通过，正式进入系统测试阶段，否则退回开发部门。

进入系统测试阶段，软件测试部门按照事先写好的测试用例自动或手工执行软件测试，一旦发现缺陷,应该立即通过缺陷管理工具交付给开发工程师(注意,缺陷描述一定要书写详尽,便于开发定位,必要情况需要提供截图和 Log 日志,参见本书"缺陷书写规则")。这时更需要测试与开发之间沟通,包括缺陷复现、缺陷定位等工作。也正是在这个时期最容易发生由于某个缺陷引起开发与测试之间产生矛盾,大家一定要站在用户的角度上来思考问题,如果对于某个缺陷达不成一致意见,可以请资深的测试/开发工程师,甚至开发/测试经理来解决。

当软件测试满足软件测试退出条件,由软件测试部门经理审核后书写《软件测试总结报告》。

最后千万不要忘记,在软件测试活动正式结束前还有一个非常关键的活动,即软件测试结束活动。这里需要总结整个测试过程中的经验和教训,并且把软件测试期间产生的文件、代码和工具进行统一归档以及把测试设备进行退还。

扩展阅读:软件测试质量标准

1. 测试成熟度模型集成(TMMi)

测试成熟度模型集成(TMMi)包含 5 个成熟度等级,旨在补充 CMMI 模型。每一个等级都包括已定义的过程域,组织必须通过实现某个过程域的特殊和通用目标,达到 85% 的过程域满足度,才能升级到更高等级。

TMMi 的成熟度等级分别是。

● 1 级:初始级

初始级表示测试过程没有正式的记录,而且杂乱无章。测试在编码后以特别的方式执行,与调试没有区别,测试的目的被理解为证明软件正常工作。

● 2 级:管理级

2 级要求测试过程和调试完全分开。可以通过以下办法达成:设定测试方针和目标,引入基本测试过程中的步骤(如测试计划)和实施基本测试的技术和方法。

● 3 级:定义级

3 级要求将测试过程集成到软件开发生命周期,并在正式标准、规程和方法中予以记录。组织开展评审,而且有单独的软件测试职能,并对其进行监控。

● 4 级:度量级

4 级要求组织能够有效地对测试过程进行度量和管理,有利于项目开展。

● 5 级:优化级

优化级表示组织的测试过程能力度达到如下状态:测试过程的数据可以用于预防缺陷,而且注意力集中在优化已建立的过程。

2. TPI-Next

TPI-Next 模型定义了 16 个关键领域,每个领域覆盖测试过程的一个特定部分,例如测试策略、度量、测试工具和测试环境等。

该模型定义了 4 个成熟度等级。

➢ 初始级。

➢ 控制级。

➢ 高效级。

➢ 优化级。

对每个成熟度等级的关键领域的评估都设定了特殊检查点。检查结果汇总到成熟度矩阵中展示出来，成熟度矩阵覆盖了所有关键领域。根据测试组织的需要和能力，可以对改进目标的定义和实施方式进行裁减。

3. CTP

使用关键测试过程（CTP）评估模型的基本前提是某些测试过程是关键的。这些关键测试过程，如果实施得当，将会给测试团队带来成功。否则，即便测试人员和测试经理本身再有能力也不会获得成功。该模型识别十二个关键的测试过程，CTP 是一个内容参考模型。CTP 模型是一个依赖背景的方法，它允许裁剪，包括如下。

➢ 识别特殊挑战。

➢ 认识良好过程的属性。

➢ 选择过程改进实施的顺序和重要性。

CTP 模型是可用于所有软件开发生命周期的模型。除了参与人访谈，CTP 模型还包括使用度量，将组织实际情况与行业平均值和最佳实践进行比较。

4. STEP

STEP（系统化测试和评估过程），与 CTP 比较类似，而与 TMMi 和 TPI-Next 不同，并不要求遵循特定的顺序来进行改进。STEP 主要是一个内容参考模型，它基于这样的设想：测试是一个生命周期活动，从明确需求期间开始直到系统退役。STEP 方法强调"先测试后编码"，而这种方针的实现途径是使用基于需求的测试策略以保证在设计和编码之前，已经设计了测试用例以验证需求规格说明。

STEP 方法的基本前提包括如下。

➢ 基于需求的测试策略。

➢ 在生命周期初期开始测试。

➢ 测试用来作为需求并使用模型。

➢ 由测试件的设计引导软件设计（测试驱动开发）。

➢ 较早发现缺陷或在整体上预防缺陷。

➢ 对缺陷进行系统地分析。

➢ 测试人员和开发人员一起工作。

在某些情况下会结合 STEP 评估模型和 TPI-Next 成熟度模型。

13.3 软件测试的独立性

通过独立的软件测试工程师进行软件测试和评审，可以发现更多、更有效的缺陷。软件测试的独立性描述如下。

（1）不独立的软件测试工程师，比如：敏捷团队内既承担开发又承担测试的工程师。

（2）开发团队内的独立软件测试工程师。比如：敏捷团队内的独立测试工程师。

（3）组织内独立的软件测试小组或团队，向项目经理或执行经理汇报。比如：测试小组内的测试工程师、测试经理直接向研发经理汇报。

（4）来自业务组织、用户团体内的独立软件测试工程师。比如：测试部门内的测试工程师。测试经理直接向高层领导汇报。

（5）针对特定软件测试类型的独立软件测试专家。如用户体验性软件测试工程师、软件安全性测试工程师或认证软件测试工程师。

（6）外包或组织外的独立软件测试工程师。比如：第三方软件测试公司派来的软件测试工程师。

对于庞大、复杂或安全关键的项目，通常最好有多个级别的软件测试，并让独立的软件测试工程师负责某些级别或所有的软件测试。开发工程师也可以参与软件测试，尤其是一些低级别的软件测试，但是开发工程师往往缺少客观性，会限制他们软件测试的有效性。独立软件测试工程师有权要求和定义软件测试过程及规则，但是软件开发工程师应该只有在存在明确管理授权的情况下，才能充当这种过程相关的角色。

独立软件测试存在以下优点。

（1）独立的软件测试工程师是公正的，可以发现一些其他不同的缺陷。

（2）一个独立的软件测试工程师可以验证在系统规格说明和实现阶段所做的一些假设。

但是，独立软件测试也存在以下缺点。

（1）与开发小组脱离（如果完全独立）。

（2）开发工程师可能丧失对软件质量的责任感。

（3）独立的软件测试工程师可能被视为瓶颈或者成为延时发布而被责备的对象。

在这里，做几点说明。

（1）开发工程师可以进行测试，特别是在目前互联网模式下，用户需求变更快，或者在不能马上了解用户需求的情况下，不需要安排专门的软件测试工程师。

（2）对于质量级别比较高的产品，最好开展独立的测试，并且配备专门的专职测试工程师（在某银行研发中心测试分中心下，分为以下几个部门：功能测试部门、性能测试部门、可靠性测试部门、用户体验性测试部门、可维护性测试部门、安全测试部门等）。

（3）一般情况下，测试包括单元测试、集成测试、系统测试和验收测试。

> 单元测试和集成测试由开发工程师进行测试。

➤ 系统测试由组织内独立的测试小组或团队进行测试。

➤ 验收测试由用户或者系统操作人员进行测试。

案例 13-4：来自业务组织、用户团体内的独立软件测试工程师。

如图 13-1 所示。

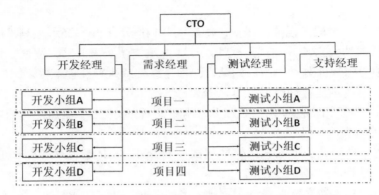

图 13-1　来自业务组织、用户团体内的独立软件测试工程师

由此可见，各个测试小组归测试经理管理，测试经理直接汇报给公司技术总监。

案例 13-5：组织内独立的软件测试小组或团队。

如图 13-2 所示。

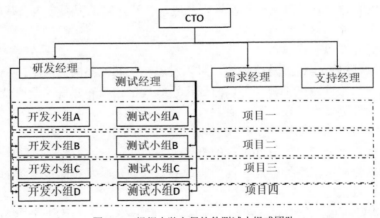

图 13-2　组织内独立得软件测试小组或团队

从图 13-1 与图 13-2 可以看出，案例 13-4 与案例 13-5 最大的区别在于：案例 13-4 测试部门与开发部门是同等地位，直接向公司 CTO 汇报；而案例 13-5 测试部门属于研发部门里面一个子部门，向研发部门汇报，而研发部门向公司 CTO 汇报。

案例 13-6：SCRUM 团队。

在图 13-3 的 SCRUM 团队，John 既是开发工程师又是测试工程师，而 Susan 是团队里面的独立测试工程师。

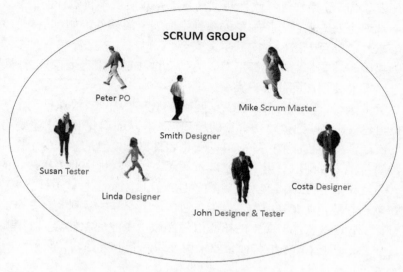

SCRUM GROUP

Peter PO

Mike Scrum Master

Smith Designer

Susan Tester

Linda Designer

John Designer & Tester

Costa Designer

图 13-3　SCRUM 团队

13.4　从微软裁员首裁软件测试工程师谈起

> **微软宣布裁员 18000 人**
>
> 腾讯科技[微博]瑞雪 2014 年 07 月 17 日 20:23
>
> 腾讯科技讯 7 月 17 日，微软周四宣布，该公司计划在今年裁减最多 1.8 万名员工，这将创下微软公司历史上最大的裁员规模，原因是其正在消化收购诺基亚手机业务的交易，并调整自身定位以适应未来发展。
>
> ……
>
> 纳德拉在上周拒绝透露公司是否会进行裁员，仅表示在 7 月 22 日发布第四财季财报时，他将会透露更多的信息。不过消息人士透露，微软此次还将会在软件测试员当中进行裁员。
>
> ……

2014 年夏天爆出一条新闻，微软公司新 CEO 上任后开始第二次大规模的裁员，这次裁员对象首先是并购过来的诺基亚员工，然后是软件测试工程师。这条新闻在微信群里得到一位微软员工的证实，然后引发了一场争论。

一部分朋友认为需求变化快，用户众多，社会压力要求版本发布快。这样，如果采用正规专业的软件测试，只会延长产品开发周期，不利于企业成长。软件测试应该由自动化测试和用户测试来代替，或者企业软件测试采用外包形式。甚至有人认为，只会点点鼠标的软件测试工程师早就应该被社会淘汰了。

另一部分朋友认为，让用户进行软件测试简直就是对质量不负责任的表现，用户使用 Bug 很多的软件只会加速企业的灭亡。特别是关系到生命安全的软件，如航空、航天、医疗设备、车辆安全控制等软件，甚至无法保证人的生命安全。

到底孰对孰错呢？其实都对，也都不对。为什么这样说，因为大家只考虑了问题的表面，而没有考虑企业产品及使用产品的客户类型。

对于互联网行业来说，用户众多，需求不明确，许多产品只有快速推到市场上，让用户尽早使用产品，提出建议，这些建议才是真正的用户需求，从而避免开发出不是用户需要的软件产品。对于这些产品，在产品首推市场前可以弱化软件测试，但是对于易用性，或者说用户体验性测试还是要重视的，否则用户用了一次就不用了。如果这种企业采用传统的方法，企业会失去更多用户，从而造成企业的破产（据说微软要走互联网行业模式）。

而对于传统软件行业，尤其是航空、航天、通信、医疗等关系到人身安全的，关系到国家基础设施的软件企业，这些软件产品中的核心组件必须由专业的软件测试工程师独立完成，而且必须由专门的质量部门把控。如果这种企业采用互联网企业方式，甚至让用户进行软件测试，肯定会造成致命性的毁灭。

现在业界大谈敏捷，甚至某些公司滥用敏捷，认为敏捷就是快速。快速开发法、火车模型、测试用例无用论等观点也越来越兴起，不少企业不管这种方法是不是适合自己，一窝蜂地上敏捷，一窝蜂地采用快速法，认为上了敏捷就可以提高自己的生产力，提升质量。其实，瀑布模型、迭代模型、RUP、敏捷方法等本身都是好东西，但要看适不适合贵公司以及使用贵公司产品的客户类型，甚至可以跟随自身产品对模型本身进行裁剪。比如，航空航天软件的开发生命周期都很长，一年甚至很多年才可发布一个版本。对于，这类产品需求也很明确，客户也很单一，所以无需进行不断的迭代。他们有自己独立的软件测试团队，甚至经过自己软件测试团队进行测试完毕后，还要通过有资质的第三方软件测试公司（如中国航天科技集团公司软件评测中心）进行再测试。可想而知，如果的软件产品采用敏捷，或者采用快速开发法是绝对不可行的。

所以，采用何种软件工程、软件测试方法，这是根据自身软件产品及客户群来决定的，千万不可随波逐流，否则只会自取灭亡。

在这里再强调 5 点。

（1）自动化测试永远不可能代替手工测试。不管对于互联网企业，还是传统企业，对于某些产品，自动化测试重要且不可少，而对于另一些产品，需求总在变化，或者全是各个不同企业定制的，没有通用功能的，是否采用自动化测试要做好经济成本预算。而对于自动化测试程度比较高的产品，完成后也要进行一段时间的手工软件测试，如探索式软件测试，经过这些测试会发现一些意想不到的 Bug，包括微软在内也应该保留一些探索式软件测试工程师。并且，对于基本上确定需求的功能，出厂前可以使用自动化测试工具进行比较严格的、全面的回归测试，任何一个人都不会愿意使用经常出错或者 Bug 满天飞的产品的。

（2）基本需求比较确定的功能可由自动化测试工具来实现，其他的还是需要一定的基于经验的软件测试方法来解决。比如，探索式软件测试、缺陷攻击法。这些对软件测试工程师的水平要求也高了，即使是点点鼠标的操作，也应该学会如何去点、点何处、按照何种步骤去点。所以，丰富的软件测试经验、对业务的了解、熟悉产品如何实现、系统运行环境如何、数据库知识和操作系统知识等都是软件测试工程师应该需要具备的。

（3）不管形式如何变，互联网企业与传统软件企业必将共同存在。专业独立的软件测试工程师不会消失，特别是在传统软件企业，年轻的朋友，如果喜欢软件测试，欢迎加入。据权威机构研究，专业的软件测试职位不会消失，而且缺口还很大，不要畏惧，不要犹豫，软件测试工程师是社会所需要的人才。

（4）基于风险的软件测试分析方法在这种情况下非常有效。不管在互联网企业，还是传统软件企业，对测试用例做好基于风险的优先级分析，优先测试风险级别高的测试用例。对 Bug 修改也做好基于风险的优先级分析，优先解决优先级高的那些 Bug，对于优先级低的 Bug，可以在出厂后解决或者不解决，从而避免过度软件测试或过少软件测试。

（5）企业在实施过程中要不断对过程进行调整，但千万不可照搬某一方法。戴明博士提到的 PDCA 就是个很好的方法。

13.5 软件测试的本质

13.5.1 纯软件测试方法介绍

武术的本质是"攻"与"防"，那么软件测试的本质是什么？笔者认为也是两个字"测"和"试"。所谓"测"，就是针对软件文档，对软件产品进行检测，找出其缺陷，也就是通常所说的 Bug，供开发工程师修改的一系列工作；所谓"试"，就是在用户使用的软件环境（包括操作系统、数据库系统及应用软件系统等）、硬件网络环境（包括 CPU、内存、硬盘空间、网卡和网络带宽等）和其他特殊情况（包括高并发、高容量）的环境下，尝试软件是否可以正常运行的工作。

为了解决让软件研发人员头疼的软件危机问题，出现了各种软件工程模型：比如本书中"软件工程模型"所提及的瀑布模型、迭代模型等，根据这些软件工程模型又建立了各种软件测试模型（本书中"软件测试模型"所提及的 V 模型、X 模型、H 模型），以至于现在很流行的敏捷开发与测试模型。但是这些模型的建立，并没有从本质上解决软件危机的现象。据 2014 年统计，美国仅有 5%的软件项目是按照计划发布的。因此，业界流行一种说法："一个软件产品能否交付，主要看软件支持工程师能否说服用户接受带有缺陷的产品，这就是所谓的灰色发布"，显然，这是很不严谨的。

众所周知，软件测试是保证软件产品质量的一个重要环节。因此，要把软件测试做好，就应该抓住软件测试的本质"测"和"试"。抛弃各种模型中的"套路"，不要把过多的时间花在书写软件测试文档和软件测试代码上，而是要集中精力，多把时间花在"测"和"试"上。整个"测"和"试"的过程要贯穿软件生命周期的各个阶段，这个过程从软件需求阶段就开始，一直贯穿概要设计、详细设计和代码，直到最后软件形成后再一版接一版地测试。

这里，笔者不是反对书写软件测试文档和软件测试代码。而是强调不要过度地书写软件测试文档和软件测试代码，必要的软件测试文档和软件测试代码也是必须的。比如，没有软件测试计划，那整个软件测试管理就要失控；比如不书写软件测试代码，那么许多软件测试，特别是回归测试和性能测试就不能有效地进行。但是用在文档和代码上的时间过多，就得不偿失了。在这里举个例子：一个人设计书写一个功能测试用例起码需要花费 20 分钟的时间，那么书写 1000 个功能测试用例就要花费 20000 分钟（约 334 小时），把这 1000 个功能测试用例的四分之一转化成功能测试代码就要花费约 334/4×2.5=208 小时（按照书写一个功能测试代码需要 2.5 倍的功能测试用例的时间计算），加上书写功能测试用例花费的 334 个小时，总共需要花费 542 小时。按照每人每天工作 8 小时计算，也就是需要 67 个工作日。事实上，一个项目中一个软件测试设计工程师需要书写的测试用例一般都有上千甚至上万个，这样估算下来，如果把时间都花在书写功能测试用例和书写功能测试脚本的时间上，读者可以算一下这样下来大概需要花费几个月甚至几年的时间了，这个项目也就过了交工期限了，也就没有时间搞软件测试了。

抓住软件测试的实质"测"和"试"，把主要时间和精力花在"测"和"试"二字上，软件产品的质量才能得到保证。我把这种软件测试方法叫作"纯软件测试方法"，这也正是软件测试的本质。

13.5.2　纯软件测试方法在 Sprint 中的运用

下面来讨论在一个 Sprint 中如何运用软件测试的本质"测"与"试"来进行测试工作。假设一个 Sprint 为 1 个月，即 22 个工作日，把这 22 个工作日分成前、中、后 3 部分。前（第 1 个工作日到第 7 个工作日），中（第 7 个工作日到第 14 个工作日），后（第 15 个工作日到第 22 个工作日）。

在 Sprint 前期测试人员的主要工作为书写这个 Sprint 新功能的测试用例，这些测试用例可以是自动化，也可以是手工的，并且在这些测试用例中，以证"真"的"测"的方法为主，证"伪"的"试"的方法为辅。在这里测试用例没有具体的格式，目的只要可以给相应的开发人员看懂就行，关键需要关注的是对新特性的覆盖度。从第二个工作日开始，在每日站会后，测试人员把他们前一天写的测试用例交给相应的开发人员，与他们进行一对一的评审，由于测试用例是每日提交的，所以评审的时间不会很长。一旦通过评审后，这个测试用例就交给开发人员了。开发人员在开发期间需要 100%达到这些测试用例所希望的结果，并且根据开发人员的自身需求，在适当的时候执行测试用例。

在 Sprint 中期，测试人员主要工作专向基于经验的探索式测试和非功能性测试，在这个阶段，主要运用证"伪"的试的方法。而开发人员的主要责任在重新运行一遍交给自己的测试用例，以及对缺陷的修改。

在 Sprint 后期，开发人员协助测试人员一起完成回归测试，开发人员按照以前的测试用例执行测试，测试人员仍旧以探索式方式来测试，以保证整个 Sprint 结束是一个高质量可交付的产品。一旦发现缺陷，开发人员优先回去修改缺陷。

13.5.3　纯软件测试方法与软件质量的关系

谈起软件质量，肯定就会想到 ISO 225000 标准（参见第一篇第 1.1.9 节），软件质量可以分为功能性、可靠性、易用性、效率、信息安全、相容性、维护性与可移植性 8 个方面。

功能测试是指测试软件所具有的功能，软件的功能一般都会通过《需求规格说明书》或《用户故事》来说明，所以功能测试主要是验证软件是否满足用户提及的功能需求，属于验证，证"真"，所以功能测试为"测"的范畴。

可靠性测试主要试验软件在错误情况下的应变能力，比如断网，断电后的恢复能力，对非法输入的处理能力等。所以可靠性测试属于证"伪"，所以为"试"的范畴。

易用性测试主要检查软件是否好用，易用，易用性一般没有真正的需求，而且某些易用性与人的性格有关。但易用性测试主要检查软件是否存在大多数用户不容易使用的部分，比如重要功能需要点击 3 次鼠标才可以方现。所以易用性测试为"试"的范畴。

效率即为性能，在有些需求中有相应的性能需求，比如在大多数并发条件下，首页必须在二秒内显示完毕，二、三级页面在 5 秒内显示完毕，叶子页面在 7 秒内显示完毕，这种性能测试为"测"的范畴。而大部分测试需要找到最大负载点，最大数据饱合量，最大吞吐量，对于这样的性能测试则为"试"的范畴。

信息安全测试可以属于"测"的范畴，也可以属于"试"的范畴。对于安全测试，需要检验系统是否安全或者系统是否存在安全漏洞。前者属于"测"，后者属于"试"。

是否具有相容性，比如 Web 程序对浏览器的兼容性测试，需要去尝试才能得到答案，所以相容性测试为"试"的范畴。

软件是否具有可维护性测试，也需要去尝试，比如需要把原来系统上增加新的功能，就要去尝试是否可以升级？同样可测试性也需要通过尝试的行动来确定是否具备。所以可维护性测试也为"试"的范畴。

同样，可移植性测试与可维护性测试相同，比如需要把原来系统数据库平台从 MySQL 移植到 Oracle，仍旧需要去尝试。所以可移植性测试还是"试"的范畴。

综上所述，功能性测试，部分性能测试与部分安全性测试属于"测"的范畴。稳定性测试、部分性能测试、部分安全性测试、易用性测试、相容性测试、可移植性测试与可维护性测试属于"试"的范畴。但是某些时候"测"与"试"也不是完全绝对的，上面介绍的只是在一般情况下。比如系统必须支持火狐浏览器下运行，可说："我们验证一下系统是否可否支持火狐浏览器。"而在大多数情况下是不可确定的，所以只能说："我们尝试一下系统可否可以支持火狐浏览器。"

13.6　对敏捷开发的一些思考

13.6.1　简介

敏捷软件开发（Agile software development），是从 20 世纪 90 年代开始逐渐引起广泛关注的一种新型软件开发方法，它是应对快速变化的需求而产生的。它的具体名称、理念、过程、术语都不尽相同，相对于"非敏捷"，共同点是更强调程序员团队与业务专家之间的紧密协作、面对面的沟通、频繁交付新的软件版本及紧凑而自我组织型的团队等，它能够很好地适应需求变化的代码编写和团队组织，更注重软件开发中人的作用。"敏捷"（Agile）一词来源于 2001 年初美国犹他州雪鸟滑雪圣地的一次敏捷方法发起者和实践者（他们发起组成了敏捷联盟）的聚会。敏捷开发是软件工程经过原始模型、大棒模型、瀑布模型、迭代模型后产生的。

敏捷组织宣言是。

- 个体和互动高于流程和工具。
- 工作的软件高于详尽的文档。
- 客户合作高于合同谈判。
- 响应变化高于遵循计划。

敏捷组织 12 条原则是。

（1）通过早期和连续型的高价值工作交付满足"客户"。

（2）大工作分成可以迅速完成的较小组成部门。

（3）识别最好的工作是从自我组织的团队中出现的。

（4）为积极员工提供他们需要的环境和支持，并相信他们可以完成工作。

（5）创建可以改善可持续工作的流程。

（5）维持完整工作的不变的步调。

（7）欢迎改变的需求，即使是在项目后期。

（8）在项目期间每天与项目团队和业务所有者开会。

（9）在定期修正期，让团队反映如何能高效，然后进行相应地行为调整。

（10）通过完车的工作量计量工作进度。

（11）不断地追求完善。

（12）利用调整获得竞争优势。

13.6.2　敏捷开发的优点

1．采用敏捷，可以快速提高软件的发布周期

许多软件公司以前采用瀑布模型：从业务建模、需求调研、需求分析、设计、编码及软件

测试到最终送交给客户使用，需要经历很长的周期。而采用敏捷开发，可将一个产品或项目分解为多个 sprint，开发小组每周或每几周提交一部分产品，而这部分产品都要保证是可运行，可使用的。经过多模块的集成及集成测试，客户每一到两个月就可拿到一份可以使用的软件产品，这样可保证客户尽早发现产品所存在的问题，及时反馈回来。此外这里并不是产品的重要部分，而是它关注的特性，有需求不符合能快速反馈和及时修正，从而缩短软件发布周期。敏捷开发提倡客户参与到项目中去，尽管实施起来比较困难，但若能够真正做到这一点，就更加体现出了敏捷开发的优点。另外若再采用火车模型进行产品发布，则更可以有效地缩短产品发布的周期。

2. 采用敏捷开发，软件测试能够尽早参与到项目中来

（1）测试前移，能够参与到需求分析当中，这样对系统能有更深入的理解，方便后面挖掘深层次的 Bug。

（2）测试人员是代表客户测试，在前期参与到需求澄清，与客户沟通交流，将沟通结论放到测试场景中去，防止做出来的东西与客户实际期望有偏差。

（3）测试人员应尽早介入测试，能够帮助产品快速稳定，根据经验，开发代码发现的 Bug 满足二八原则，即 80%的问题出现在那 20%的代码中。如果测试人员发现问题较大，可以反向推动开发人员尽早进行重构等质量保证活动，不用等到后期代码和架构全部定下来了再去返工，会造成资源浪费。

（4）从流程上来看，也是一样，如果测试前期就介入的话，就能及早发现问题，开发就能及时修改，不需要走繁琐的流程，假如是转系统测试之后找出 Bug，就需要提单->审核->改单->审核->回归测试等多个流程，成本上会造成较大的浪费。

3. 采用敏捷开发，可以减少许多不必要的文档

记得笔者当时做 QA 工作的时候，领导要求我和我的同事撰写《公司产品开发软件测试流程规范》，这要涉及流程、干系人和文档这 3 个部分，见本篇第 12.1 节。在文档部分就要从业务建模、需求调研、需求分析、概要设计、详细设计、单元测试、集成测试、系统测试、验收测试到软件部署，共定义了五十多个模版。但在实施过程中很困难，大部分文档，开发、软件研发工程师写得都很草率甚至不写，问及原因，无非是时间紧迫或者认为书写这些文档是没必要的，他们会说："设计和开发都是我一个人，一切都在我脑子里"。敏捷"宣言"中说："工作的软件高于详尽的文档"。敏捷小组中的员工可以根据产品或项目的具体情况来决定应该写哪些文档，哪些文档可以不写，灵活决定。

但必要的文档还是要有的，主要强调的是可以工作的软件，以前需要很详细的设计文档，原因是多方面的，可能这个要作为测试人员测试方案的输入，但现在测试是提早介入，对一些实现细节和方案是清楚的，所以可以省略。另外，敏捷开发强调的是每天提供可用的软件，做出来的东西，随时要随时可演示可交付，东西都出来了，也可用了，所以胜过一大堆文档。

4. 采用敏捷开发，结对编程与结对软件测试，是有利于提高产品质量并有利于培养新员工的

结对编程与结对软件测试，一个人工作，另一个人随时检查，及时沟通，遇到问题立即解决。

5. 采用敏捷开发，日立会（Standup meeting）是一种很好的沟通形式

日立会即每天早上研发小组内的所有同事在一起，每人各自介绍昨天做了哪些工作，今天计划做哪些工作以及工作中遇到了哪些问题。日立会是敏捷开发中的一项重要内容，它是一项很好的沟通活动。通过日立会，研发小组内的同事可以及时了解小组的工作进展情况。对于遇到的问题，若小组内其他同事可以协助解决，这个问题可交给这位同事处理；若小组内其他成员都无法解决，可由 Scrum Master 上报给上级领导，让上级领导决定如何处理。这样可以有效地提高工作效率。

组织日立会一方面是及时暴露风险和问题，及时得到帮助和解决；另一方面就是能够督促每个人能按照每天的进度安排和计划及时完成任务，防止因为个人原因而导致项目进度延迟。

任何一种方法有优点也会有不足之处，下面来谈一谈敏捷开发的缺点，这是本人的一些体会，不一定正确，仅供参考。

13.6.3　敏捷开发的缺点

1. 采用敏捷开发，对开发团队的人员素质要求比较高

敏捷开发的首要任务是快速，目前提出的"全栈软件工程师"，它要求软件开发工程师在开发的各方面，即从需求，设计，编码，软件测试一直到系统搭建都要求是行家里手，这样可以减少因彼此沟通带来的时耗，这才能保证他在一个 Sprint 中能独立完成产品中某个特定的任务。显然这样的软件开发工程师的素质一定要求很高的，而在软件开发行业中，人员流动率高，新手多的情况下，要做到这一点是比较困难的。

2. 采用敏捷开发，开发工程师与软件测试工程师混为一体，彼此分工不明晰

敏捷开发要求软件开发工程师会软件测试，软件测试工程师会软件开发，这实施起来是比较困难的。因为软件开发和软件测试工程师关注的重点是不同的：开发关注技术实现比较多，一般都采用正向思维；而软件测试关注业务比较多，多采用逆向思维。所以一个产品要保证有高的品质，就必须要有独立的软件测试工程师，因此测试和开发要有比较清晰明确的分工。正如古话所说："闻道有先后，术业有专攻"。

3. 采用敏捷开发，是"短平快"的开发方式，由于产品发布周期短，所以产品的软件测试、维护、升级等操作的频率也增加了

这必然增大开发工程师、软件测试工程师以及运行维护工程师的工作压力，在这样高压的环境下工作很容易出错，从而影响产品的质量。

4．采用敏捷开发，不利于文档的建立和修改

敏捷开发有一句口号"拥抱变化"。然而客户需求的变更是经常变化的，正如当今社会流行的"唯一不变的是变化"。为了缩短版本发布周期，特别是在版本发布之前，当客户的需求发生变更时，敏捷开发团队仅仅是修改代码而没有时间修改所对应的文档，这就造成了产品和文档的开发不一致性这就给产品的后期优化、调整或二次开发，带来了极大的麻烦，在人员频繁流动中更是灾难性的。

13.6.4　总结

敏捷开发是一个新方法，存在优点也存在缺点，我们不要一味赶时髦，要根据自己的企业现状和产品特点，选择符合自己的软件工程方法，只要这个方法可以给企业提高质量，带来效益，那就是一个好的方法。敏捷开发的特点是版本发布速度快，然而中国又有一句古话："慢工出细活"，现在又提出"工匠精神"活干得快，往往会影响质量，所以笔者认为对于一些版本发布频率要求不高，或者涉及严格质量要求的产品，比如航空航天、金融等领域的产品，不一定要采用敏捷开发的方法，可采用更适合于自身产品特性的软件开发方法。笔者有一位同行在美国工作，从事金融软件的开发业务，可以想象，这种产品的质量要求是很高的，容不得半点差错，所以他们仍旧采用传统的瀑布模型开发方法，他每天从软件设计工程师拿来设计文档，该文档写得很详细，然后按照设计文档进行编码，另外，他经常在家里通过互联网工作（每年只要去公司一到两次，公司 Office 只有 40 平方米，这样省去了为员工租用 Office 带来的开销），公司效益很好，已经维持了近二十年。

13.7　精益创业与探索式软件测试

最近阅读了李善友先生写的关于《精益创业》的 4 本书，主题思想是传统工业社会思维方式与现代互联网社会思维方式的区别。传统工业社会思维方式是先摸索用户的需求，然后依次为计划、实现、测试和使用。然而，用户往往开始时并不知道自己想要什么，提不出自己想要的真正需求。所以，现代互联网社会的思维方式要变为与用户一起先摸索、交流，经过多次迭代获悉用户最基本需求之后再进行开发、测试，然后交给用户使用，并且从用户使用情况中快速得到反馈信息，以挖掘更深层次的需求，最后再进行多次的迭代式开发和测试。

这种摸着石头过河的思维方式是非常符合当前软件产品形式的。笔者经常把软件测试比喻为寻宝，缺陷在哪里？它具有很大的不确定性和一定程度上的未知性。而自动化测试是对基本的并且已知的缺陷进行验证，自动化软件测试的最大优点在于能有效地控制回归测试。探索式软件测试在软件测试过程中是非常重要，特别是基于测程管理的探索式软件测试加强了探索式测试的可管理性，这与精益创业的精神完全符合。软件测试工程师不要一上来就花太多时间去思考要测试什么，而是要通过不断地测试，逐步了解软件产品，产品中哪些地方容易出错，哪

些地方就需要重点进行测试，并通过测试来决定采取什么手段进行什么样的测试，然后再决定如何进行更深一步的测试。

　　自动化测试可对最基本的功能进行测试，其他的测试工作需要交给基于测程的探索式软件测试来完成了。

　　下面简单介绍一下基于测程的探索式测试方法。探索式测试是一种基于经验的测试方法，而对于基于经验的测试方法最让人头痛的就是测试的管理方法。基于测程的探索式测试方法就是为了解决这个问题。参见图 13-4。

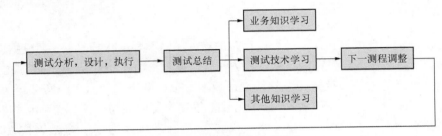

图 13-4　基于测程的探索式测试

　　首先进入第一个测程。测程开始就是测试分析，设计和执行一起进行，测试过程中随时进行记录。比如，测试过哪些模块，使用了哪些方法，遇到了哪些问题，读者可以参见本书第一篇第 3.2 节 "基于场景的测试" 中的测试记录。一个测程一般在 0.5～3h（这个数据是有科学依据的，小于 0.5h 思维进入不了状态，也就进行不了有效的测试，而大于 3h，人就容易疲劳）。一个测程测试完毕后，测试工程师与测试经理及其他测试工程师一起讨论。测试记录总结如下内容。

- 需要进一步学习哪些专业知识（包括业务知识、测试技术、其他知识）。
- 系统中发现的哪些问题是有效的缺陷，讨论后填写到缺陷管理软件中。
- 下一次需要重点测试哪些模块，使用哪些方法和技巧。

　　然后进入下一轮测程。

　　随着探索式测试测程的持续进行，探索式测试工程师对产品业务、缺陷分布情况有了越来越清晰的了解，从而能采用更加有效的具有针对性的测试策略。

13.8　本章总结

13.8.1　介绍内容

- 两个软件测试团队组成结构分析。
- 介绍一个软件测试过程。
- 如何有效地进行研发工作。

- 介绍软件测试的独立性。
- 谈谈软件测试高手。
- 从微软裁员首裁软件测试工程师谈起。
- 谈谈软件测试的本质。
- 对敏捷开发的一些思考。
- 通过精益创业来看看探索式软件测试。

13.8.2 案例

案例	所在章节
案例 13-1：软件测试团队组成结构分析方案一	13.1.1 方案一
案例 13-2：软件测试团队组成结构分析方案二	13.1.2 方案二
案例 13-3：软件测试过程	13.2 软件测试过程
案例 13-4：来自业务组织、用户团体内的独立软件测试工程师	13.3 软件测试的独立性
案例 13-5：组织内独立的软件测试小组或团队	13.3 软件测试的独立性
案例 13-6：SCRUM 团队	13.3 软件测试的独立性

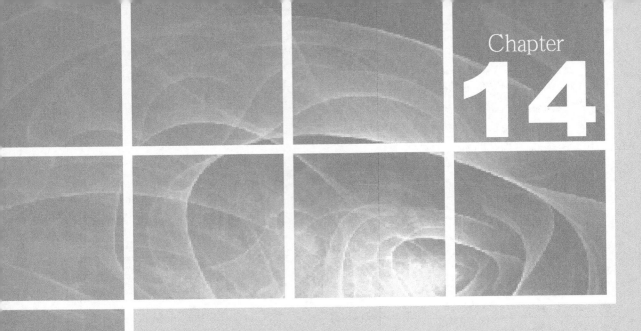

第 14 章
软件测试工程师的职业素质

　　拿破仑曾经说过："不愿做将军的士兵不是好的士兵"。大家当然都想成为一名优秀的软件测试质量工程师，本章将通过"如何成为一名优秀的软件测试工程师"和"如何成为一名优秀的软件质量保证工程师"这两个部分来回答这个问题。

　　虽然现在互联网技术非常发达，许多资料都可以通过互联网获得，但是笔者认为如果要系统地学习一门技术或知识，最好还是通过阅读书籍（当然可以是电子书）的方式来获得。本章将通过"软件测试好书推荐"部分来向大家推荐 9 本软件测试的好书。

　　对于云产品应该如何测试是目前业界比较关注的话题，但是仍旧没有得到统一的结论。在这里介绍"云计算中发生的事故"，希望大家能够发挥自己的想象，并结合自己的测试经验总结如何做好云测试工作。

ISTQB（国内代理机构为 CSTQB）是国际唯一权威的软件测试资质认证机构，许多软件测试工程师可能想得到这方面的认证，在"ISTQB 和 CSTQB 简介"一节中给大家介绍。

虽然以上内容看起来比较松散，但是他们都属于软件测试工程师的职业素质的文章，所以把它们总结成一章，共 5 节，包括以下内容。

- 如何成为一名优秀的软件测试工程师。
- 如何成为一名优秀的软件质量保证工程师。
- 软件测试好书推荐。
- 云计算中发生的事故。
- ISTQB 和 CSTQB。

14.1　如何成为一名优秀的软件测试工程师

现在软件测试工作越来越得到企业的重视，许多人员也投入到软件测试的行列中。软件测试工程师的队伍也越来越壮大。但是，如何成为一名优秀的软件测试工程师呢？这是许多读者比较关注的一个问题，尤其是初入这个行业的菜鸟更想知道这个问题的答案。

作为一名优秀的软件测试工程师应该具备这些技能。

- 熟练的计算机操作能力，简单的编程基础。
- 熟练地搭建测试环境的能力。
- 高效设计测试用例和发现有效缺陷的能力。
- 掌握网络技术、数据库知识、操作系统知识以及其他计算机专业知识和技能。
- 熟练使用自动化测试工具。
- 具有一定的自动化测试开发能力。
- 良好的职业素质。

14.1.1　起码有 3 年以上的软件开发经验

现在许多软件企业招收一些刚刚毕业的大学生或者非计算机专业的人员作为自己公司的软件测试工程师，这是非常错误的，也是对软件测试不负责任的表现。虽然他们可以发现软件中的一些错误，但是对于软件中的一些关键的、致命的及危险的错误很难发现的。大家都知道，软件工程中有一个模型叫瀑布模型，这是一个最基本的软件模型，这个模型早期又叫做碗状模型，如图 14-1 所示。开发位于碗的最底部，左上方依次为业务建模、需求分析和设计；右上方依次为测试、部署和维护。这就说明软件开发是一切软件活动的基础，当然也是软件测试的基础。一个人只有经历过一定年限的软件开发工作，才可以积累丰富的经验，知道在软件中哪些地方容易出错，哪些地方不容易出错，这样才可以为以后的软件测试工作带来非常宝贵的经验。

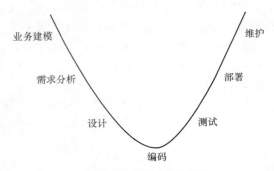

图 14-1　瀑布模型（碗状模型）

14.1.2　具有逆向思维的能力

笔者曾经接触过一位软件测试工程师，干了一段测试工作后又返回去做开发工作了，问他为什么，他的回答是软件测试工作太难了，开发是顺向思维，而软件测试是逆向思维，总要找一些稀奇古怪的方法去操作软件。软件的使用者千差万别，软件在使用过程中遇到的各种现象也千差万别，所以要求软件测试工程师需要具有一些逆向思维的能力，想别人所不想，测别人所不测，这样才可以找到更多软件中深层次的 Bug。这是作为一名优秀的软件测试工程师最基本的素质，（其实，开发工程师也应该具有逆向思维的能力，在代码中放一些必要的防御型语句对各种错误情况进行处理，才能使软件具有更好的容错性）。

14.1.3　具有敏锐的洞察力和锲而不舍的精神

软件测试工程师应当擅于发现问题，并且要肯于钻研，有打破砂锅问到底的精神。对于偶然出现过一次的 Bug，一定要找出原因，要有不找到问题根源誓不罢休的决心，这种情况下发现的问题可能是非常严重或者非常容易被人忽视的问题。细心、耐心、信心是软件测试工程师的基本的素质。

14.1.4　具有发散性思维的能力

软件测试工程师需要从多个角度思考问题，想尽各种方法及可能性，并从各个角度模拟不同用户的使用。

14.1.5　擅于同软件开发工程师沟通

沟通是当今软件项目中需要掌握的关键技能之一。软件测试工程师要擅于同软件开发工程师沟通。软件测试工程师与软件开发工程师搞好关系，使软件测试工程师不成为软件开发工程师的眼中钉，这对提高整个软件项目质量十分重要。沟通的内容主要包括以下 4 方面。

1．讨论软件的需求与设计

通过沟通，可以更好地了解测试的软件产品，以至于尽可能减少在测试过程中测试出不是缺陷的"缺陷"，从而减少给软件开发工程师带来的压力以及给项目带来的延时。

2．报告好的软件测试结果

作为软件测试工程师，发现错误往往是软件测试工程师最愿意而且引以为豪的事情，但是一味给开发工程师报告软件错误，令他们厌恶，降低整个软件的质量和开发进度。所以，作为一名优秀的软件测试工程师，当你测试完毕一个模块后，没有严重的错误或者很少错误时，不妨跑到开发工程师那里告诉他们这个好消息，这样可以加深软件测试工程师与软件开发工程师之间的友谊。

3．不仅要报告缺陷，而且要学会如何帮助软件开发工程师定位缺陷

作为一名优秀的软件测试工程师，尽可能多地发现缺陷是最基本的要求，除了这个技能，如果软件测试工程师能够通过分析产品日志等方法，帮助软件开发工程师精确定位，快速解决问题。这样，软件开发工程师与软件测试工程师之间的关系会变得融洽，软件开发工程师也会认为软件测试工程师是他们的助手，而不是给他们找麻烦的人。这样，软件测试工程师的技能也得到了提高。

4．讨论一些与工作无关的事情

软件测试工程师经常和软件开发工程师讨论一些与工作无关的事情，如新闻、趣事和家庭等。这样可以加强相互间的默契程度。许多统计表明，这样可以更好地提高软件的质量。

14.1.6　擅于同领导沟通

软件测试工程师往往是领导的眼和耳。领导根据软件测试工程师的软件测试结果可以了解公司的产品质量，从而做出正确决策。领导工作一般比较忙碌，所以软件测试工程师要学会把软件测试结果进行总结，最好以图表的形式给领导展示，使领导在第一时间了解软件的质量情况。

14.1.7　掌握一些自动化软件测试工具和脚本

软件测试是比较繁琐、枯燥无味的工作，软件测试工程师长期重复的手工工作，会降低软件测试的效率，并且对软件测试质量也有影响，况且软件测试不使用测试工具是不可行的，如性能测试等。目前市场上有许多软件测试工具可供选择，公司或者个人可以根据需要选择一些软件测试工具来辅助软件测试工作。另外，现在有许多自动化工具需要软件测试工程师自己去开发一些代码，所以具有一定自动化测试开发能力也是非常重要的。但是，要记住一点，不是说有了软件测试工具，就不要人工软件测试了，软件测试工具不是万能的。

14.1.8　擅于学习

软件测试技术随着时间的变化也在发生更新。软件测试工程师要善于利用书籍、网站、论坛和沟通等途径不断提高自己各方面的知识水平，包括业务知识、软件测试知识和计算机专业知识等方面的内容。

14.1.9　提高自己的表达能力

软件测试工程师发现软件中存在缺陷时，要书写缺陷报告。缺陷报告要写得详尽清楚，使软件开发工程师能够尽快定位错误、修改错误。所以，软件测试工程师提高自己的写作能力非常必要。

14.1.10　了解业务知识

更好地了解所测试软件的业务知识非常重要。对业务知识了解得越深入，越能够找出更专业、更关键、更隐蔽的错误。所以，软件测试工程师，需要多向该领域的专家、同行学习，提高自身的业务知识水平。学习业务知识的难度比较大，所以软件测试工程师必须在这方面做好心理准备。

14.1.11　培养对软件测试的兴趣

"兴趣是最好的老师"。对待任何工作，只有充满兴趣，才会投入更多的精力和时间，才会达到事半功倍的效果。

14.1.12　追求完美

对于优秀的软件测试工程师来说，尽可能追求完美，把事情做到极致，尽管有些事是无法做到十全十美，但应该去尝试。

综合以上 12 点阐述，请参见图 14-2。

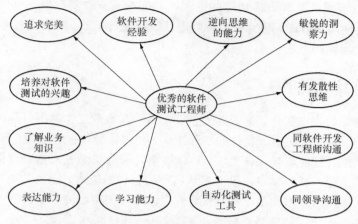

图 14-2　优秀的软件测试工程师应该具备的能力

14.2　如何成为一名优秀的软件质量保证工程师

14.2.1　具有软件开发，软件测试和实施经验

软件质量保证牵扯到软件研发的方方面面，包括从启动到需求、设计、开发、测试、发布及到后期维护的整个过程。

- 在启动阶段，要理解如何制定项目章程，如何书写项目范围说明书，如何制定项目计划。
- 在需求阶段，需要理解如何与用户确认需求，如何进行需求分析，如何与用户确认用户需求。
- 在设计阶段，要大体理解当前设计前沿技术，了解数据库知识，如何进行概要设计和详细设计。
- 在构造阶段，需要了解编码规范、编程技巧和集成技术等。
- 在测试阶段，需要理解如何进行单元测试、集成测试和系统测试。
- 在验收阶段，需要理解如何进行验收测试，如何培训用户，如何协助用户搭建环境。
- 在维护阶段，需要知道如何理解代码，如何进行再工程技术。

在这里你好像是一位多面手，但是了解得越多，对个人从事质量保证工作越有好处。由于现代分工比较细致，往往一个质量小组需要各个方面的人才组合在一起，才能发挥更大的效能，才能达到一加一大于二的效果。

14.2.2　具有一定的统计学基础

对于从事软件质量保证工作，需要一定的统计学知识。软件质量保证工作中一个重要的工作就是,进行软件的度量活动和分析问题的原因,它们都需要收集数据、分析数据从而解决问题。需要了解如何使用直方图、散点图、鱼刺图及饼状图等工具。这样才能展示问题的根本原因,从而找出解决问题的方法。

14.2.3 强大的沟通能力

对于从事软件质量保证工作,沟通能力也非常重要。质量工作做得好坏,关键在于领导的支持和员工的参与。由于目前中国软件的实际工作,公司领导往往忽视软件质量的重要性和优先性。作为一名优秀的软件质量保证工程师,就需要与领导讲清楚质量管理的重要性,如何可以提高公司产品的质量,减少客户的投诉率从而节约公司的成本,提高劳动生产率。有了领导强有力的支持,工作就好像添加了一把利剑,就可以运行得得心应手了。但仅仅有领导的支持往往是不够的,还需要员工的支持,需要了解当前问题有什么,阻碍这些问题的要素是什么、需要解决什么样的问题等,这些都需要靠沟通来解决。

14.2.4 专业的管理和质量知识

专业的技术是软件质量工作成功最有利的武器。在这里向读者介绍两本书,一本是美国项目管理学会(PMI)颁布的《项目管理知识架构体系》(PMBOK),它里面的中心思想是项目的五大过程(启动、规划、执行、监控和结项)和十大知识领域(整体、范围、进度、成本、质量、风险、人力资源、沟通、采购和干系人管理);还有一本是 IEEE 颁布的《软件工程知识架构体系》(SWEBOK),里面主要介绍十大知识领域(软件需求、软件设计、软件构造、软件测试、软件维护、软件配置、软件工程管理、软件工程过程、软件工程工具和软件质量)。

14.3 软件测试好书推荐

培根说:"读书使人成为完善的人。"对于软件测试工程师来说,读书也是必不可少的,虽然现在互联网非常火爆,好些知识可以通过互联网获得。但是如果要系统学习某项技能,读书还是最有效果的一种方式。这里介绍几本软件测试的好书。

14.3.1 《软件测试的艺术》

本书从第一版到现在已经三十余年,是软件测试领域的一部经典著作。本书结构清晰,讲解生动活泼,简明扼要地展示了久经考验的软件测试方法。

本书以一次自评价测试开篇,从软件测试的心理学和经济学入手,探讨了代码检查、走查与评审、测试用例的设计、模块(单元)测试、系统测试、调试等主题,以及极限测试、互联网应用测试等高级主题，全面展现了作者的软件测试思想。第三版在前两版的基础上，作者结合软件测试的最新技术发展进行了更新，覆盖了软件可用性测试、移动软件应用测试，以及敏捷开发测试等内容。

本书是笔者刚刚进入测试领域时阅读的一本书（当时是第 1 版），给笔者留下了非常深刻的印象，是笔者进入软件测试行业的启蒙书。在《软件测试艺术》一书中，对于软件测试的定义在各个教材或讲座中经常被引用，参见第 1.1.1 节"软件测试定义"中的定义一。

第三版阐述了如何将经典软件测试法则应用到解决当今计算机行业面临的最紧迫的问题中，这些问题包括。

- 移动设备的应用测试。
- 各种设备上的软件代码走查、代码审查（从技术以及如何发现错误的角度讨论）。
- 可用性测试（随着直接面向广大终端用户的应用在数量上呈爆发性增长，可用性变得越来越重要）。
- 互联网应用、电子商务和敏捷编程环境的测试。

14.3.2 《赢在测试 2-中国软件测试专家访谈录》

这是一本传承软件测试经验和职业、人生经验的书。作者选择了国内 8 位有代表性的软件测试专家，对他们做了深入的访谈，把他们的软件测试职业经历和思考、对软件测试各方面的认知和要求等详细地记录了下来。这些专家来自百度、金山、奇虎 360、淘宝、用友、阿尔卡特-朗讯、广联达、CA、迈瑞等知名公司，在搜索、通讯、ERP、存储、安全、嵌入式、互联网、电商、建筑、虚拟化等行业从事软件测试工作。同时，这些专家的职业发展方向也覆盖了管理线、技术线和个人创业等不同的发展方向。他们的经验和看法对于读者来是说具有参考和借鉴的价值。在写作风格上，作者秉着真实、实用，便于阅读和学习的风格。

14.3.3 《探索式软件测试》

"探索式软件测试"是测试专家 Cem Kaner 博士于 1983 年提出的，并得到语境驱动测试学派（Cntext Driven Testing School）的支持。而本书作者 James A. Whittaker 就是语境驱动测试学派者代表人之一。笔者认为本书最好的地方在于作者把各种测试方法用旅游的方法给读者做了介绍，真的很难得。比如，"地标测试法"（landmark tour）和"极限测试法"（intellectual's tour）等词汇已经列入手工测试人员的标准词汇表中。测试技术以前确实被称作"漫游"，但是用整个旅游业来隐喻软件测试，并在测试实际发布的应用程序时，大规模使用这些隐喻的名称，对其他测试类书籍而言本书是一个创举。本书作者说，"写这本书对我来说是一种享受，我希望你阅读本书也是一种享受。"

14.3.4　《探索式测试实践之路》

James Whittaker 书写的《探索式软件测试》仅介绍了一些探索式测试理论和方法，史亮是微软公司的软件测试工程师，而高翔是淘宝的测试工程师，他们二位巧妙地将《探索式软件测试》介绍的方法运用到实际工作中，并且分享给读者，实属难得。

14.3.5　《探索吧！深入理解探索式软件测试》

这本书同样是一本探索式测试的书籍，但是相对于前两本而言，笔者更喜欢这本，因为它不是介绍给探索式测试的理论和方法，而是介绍一种思维方式，如何去做好探索式测试。如果说前两本书是授之于鱼，而这本书就是授之于渔。

14.3.6　《云服务测试　如何高效地进行云计算测试》

云计算是现在一门新兴的软件技术，作者给出了一些方法来介绍如何来测试云计算，笔者认为本书最大的优点在于，它采用基于风险的测试方法来进行讨论。读者在掌握云计算测试方法的同时，也掌握了基于风险的测试方法，实属一举两得。

14.3.7　《Google 软件测试之道》

本书从内部视角告诉你这个世界上知名的互联网公司是如何应对 21 世纪软件测试的独特挑战的。《Google 软件测试之道》抓住了 Google 做测试的本质，抓住了 Google 测试这个时代最复杂软件的精华。

《Google 软件测试之道》描述了测试解决方案，揭示了测试架构是如何设计、实现和运行的，介绍了软件测试工程师的角色；讲解了技术测试人员应该具有的技术技能；阐述了测试工程师在产品生命周期中的职责；讲述了测试管理及在 Google 的测试历史或在主要产品上发挥了重要作用的工程师的访谈，这对那些试图建立类似 Google 的测试流程或团队的人受益很大。

14.3.8　《软件测试经验与教训》

本书汇总了 293 条来自软件测试界顶尖专家的经验与建议，阐述了如何做好测试工作、如何管理测试以及如何澄清有关软件测试的常见误解，读者可直接将这些建议用于自己的测试项目工作中。这些经验中的每一条都是与软件测试有关的观点，观点后面是针对运用该测试经验的方法、时机和原因的解释或例子。本书还提供了有关如何将本书提供的经验有选择性地运用到读者实际项目环境中的建议，在所有关键问题上积累的经验，以及基于多年的测试经验总结出的有用的实践和问题评估方法。

14.3.9　《学习要像加勒比海盗》

这是笔者介绍的唯一一本不是测试的书，但是本书的作者是美国一名优秀的软件测试工程师，另外作为一名测试工程师阅读这本书也是非常重要的，如何进行学习、如何学好一门技术，希望读者在阅读这本书后有所启迪。

本书作者詹姆斯·巴哈，和许多年轻人一样，厌倦了正统的学校教育，没有读完高中就离开学校。经历了痛苦和迷茫，他终于找到了自己的定位。几年之后，他在硅谷的苹果电脑公司领导着一个小团队，成为最年轻的经理。如今，他已经是国际级的软件测试专家。

在这本独特的、极具启发性的书里，詹姆斯把一种不懈的、自主的、低强度的学习方式称为"加勒比海盗学习法"，并告诉读者如何创造适合自己的学习方式。每个人，无论是淹没在题海中的学生，还是希望在工作上有所突破的职场人士，都可以像加勒比海盗学者一样享受自由、充满激情的学习过程，进而走向成功。

14.4　云计算中发生的事故

14.4.1　Google 应用引擎平台宕机

2009 年 7 月 3 日，Google App Engine 遭遇"数据仓库操作延迟增加、错误率上升等故障"。这次故障持续了约 6 个小时。更糟糕的是，在 Google 更新 Google Groups 上消息的时候，App Engine Status 网页却因这次故障而完全无法访问。据悉，这次 Google App Engine 故障不仅给用户造成经济损失，甚至影响到 Mac 版 Chrome 浏览器的开发。2010 年 2 月 25 日，Google 支持第三方网络应用的 App Engine 平台再次发生宕机的故障，所有存放的第三方应用陷入瘫痪，殃及绝大部分的网络应用，整个平台瘫痪时间超过两个小时。

14.4.2　Google Gmail 和日历服务中断

2010 年 2 月 23 日，Google Gmail 出现故障，持续时间长达两个半小时。这次故障导致全球数以百万计的用户在几小时内无法访问账户，经济损失无法估量。由于此次服务器故障，Google 将针对企业的 Google Apps 高级版用户的付费时间延长 15 天。2010 年 10 月 12 日到 2010 年 10 月 19 日，Google 的日历服务中断了 8 天。这起事故让 0.2%的 Google 日历用户中断了多天的访问。

14.4.3　Google Voice 服务宕机

2010 年 11 月 23 日，Google Voice 网络电话服务再次发生宕机事故，部分 Google Voice 用

户无法拨出或接听电话。这次宕机事故只是近期 Google Voice 多个问题中的一个。2010 年 11 月 2 日和 5 日就发生了多起类似的宕机事故。

14.4.4　亚马逊 S3 服务故障

亚马逊的云存储平台 Simple Storage Service（S3）在 2008 年 7 月出现了服务故障，故障持续 8 个多小时，依赖 S3 进行文件存储的在线公司因此蒙受了损失。

14.4.5　亚马逊 EC2 云计算服务遭到僵尸网络攻击

2010 年 4 月，亚马逊基于云计算的 EC2（弹性计算云）服务在一个星期内接连发生了两起故障：一起是僵尸网络引起的内部服务故障；另外一起是在弗吉尼亚州的一个数据中心发生的电源故障。

14.4.6　微软爆发 BPOS 服务中断事件

2010 年 9 月，微软在美国西部时间周三，对在过去几周时间内出现至少 3 次托管服务中断向用户致歉，这是微软首次爆出重大的云计算数据突破事件。

但是，用户托马斯访问 BPOS（Business Productivity Online Suite）服务所遇到的问题，他写道 "未预见的问题影响了对某些服务的访问"。通过使用微软北美设施访问服务的客户可能遇到了问题，故障持续了两个小时。

目前微软有一套 RSS 反馈系统，当服务受到影响时，系统提供故障信息，但有些用户抱怨故障信息太模糊，有时会延迟。寇尔称，微软已经开始对这些故障信息增加更多细节。

微软宣布称，微软 BPOS 中包含的数据已经被非授权用户下载。

人们对这种事件的直接反应也许是责怪黑客。但是，这次事件却与黑客无关。微软的 Clint Patterson 说，这次数据突破事件是由于微软在美国、欧洲和亚洲的数据中心的一个没有确定的设置错误造成的。BPOS 软件中的离线地址簿在 "非常特别的情况下" 提供给了非授权用户。这个地址簿包含企业的联络人信息。Patterson 对于这个错误表示道歉。

微软称，这个错误在发现之后两个小时就修复了。它拥有跟踪设施，使它能够与那些错误地下载这些数据的人取得联系，以便清除这些数据。

然而，整个事件让那些考虑在次年使用云计算的人感到担心，特别是让考虑使用与 Office 套装软件捆绑在一起的微软主要云计算产品 Office365 的那些人感到担心。

14.4.7　Amazon 主页故障

2013 年 1 月 31 日之前亚马逊云计算服务也出现过重大中断事故，但很少看到该公司自己的 Amazon.com 主页出故障的情况。2013 年，就看到了这个事故：在原本平静的一月的一天，Amazon.com 页面在长达一个小时内显示的是文本错误消息。从这个消息"HTTP/1.1 服务不可用"来看，无法判断实际发生了什么事情。有人认为这可能是拒绝服务攻击，但这些说法似乎有些可疑。虽然 Amazon 从未对此事故正式发表评论，但随后的报告表明罪魁祸首很有可能是其内部问题。

14.5 ISTQB 和 CSTQB

ISTQB 和 CSTQB 简介

ISTQB（International Software Testing Qualifications Board）全称国际软件测试认证委员会，是一个注册于比利时的非赢利性组织，是国际唯一权威的软件测试资质认证机构。其主要负责制订和推广国际通用资质认证框架，即"国际软件测试认证委员会推广的软件测试工程师认证"（ISTQB Certified Tester） 项目。该项目由 ISTQB 授权各国分会组织本国的软件测试工程师的认证，并接受 ISTQB 质量监控，合格后颁发全球通用的软件测试工程师资格证书。

ISTQB 目前拥有 54 个分会，覆盖包括美国、德国、英国、法国、印度等在内的 110 个国家和地区。来自这些国家和地区的数百位软件测试领域专家作为志愿者服务于 ISTQB®及其倡导的软件测试工程师认证体系。截至目前，全球范围内经过 ISTQB®认证的软件测试工程师已超过 650 000 人，并每季度以超过 20 000 人的速度递增，使得 ISTQB®成为软件测试行业的第一大认证机构，在整个 IT 行业位居第三名（仅次于 PMI 和 ITIL）。

CSTQB（Chinese Software Testing Qualifications Board）是 ISTQB 在大中华区（包括港澳台地区）的唯一分会，成立于 2006 年。全权代表 ISTQB 在授权区域内推广 ISTQB 软件测试工程师认证体系，认证、管理培训机构和考试机构，接受 ISTQB 的、全面的业务指导和授权。CSTQB 授权上海同思廷软件技术有限公司为大中华区唯一授权运营机构，负责组织 CSTQB 考试和认证事宜。

CSTQB 通过市场调研、信息交流、咨询培训、评估认证、知识产权保护等方面的工作，推动中国软件测试行业的发展，做好为 CSTQB 会员的服务工作，面向全行业，发挥政府与企事业单位之间的纽带和桥梁作用，为中国的软件测试行业提供一个新软件测试方法、新技术的研究和推广的交流平台，加强国际交流与合作，积极推进国际通用软件培训和认证体系，建成规范的高端培训和认证平台，推动国际软件测试人才流动和技术交流，使得中国软件测试行业与国际接轨。

客户：截至目前，国内有来自 IBM、微软、HP、西门子、索尼、汇丰等大中型企业的超过 6000 名软件测试工程师获得 ISTQB®证书。其中 30 多家企业更是与 CSTQB 签订了长期人才战略合作协议。随着软件测试行业的快速发展，获得 ISTQB 软件测试认证已经成为从事软件测试的"上岗证"。ISTQB 如图 14-3 所示。

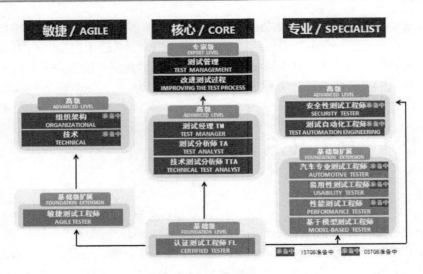

图 14-3 ISTQB

ISTQB 分为基础级、高级和专家级。高级分为软件测试经理、测试分析师以及技术测试分析师。专家级分为测试管理、改进软件测试过程、测试自动化以及安全性测试。另外，还包括其他的分支技能，如汽车专业测试工程师、易用性测试工程师、性能测试工程师等。

14.6 本章总结

介绍内容

- 如何成为一名优秀的软件测试工程师：
  - ➢ 起码有 3 年以上的软件开发经验；
  - ➢ 具有逆向思维的能力；
  - ➢ 具有敏锐的洞察力和锲而不舍的精神；
  - ➢ 具有发散性思维的能力；
  - ➢ 擅于同软件开发工程师沟通；
  - ➢ 擅于同领导沟通；
  - ➢ 掌握一些自动化软件测试工具和脚本；
  - ➢ 擅于学习；
  - ➢ 提高自己的表达能力；
  - ➢ 了解业务知识；
  - ➢ 培养对软件测试的兴趣；

> ➢ 追求完美。
- 如何成为一名优秀的软件质量保证工程师：
  - ➢ 具有软件开发，软件测试和实施经验；
  - ➢ 具有一定的统计学基础；
  - ➢ 强大的沟通能力；
  - ➢ 专业的管理和质量知识。
- 软件测试好书推荐。
- 云计算中发生的事故。
- ISTQB 和 CSTQB。
- 软件测试面试题及解题思路。

参考文献

【1】《赢在软件测试 1：中国软件测试先行者之道》，蔡为东编著，电子工业出版社，2010 年 1 月。

【2】《赢在软件测试 2：中国软件测试专家访谈录》，蔡为东著，电子工业出版社，2013 年 5 月。

【3】《探索式软件测试实践之路》，史亮，高翔著，电子工业出版社，2012 年 8 月。

【4】《Google 软件测试之道》，Whittaker 等著，黄利等译，人民邮电出版社，2013 年 10 月。

【5】《软件测试经验与教训》，凯纳等著，韩柯等译，机械工业出版社，2004 年 01 月。

【6】 《高级软件测试卷 1 高级软件测试经理》Rex Black 著 刘琴 周震漪 郑文强 马俊飞 熊晓虹译，清华大学出版社，2012 年 1 月。

【7】《软件测试管理》郑文强 马俊飞编著，电子工业出版社，2010 年 7 月。

【8】CSTQB 官网。

【9】百度百科。

【10】百度文库。

【11】51CTO 开发频道。

【12】51testing。

【13】领测国际。

【14】啄木鸟软件测试培训网。

欢迎来到异步社区！

异步社区的来历

异步社区（www.epubit.com.cn）是人民邮电出版社旗下 IT 专业图书旗舰社区，于 2015 年 8 月上线运营。

异步社区依托于人民邮电出版社 20 余年的 IT 专业优质出版资源和编辑策划团队，打造传统出版与电子出版和自出版结合、纸质书与电子书结合、传统印刷与 POD 按需印刷结合的出版平台，提供最新技术资讯，为作者和读者打造交流互动的平台。

社区里都有什么？

购买图书

我们出版的图书涵盖主流 IT 技术，在编程语言、Web 技术、数据科学等领域有众多经典畅销图书。社区现已上线图书 1000 余种，电子书 400 多种，部分新书实现纸书、电子书同步出版。我们还会定期发布新书书讯。

下载资源

社区内提供随书附赠的资源，如书中的案例或程序源代码。
另外，社区还提供了大量的免费电子书，只要注册成为社区用户就可以免费下载。

与作译者互动

很多图书的作译者已经入驻社区，您可以关注他们，咨询技术问题；可以阅读不断更新的技术文章，听作译者和编辑畅聊好书背后有趣的故事；还可以参与社区的作者访谈栏目，向您关注的作者提出采访题目。

灵活优惠的购书

您可以方便地下单购买纸质图书或电子图书，纸质图书直接从人民邮电出版社书库发货，电子书提供多种阅读格式。

对于重磅新书，社区提供预售和新书首发服务，用户可以第一时间买到心仪的新书。

用户账户中的积分可以用于购书优惠。100 积分 =1元，购买图书时，在 里填入可使用的积分数值，即可扣减相应金额。

纸电图书组合购买

社区独家提供纸质图书和电子书组合购买方式，价格优惠，一次购买，多种阅读选择。

社区里还可以做什么？

提交勘误

您可以在图书页面下方提交勘误，每条勘误被确认后可以获得100积分。热心勘误的读者还有机会参与书稿的审校和翻译工作。

写作

社区提供基于 Markdown 的写作环境，喜欢写作的您可以在此一试身手，在社区里分享您的技术心得和读书体会，更可以体验自出版的乐趣，轻松实现出版的梦想。

如果成为社区认证作译者，还可以享受异步社区提供的作者专享特色服务。

会议活动早知道

您可以掌握 IT 圈的技术会议资讯，更有机会免费获赠大会门票。

加入异步

扫描任意二维码都能找到我们：

| 异步社区 | 微信服务号 | 微信订阅号 | 官方微博 | QQ群: 436746675 |

社区网址：www.epubit.com.cn

投稿 & 咨询：contact@epubit.com.cn